AF744450

EL LIBRO DE LA QUIMICA

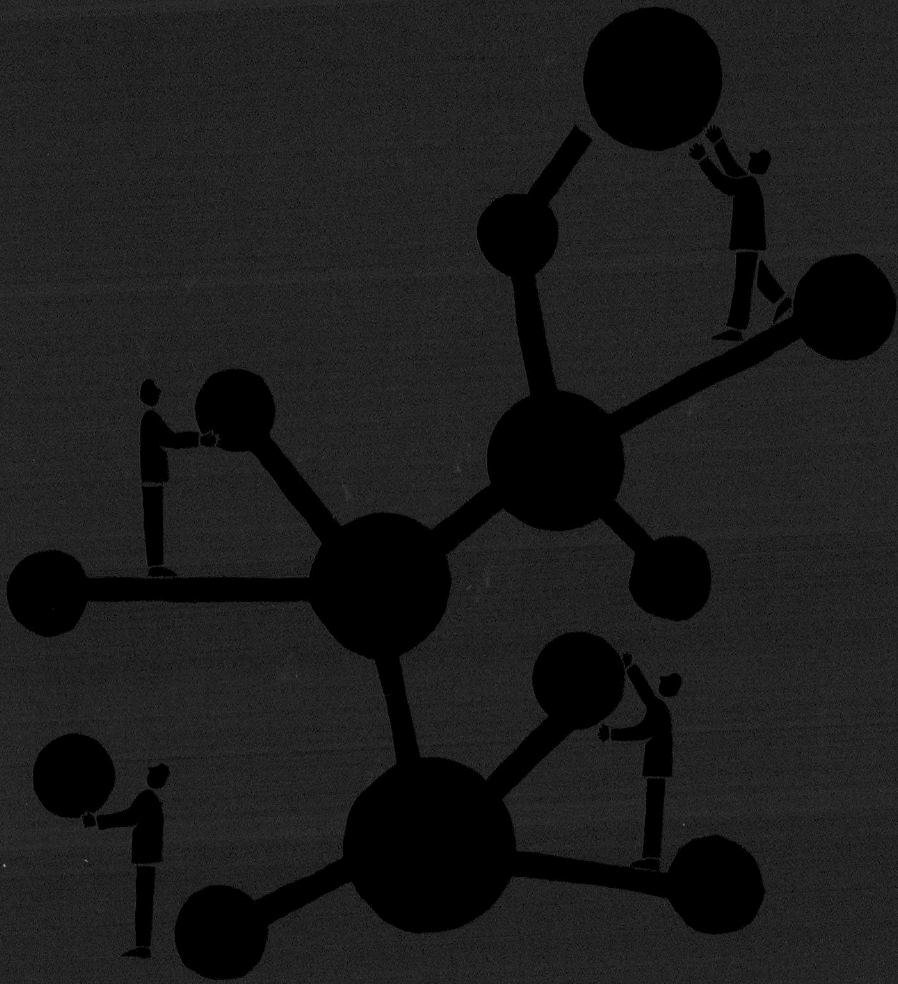

EL LIBRO DE LA QUIMICA

akal

DK

DK Penguin Random House

akal
www.akal.com

DK LONDON

EDICIÓN DE ARTE SÉNIOR
Duncan Turner

EDICIÓN SÉNIOR
Helen Fewster y Camilla Hallinan

EDICIÓN
Alethea Doran, Annelise Evans, Becky Gee, Lydia Halliday, Tim Harris, Katie John, Gill Pitts, Jane Simmonds y Jess Unwin

ILUSTRACIONES
James Graham

TEXTOS ADICIONALES
Richard Beatty

DIRECCIÓN DE DISEÑO DE CUBIERTAS
Sophia MTT

DISEÑO DE CUBIERTA
Stephanie Cheng Hui Tan

PRODUCCIÓN EDITORIAL SÉNIOR
Andy Hilliard

COORDINACIÓN DE PRODUCCIÓN
Meskerem Berhane

COORDINACIÓN DE ARTE
Michael Duffy

COORDINACIÓN EDITORIAL
Angeles Gavira Guerrero

SUBDIRECCIÓN DE PUBLICACIONES
Liz Wheeler

DIRECCIÓN DE ARTE
Karen Self

DIRECCIÓN DE DISEÑO
Phil Ormerod

DIRECCIÓN DE PUBLICACIONES
Jonathan Metcalf

SANDS PUBLISHING SOLUTIONS

EDICIÓN
David y Sylvia Tombesi-Walton

DISEÑO
Simon Murrell

Estilismo de
STUDIO 8

EDICIÓN DE LA VERSIÓN ESPAÑOLA

COORDINACIÓN EDITORIAL
Cristina Sánchez Bustamante

ASISTENCIA EDITORIAL Y PRODUCCIÓN
Malwina Zagawa

Publicado originalmente en Gran Bretaña en 2021 por Dorling Kindersley Limited DK, One Embassy Gardens, 8 Viaduct Gardens, London, SW11 7BW

Parte de Penguin Random House

Título original: *The Chemistry Book*
Primera edición 2023

Copyright © 2021 Dorling Kindersley Limited

© Traducción en español 2023
Dorling Kindersley Limited
Servicios editoriales: deleatur, s.l.
Traducción: Antón Corriente Basús

Edición exclusiva para España,
Ediciones Akal, S. A., 2023
Sector Foresta, 1
28760 Tres Cantos
Madrid - España
Tel.: 918 061 996
Fax: 918 044 028
www.akal.com

Reservados todos los derechos. De acuerdo a lo dispuesto en el art. 270. del Código Penal, podrán ser castigados con penas de multa y privación de libertad quienes reproduzcan sin la preceptiva autorización o plagien, en todo o en parte, una obra literaria, artística o científica, fijada en cualquier tipo de soporte.

ISBN: 978-84-460-5306-4
Depósito Legal: M-24.750-2022

Impreso y encuadernado en China

Para mentes curiosas
www.dkespañol.com

COLABORADORES

ANDY BRUNNING

Andy Brunning fue profesor de química, licenciado por la Universidad de Bath. Es el creador del premiado sitio web infográfico de química *Compound Interest*, y ha escrito *Why does asparagus make your pee smell?* («¿Por qué los espárragos hacen que huela tu orina?»), libro en el que explora la química de los alimentos. También ha escrito para el canal educativo online «Crash Course Organic Chemistry».

CATHY COBB

Cathy Cobb, profesora adjunta de la Universidad de Carolina del Sur, ha escrito cinco libros divulgativos sobre historia de la química y química para públicos amplios. En *The chemistry of alchemy* («La química de la alquimia») presenta la historia de la alquimia, la química relacionada con ella y algunas demostraciones caseras de prácticas y creencias alquímicas, como fabricar oro falso y el simbolismo de la cola del pavo real.

ANDY EXTANCE

Antes de dedicarse a escribir sobre ciencia a tiempo completo, Andy Extance trabajó durante seis años y medio en la investigación preliminar para el hallazgo de fármacos. Hoy, su obra explora todo lo relacionado con la química, desde el medio ambiente de la Tierra hasta el espacio, y desde las células fotovoltaicas hasta cómo olemos.

JOHN FARNDON

Cinco veces finalista del Young People's Science Book Prize, de la Royal Society, John Farndon ha escrito más de mil libros sobre ciencia, naturaleza y otros temas, y ha contribuido también con textos en muchos libros de ciencia, como *Ciencia*, *El libro de la física* y *Science year by year*, de DK.

TIM HARRIS

Autor prolífico sobre temas de ciencia y naturaleza para público adulto e infantil, Tim Harris estudió geología en la universidad. Ha escrito más de cien libros de referencia, en su mayoría educativos, y ha contribuido a muchos otros, entre ellos, *Chemistry matters!*, *Great scientists*, *Routes of science*, *El libro de la física* y *El libro de la biología*.

CHARLOTTE SLEIGH (CONSULTORA)

Charlotte Sleigh es profesora del Departamento de Ciencias y Estudios Tecnológicos de la University College de Londres. Es autora de varios libros sobre la historia y la cultura de la ciencia, y es presidenta de la Sociedad Británica para la Historia de la Ciencia.

ROBERT SNEDDEN

Robert Snedden lleva más de cuarenta años en el mundo de la edición, documentando y escribiendo libros de ciencia y tecnología sobre temas diversos, desde la ingeniería química y ambiental hasta la ciencia de los materiales, la exploración espacial, la física y Albert Einstein.

CONTENIDO

10 **INTRODUCCIÓN**

QUÍMICA PRÁCTICA

18 **El que no conoce la cerveza no sabe lo que es bueno**
La fermentación

20 **Aceite dulce, la fragancia de los dioses**
Purificación de sustancias

22 **Grasa del carnero, cenizas del hogar**
La fabricación de jabón

24 **El oscuro hierro duerme en moradas ocultas**
La extracción de metales del mineral

26 **Si no fuera tan quebradizo, lo preferiría al oro**
La fabricación de vidrio

27 **El dinero es por naturaleza oro y plata**
Refinado de metales preciosos

28 **Los átomos y el vacío fueron el principio del universo**
El universo atómico

30 **Fuego, tierra y agua y la bóveda sin límite del aire**
Los cuatro elementos

LA EDAD DE LA ALQUIMIA

36 **La piedra filosofal**
Intentos de fabricar oro

42 **La casa entera ardió**
La pólvora

44 **La dosis determina que algo sea o no un veneno**
La nueva medicina química

46 **Algo mucho más sutil que un vapor**
Gases

47 **Quiero decir por elementos [...] cuerpos perfectamente sin mezcla**
Corpúsculos

48 **Un instrumento muy potente, fuego, llameante, ferviente, caliente**
El flogisto

QUÍMICA DE LA ILUSTRACIÓN

54 **Este tipo particular de aire [...] es mortífero para todos los animales**
El aire fijo

56 **¡El gas explotó con un ruido bastante fuerte!**
Aire inflamable

58 **Este aire de naturaleza exaltada**
El oxígeno y el fin del flogisto

60 **He atrapado la luz**
Los inicios de la fotoquímica

62 **En todas las operaciones del arte y la naturaleza, nada se crea**
La conservación de la masa

64 **Me atrevo a hablar de una nueva tierra**
Elementos de tierras raras

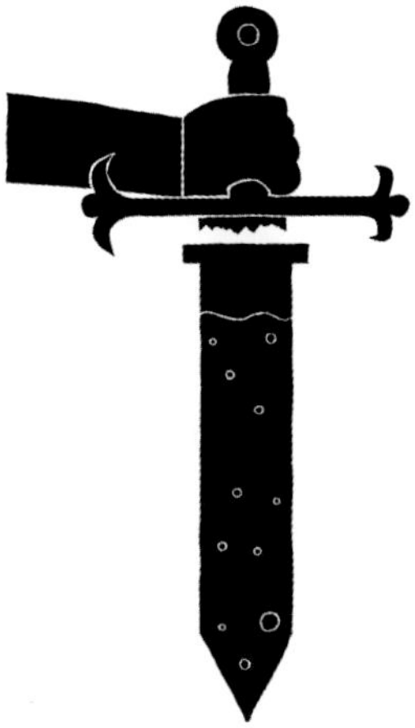

68 **La naturaleza asigna proporciones fijas**
Las proporciones de los compuestos

69 **La química sin catálisis sería como una espada sin empuñadura**
La catálisis

LA REVOLUCIÓN QUÍMICA

74 **Cada metal tiene un determinado poder**
La primera pila

76 **Fuerzas de atracción y repulsión suspenden la afinidad electiva**
Aislar elementos con electricidad

80 **Los pesos relativos de las partículas últimas**
La teoría atómica de Dalton

82 **Los símbolos químicos deben ser letras**
Notación química

84 **Los mismos, pero distintos**
Isomería

88 **Puedo fabricar urea sin riñones**
La síntesis de la urea

90 **La unión instantánea de gas de ácido sulfuroso con oxígeno**
El ácido sulfúrico

92 **La cantidad de materia descompuesta es proporcional a la cantidad de electricidad**
Electroquímica

94 **El aire reducido a la mitad de su extensión adquiere un muelle el doble de fuerte**
La ley de los gases ideales

98 **Puede copiar cualquier objeto**
La fotografía

100 **La naturaleza ha creado compuestos que se comportan como elementos**
Grupos funcionales

106 **¡Oh, bolsa de aire excelente!**
La anestesia

LA ERA INDUSTRIAL

112 **Ese gas daría a nuestra tierra una temperatura elevada**
El efecto invernadero

116 **Azules derivados del carbón**
Tintes y pigmentos sintéticos

120 **Explosivos potentes han permitido obras maravillosas**
Química explosiva

121 **Para deducir el peso de los átomos**
Pesos atómicos

122 **Líneas de colores vivos al acercarla a la llama**
Espectroscopia de llamas

126 **Notación para indicar la posición química de los átomos**
Fórmulas estructurales

128 **Una de las serpientes había mordido su propia cola**
El benceno

130 **Una repetición periódica de propiedades**
La tabla periódica

138 **La atracción mutua de las moléculas**
Fuerzas intermoleculares

140 **Moléculas zurdas y diestras**
Estereoisomería

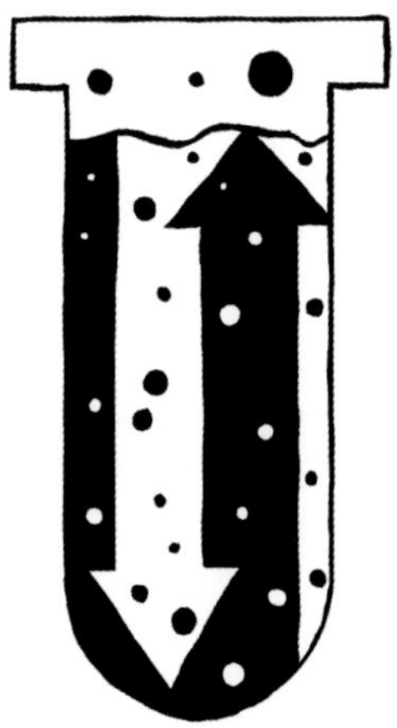

144 **La entropía del universo tiende a un máximo**
Por qué ocurren las reacciones

148 **Toda sal disuelta en agua se disocia parcialmente en ácido y base**
Ácidos y bases

150 **El cambio causa una reacción opuesta**
El principio de Le Chatelier

151 **Resistente al calor, la rotura y los arañazos**
Vidrio borosilicatado

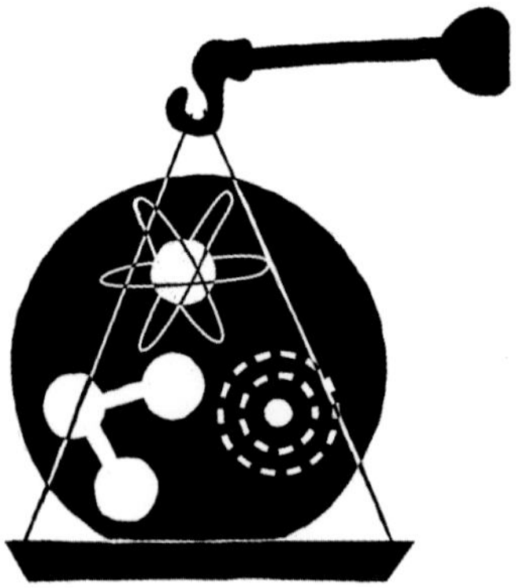

152 **La nueva constelación atómica**
Química de coordinación

154 **Un resplandor amarillo glorioso**
Los gases nobles

160 **En adelante, el peso molecular se llamara mol**
El mol

162 **Proteínas responsables de la química de la vida**
Enzimas

164 **Portadores de electricidad negativa**
El electrón

LA ERA DE LA MÁQUINA

170 **Como rayos de luz en el espectro, se resuelven los distintos componentes**
La cromatografía

176 **La nueva sustancia radiactiva contiene un elemento nuevo**
La radiactividad

182 **Las moléculas, como cuerdas de guitarra, vibran en frecuencias específicas**
Espectroscopia infrarroja

183 **Este material de los mil usos**
Plástico sintético

184 **El parámetro químico más medido**
La escala de pH

190 **Pan del aire**
Fertilizantes

192 **El poder de mostrar estructuras inesperadas y sorprendentes**
Cristalografía de rayos X

194 **Gasolina a la venta**
El craqueo del crudo

196 **La garganta aferrada como por un estrangulador**
La guerra química

200 **Sus átomos son idénticos por fuera pero diferentes por dentro**
Isótopos

202 **Cada línea corresponde a un peso atómico determinado**
Espectrometría de masas

204 **Lo más grande que ha hecho la química**
La polimerización

212 **El desarrollo de combustible de motor es esencial**
Gasolina con plomo

214 **Las flechas curvas son útiles para dar cuenta de los electrones**
Representación de los mecanismos de reacción

216 **Formas y variaciones en la estructura del espacio**
Modelos atómicos mejorados

222 **La penicilina comenzó como una observación casual**
Los antibióticos

230 **Fruto del colisionador**
Elementos sintéticos

232 **El teflón nos toca a todos casi todos los días**
Polímeros antiadherentes

234 **¡No tendré nada que ver con una bomba!**
La fisión nuclear

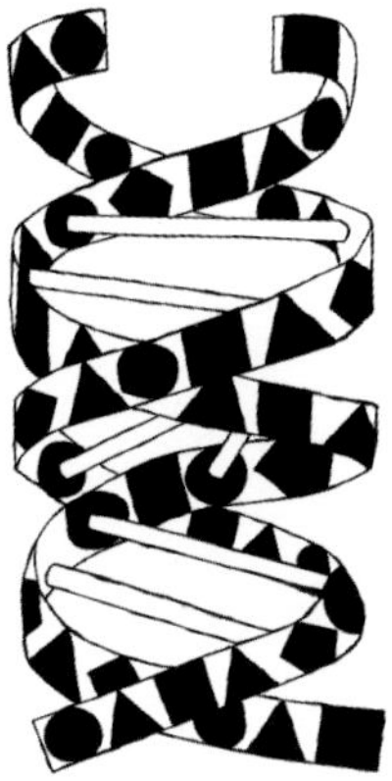

238 La química depende de principios cuánticos
Enlaces químicos

LA ERA NUCLEAR

250 Creamos isótopos que no existían el día anterior
Los elementos transuránicos

254 Movimiento delicado que reside en los objetos cotidianos
Espectroscopia de resonancia magnética nuclear

256 El origen de la vida es un asunto relativamente sencillo
La química de la vida

258 El lenguaje de los genes tiene un alfabeto simple
La estructura del ADN

262 Química al revés
La retrosíntesis

264 Compuestos nuevos fruto de la acrobacia molecular
La píldora anticonceptiva

266 Luz viva
Proteína verde fluorescente

267 Polímeros que detienen balas
Polímeros superresistentes

268 La estructura entera se desplegó ante la vista
Cristalografía de proteínas

270 El canto de sirena de las curas milagrosas y las «balas mágicas»
Diseño racional de fármacos

272 Este escudo es frágil
El agujero de la capa de ozono

274 Poder para alterar la naturaleza del mundo
Pesticidas y herbicidas

276 Si bloquea la división celular, eso es bueno para el cáncer
La quimioterapia

278 Los impulsores ocultos de la era del móvil
Baterías de ion de litio

284 Máquinas de copiar hermosamente precisas
La reacción en cadena de la polimerasa

286 60 átomos de carbono nos saltaron a la cara
El buckminsterfullereno

UN MUNDO CAMBIANTE

292 Construir las cosas de átomo en átomo
Nanotubos de carbono

293 ¿Por qué no usar el proceso evolutivo para diseñar proteínas?
Customizar enzimas

294 La emisión negativa es buena
Captura de carbono

296 Biológicos y biodegradables
Plásticos renovables

298 La magia del carbono plano
Materiales bidimensionales

300 Imágenes asombrosas de moléculas
Microscopia de fuerza atómica

302 Una herramienta mejor para manipular genes
La edición del genoma

304 Sabremos dónde acaba la materia
¿Completar la tabla periódica?

312 La humanidad contra los virus
Nuevas tecnologías para vacunas

316 BIOGRAFÍAS

324 GLOSARIO

328 ÍNDICE

335 REFERENCIA DE LAS CITAS

336 AGRADECIMIENTOS

INTRODU

CCION

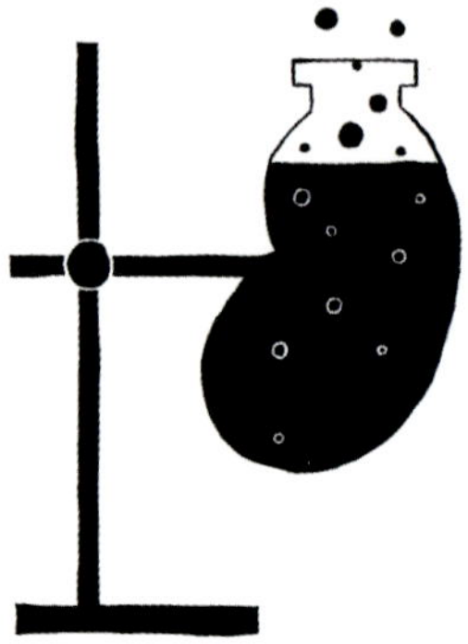

La química puede definirse como el estudio de los elementos y compuestos de los que está hecho el mundo que nos rodea y nosotros mismos, así como de las reacciones que transforman esta multitud de sustancias en otras distintas. Pero definirla así menoscaba ese misterio y esa maravilla de la química que han atraído a tantas personas a estudiarla a lo largo de la historia.

La química es una ciencia de elegancia y espectáculo: dos líquidos incoloros, al mezclarse, producen un precipitado que asemeja una nube amarilla que eclosiona; una viruta de metal resplandeciente, al caer en un cuenco de agua, burbujea y genera una llama etérea de color lila.

> Lo hermoso de nuestra ciencia, la química, es que avanzar en ella [...] abre la puerta a conocimientos nuevos y más abundantes.
> **Michael Faraday**

En apariencia, y a falta de explicación, estas reacciones parecen cosa de magia; sin embargo, a diferencia de la magia, la química ha ido revelando sus secretos a lo largo de la historia, pese a lo complejo de algunas de las herramientas necesarias para penetrar en ellos. Con el progreso de nuestro conocimiento de la química, progresaron también nuestras percepciones de esta ciencia.

De la alquimia a la química

En la antigüedad, la disciplina que acabaría siendo la química comenzó como una manera práctica de separar y refinar sustancias, método basado en el conocimiento de que los componentes de una mezcla pueden tener distintas propiedades. Los primeros practicantes de estas técnicas en Babilonia, China, Egipto y Asia Menor desarrollaron equipos especializados para mejorar los procesos, y algunos de esos métodos, como los usados para fabricar jabón y vidrio o para refinar metales, se siguen usando hoy, si bien modificados.

Durante la Edad Media, la práctica conocida como *alquimia* llevaba implícita una promesa de riquezas e inmortalidad. Los alquimistas buscaron incansablemente la legendaria piedra filosofal, objeto mítico que tenía el supuesto poder de convertir los metales comunes en oro y de crear un elixir que conferiría inmortalidad a quien lo bebiera. No se alcanzaron tan ambiciosas metas, que hoy pueden parecer absurdas, pero el trabajo de los alquimistas para lograrlas condujo al desarrollo de la química experimental e incluso al descubrimiento de elementos nuevos.

En el siglo XVIII, de la cada vez más desprestigiada alquimia comenzó a surgir algo semejante a la química moderna. Una revolución en el pensamiento químico condujo a ideas más claras sobre las proporciones en las que unas sustancias reaccionan y se combinan con otras. En el siglo XIX se fundó la teoría atómica moderna, y surgió la representación visual más reconocible de la química: la tabla periódica. También se produjo una explosión de aplicaciones industriales de la química, que paso de ser solo una ciencia a considerarse una disciplina técnica que posibilitaba las innovaciones.

El siglo XX fue testigo de la realización de dichas innovaciones: plásticos, fertilizantes, antibióticos y baterías son partes esenciales de la vida moderna como la conocemos, y a pocos inventos se les pueden atribuir cambios sociales de la magnitud de los que trajo la píldora anticonceptiva. Hubo también advertencias sobre el poder de la química y su potencial para causar daño; el

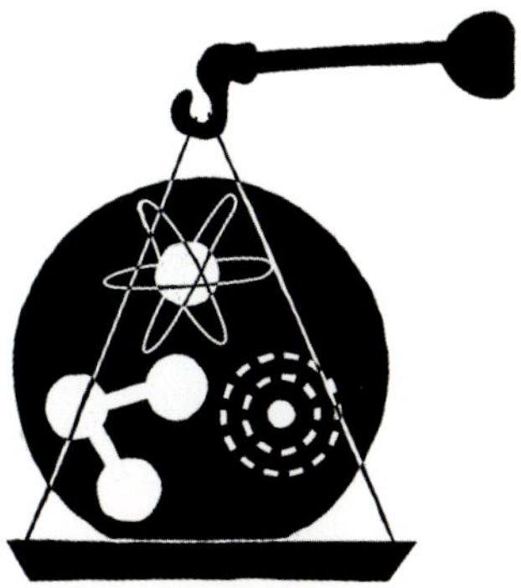

uso generalizado de gasolina con plomo y su impacto sobre la salud neurológica, la reducción de la capa de ozono por compuestos dañinos y la invención y proliferación de armas nucleares fueron recordatorios de que la química puede ser tanto peligrosa como beneficiosa.

Hoy, nuestra relación con la química es ambivalente. Por un lado, sigue salvando vidas y aportando innovaciones vitales que amplían sin cesar los límites de nuestro conocimiento, ejemplo de lo cual son las recientes vacunas de la COVID-19, cuya base es química. Sin embargo, por otro lado, persiste la inquietud por el impacto de las sustancias químicas sobre la salud, el clima y el planeta. Irónicamente, la soluciones futuras a estos «problemas químicos» se basarán en desarrollos de la química combinados con los de otras ciencias.

> La química no solo ofrece una disciplina mental, sino también aventura y una experiencia estética.
> **Sir Cyril Hinshelwood**

Las divisiones de la química

Se acostumbra a dividir la química moderna en tres grandes áreas: química física, orgánica e inorgánica.

La química física (o fisicoquímica) se sitúa en el punto de contacto entre la física y la química, y habitualmente aplica conceptos matemáticos a la comprensión de los fenómenos químicos. Entre sus materias se incluye la termodinámica, a la que recurren los químicos para determinar la estabilidad de los compuestos y si tienen lugar o no determinadas reacciones, así como la velocidad a la que estas se producen.

La química orgánica es el estudio de los compuestos basados en el carbono, elemento singular por su capacidad para formar redes extensas de enlaces con otros átomos de carbono y elementos diversos, como el oxígeno, el hidrógeno y el nitrógeno. Los compuestos biológicos, incluido nuestro ADN, son compuestos orgánicos, como lo son muchas de las medicinas que empleamos. La química orgánica busca comprender la estructura y las reacciones de estos compuestos.

Por último, la química inorgánica se ocupa de los compuestos no orgánicos –por ejemplo, los metálicos– y, sobre todo, de determinar su estructura y cómo reaccionan. Los avances en este campo condujeron, entre otras cosas, a la creación de pigmentos, de nuevos materiales y de las baterías de iones de litio que hacen funcionar muchos dispositivos actuales.

Aún hoy, en los libros de texto y en la enseñanza, la química sigue explicándose según estas divisiones, pero los límites entre ellas son cada vez menos nítidos, al igual que los que hay entre la química, la biología y la física. Muchos de los mayores avances científicos de los últimos años –los aceleradores de partículas para descubrir nuevos elementos, la edición del genoma y las vacunas de la COVID-19– trascienden tales clasificaciones simples y requieren experiencia en distintas áreas científicas.

La química se ha convertido en la ciencia central, y se combina con otras para lograr nuevos y emocionantes avances. Este libro sigue el curso de esta evolución; comenzando por sus raíces prácticas en la antigüedad, relata el surgimiento de la química moderna a partir de la alquimia, y acaba por mostrar cómo la química ha extendido su alcance hasta implicarse en casi todos los aspectos del mundo actual. ■

QUIMICA PRACTICA

PREHISTORIA –800 A.C.

Pruebas de elaboración de bebidas **fermentadas** en civilizaciones antiguas.

C. 7000 A.C.

C. 2800 A.C.

Jabones hechos de grasas animales, madera y agua en **Sumeria**.

La **primera química documentada del mundo**, Tapputi-Belatekallim, elabora perfumes por destilación y filtrado.

C. 1200 A.C.

C. 650 A.C.

Primer **manual de fabricación de vidrio**, en Asiria.

Se desarrollan métodos para **refinar metales preciosos** en Lidia.

C. 500 A.C.

La practicidad fue a menudo lo que impulsó las primeras incursiones en la química. A menudo, Occidente se toma a sí mismo como escenario de gran parte de la historia documentada de la química, pero fue en imperios antiguos de todo el mundo donde se pusieron los cimientos de la química práctica.

Al principio, los procesos químicos sirvieron para fabricar artículos de uso cotidiano, como jabones, cerámica, tintes para textiles y materiales de construcción.

Las pruebas arqueológicas indican que la fermentación fue uno de los primeros procesos bioquímicos con los que experimentaron nuestros antepasados, para elaborar pan y bebidas fermentadas. En lo que hoy es China, los primeros vinos de arroz se produjeron fermentando arroz, miel y fruta. Aunque es probable que la destilación se desarrollara también allí, el origen de esta técnica se atribuye a la antigua India, y también en varias civilizaciones indígenas de América y el África subsahariana se elaboraron bebidas alcohólicas propias.

Artes químicas

La destilación no se empleó solo para producir alcohol. En Babilonia (actuales Iraq y Siria), el desarrollo de ingenios y técnicas químicos permitió separar mezclas y explotar las propiedades de sus componentes.

Estos procesos se aplicaron a fines artesanos, como la producción de perfumes. Babilonia puede presumir del primer químico del que hay constancia, una mujer, Tapputi-Belatekallim, que registró su trabajo en tablillas de arcilla donde detalló la extracción, la destilación y el filtrado para elaborar perfumes para fines médicos y rituales.

La producción de vidrio fue otro proceso con usos artesanales. En Asiria, que se extendía por partes de los actuales Irán, Iraq, Siria y Turquía, se descubrió el primer manual de fabricación de vidrio en la biblioteca del rey Asurbanipal; pero las pruebas arqueológicas indican que ya antes otras civilizaciones, entre ellas Egipto, China y la antigua Grecia, estaban experimentando en este campo. El vidrio producido se usaba para hacer armas, objetos de adorno y recipientes, aunque el arte del soplado no se desarrolló hasta el siglo I d.C.

Metalurgia

En sus inicios, la química permitió explotar las reservas de metales.

En la antigua Grecia, Leucipo y Demócrito proponen que **todo** se compone de **partes** extremadamente **pequeñas e indivisibles**.

C. 460 A.C.

Aristóteles añade cualidades a los elementos de Empédocles y añade **un quinto elemento**, el «**éter**».

C. 300 A.C.

C. 475 A.C.

Metalúrgicos chinos, sudamericanos y africanos **extraen hierro** del mineral empleando **hornos bajos**.

C. 450 A.C.

Empédocles propone que cuatro «raíces» –**tierra, aire, fuego y agua**– lo componen todo.

Metales preciosos como el oro y la plata eran menos problemáticos que los demás, que solían darse combinados con otros elementos, pero las técnicas desarrolladas en Lidia (actual Turquía) para refinar oro y plata permitieron crear sistemas de acuñación de moneda certificada.

Más importantes fueron las técnicas desarrolladas para aislar otros metales de sus menas, en las que se encontraban combinados con otros elementos. Los primeros hornos bajos de la antigua China se usaron para obtener hierro, y hay pruebas de la fundición de cobre en algunas civilizaciones indígenas de América del Sur. Tales procesos transformaron el uso de los metales, desde el predominio de objetos decorativos o simbólicos hacia diversas aplicaciones prácticas, entre ellas, las armas.

Fundamentos elementales

Hace 2 500 años aproximadamente, pensadores de la antigua Grecia dedicaron su atención a teorizar sobre de qué está hecho el mundo que nos rodea. Su filosofía puso los cimientos de marcos teóricos para el estudio del mundo material que continuarían vigentes durante varios siglos.

Los filósofos griegos Leucipo y Demócrito introdujeron la noción de los átomos como partes sólidas e indivisibles de la materia de todo aquello que nos rodea. Demócrito postuló también que diferentes formas de átomo constituían diferentes sustancias, y que los átomos podían combinarse entre sí de varias maneras.

En la misma época, Empédocles propuso que todas las sustancias se forman a partir de la combinación de cuatro «raíces» fundamentales: tierra, aire, fuego y agua. Se cree que fue Platón el primer filósofo griego en llamar «elementos» a dichas sustancias. Aristóteles definió elemento como «la materia primera que entra en la composición, y que no puede ser dividida en partes heterogéneas». También atribuyó cualidades a los elementos, para explicar las de las sustancias. Su teoría perduró hasta el siglo XVII, cuando empezó a quedar superada por el descubrimiento de los elementos físicos. La teoría de los átomos, por el contrario, desapareció, y no fue retomada hasta el siglo XVIII.

Estas ideas clásicas, junto con las técnicas e ingenios creados en varias culturas antiguas, constituyen el fundamento de la química moderna. ■

EL QUE NO CONOCE LA CERVEZA NO SABE LO QUE ES BUENO

LA FERMENTACIÓN

EN CONTEXTO

FIGURAS CLAVE
Cerveceros desconocidos
(*c.* 11 000 a.C.)

ANTES
***C.* 21 000 a.C.** Cerca del mar de Galilea (Israel), cazadores recolectores construyen cabañas donde guardan semillas y bayas.

DESPUÉS
***C.* 6000 a.C.** Quedan conservadas pruebas químicas de viticultura en vasijas cerca de la actual Tbilisi (Georgia).

***C.* 1600 a.C.** Textos egipcios recogen unas cien recetas médicas que incluyen la cerveza como remedio para trastornos diversos.

***C.* 100 a.C.** El pueblo pápago del suroeste de EE UU emplea vino del cactus saguaro en sus rituales sagrados.

***C.* 1000** Uso generalizado del lúpulo para elaborar cerveza en Alemania.

El alcohol está asociado a actividades sociales tanto sagradas como profanas desde antes de los inicios de la historia escrita, y su producción es uno de los procesos químicos más antiguos de los que hay constancia.

Las primeras cervezas

No se sabe cómo se descubrió el alcohol, pero la fermentación es una técnica química ancestral crucial. Es probable que la primera experiencia humana con el alcohol fuera fortuita, debida quizá a consumir fruta en descomposición. Hay pruebas de que los primeros ejemplos de la producción de alcohol pueden ser anteriores a los primeros cultivos agrícolas, hace unos 11 000 años.

Los natufienses, un pueblo neolítico que vivió en el área del Mediterráneo oriental entre *c.* 15 000 y *c.* 11 000 a.C., fueron tal vez una de las primeras culturas en elaborar cerveza. Al analizar residuos encontrados en morteros de piedra que datan de *c.* 11 000 a.C., descubiertos en un enterramiento próximo a Haifa (Israel), los arqueólogos detectaron que se habían utilizado para elaborar cerveza de trigo o cebada silvestres, además de para guardar alimentos. Se especula que los natufienses empleaban un proceso en tres fases, en el que el almidón del trigo o la cebada se malteaba primero haciendo germinar los granos en agua, antes de su secado y almacenamiento. Después se maceraba y calentaba la malta, y por último se dejaba fermentar. Durante el proce-

Elaboración de cerveza en Egipto, en una escena pintada sobre caliza en 2500–2350 a.C. para decorar una capilla funeraria en Abidos, antigua ciudad del Alto Egipto.

Véase también: Purificación de sustancias 20–21 ▪ La catálisis 69 ▪ Enzimas 162–163

La elaboración de cerveza comienza haciendo germinar la cebada para obtener malta, proceso que produce azúcares y almidón, así como las enzimas amilasa y proteasa. Luego se siguen cinco pasos principales.

1. Maceración
Se añade agua caliente a la malta de cebada. La mezcla se filtra para obtener una solución azucarada, el mosto.

2. Cocción
Se añade lúpulo al mosto y se lleva a la ebullición. Luego se deja enfriar el mosto y se filtra el lúpulo.

3. Fermentación
La solución se transfiere a un recipiente de fermentación al que se añade levadura, que convierte los azúcares en alcohol y CO_2.

4. Maduración
La cerveza es imbebible hasta haber madurado. Durante la maduración, la levadura descompone los compuestos con mal sabor.

5. Filtrado
Finalmente, la cerveza se filtra y clarifica. Algunos tipos de cerveza no están filtradas, y quedan turbias.

so de fermentación, levaduras silvestres presentes naturalmente en el aire convierten los azúcares de la cebada o trigo en etanol (alcohol). El resultado tenía la consistencia de una papilla o unas gachas, en lugar del líquido al que estamos habituados en la actualidad.

Se cree que varias civilizaciones empleaban la fermentación alrededor de 7000 a.C., y las pruebas químicas de una de las bebidas alcohólicas más antiguas son de esta época. Los arqueólogos analizaron el residuo de recipientes de cerámica hallados en Jiahu, al noreste de China, y descubrieron trazas de una bebida alcohólica hecha con miel, arroz y fruta. El examen de recipientes y residuos de varios yacimientos arqueológicos indica el empleo de un mosto hecho de grano, denominado *qu*, para elaborar una bebida semejante a la cerveza durante la primera época de la domesticación de plantas en la región, que data también de *c.* 7000 a.C. Al igual que los descubrimientos natufienses, estos recipientes proceden de yacimientos asociados con enterramientos, lo cual indica un posible papel de estas bebidas en los ritos funerarios.

Pan y cerveza

El registro escrito más antiguo de la producción de cerveza es una tablilla de 6000 años de antigüedad de la antigua Mesopotamia (región histórica entre los ríos Tigris y Éufrates que abarcaba partes de las actuales Siria y Turquía y la mayor parte de Iraq), que ha sido atribuido a la civilización sumeria, entre cuyas deidades se contaba Ninkasi, la diosa de la elaboración de cerveza. La receta de cerveza más antigua que se conserva, que describe su elaboración a partir de pan de cebada, se encuentra en un poema en alabanza de la diosa de hace 3900 años.

Egipto fue uno de los mayores productores de vino y cerveza del mundo antiguo, y se cree que la fábrica de cerveza más antigua conocida (*c.* 3400 a.C.), situada en la ciudad de Hieracómpolis, producía más de 1100 litros diarios. Las cervecerías egipcias estaban asociadas con frecuencia a las panaderías, dependiendo ambas de la acción de la levadura para convertir los azúcares de cereales como cebada y farro en alcohol etílico y dióxido de carbono (CO_2). La diferencia es que el producto deseado para elaborar cerveza es el alcohol, mientras que para los panaderos es el CO_2, el cual hace subir la masa. Parece probable que nuestros antepasados elaboraran cerveza antes que pan, y, en la actualidad, la levadura restante del proceso de elaboración de la cerveza se usa a menudo para hacer pan. ■

ACEITE DULCE, LA FRAGANCIA DE LOS DIOSES

PURIFICACIÓN DE SUSTANCIAS

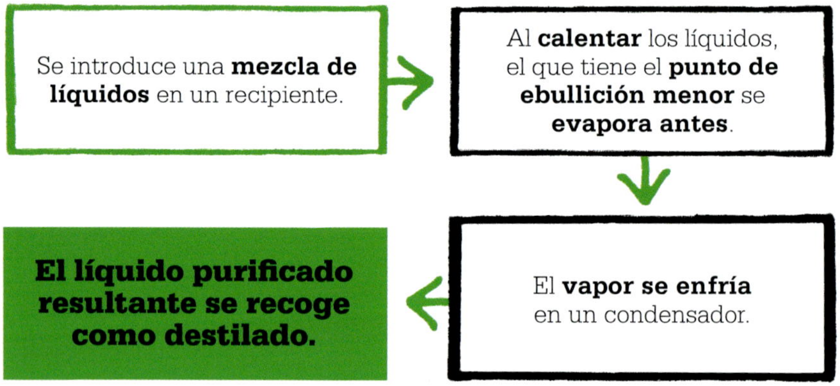

EN CONTEXTO

FIGURA CLAVE
Tapputi-Belatekallim
(*c.* 1200 a.C.)

ANTES

***C.* 4000 a.C.** En el valle del Tigris se fabrican ollas acampanadas que podrían ser parte de un aparato de destilación.

***C.* 3000 a.C.** Un aparato de destilación de terracota del valle del Indo sirvió probablemente para producir aceites esenciales.

***C.* 2000 a.C.** En Chipre opera una gran fábrica de perfumes.

DESPUÉS

***C.* siglo IX** El *Libro de la química del perfume y las destilaciones* del filósofo árabe Al Kindi recoge más de cien recetas y métodos.

***C.* siglo XI** El polímata persa Avicena inventa un proceso para extraer aceite de flores por destilación para crear perfumes más delicados.

La destilación es un proceso para separar líquidos, ya sea de sólidos, como al extraer alcohol de material fermentado, o de una mezcla de líquidos con distintos puntos de ebullición, como al separar el petróleo crudo en sus componentes, entre ellos el butano y la gasolina.

Tecnología antigua

Uno de los primeros descubrimientos tecnológicos de la humanidad fue que el alquitrán se podía destilar de la corteza del abedul. Este adhesivo natural fue clave para crear herramientas compuestas, y sirvió para fijar hojas de piedra sobre los mangos de madera de hachas, lanzas y azadas. Se ha descubierto alquitrán antiguo en yacimientos europeos del Paleolítico Medio, anteriores en unos 150 000 años a la llegada de *Homo sapiens* a Europa occidental. Estos primeros destiladores fueron neandertales, quienes probablemente calentaban la corteza sobre brasas para extraer el alquitrán.

En época relativamente más reciente, la destilación se empleó para producir perfumes. Por las pruebas halladas en jeroglíficos, es un arte que se remonta a al menos 5 000 años atrás, a los sacerdotes del antiguo Egipto, quienes usaban resinas aromáticas en sus rituales. Una de las primeras fases en la elaboración de un perfume es la extracción de aceites esenciales aromáticos de

Véase también: La fermentación 18–19 ▪ Refinado de metales preciosos 27 ▪ Intentos de fabricar oro 36–41 ▪ El craqueo del crudo 194–195

las plantas, y el método más común para ello es la destilación.

El alambique

En Mesopotamia se utilizaron alambiques para destilar y filtrar líquidos en fecha tan temprana como 3500 a.C. En esa época consistían en un recipiente de barro de borde doble con tapa. El líquido se calentaba en el recipiente, y el condensado (líquido formado por condensación) se acumulaba en la tapa, que se enfriaba con agua. El condensado fluía de la tapa por el hueco entre el borde doble, de donde se recogía. El proceso era muy poco eficiente, y a menudo había que repetir la destilación varias veces para lograr la concentración requerida.

La primera química

Tablillas de arcilla con texto cuneiforme de alrededor de 1200 a.C. describen las perfumerías de la antigua Babilonia (ciudad del sur de Mesopotamia, en el actual Iraq), que empleaban un proceso de destilación antiguo. Una perfumista babilonia, llamada en los textos Tapputi-Belatekallim, es la primera química identificada por nombre desde los inicios de la historia escrita. «Belatekallim» significa «supervisora», que era el cargo de Tapputi en la perfumería real. Las tablillas describen su tratado sobre elaboración de perfumes, el primero puesto por escrito, y muestran cómo filtraba y destilaba perfumes para rituales religiosos y medicinas, además de para uso de la casa real. Aunque el alambique es muy anterior a Tapputi, las tablillas recogen la primera descripción de su uso.

Además del alambique, perfumistas como Tapputi emplearon equipo diverso, en gran parte adaptado a partir de utensilios domésticos: ollas y matraces de barro y piedra, pesos y medidas, tamices, morteros, telas para filtrar y hornos capaces de alcanzar distintas temperaturas.

Otra de las tablillas conservadas describe los pasos seguidos por Tapputi para producir un ungüento para la casa real a partir de agua, flores, aceite y cálamo (posiblemente hierba limón), detallando el refinado de los ingredientes en el alambique, lo cual constituye la referencia escrita más antigua a esta técnica. Los ingredientes se ablandaban primero en agua, luego, en aceite, y se hervían para liberar sus esencias, que se condensaban en las paredes del alambique. El concentrado recogido podía diluirse después en una mezcla de agua y alcohol, como los perfumes actuales. ■

El alambique, representado en este texto árabe del siglo XVIII, se atribuyó a la alquimista egipcia María la Hebrea, de en torno al siglo II d.C. El condensado fluye desde el recipiente de enfriado a un frasco de vidrio.

> Mujeres perfumistas desarrollaron las técnicas químicas de la destilación, extracción y sublimación.
>
> **Margaret Alic**
>
> ***El legado de Hipatia* (1986)**

Destilación y sublimación

La destilación es una forma eficaz de separar una mezcla de líquidos con puntos de ebullición distintos, al evaporarse a menor temperatura el componente más volátil. El vapor pasa por un condensador, donde, al enfriarse, regresa al estado líquido y se recoge como destilado. Ajustar la temperatura permite separar distintos componentes. Otro método de separación es la sublimación, en la que un sólido se convierte en vapor sin pasar por el estado líquido. Un ejemplo actual sería el CO_2 congelado (hielo seco), que se vaporiza a temperatura ambiente. Sustancias como el yodo, el alcanfor y la naftalina se subliman al calentarlas, y pueden recuperarse como depósito sólido, o sublimado, enfriando el vapor de modo similar al empleado para los destilados líquidos.

GRASA DEL CARNERO, CENIZAS DEL HOGAR

LA FABRICACIÓN DE JABÓN

EN CONTEXTO

FIGURAS CLAVE
Fabricantes de jabón sumerios (*c.* 2800 a.C.)

DESPUÉS
***C.* 600 a.C.** Los fenicios hacen jabón con sebo de cabra y ceniza de madera.

79 Quedan enterradas pruebas de una fábrica de jabón entre las ruinas de Pompeya (Italia).

700 Químicos árabes usan aceites vegetales como el de oliva para las primeras pastillas de jabón, perfumadas y teñidas con aceites aromáticos como el de tomillo.

Siglo XII Un documento islámico identifica el ingrediente clave del jabón como *al qali* («cenizas»), origen del término químico «álcali».

1791 El químico francés Nicolas Leblanc abre la primera fábrica de carbonato sódico (sosa) a partir de sal común, que reduce el coste de fabricar jabón.

El jabón bien pudo ser el primer preparado químico –mezcla deliberada de dos o más sustancias– de la historia. Tablillas de arcilla de *c.* 2500 a.C. halladas en la ciudad sumeria de Girsu (actual Iraq) incluyen la primera descripción de un método para fabricar un material semejante al jabón, pero los arqueólogos consideran probable que el jabón se utilizara ya al menos 300 años antes.

En lo fundamental, la química de la fabricación de jabón es la misma en todas las culturas. Girsu fue un centro de producción textil, y la fórmula de jabón conservada servía para lavar y teñir lana. Los sumerios empleaban una mezcla de ceniza de madera y agua para retirar la grasa natural de la lana, proceso necesario para que agarrara el tinte. Es probable que los sacerdotes sumerios se purificaran usando una mezcla similar antes de los rituales.

> Este agua consagra los cielos, purifica la tierra.
> **Himno a Kusu**
> **(III milenio a.C.)**

Cenizas alcalinas

La mezcla de ceniza y agua funciona gracias a la reacción del álcali de la ceniza con la grasa, que convierte en jabón. (En este caso, «álcali» significa una base disuelta en agua; una base es el opuesto químico de un ácido.) El jabón disuelve la grasa y la suciedad restantes. Era relativamente fácil fabricar jabón cociendo sebo y aceites de origen animal con la mezcla de cenizas alcalinas, y así se obtenían soluciones para lavar textiles como la lana o el algodón.

En cuanto al uso corporal, parece que el uso más habitual del jabón era para tratar trastornos de la piel, más que para la higiene. Un texto sumerio de *c.* 2200 a.C. describe su aplicación sobre una persona con un mal cutáneo no identificado. Los antiguos egipcios desarrollaron un método similar al de los sumerios, y lo usaron tanto para tratar enfermedades de la piel o llagas como para lavarse. El papiro de Ebers, de

Véase también: La nueva medicina química 44–45 ▪ Ácidos y bases 148–149 ▪ Enzimas 162–163 ▪ El craqueo del crudo 194–195

c. 1550 a.C., una de las obras médicas más antiguas conocidas, incluye la fabricación de jabón con una mezcla de grasas animales y vegetales y sales alcalinas.

Durante la dinastía Zhou en China, en torno a 1000 a.C., se descubrió que las cenizas de determinadas plantas servían para retirar la grasa. El *Registro de comercios*, redactado hacia el final de dicha dinastía, menciona la mejora de la mezcla empleada con el añadido de conchas marinas molidas a la ceniza. El resultado era una sustancia alcalina capaz de eliminar las manchas de los textiles.

Química del jabón

Las grasas animales y vegetales contienen triglicéridos, que son compuestos de una molécula de glicerol enlazada a tres cadenas largas de ácidos grasos. Al mezclarse con una solución alcalina fuerte, los ácidos grasos se separan del glicerol, en el proceso llamado saponificación. El glicerol se convierte en alcohol, y los ácidos grasos forman sales, las moléculas del jabón. La cabeza de la sal de ácidos grasos es hidrófila (la atrae el agua) y soluble, y la larga cola es hidrófoba (el agua la repele) e insoluble.

Las sales de ácidos grasos, altamente tensoactivas, se acumulan en las superficies de agua. En el agua, las moléculas de jabón forman conjuntos minúsculos de moléculas, llamados micelas. La parte hidrófila de la molécula de jabón se dispone al exterior, formando la superficie de la micela, y la parte hidrófoba ocupa el interior. Moléculas hidrófobas como las de las grasas quedan atrapadas en la micela, que es soluble en agua, y fácil de enjuagar.

Jabón histórico

Los antiguos griegos y romanos se lavaban frotándose aceite sobre la piel, y raspando luego la suciedad con un estrígil de metal o madera, cuyos ejemplos más antiguos datan del siglo V a.C.

La primera mención escrita que se conozca de la palabra *sapo* («jabón») es del siglo I d.C., en la obra enciclopédica *Historia natural*, del autor y naturalista romano Plinio el Viejo. Esta incluye fórmulas para hacer jabón con sebo de vaca y ceniza, y describe el producto resultante como útil para eliminar las llagas escrofulosas.

En el siglo II d.C., el influyente médico griego Galeno describió la fabricación de jabón con sosa o potasa cáustica (las bases hidróxido sódico e hidróxido potásico obtenidas de la ceniza de madera), que prescribía como medio eficaz para lavar tanto el cuerpo como la ropa.

Jabones actuales

Las grasas y los aceites más comunes usados hoy en la manufactura de jabón son los aceites de coco, girasol, oliva y palma y el sebo. Las propiedades del jabón las determina el tipo de grasa empleado: las grasas animales producen jabones duros e insolubles, y el aceite de coco, jabones más solubles. Es también importante el tipo de álcali usado: los jabones de sodio son duros, y los de potasio, más blandos.

Muchos detergentes actuales emplean enzimas como catalizadores biológicos para descomponer las grasas, las proteínas y los carbohidratos de las manchas de alimentos y otras sustancias. ■

Las colas hidrófobas de las moléculas de jabón se adhieren a la suciedad y la grasa de la piel, que atrapan en una micela soluble.

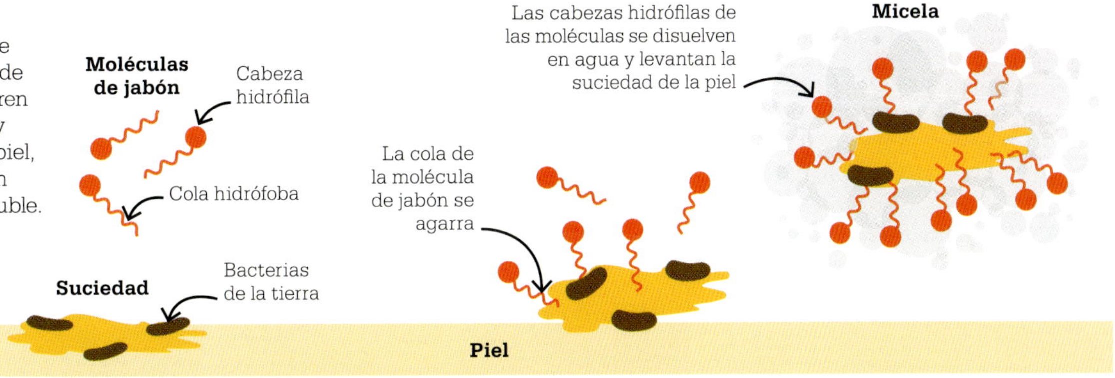

EL OSCURO HIERRO DUERME EN MORADAS OCULTAS

LA EXTRACCIÓN DE METALES DEL MINERAL

EN CONTEXTO

FIGURAS CLAVE
Metalúrgicos anatolios
(*c.* 2000 a.C.)

ANTES
***C.* 5000 a.C.** Pruebas de extracción deliberada de cobre de mineral en yacimientos de Europa sudoriental e Irán.

***C.* 4000 a.C.** Hachas de cobre de los Balcanes indican el conocimiento de la tecnología para fundir y dar forma a los metales.

DESPUÉS
***C.* 400 a.C.** Metalúrgicos indios inventan un método de fundición que enlaza el carbono al hierro forjado y produce acero.

***C.* siglo XII** Primeros altos hornos de Occidente, en Durstel (Suiza).

El descubrimiento de la extracción de metales fue un avance tecnológico fundamental que permitió producir herramientas mejores y otros artículos, como joyas. Los primeros metales empleados fueron el cobre, la plata y el oro, que se encuentran en su estado nativo metálico en la naturaleza. La mayoría de los demás metales se dan combinados con otros materiales en minerales rocosos, y separar metales del mineral por fundición requiere temperaturas altas.

Extracción del cobre

Los primeros en descubrir el proceso de fundición fueron probablemente alfareros, al experimentar con técnicas nuevas para cocer la cerámica, y ver fluir del horno hilos de metal fundido resplandeciente. Para fundir cobre es necesario superar los 980 °C, algo muy difícil de

En un taller de la Edad del Bronce, la aleación de cobre y estaño se vierte a un molde de arena, después de la mezcla y fundición en el horno, para crear un objeto de bronce. Otro artesano examina una espada recién fabricada.

Véase también: Refinado de metales preciosos 27 ▪ Intentos de fabricar oro 36–41 ▪ El oxígeno y el fin del flogisto 58–59 ▪ Aislar elementos con electricidad 76–79

> Como en los tiempos antiguos, el oro y el hierro son hoy los amos el mundo.
>
> **William Whewell**
>
> **Conferencia sobre el progreso en las artes y las ciencias (1851)**

lograr con una hoguera, pero posible con un horno térmicamente aislado (o *kiln*).

Se han identificado galerías para extraer cobre de hace aproximadamente 6000 años en los Balcanes y la península del Sinaí (Egipto). Un gran reto para los primeros mineros era romper la roca para acceder al mineral. Uno de los primeros grandes avances en la tecnología minera fue la minería por fuego, consistente en calentar primero la roca para que se dilatara y rociarla luego con agua fría para que se contrajera y rompiera. Cerca de las minas se hallaron crisoles (recipientes de barro que soportan altas temperaturas y se usaban para fundir mineral con metales), lo cual indica que se fundía mineral también *in situ*.

Aleaciones

El cobre es un metal relativamente blando, de utilidad limitada para hacer herramientas. El descubrimiento de que combinarlo con otros metales en aleaciones producía metales más resistentes tuvo lugar hace unos 5000 años. Muchos de los primeros intentos de producir cobre consistieron en calentar minerales de sulfuro de cobre con carbón al rojo, proceso que daba como resultado aleaciones del cobre. Estas contenían arsénico, y eran mucho más resistentes que el cobre puro. Las primeras aleaciones de cobre y estaño fueron probablemente el resultado de la presencia de un mineral de estaño durante la fundición. El añadido del estaño al cobre producía una aleación mucho más dura que cualquiera de ambos metales, y más fácil de procesar: el bronce. Empleado desde aproximadamente 3000 a.C. en adelante en el delta del Tigris-Éufrates en Mesopotamia, este metal nuevo y útil se difundió con el comercio, y anunció el inicio de la Edad del Bronce.

El hierro

La extracción de hierro de su mineral se consiguió probablemente de forma accidental en hornos de fundición de cobre alrededor de 2000 a.C. en Anatolia (actual Turquía). Para obtener hierro era necesario emplear carbón como combustible, pues arde a mayor temperatura que la madera y reacciona químicamente para retirar alguna de las impurezas del mineral. La invención del fuelle permitió introducir aire, y por lo tanto oxígeno, en el horno, lográndose con ello temperaturas más altas. Estos hornos bajos antiguos no eran capaces de alcanzar la temperatura necesaria para fundir el hierro, y producían una mezcla de hierro casi puro y otros materiales, que después se refinaba por un proceso repetido de calentamiento y amartillado. El hierro obtenido de este modo es el hierro forjado.

El hierro es el cuarto elemento más común de la Tierra, más fácil de obtener en gran cantidad que el cobre y el estaño. Entre 1200 y 1000 a.C., el conocimiento del trabajo del hierro y el comercio de artículos de hierro, en particular herramientas agrícolas y armas, se difundió rápidamente por el Mediterráneo y Oriente Próximo. En China se desarrolló el alto horno, que volvió más eficiente la producción. ■

El alto horno

El alto horno, empleado para fundir metales como el hierro, se alimenta constantemente con combustible y mineral por la parte superior, mientras circula aire en el fondo que mantiene el suministro de oxígeno. Las reacciones químicas dentro de la cámara resultan en la producción de metal fundido y escoria, que se retira de la parte inferior, y de los gases que escapan por la chimenea.

En el siglo V a.C., las herramientas de hierro fundido eran habituales en China, señal de que la tecnología de los hornos altos estaba difundida allí en la época. Estos hornos tenían paredes de arcilla y empleaban minerales ricos en fósforo como flujo para reducir el punto de fusión del metal. En el siglo I d.C., el ingeniero chino Du Shi desarrolló la rueda hidráulica para mover fuelles de pistón, ahorrando trabajo y mejorando la eficacia de los hornos. En la Europa de la época, la producción de hierro estaba limitada al hierro forjado.

SI NO FUERA TAN QUEBRADIZO, LO PREFERIRIA AL ORO

LA FABRICACIÓN DE VIDRIO

EN CONTEXTO

FIGURAS CLAVE
Vidrieros mesopotámicos
(*c.* 2500 a.C.)

ANTES
***C.* 5000 a.C.** Las sociedades paleolíticas usan vidrio natural para fabricar herramientas cortantes.

DESPUÉS
***C.* 1500 a.C.** La fabricación de vidrio llega a Egipto y Grecia en la Edad del Bronce tardía.

***C.* siglo VII a.C.** Se inscriben instrucciones para fabricar varios tipos de vidrio en una tablilla de arcilla de la biblioteca del rey Asurbanipal (685–631 a.C.) de Asiria (norte del actual Iraq).

***C.* siglo I a.C.** Los fenicios descubren el soplado de vidrio empleando un tubo de hierro hueco.

***C.* siglo I** Los romanos descubren que añadir óxido de magnesio aclara el vidrio, y emplean ventanas de vidrio por primera vez.

El vidrio es una sustancia no cristalina que se da de manera natural en la corteza terrestre, generalmente como obsidiana, vidrio volcánico negro que se forma al enfriarse rápido la lava. Presente por todo el mundo, proporciona bordes muy afilados, útiles para fabricar cuchillos, sierras y puntas de lanza.

Entre los objetos de vidrio manufacturado más antiguos que se han descubierto hay cuentas de collares de Mesopotamia de 2500 a.C. El proceso de fabricación pudieron descubrirlo alfareros, al añadir un glaseado impermeable al exterior de la cerámica a alta temperatura. En Mesopotamia se fabricó vidrio a partir de tres ingredientes: sílice (SiO_2, arena por lo general); sosa cáustica (hidróxido sódico, $NaOH$) o potasa cáustica (hidróxido potásico, KOH), como flujo para reducir la temperatura de fusión de la arena; y cal (hidróxido de calcio, $Ca(OH)_2$) para estabilizar la mezcla. Fundir la materia prima requiere superar los 1000 °C, una temperatura que pocos hornos llegaban a alcanzar. A mediados del siglo XVI a.C. se fabricaban en Mesopotamia recipientes pequeños de vidrio, trabajando sobre un núcleo central de arcilla o boñiga fijado en una vara de metal, sumergido en vidrio fundido y retirado al enfriar.

En torno al siglo V a.C. se había desarrollado el horno de reverbero, con una cámara de combustión en un extremo y salida de aire en el otro, que permitía fundir varias toneladas de materia prima al mismo tiempo, aumentando así mucho la productividad. ■

> El vidrio, como el cobre, se funde en una serie de hornos, y se obtienen bultos oscuros y opacos.
>
> **Plinio el Viejo**
> ***Historia natural* (*c.* 77 d.C.)**

Véase también: Vidrio borosilicatado 151

EL DINERO ES POR NATURALEZA ORO Y PLATA

REFINADO DE METALES PRECIOSOS

EN CONTEXTO

FIGURA CLAVE
Creso, rey de Lidia
(r. *c.* 560–546 a.C.)

ANTES
***C.* 7000 a.C.** Primeras herramientas de cobre amartillado en comunidades neolíticas. Algunos de los ejemplos más antiguos proceden del este de Anatolia (actual Turquía).

***C.* 3000 a.C.** Las joyas de oro más antiguas conservadas se usan en Egipto.

DESPUÉS
***C.* 300–500** La tumbaga, aleación de oro y cobre, se emplea en Panamá y Costa Rica para hacer adornos y prendas formales.

1867 Francis Bowyer Miller inventa un proceso para refinar el oro con cloro, hasta lograr una pureza del 99,5%.

Los primeros metales trabajados fueron el cobre y el oro. En el norte de Iraq se han encontrado cuentas de cobre de hace 8000 años, y el oro pudo emplearse en adornos ya antes. En 4000 a.C. se utilizaban siete metales: cobre, oro y plata, encontrados en su estado nativo y relativamente fáciles de obtener; y plomo, hierro, estaño y mercurio, extraídos de diversos minerales por fundición.

Los metales nativos no eran siempre puros. A fines del siglo VII a.C., los lidios de Anatolia obtenían electro –aleación natural pálida de oro y plata– de arenas fluviales, y lo empleaban para acuñar moneda. En el siglo VI a.C., el rey Creso de Lidia introdujo las primeras monedas de oro de pureza normalizada del mundo.

Las monedas de Creso eran de oro refinado y purificado, lo que se conseguía aplastando el electro en láminas y poniéndolo luego en ollas de barro entre capas de sal. Al calentarse a una temperatura por debajo del punto de fusión del oro durante varias horas, la plata reaccionaba con la sal para formar cloruro de plata, que era absorbido por la arcilla de los ladrillos del horno y recipientes de cerámica, quedando oro casi puro.

Una moneda de oro –una de las primeras del mundo– de la época del rey Creso. La imagen del león y el toro se imprimía sobre el oro usando un martillo.

Para recuperar la plata, se fundía la arcilla con cobre o plomo, y la plata se separaba de los demás metales por copelación, consistente en calentar la aleación en copelas (cuencos), con fuelles para lograr temperaturas altas. Las copelas absorbían el óxido de cobre o plomo formado, y con la plata aislada se acuñaba moneda. ■

Véase también: La extracción de metales del mineral 24–25 ■ Aislar elementos con electricidad 76–79

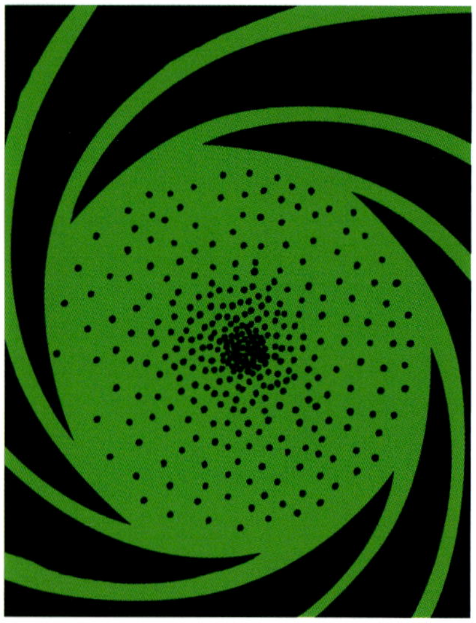

LOS ATOMOS Y EL VACIO FUERON EL PRINCIPIO DEL UNIVERSO

EL UNIVERSO ATÓMICO

EN CONTEXTO

FIGURA CLAVE
Demócrito (*c.* 460–*c.* 370 a.C.)

ANTES
***C.* 475 a.C.** El filósofo griego Leucipo desarrolla la primera teoría atomista, la idea de que todo está compuesto por elementos indivisibles.

DESPUÉS
***C.* siglo xi** El filósofo islámico Al Ghazali se refiere en sus escritos a los átomos como únicos entes materiales perpetuos que existen.

1758 El polímata croata Ruđer Bošković publica la primera teoría matemática general del atomismo.

La idea de que toda la materia se compone de átomos tiene una historia muy larga. Comenzó en el siglo v a.C. con el filósofo griego Demócrito, que partió de la obra de su casi contemporáneo Anaxágoras, quien creía que la materia era infinitamente divisible, y de su maestro Leucipo, quien propuso que toda la materia consiste en un número infinito de partículas invisibles (por ser tan minúsculas) e indivisibles.

El *atomos* eterno

Demócrito sabía que si se parte una piedra por la mitad, cada una de las mitades tiene las mismas propiedades que la piedra original. Razonó que, si se sigue dividiendo la piedra, llegará un momento en que los fragmentos son tan minúsculos que es físicamente imposible dividirlos ya más. Demócrito llamó a estos fragmentos infinitamente pequeños de materia *atomos*, que significa «indivisible», y de donde procede la palabra *átomo*. Creyó que los átomos eran eternos y no podían ser destruidos, pero que se combinaban y recombinaban de manera constante en sustancias diferentes.

Estos átomos eran sólidos y sin estructura interna, hechos todos de la misma materia, pero de distintos tamaños, pesos y formas. Cada material procedía de un tipo específico de átomo: los átomos de una piedra son únicos y distintos de los de una pluma, por ejemplo. La naturaleza de los materiales se debe a la forma de los átomos de los que están hechos; los del hierro, por ejemplo, son rugosos y se enganchan unos con otros, mientras que los del agua son lisos y resbalan.

> “Pues lo pequeño era también infinito.”
> **Anaxágoras**
> **Filósofo griego presocrático (siglo v a.C.)**

El universo de Demócrito

En el pensamiento de Demócrito, el universo había existido y existiría siempre. Sus estructuras surgían del movimiento azaroso de los átomos,

Véase también: Los cuatro elementos 30–31 ▪ Corpúsculos 47 ▪ La teoría atómica de Dalton 80–81

que al chocar formaban cuerpos mayores y mundos. Estas colisiones causaban movimientos, o vórtices, que diferenciaban los átomos por su masa.

La naturaleza de los átomos, su movimiento y la manera en que se agrupaban gobernaba el mundo. Este fue un intento de aplicar leyes matemáticas a la naturaleza, dado que las matemáticas gobernaban el comportamiento de los átomos. Para Demócrito, la naturaleza era una máquina.

Demócrito llegó a sus conclusiones por deducción, no por medio de experimentos. Otros filósofos, entre los que destaca Aristóteles, rechazaron tales ideas. Siguiendo las teorías de Empédocles, Aristóteles mantuvo que todo en el universo está hecho de fuego, aire, tierra y agua, y criticó además la idea de que siempre hubo movimiento atómico y de que este no había tenido comienzo.

Según Demócrito, los átomos de distintos materiales tenían distinta forma. Los del agua eran lisos y resbalaban o rodaban fácilmente unos sobre otros, mientras que los del hierro se enganchaban para formar un sólido.

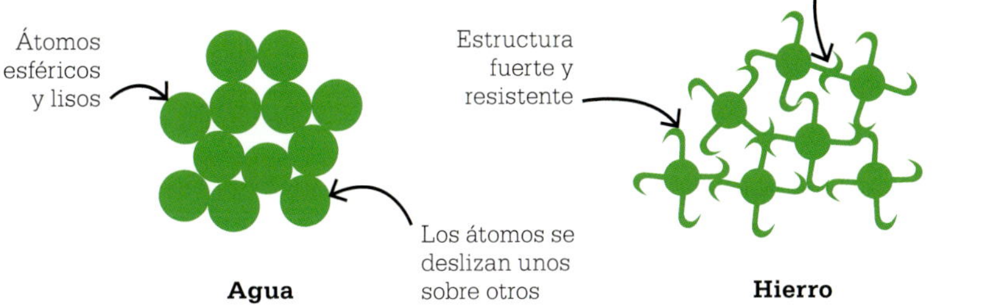

Desarrollos posteriores

En el siglo IV a.C., el filósofo griego Epicuro mantuvo la teoría atómica, pero se opuso al universo mecánico y determinista de Demócrito. Epicuro defendía la noción de libre albedrío cuando afirmaba que los átomos que se movían por el espacio podían desviarse de su trayectoria predeterminada, añadiendo un elemento de azar, y generar nuevas cadenas de acontecimientos. En el siglo I a.C., el filósofo romano Lucrecio escribió en *De la naturaleza de las cosas* que la materia estaba compuesta por primeros principios de las cosas: partículas minúsculas en movimiento perpetuo a gran velocidad. La teoría atomista, al igual que gran parte del pensamiento griego, cayó en el olvido en Europa durante siglos, hasta redescubrirse gracias a las traducciones al árabe de Aristóteles, quien la rechazaba. La teoría aristotélica de los cuatro elementos como principios eternos prevaleció sobre el atomismo, considerado materialista por los estudiosos cristianos, quienes lo veían contrario a sus enseñanzas. En el siglo XVIII, algunos filósofos ilustrados retomaron el concepto de átomo, que resurgió en la teoría atómica del químico británico John Dalton a principios del siglo XIX. ■

Demócrito

Llamado «el filósofo risueño» por su perspectiva alegre de la vida, Demócrito nació alrededor de 460 a.C., posiblemente en Abdera, en la provincia griega de Tracia, o quizá en Mileto, en el oeste de la actual Turquía. Poco se sabe de su vida, y no se ha conservado ningún escrito suyo. Su pensamiento nos ha llegado a través de fragmentos, sobre todo de una monografía de Aristóteles, y de las anécdotas relatadas por el biógrafo griego Diógenes Laercio en el siglo III d.C.

Se cree que Demócrito viajó extensamente, casi con certeza a Egipto y Persia, y posiblemente a Etiopía e India, y trató con estudiosos de estos países. También viajó por Grecia para hablar con filósofos naturales; Leucipo de Mileto fue su mentor, y supuso una gran influencia en su pensamiento, al compartir con él la teoría atomista.

Las circunstancias de la muerte de Demócrito no están claras. Se dice que vivió hasta los 90 años, lo cual situaría su muerte alrededor de 370 a.C.; sin embargo, algunos autores sostienen que llegó a vivir 109 años.

FUEGO, TIERRA Y AGUA Y LA BOVEDA SIN LIMITE DEL AIRE

LOS CUATRO ELEMENTOS

EN CONTEXTO

FIGURAS CLAVE
Empédocles (492–432 a.C.),
Aristóteles (384–322 a.C.)

ANTES
***C.* siglo VI a.C.** Tales de Mileto afirma que todos los fenómenos pueden comprenderse en términos naturales y racionales.

DESPUÉS
***C.* siglo VIII** El alquimista árabe Jabir ibn Hayyan amplía la hipótesis de los cuatro elementos e incluye la teoría del azufre y el mercurio de los metales.

1661 El filósofo natural y químico angloirlandés Robert Boyle rechaza los cuatro elementos y mantiene que toda la materia se compone de corpúsculos.

Se atribuye a los antiguos griegos el haber sido los primeros en preguntarse: ¿de qué está hecho todo? Tales de Mileto, según cuenta Aristóteles en *Metafísica*, dijo que el agua era el principio *(arjé)* de todas las cosas. Otros filósofos tuvieron ideas distintas: para Heráclito, el *arjé* era el fuego, y Anaxímenes de Mileto propuso que era el aire.

Raíces primarias

En el siglo V a.C., Empédocles, nacido en Sicilia, declaró que toda la materia, incluidos los seres vivos, estaban compuestos por cuatro «raíces» *(rhizomata)* primarias: aire, tierra, fuego y agua. La materia rara vez es pura, y resulta normalmente de la combinación de sustancias distintas, cuya proporción determina su naturaleza. En este sistema, dos fuerzas actuaban sobre las raíces y provocaban cambios: el amor *(philotes)*, que hacía que se unieran distintos tipos de materia, y la discordia *(neikos)*, que los separaba. Empédocles creía también que toda la materia, viva o no, era de algún modo consciente.

Empédocles en la *Crónica de Núremberg* (1493), del humanista alemán Hartmann Schedel. Esto muestra su importancia para los estudiosos medievales.

El sistema de Empédocles se basaba en la filosofía, no en la experimentación, pero se cuenta que demostró que el aire era distinto de la nada usando una clepsidra –un reloj de agua que medía el flujo por un recipiente con orificios en la parte superior e inferior. Empédocles observó que si sumergía el orificio inferior de la clepsidra, el recipiente se llenaba de agua. Si tapaba el orificio superior con el dedo, sin embargo, el agua no entraba en el recipiente hasta que retiraba el dedo. Empédocles dedujo que era el aire del interior del recipiente lo que impedía entrar al agua.

Cualidades complementarias

El filósofo ateniense Platón, en *Timeo* (*c.* 360 a.C.), pudo ser el primero en

Véase también: El universo atómico 28–29 ▪ Intentos de fabricar oro 36–41 ▪ Gases 46 ▪ Corpúsculos 47 ▪ El oxígeno y el fin del flogisto 58–59 ▪ La teoría atómica de Dalton 80–81 ▪ La ley de los gases ideales 94–97 ▪ La tabla periódica 130–137

Los elementos son los componentes primarios de los cuerpos.
Aristóteles

emplear el término «elemento» (*stoicheion*, que en griego significa la menor división de un reloj de sol, o una letra del alfabeto) para las cuatro raíces básicas. Su alumno Aristóteles, sin embargo, aportó la primera definición en su obra *Sobre el cielo*: «El elemento es aquello en que se divide un cuerpo [...] y no es divisible en cuerpos diferentes en forma».

Aristóteles sostenía que todas las sustancias eran una combinación de materia y forma. La materia era el material del que estaban hechas las sustancias, mientras que la forma les confería la estructura y determinaba sus características y funciones. Estaba de acuerdo con Empédocles en que la materia se formaba a partir de proporciones de aire, tierra, fuego y agua, pero creía que estos existían solo en potencia, y no como cosas en sí mismas, hasta adquirir forma.

Aristóteles consideraba que los cuatro elementos tenían propiedades distintas: el fuego era cálido y seco; el aire, cálido y húmedo; la tierra, fría y seca; y el agua, fría y húmeda. A los cuatro elementos de Empédocles añadió un quinto, que acabaría siendo conocido como quintaesencia, o éter, una sustancia divina que formaba las estrellas y los planetas.

En el cosmos geocéntrico de Aristóteles, el éter era el elemento más ligero, y formaba la capa más exterior; después, en orden descendente, venían el fuego, el aire, el agua y la tierra. Cada elemento tendía a ocupar su lugar natural, de modo que la lluvia caía del aire a la tierra y regresaba al nivel del agua, y las llamas se alzaban desde la tierra hacia el nivel del fuego.

Influencia duradera

La teoría de los cuatro elementos fue clave para la alquimia, y fue muy influyente también en la medicina. En el siglo V a.C., en su tratado *Naturaleza del hombre*, el griego Hipócrates, «padre de la medicina», asoció los elementos con los cuatro fluidos vitales o humores del cuerpo: la sangre (aire), la flema (tierra), la bilis amarilla (fuego) y la bilis negra (agua).

La teoría de los elementos se difundió luego al mundo islámico, desde el cual pasó de nuevo a Europa, donde dominaría el pensamiento durante la Edad Media y más allá.

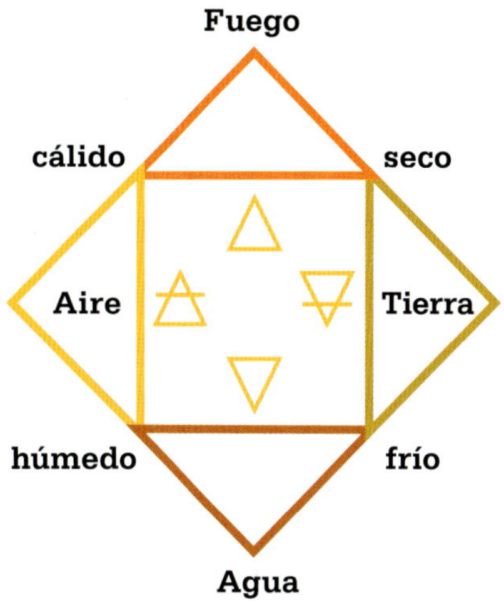

A lo largo de los siglos, los filósofos naturales conformaron este diagrama de las cualidades semejantes y opuestas de los elementos. Los símbolos del centro indican el movimiento ascendente o descendente de la energía asociada a cada uno.

No sería hasta los siglos XVII y XVIII cuando científicos como Galileo y Robert Boyle, atentos a la experimentación y la observación antes que a la filosofía, dejaron al fin atrás los elementos aristotélicos. ▪

Aristóteles

Nacido en 384 a.C. en Macedonia, al norte de Grecia, Aristóteles fue alumno de la Academia de Platón desde 367 a.C., y luego fue maestro allí. Después de la muerte de Platón en 347 a.C., Aristóteles fundó su propia escuela, el Liceo, en Atenas en 335 a.C. Que fuera tutor del joven Alejandro Magno es probablemente una invención posterior, aunque pasó algún tiempo en la corte de su padre, Filipo de Macedonia. Murió en 322 a.C., con 62 años. Postuló el concepto de leyes naturales para explicar los fenómenos físicos. Escribió sobre filosofía, astronomía, biología, lógica, psicología, economía, poesía y teatro. Sus ideas dominaron la ciencia y la filosofía occidentales durante casi dos mil años, hasta que fueron desafiadas por filósofos naturales en el siglo XVII.

Obras principales

Metafísica.
Acerca de la generación y la corrupción.
***C.* 350 a.C.** *Sobre los cielos.*

LA EDAD
LA ALQUI
800–1700

DE
MIA

C. 800

El alquimista musulmán **Jabir ibn Hayyan** desarrolla la teoría del azufre y mercurio para explicar **cómo se forman los metales** en la tierra.

C. 900

El médico persa **Muhamad ibn Zakariya al Razi** crea un **sistema de clasificación** para una serie de sustancias naturales.

C. 1040

Zeng Gongliang publica en China las fórmulas químicas escritas de la **pólvora** más antiguas conocidas.

C. 1310

Summa Perfectionis Magisterii, publicado bajo el seudónimo **«Geber»**, resume gran parte del conocimiento de los **alquimistas árabes**.

1538

Paracelso afirma que la cantidad de una sustancia es el factor determinante **de que sea o no** un **veneno**, inaugurando con ello una nueva era de la medicina química.

La edad de la alquimia es despreciada a menudo como una época en la que la seudociencia y el ocultismo fueron obstáculos para el progreso del pensamiento en materia química. Es cierto que las metas ambiciosas de los alquimistas de Occidente, como convertir metales viles en oro o descubrir el secreto de la eterna juventud, nunca se cumplieron, pero considerar por ello ocultistas crédulos, o incluso fraudulentos, a los alquimistas supone ignorar que la dedicación a la experimentación fue una parte importante de la alquimia, y que subyace a la acumulación gradual de conocimiento y experiencia que desembocó en la química moderna.

Un arte misterioso

La imagen de la alquimia se vio también oscurecida por el lenguaje aparentemente místico que los primeros alquimistas empleaban para describir sus procedimientos y experimentos. En las fórmulas antiguas y medievales abundan las referencias oscuras a conceptos como «el león verde que devora el sol», «el lobo gris» o «la semilla del dragón». Sin embargo, tales enunciados chocantes, una vez decodificados, resultan ser descripciones de lo que en la actualidad llamaríamos reacciones químicas, y muestran que los autores tenían una idea precisa de algunos de los procesos que estudiaban.

Orígenes de la alquimia

Existen dudas sobre el origen exacto de la alquimia, y hubo además tradiciones diferentes en distintas partes del mundo. Algunos aspectos, como la búsqueda de un «elixir de la vida», están presentes en los textos antiguos de China e India. Las raíces de lo que sería la alquimia occidental se pueden identificar en el antiguo Egipto, en concreto durante el periodo helenístico. La práctica surgió de una fusión de pensamiento griego y prácticas egipcias, como el embalsamamiento de los muertos, y refinó aparatos y técnicas que se empleaban desde hacía varios siglos para procesos tales como la destilación y el filtrado.

La alquimia decayó en el Imperio romano tardío; sin embargo, en torno al final del I milenio d.C., los alquimistas del mundo islámico le dieron un impulso nuevo. Practicantes como el renombrado científico musulmán Jabir ibn Hayyan desarrollaron sistemas de clasificación para sustancias más allá de la tierra,

1597

El médico alemán **Andreas Libavius** publica ***Alchymia***, considerado uno de los primeros libros de química.

1648

Jan Baptist van Helmont acuña el término «gas» para las sustancias vaporosas distintas de las de la atmósfera que respiramos.

1661

Robert Boyle publica ***El químico escéptico***, donde desarrolla la idea de que todas las sustancias materiales se componen de corpúsculos.

C. 1669

Hennig Brand, al tratar de producir oro a partir de orina, **aísla** accidentalmente **el fósforo.**

1697

Georg Ernst Stahl explica las observaciones realizadas al arder sustancias con una hipotética sustancia invisible llamada **flogisto**.

el aire, el fuego y el agua de los antiguos griegos, e iniciaron la exploración sistemática de las propiedades de sustancias diversas. Desde 1095, cuando la cristiandad emprendió una serie de cruzadas contra el islam, el contacto entre ambas culturas hizo que se recuperara la alquimia en Europa occidental, con la traducción al latín de obras en árabe alrededor del siglo XII.

Elementos y aires

La búsqueda por alquimistas europeos de la piedra filosofal condujo de manera indirecta a avances de gran importancia. Alquimistas alemanes aislaron el arsénico y el fósforo en los siglos XIII y XVII, respectivamente. Durante el siglo XVI, algunos conceptos de la alquimia se aplicaron a la medicina, lo cual llevó a una nueva concepción del modo en que las sustancias químicas afectan a los seres vivos.

Los alquimistas comenzaron a analizar la complejidad del mundo material en mayor detalle. En el siglo XVII, el químico flamenco Jan Baptist van Helmont fue uno de los primeros químicos en comprender que las sustancias aéreas producidas por algunas reacciones químicas no eran meras variedades de aire, sino sustancias del todo diferentes, a las que llamó «gas». Estos fueron los pasos iniciales hacia investigaciones más rigurosas de la atmósfera en los siglos siguientes.

Fuego y flogisto

En torno al final de la época, los alquimistas se ocuparon de una cuestión que intrigaba desde hacía varios siglos: ¿qué hace arder el fuego? En 1697, el médico alemán Georg Ernst Stahl propuso que la responsable era una sustancia denominada «flogisto», iniciando con ello casi un siglo de debate científico. La teoría propuesta por Stahl persistió hasta finales del siglo XVIII, cuando quedó obsoleta, al aislar el oxígeno el químico francés Antoine Lavoisier, quien la tildó de «suposición gratuita».

La idea del flogisto y los objetivos de la alquimia son despreciadas con frecuencia como seudociencia desde la perspectiva actual. Sin embargo, el estudio de la alquimia y de la supuesta existencia de la sustancia denominada flogisto condujo a experimentos cuantitativos más detallados y al descubrimiento de otros componentes del aire, lo cual supuso un aspecto importante en la transición de la alquimia a la química. ■

LA PIEDRA FILOSOFAL

INTENTOS DE FABRICAR ORO

EN CONTEXTO

FIGURA CLAVE
Jabir ibn Hayyan
(*c.* 721–*c.* 815)

ANTES

***C.* 3300 a.C.** Metalúrgicos de la civilización florecida en Sumeria, la más antigua de Mesopotamia, descubren la forja del bronce a partir de cobre y estaño.

***C.* 450 a.C.** El filósofo griego Empédocles declara que todo lo que nos rodea está compuesto por cuatro elementos primarios: aire, tierra, fuego y agua.

DESPUÉS

1623 El filósofo inglés Francis Bacon publica la obra *De augmentis scientiarum* («Del avance del saber»), que contiene una descripción de métodos experimentales.

1661 *El químico escéptico*, del químico angloirlandés Robert Boyle, diferencia entre alquimia y química moderna.

> Es una piedra, y no es una piedra.
> **Ben Jonson**
> **Dramaturgo inglés (1572–1637)**

El alquimista, cuadro pintado en *c.* 1650 por el flamenco David Teniers el Joven, muestra a un alquimista y su asistente entre objetos como un fuelle, una balanza y retortas.

Desde la Antigüedad hasta el siglo XVIII, la alquimia fue una rama importante y respetada de la investigación sobre cómo funciona el mundo. Aunque en la actualidad es habitual considerarla una pseudociencia, puede ser más exacto considerarla una protociencia.

La práctica de la alquimia combinó aspectos esotéricos (conocimientos espirituales o místicos reservados a los iniciados) y exotéricos (aplicaciones prácticas). El fin último, o «gran obra», del alquimista era la transmutación de los metales –la conversión de unos en otros–, sobre todo de los metales viles (no preciosos) en oro o plata. Los alquimistas creían poder lograrlo empleando una sustancia llamada la piedra filosofal. También veían en la transmutación una contrapartida simbólica a las prácticas para purificar el alma.

Orígenes en Egipto

Las prácticas que desembocaron en la alquimia occidental comenzaron en Egipto durante el periodo helenístico (305–30 a.C.). La palabra *alquimia*, de hecho, deriva en último término del griego *chémeia* (fusión o mezcla de líquidos); también se ha asociado a un oficio egipcio, la *khemeia*, mencionado en jeroglíficos sobre los rituales funerarios. Los practicantes de la *khemeia*, hábiles embalsamadores, eran considerados magos, y su arte se extendía también a procesos como la metalurgia y la fabricación de vidrio.

Los alquimistas de la Baja Edad Media atribuían el origen de la práctica a la figura de Hermes Trismegisto (Hermes «el tres veces grande»), combinación del dios griego Hermes y el dios egipcio Thot, que creían había sido contemporáneo del profeta hebreo Moisés. La filosofía a él atribuida se llamó hermética, y sus prácticas incluían un procedi-

Véase también: Purificación de sustancias 20–21 ▪ Refinado de metales preciosos 27 ▪ Los cuatro elementos 30–31 ▪ La nueva medicina química 44–45 ▪ Corpúsculos 47 ▪ El flogisto 48–49 ▪ La catálisis 69 ▪ La síntesis de la urea 88–89

miento para obtener la piedra filosofal de una mezcla de materiales en un recipiente de vidrio, luego sellado fundiendo y cerrando el cuello; este se llamó «sello de Hermes», nombre del que deriva la expresión «sellado herméticamente».

La búsqueda de la piedra filosofal

El alquimista grecoegipcio Zósimo de Panópolis, que vivió en torno a 300 d.C., es el autor de la primera alusión escrita a la piedra filosofal, mencionada en el libro sobre alquimia más antiguo conocido, *Cheirokmeta* («Cosas hechas a mano»). Describe lo que hoy entenderíamos como un proceso químico para convertir metales viles en oro, con la ayuda de un catalizador al que Zósimo llama «tintura».

Las descripción detallada de experimentos y el registro minucioso de los resultados de Zósimo pueden considerarse precursores del método científico moderno. También describió aparatos, en gran parte adaptados de herramientas de trabajo y utensilios de cocina, para procesos como la destilación y el filtrado. Zósimo reconoce su deuda con los escritos de predecesores como María la Hebrea, que se cree vivió en Alejandría en el siglo I d.C., y a la que Zósimo atribuye toda una serie de aparatos y técnicas. Una de ellas consistía en el calentado suave y uniforme con un baño de agua caliente, en lugar de llama; el baño María empleado en la cocina actual toma de ella su nombre.

En 296 d.C., el emperador romano Diocleciano prohibió la alquimia en todo el Imperio, temiendo que una abundancia repentina de oro alquímico minara la economía. La alquimia occidental desapareció de la vista durante varios siglos, hasta revivir en el ámbito islámico a partir del siglo VII; la influencia islámica pervive en préstamos lingüísticos del árabe tales como «alcohol» *(al kuhl)*, «alambique» *(al inbiq)* y «álcali» *(al qali)*, además de la propia «alquimia» *(al kimiya)*.

> Así, la búsqueda y el empeño de fabricar oro han traído a la luz muchas invenciones útiles y experimentos instructivos.
> ***De augmentis scientiarum***
> **(1623)**

La alquimia en el mundo islámico

Jabir ibn Hayyan fue uno de los alquimistas árabes de mayor renombre. Hayyan fue seguidor del filósofo griego Empédocles, pues estaba de acuerdo con él en que toda la materia se componía a partir de los cuatro elementos (fuego, aire, tierra y agua), y también de Aristóteles, en cuanto a asignar a dichos elementos pares de cualidades básicas: el fuego era caliente y seco; la tierra, fría y seca; el agua, fría y húmeda; y el aire, caliente y húmedo. A estos elementos, Hayyan añadió el azufre, que encarnaba el principio de la combustibilidad, y el mercurio, definido como principio idealizado de las propiedades metálicas.

Hayyan creía que los metales se formaban en la tierra a partir de combinaciones variables de azufre y mercurio, y pensaba que la transmutación de los metales podía lograrse ajustando las proporciones de azufre y mercurio en un metal (recuadro, p. siguiente). El proceso consistiría en aplicar un catalizador, llamado *al iksir*, derivado del griego *xerion* («polvo para secar heridas»), y del que procede la palabra *elixir*. Este elixir se obtendría de la piedra filosofal. El elixir de Hayyan vino a ser considerado no solo un medio para transmutar metales, sino también una panacea (remedio para todos los males), e incluso el «elixir de la vida» que confería la inmortalidad y la eterna juventud.

El elixir nunca se llegó a descubrir, pero Hayyan exploró de manera sistemática las propiedades de sustancias como el cloruro de »

Este mosaico del suelo de la catedral de Siena, de 1488, muestra a Hermes Trismegisto enseñando las «letras y leyes de los egipcios».

> Pues, como afirman los libros, todos los minerales nacen de formas diversas en las minas terrestres, del mercurio y del azufre.
>
> **Jean de Meun**
> **Poeta francés**
> **(*c.* 1240–*c.* 1305)**

amonio (NH_4Cl), destiló ácido acético (CH_3COOH) y preparó soluciones débiles de ácido nítrico (HNO_3) a partir de salitre (nitrato potásico, KNO_3). También se le atribuye la invención del agua regia (HNO_3+3 HCl), combinación de ácido nítrico con ácido clorhídrico (HCl), y una de las pocas sustancias capaces de disolver el oro.

Alquimistas musulmanes posteriores a Hayyan continuaron tratando de hallar la piedra filosofal, partiendo del conocimiento clásico. Así, el alquimista persa del siglo IX Muhamad ibn Zakariya al Razi creó un sistema de clasificación de las sustancias naturales con categorías como sales, cuerpos y espíritus, además de definir una serie de procedimientos y equipos que continuarían empleándose en la alquimia durante los siglos siguientes.

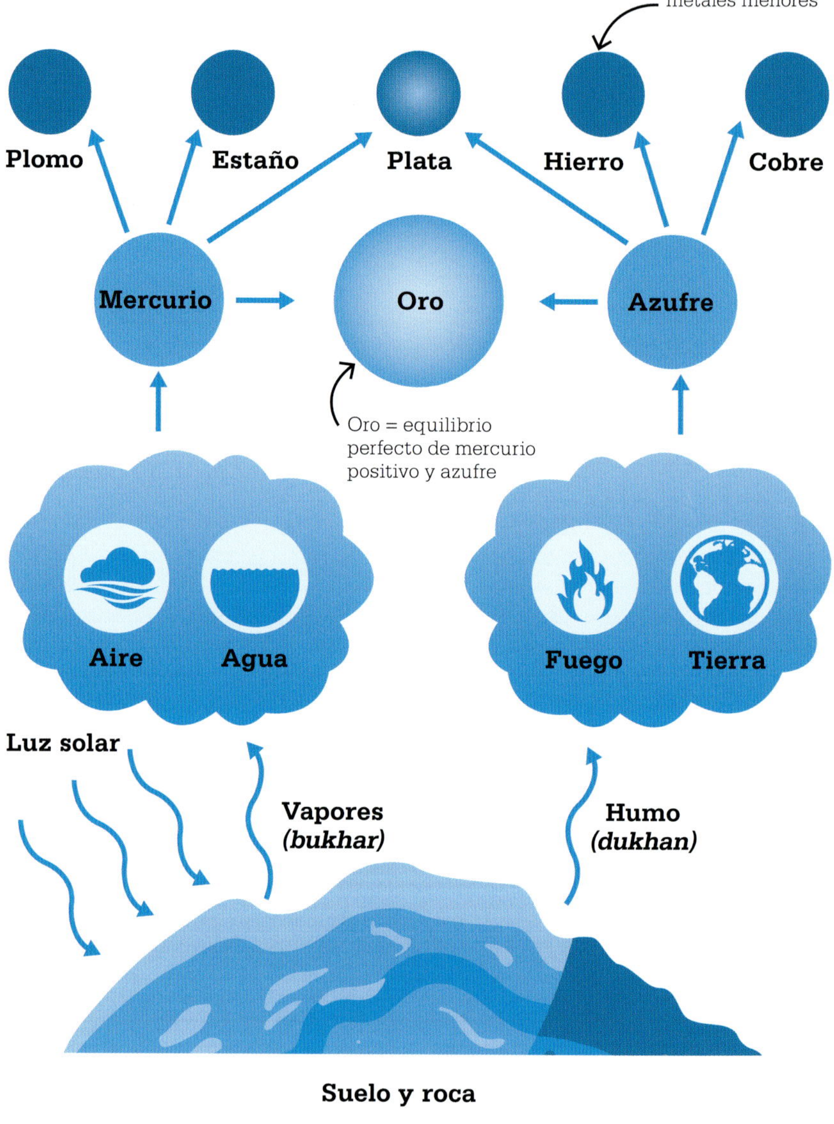

En la teoría del azufre-mercurio, las exhalaciones subterráneas de «humo terrestre» *(dukhan)* y «vapor acuoso» *(bukhar)* se convierten en azufre y mercurio, y estos se combinan en proporciones diversas para formar los metales conocidos.

Nuevos descubrimientos

Durante los siglos en los que el saber «pagano» griego y romano fue suprimido en la Europa cristiana, la alquimia se siguió practicando en otras partes del mundo. En el siglo IV d.C., herejes cristianos huidos a Persia llevaron consigo conocimientos alquímicos, y, mientras tanto, en China florecía una tradición propia desde al menos el siglo II a.C. Como sus homólogos occidentales, los alquimistas chinos estaban empeñados en convertir metales viles en oro y en la búsqueda del elixir de la vida.

El conocimiento de la alquimia regresó a Europa en el siglo XII, durante las cruzadas cristianas contra el islam. Los filósofos naturales europeos estudiaron las obras de los alquimistas musulmanes y de los antiguos griegos, especialmente de Aristóteles. En el siglo XIII, el fraile alemán Alberto Magno combinó el estudio del pensamiento aristotélico con los experimentos prácticos, y a él se le atribuye el descubrimiento del arsénico. A su contemporáneo inglés el monje Roger Bacon le influyó la filosofía hermética, pero insistió en la importancia de los experimentos para comprender el mundo material.

Los alquimistas, al igual que hacían muchos artesanos, mantenían secretas sus prácticas para los profanos, y utilizaban un sistema de símbolos y metáforas para ocultar sus conocimientos teóricos y espirituales, siguiendo la antigua tradición egipcia supuestamente legada por el hermetismo.

Muchos alquimistas se esforzaron en buscar la piedra filosofal. En la Francia del siglo XIV, el monje y alquimista franciscano Juan de Rocatallada produjo un destilado de vino que llamó *quinta essentia*, el cual recomendó como panacea y al que atribuyó un equilibrio perfecto de elementos. En el siglo XVI, el alemán Hennig Brand escogió un método menos grato: dejó reposar 50 cubos de orina hasta que «criara gusanos», los redujo por ebullición y calentó con arena y carbón. El resultado fue una sustancia blanca cerosa que brillaba en la oscuridad. Brand llamó a este nuevo material «fósforo», derivado de «portador de luz» en griego. El fósforo fue el primer elemento descubierto desde la antigüedad, y Brand fue la primera persona conocida en descubrir un elemento químico.

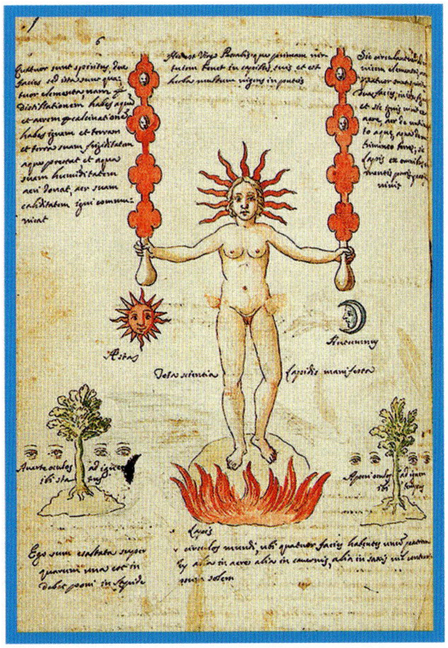

Los alquimistas protegieron sus conocimientos expresándolos en manera simbólica, como en la imagen, «Alegoría de la destilación», de Claudio de Domenico Celentano di Valle Nove, en el *Libro de fórmulas alquímicas* (1606).

La alquimia se seguía practicando a finales del siglo XVII. El renombrado matemático y filósofo natural inglés Isaac Newton fue uno de sus adeptos, ávido por encontrar la piedra filosofal; y el filósofo natural angloirlandés Robert Boyle elevó con éxito una petición al Parlamento inglés en 1689 para derogar la ley que prohibía fabricar oro, ya que era un impedimento para investigar los poderes de la piedra. Sin embargo, a principios del siglo XVIII, los métodos experimentales cada vez más precisos de los propios alquimistas condujeron a los descubrimientos de la era de la Ilustración, y fueron el canto del cisne de la alquimia como disciplina seria.

Las creencias de los alquimistas resultaron ser falsas, pero contribuyeron al desarrollo de habilidades y conocimientos en muchos campos, como la metalurgia y la producción de pigmentos y tintes. La alquimia influyó también en la física y la medicina, y condujo al desarrollo de procesos como la destilación de líquidos y la alteración química de los metales, dando lugar a la ciencia química moderna. ■

Jabir ibn Hayyan

La existencia histórica de Jabir ibn Hayyan (conocido en Europa como «Geber») es objeto de disputa. Se cuenta que fue hijo de Hayyan al Azdi, farmacéutico que vivió en Kufa (Iraq) a inicios del siglo VIII y que escapó a Irán huyendo de los califas omeyas; Jabir ibn Hayyan habría nacido allí alrededor de 721, en la ciudad de Tus, al nordeste del país.

Se cuenta que Hayyan volvió a Iraq, donde estudió filosofía, astronomía, alquimia y medicina con el imán Yafar al Sadiq como maestro, y fue alquimista de la corte del califa Harún al Rashid, y médico de los ministros (o visires) de este. Se atribuyen a Hayyan cientos de libros sobre alquimia y filosofía, pero muchos pudieron ser obra de seguidores suyos. Muy pocas de las obras de Hayyan llegaron hasta la Europa de la Edad Media. Se cree que murió entre los años 806 y 816 d.C.

Obras principales

Kitab al-Rahma al-kabir («Gran libro de la misericordia»).
Al-Kutub al-sab un («Los setenta libros»).

LA CASA ENTERA ARDIO

LA PÓLVORA

EN CONTEXTO

FIGURA CLAVE
Zeng Gongliang (998–1078)

ANTES
142 El alquimista chino Wei Boyang describe una sustancia que pudo ser un tipo de pólvora.

300 El filósofo chino Ge Hong experimenta con salitre y carbón para tratar de fabricar oro.

DESPUÉS
1242 El filósofo inglés Roger Bacon escribe sobre una mezcla explosiva, la primera mención de la pólvora en Europa.

Siglo xv Los europeos desarrollan técnicas para mezclar y granular la pólvora que la vuelven más eficaz y de más fácil manejo.

La pólvora –mezcla de salitre (nitrato potásico, KNO_3), carbón (carbono) y azufre– fue el primer explosivo químico conocido. Inventada en China, se utilizó como arma por toda Asia y Europa, y después en la minería.

Medicina de fuego

La pólvora se considera uno de los cuatro grandes inventos de la antigua China –junto con el papel, la brújula y la imprenta. El salitre y el azufre se usaban en la medicina desde hacía siglos, aunque, irónicamente, como elixir para prolongar la vida, no para acabar con ella. La referencia confirmada más antigua a la pólvora es de mediados del siglo IX d.C., con advertencias sobre fórmulas peligrosas que habían causado heridas e incendios. Los alquimistas llamaron a la mezcla *huo yao* («medicina de fuego»), nombre usado aún hoy para la pólvora en China.

Los ejércitos de la dinastía Tang usaron ingenios de pólvora contra los mongoles ya en 904 d.C., entre ellos, el «fuego volador» (flechas unidas a un tubo de pólvora ardiendo), lanzas de fuego, granadas de mano elementales y minas terrestres. Pero las fórmulas de pólvora más antiguas que se conservan son de la dinastía Song

El cañón de mano, primera arma de fuego y arma explosiva manejada por una sola persona, podía sostenerse en ambas manos o apoyarse en una horquilla.

Véase también: El oxígeno y el fin del flogisto 58–59 ▪ Química explosiva 120 ▪ Por qué ocurren las reacciones 144–147 ▪ La guerra química 196–199

Combustión rápida
La pólvora depende de la combustión rápida de sus componentes para generar energía. El carbón y el azufre son el combustible, y el salitre (nitrato potásico) el agente oxidante.

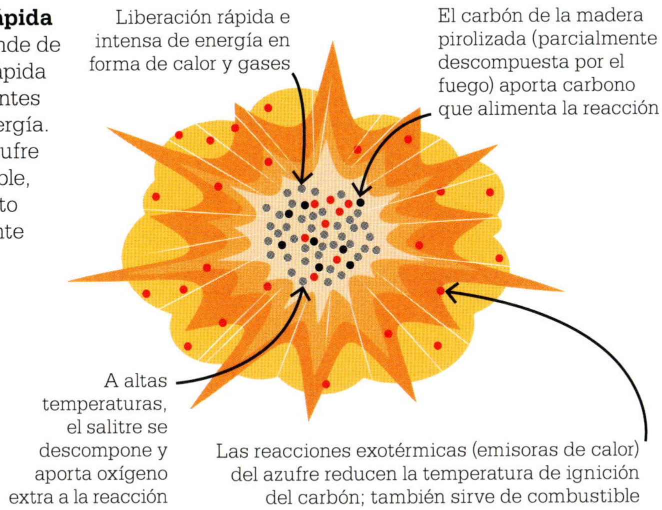

Clave:
- Salitre 75%
- Carbón 15%
- Azufre 10%

(960–1279), y se hallan en el *Wujing zongyao* («Compendio de las técnicas militares más importantes»), manual de 1044 compilado por Zeng Gongliang. Este manual describe tres tipos de pólvora: dos para uso en bombas incendiarias, y uno para bombas que emitían gas venenoso.

Crecimiento explosivo

Los mongoles trajeron la pólvora al invadir Eurasia en los siglos XIII y XIV. En la Siria conquistada, el inventor árabe Hasán al Rammah describió un método para purificar nitrato potásico, entre más de cien fórmulas de pólvora. Comerciantes y cruzados supieron de dicha tecnología durante su estancia en Oriente Próximo en esa época. En 1350, los ejércitos inglés y francés usaban cañones, y a principios del siglo XV aparecieron los primeros arcabuces.

Bombas y voladuras

El primer uso documentado de armas explosivas tuvo lugar en China, durante el asedio de la ciudad Song de Qinzhou en 1221. Los atacantes chin catapultaron «bombas de fuego de hierro», cuya envoltura salía disparada al explotar, y abatieron las murallas.

Desde el siglo XVII en Europa se usaron explosivos en la minería. Para volar la roca se introducía pólvora en un agujero, cerrado con arcilla, y se vertía un reguero de pólvora hasta cierta distancia. En 1831 el británico William Bickford inventó la mecha de seguridad: dos capas de hilaza de yute impermeabilizado envolvían un tubo o cámara de pólvora cuya combustión era lenta y regular.

Fuegos artificiales

La «medicina de fuego» se usó en fiestas antes que en la guerra. En China se lanzaban al fuego tubos de bambú rellenos de pólvora para que las explosiones espantaran a los espíritus malignos. En Italia, los registros indican que se usaron fuegos artificiales en una representación religiosa de los misterios en 1377, y en Inglaterra se usaron en la boda de Enrique VII e Isabel de York, en 1486. Los fuegos artificiales modernos se desarrollaron en Italia, donde se incorporaron trazas de metales a la pólvora en la década de 1830 para lograr explosiones más coloridas.

Los fuegos artificiales también despejaron el camino a los cohetes y la ingeniería aeroespacial. Un tratado militar chino del siglo XIV, el *Huolongjing* («Manual del dragón de fuego»), muestra un cohete multietapa. En el siglo XVI, Johann Schmidlap, fabricante de fuegos artificiales alemán, construyó un cohete de dos etapas: al consumirse el cohete mayor, se encendía el menor y alcanzaba aún mayor altura. La ignición por etapas se usa aún hoy en los vehículos espaciales. ■

Fórmulas de la pólvora

La composición estándar empleada en los fuegos artificiales actuales contiene un 75% de nitrato potásico, un 15% de carbón y un 10% de azufre, pero no hay una sola fórmula para hacer pólvora. Variar la proporción de los ingredientes produce efectos distintos. La pólvora empleada en armas de fuego debe ser de combustión rápida para conseguir la liberación explosiva de gases necesaria para acelerar el proyectil. En contraste, como combustible para cohetes, la pólvora debe arder más lentamente y liberar energía durante un tiempo más prolongado.

Los ingredientes se deben moler finamente y mezclar a conciencia para garantizar una combustión eficaz. En la Europa del siglo XIV, las técnicas de molido con agua para una buena mezcla y granulado –dar forma de grano a la pasta y secarla– crearon explosivos más duraderos y fiables, en los que todos los ingredientes ardían a la vez, aumentando con ello la eficacia de las armas de fuego.

LA DOSIS DETERMINA QUE ALGO SEA O NO UN VENENO

LA NUEVA MEDICINA QUÍMICA

EN CONTEXTO

FIGURA CLAVE
Paracelso (1493–1541)

ANTES
Siglo I d.C. Dioscórides, médico griego del ejército romano, compila *De materia medica*, entre cuyos 600 fármacos figuran minerales, sales y metales.

Siglo X El médico persa Muhamad ibn Zakariya al Razi incluye pequeñas cantidades de sustancias tóxicas como el mercurio y el arsénico en sus tratamientos.

DESPUÉS
***C.* 1611** Daniel Sennert, profesor de medicina de la Universidad de Wittenberg, en Alemania, introduce la medicina química en el currículo.

1909 El químico alemán Paul Ehrlich y el biólogo japonés Sahachiro Hata crean un tratamiento de la sífilis basado en el arsénico, que sustituye al fin al mercurio para este fin.

En la Europa del siglo XVI, el pensamiento médico experimentó cambios radicales. Filósofos, médicos y otros estudiosos redescubrían ideas de las antiguas Grecia y Roma, y a la vez se enfrentaban a concepciones ortodoxas que habían prevalecido durante siglos. Una de las figuras más influyentes de la época fue el médico y alquimista suizo Paracelso, quien se rebeló contra las autoridades médicas de su tiempo. Como profesor de medicina en la Universidad de Basilea, usaba el alemán en lugar del latín, para que todos le comprendieran. Pasó años aprendiendo de boticarios, barberos-cirujanos, personal de baños públicos y otros a quienes respetaba por sus habilidades prácticas para tratar a los enfermos.

Philippus Aureolus Theophrastus Bombastus von Hohenheim tomó o recibió el nombre «Paracelso», posible alusión a haber superado a Celso, médico renombrado del Imperio romano.

Su teoría médica, planteada en su *Paragranum*, de 1529, tenía cuatro fundamentos: la filosofía natural, con énfasis en el aprendizaje mediante la observación de la naturaleza; la astrología, que detalla las influencias cósmicas sobre la vida humana; los valores éticos y religiosos que deben informar el trabajo de un médico; y la alquimia, en particular el arte de refinar materiales para transformar sus atributos tóxicos en salutíferos.

La alquimia del cuerpo

Hasta esta época, la medicina se concebía sobre la base de las ideas del griego Hipócrates, «padre de la medicina», 2000 años antes. Concretamente, que el cuerpo contenía cuatro fluidos, o humores –sangre, flema, bilis amarilla y bilis negra– de cuyo equilibrio dependía la buena salud. El exceso de uno de los humores causaba enfermedad, y la cura consistía en reequilibrarlos mediante prácticas como la sangría. Paracelso mantuvo que estos tratamien-

Véase también: Los cuatro elementos 30–31 ▪ Intentos de fabricar oro 36–41 ▪ La anestesia 106–107 ▪ Los antibióticos 222–229 ▪ La quimioterapia 276–277

tos eran inútiles y hasta peligrosos. Su enfoque se basaba en la alquimia, en la que la materia, incluido el cuerpo humano, se creaba a partir de tres principios primarios –azufre, mercurio y sal–, y era la separación de un principio de otro la causa de la enfermedad. Los médicos debían comprender la composición de partes específicas del cuerpo para tratarlas adecuadamente.

Medicina química

Paracelso reintrodujo la práctica de usar minerales en los tratamientos, o iatroquímica (del griego *iatrós*, «médico»). Basó sus tratamientos en el principio de que «lo semejante cura lo semejante»; en otras palabras, el envenenamiento del cuerpo se puede curar con una dosis del mismo veneno desde una fuente externa

Según Paracelso, ciertas sustancias eran más eficaces para determinados órganos o partes y no afectaban a otros. Esta idea, hoy llamada toxicidad dirigida al órgano, conserva su relevancia para la toxicología moderna. En sus tratamientos usó arsénico, mercurio, azufre, plata, oro, plomo y antimonio; así, usó un ungüento con mercurio para tratar la sífilis, y antimonio para purgar el cuerpo de venenos. Respondía a las críticas insistiendo en la importancia de la dosis: «Todas las cosas son veneno y nada es sin veneno; solo la dosis hace que una cosa no sea un veneno».

Paracelso fue uno de los primeros en observar que una sustancia puede ser inofensiva o beneficiosa en dosis bajas, pero tóxica en dosis más altas, y a él corresponde la primera descripción de la relación entre dosis y respuesta. ■

> A pesar de sus notorias extravagancias, Paracelso fue mucho más que un charlatán.
>
> **Lynn Thorndike**
>
> ***The place of magic in the intellectual history of Europe* (1905)**

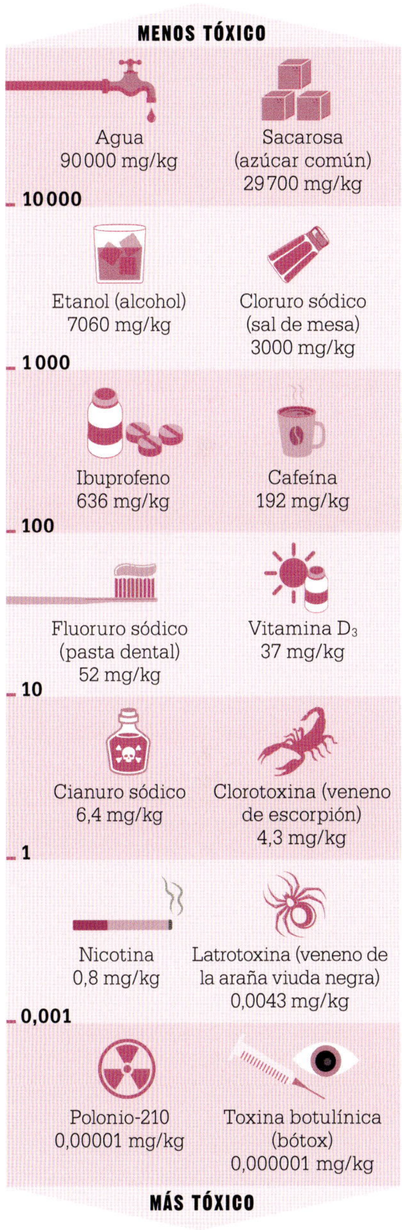

Los toxicólogos definen la letalidad de una sustancia por su DL_{50}. DL es la abreviatura de dosis letal, y «50» indica la cantidad que podría matar al 50% de una población dada (como los humanos). Esta tabla muestra el DL_{50} estimado de sustancias comunes. Cuanto menor es el DL_{50}, más letal es la sustancia.

Medicinas y venenos

El estudio de los efectos de las sustancias sobre los seres vivos (humanos incluidos) es la toxicología, una de cuyas consideraciones primarias es la relación entre dosis y respuesta. Al diseñar un medicamento, el farmacéutico debe considerar toda la gama de respuestas, desde las deseables hasta las indeseables, y determinar una dosis que produzca beneficios sin efectos adversos graves. Muchas sustancias resultan seguras en dosis reducidas, pero peligrosas a partir de cierta cantidad. Para las sustancias de uso humano, la dosis se define como la cantidad consumida dividida por el peso corporal. Así, un adulto que pese unos 70 kg y tome una taza de café o una lata de bebida energética, recibirá una dosis de unos 100 mg de cafeína divididos por 70 kg, o 1,4 mg/kg de cafeína. Mientras que 100 mg de cafeína pueden ser seguros, 10 g serían potencialmente letales.

ALGO MUCHO MAS SUTIL QUE UN VAPOR

GASES

EN CONTEXTO

FIGURA CLAVE
Jan Baptist van Helmont
(1580–1644)

ANTES
***C.* 450 A.C.** El filósofo griego Empédocles declara el aire como uno de los cuatro elementos primarios (tierra, aire, fuego y agua), idea luego desarrollada por Aristóteles.

***C.* 1520** El médico y alquimista suizo Paracelso descubre un gas inflamable misterioso, más adelante identificado como hidrógeno, al experimentar con hierro y ácido sulfúrico.

DESPUÉS
1754 El escocés Joseph Black aísla el dióxido de carbono. Lo llama «aire fijo».

1778 El francés Antoine Lavoisier identifica el oxígeno y define su papel en la combustión.

Hasta el siglo XVII, los gases se creían variedades de aire. El primero en reconocer que tenían propiedades diferenciadas fue el químico flamenco Jan Baptist van Helmont, quien pudo acuñar el término *gas* a partir de la pronunciación neerlandesa del griego antiguo *chaos*, el vacío del espacio.

Van Helmont rechazó el concepto de Empédocles de los cuatro elementos (tierra, aire, fuego y agua) y el sistema de tres de los alquimistas (sal, azufre y mercurio), identificando solo el aire y el agua. Consideraba todas las sustancias como formas modificadas del agua, salvo el aire, vector del vapor de agua y los gases.

En *Ortus medicinae* («Origen de la medicina»), publicada póstumamente en 1648, Van Helmont fue uno de los primeros en investigar cómo ciertas reacciones químicas liberaban gases semejantes al aire, pero con propiedades distintas de las de este.

En un experimento, Van Helmont quemó 28 kg de carbón, y comprobó que únicamente dejaban 0,45 kg de ceniza; concluyó que el resto había escapado como lo que denominó *gas sylvestre* («gas de madera»). Observó que este «aire» lo despedía la fermentación, además de la combustión. En la actualidad se conoce como dióxido de carbono (CO_2). En otro experimento calentó carbón en ausencia de aire, y descubrió un gas inflamable que llamó *gas pingue*. Hoy en día se conoce como gas de hulla o coque, y es una mezcla de metano (CH_4), monóxido de carbono (CO) e hidrógeno (H_2). ■

> Pues en verdad, la química tiene sus principios que no vienen de discursos, sino los conocidos por la naturaleza [...] y prepara el entendimiento para entrar en los secretos de la naturaleza.
>
> **Jan Baptist van Helmont**
> ***Ortus medicinae* (1648)**

Véase también: Aire inflamable 56–57 ▪ El oxígeno y el fin del flogisto 58–59 ▪ La conservación de la masa 62–63 ▪ La ley de los gases ideales 94–97

QUIERO DECIR POR ELEMENTOS [...] CUERPOS PERFECTAMENTE SIN MEZCLA

CORPÚSCULOS

EN CONTEXTO

FIGURA CLAVE
Robert Boyle (1627–1691)

ANTES
***C.* 450 a.C.** El filósofo griego Demócrito propone la existencia de átomos invisibles e indivisibles que componen la materia.

***C.* 300 a.C.** El filósofo griego Aristóteles declara que toda la materia se compone de solo cuatro elementos: aire, tierra, fuego y agua.

DESPUÉS
1803 El químico británico John Dalton plantea la teoría atómica de la materia, proponiendo que los átomos de un elemento son idénticos, y distintos de los de otros elementos.

1897 J. J. Thomson, físico británico, descubre el electrón, demostrando que el átomo se compone de partículas aún menores.

El siglo XVII vio revivir la idea griega clásica del atomismo, teoría que el filósofo Demócrito había propuesto más de dos mil años antes, al plantear una teoría similar el filósofo natural angloirlandés Robert Boyle.

Aunque era defendida por algunos de sus colegas, la creencia aristotélica de la materia compuesta de cuatro elementos (fuego, tierra, agua y aire) fue rechazada por Boyle, y también la teoría de Paracelso de la materia derivada de los «principios» mercurio, azufre y sal. Según Boyle, toda la materia estaba hecha de partículas minúsculas, o corpúsculos, con cualidades específicas, como forma, tamaño y movimiento. Los fenómenos naturales, como el calor, eran el resultado de la colisión de corpúsculos en movimiento.

Este cuadro de Robert Boyle, acabado en 1689 por el pintor alemán Johann Kerseboom, muestra a Robert Boyle con un libro, una evidente alusión a una vida de estudios científicos y escritura.

En la obra *El químico escéptico*, publicada en 1661, Boyle definió las partículas básicas como «elementos [...], ciertos cuerpos primitivos y simples perfectamente sin mezcla [...] que no están hechos de ningunos otros cuerpos, ni unos de otros». Alquimista de toda la vida, Boyle creía que se podía transmutar un elemento en otro reorganizando los corpúsculos de cada uno, y que esto podía demostrarse de manera experimental. Su hincapié en poner a prueba sus ideas en experimentos preparó el camino a los métodos de la química moderna. ■

Véase también: Los cuatro elementos 30–31 ▪ La nueva medicina química 44–45 ▪ La teoría atómica de Dalton 80–81 ▪ El electrón 164–165

UN INSTRUMENTO MUY POTENTE, FUEGO, LLAMEANTE, FERVIENTE, CALIENTE

EL FLOGISTO

EN CONTEXTO

FIGURA CLAVE
Georg Ernst Stahl
(1659–1734)

ANTES
1650 El físico alemán Otto von Guericke demuestra que una vela no arde en un recipiente del que se elimine el aire.

1665 El científico inglés Robert Hooke propone que un componente activo del aire se combina con las sustancias combustibles.

DESPUÉS
1774 El filósofo natural británico Joseph Priestley aísla un gas inflamable, pero respirable, al que llama «aire deflogistizado».

1789 El químico francés Antoine Lavoisier renombra el aire deflogistizado, al que llama *oxygène* (oxígeno), y desacredita la teoría del flogisto.

Durante milenios fue un misterio qué es lo que hace que una sustancia arda con el fuego. En el siglo IV a.C., Platón propuso que los objetos combustibles contenían algún principio inflamable, mientras que en el sistema de cuatro elementos de Empédocles y Aristóteles, cuando ardía una sustancia como la madera, la llama era el elemento fuego que escapaba. Los alquimistas del siglo XVI identificaron como principio inflamable el azufre. Robert Boyle desafió esta idea afirmando que no había «principios», solo materia, pero las preguntas continuaban en pie: ¿qué es el fuego?, ¿cómo se produce la combustión? La teoría del flogisto surgió como un intento de responder estas cuestiones.

Tierra grasa

En *Physica subterranea*, de 1667, el médico y alquimista alemán Johann Joachim Becher adaptó el sistema de los tres principios de Paracelso, postulando que la materia se formaba a partir de tres «tierras»: la *terra pinguis* («tierra grasa») estaba asociada al azufre y confería propiedades combustibles u oleaginosas; la *terra fluida*, asociada al mercurio, aportaba fluidez y volatilidad; y la *terra lapidea* (tierra vítrea), asociada a la sal, aportaba solidez. La *terra pinguis* se liberaba al arder una sustancia.

> Es un cuerpo hipotético, una suposición gratuita.
> **Antoine Lavoisier**
> **«Reflexions sur le phlogistique» (1783)**

Uno de los alumnos de Becher, Georg Ernst Stahl, adaptó esta teoría en su libro de 1697 *Zymotechnia fundamentalis* («Fundamento del arte de la fermentación»), en el que llamó «flogisto» a la *terra pinguis.* Stahl postuló que el azufre era en realidad una combinación de ácido sulfúrico y flogisto, y que era este, no el azufre en sí, la causa del fuego.

La teoría de Stahl

En la teoría de Stahl, todas las sustancias inflamables contienen flogisto (del griego *phlogizein*, «encender»); este se libera cuando arden, continuando la combustión hasta

Véase también: Los cuatro elementos 30–31 ▪ Corpúsculos 47 ▪ El oxígeno y el fin del flogisto 58–59 ▪ La conservación de la masa 62–63

que el flogisto se agota. Las llamas indicaban una liberación rápida de flogisto, que era absorbido por el aire. La combustión no se mantiene en un recipiente cerrado porque el aire de su interior quedaba saturado de flogisto, o «flogistizado».

Stahl creía también que la corrosión de los metales era una forma de combustión en la que los metales perdían el flogisto y volvían a su forma elemental, que se creía era el óxido. Demostró esta idea quemando mercurio para formar óxido, y recalentando luego la mezcla con carbón para devolver el metal a su estado original.

Ligereza positiva

Había un gran problema con la teoría: el óxido de un metal era menos denso, pero más pesado que el metal. Para resolverlo, los partidarios de la teoría atribuyeron al flogisto peso negativo, o «ligereza positiva», que explicaba que el flogisto o las llamas ascendieran a pesar de la gravedad.

Aceptar este argumento volvía difícil demostrar la falsedad de la teoría, que se mantuvo hasta la década de 1770, cuando el químico francés Antoine Lavoisier mostró que la combustión requería la presencia de «aire vital», o, como él lo llamó, oxígeno. ■

Quemar metal

En la teoría de Stahl, los metales se componían de óxido más flogisto. Al arder, el metal liberaba el flogisto, quedando el óxido. Calentar este con carbón rico en flogisto devolvía el metal a su estado original.

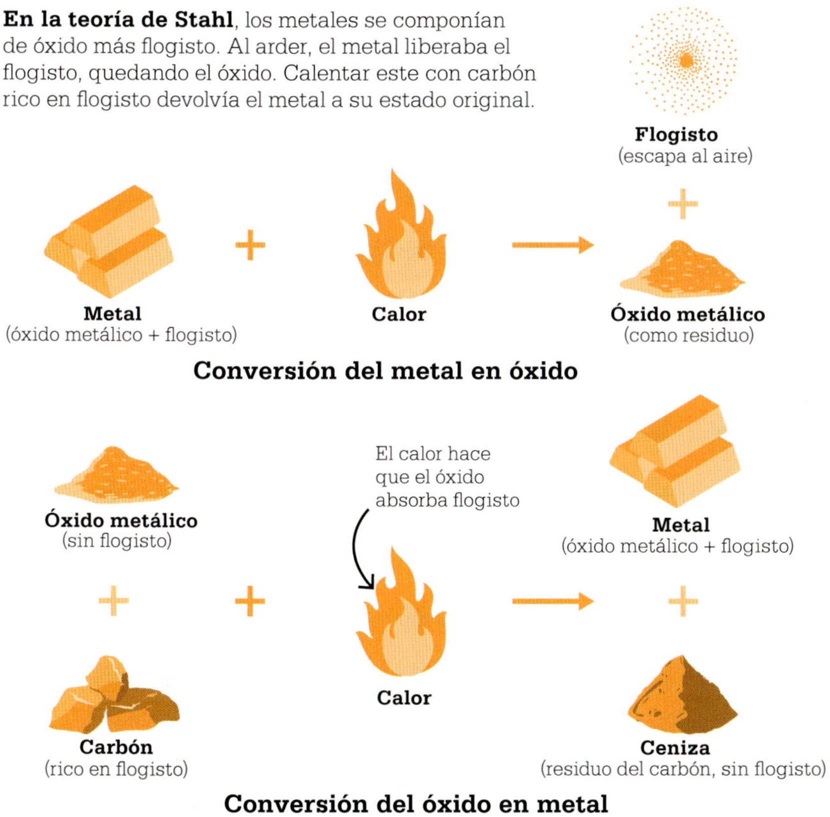

Georg Ernst Stahl

Nacido en 1659 en Ansbach (Baviera), Stahl realizó sus estudios de medicina en la Universidad de Jena, centro de la iatroquímica (medicina química) en la época. Tras licenciarse en 1684, enseñó allí hasta 1687, año en que fue nombrado médico del duque de Sachsen-Weimar. Después fue profesor de medicina en la recién establecida Universidad de Halle en 1694, y más tarde médico del rey de Prusia en 1716, puesto que ocupó hasta su muerte en 1734.

Aunque Stahl adoptó inicialmente los principios de la alquimia, los vio con escepticismo creciente con el tiempo. Se ha considerado que su teoría del flogisto marcó la transición de la alquimia a la química, y mantuvo su vigencia entre los filósofos naturales hasta finales del siglo XVIII.

Obras principales

1697 *Zymotechnia fundamentalis, seu fermentationis theoria generalis.*
1730 *Fundamenta chymiae dogmaticae et experimentalis.*

QUIMICA LA ILUST

1700–1800

DE
RACION

1718

El químico francés **Étienne Geoffroy** publica tablas de la **afinidad** de distintos **reactivos químicos** para distintas sustancias.

1735

Georg Brandt, químico sueco, descubre el **cobalto**, primer descubrimiento de un metal desconocido en la antigüedad.

1754

A partir de carbonato de magnesio, **Joseph Black** aísla y analiza un gas al que llama «aire fijo», que hoy se conoce como **dióxido de carbono**.

1766

Por reacción de metales con ácidos, **Henry Cavendish** aísla un gas al que llama «aire inflamable», hoy conocido como **hidrógeno**.

1774

Joseph Priestley descubre **el «aire deflogistizado»,** que hoy llamamos **oxígeno,** al producirlo a partir de óxido de mercurio.

En el siglo XVIII confluyeron distintas revoluciones. Con la revolución científica, iniciada el siglo anterior, el conocimiento del mundo material se desarrolló como disciplina aparte de la alquimia medieval. Esta fue la era de la Ilustración, que trajo revoluciones en el pensamiento científico que condujeron a un conjunto de descubrimientos cruciales. Hacia finales de siglo, la conmoción política de la Revolución francesa le costó la vida a una de las figuras clave en el desarrollo de la química, pero no antes de que sus aportaciones prepararan el terreno para una revolución en la ciencia química.

Una explosión de elementos

Hasta el siglo XVIII solo se habían reconocido unos pocos elementos, la mayoría conocidos desde la antigüedad, junto con el arsénico y el fósforo, descubiertos más recientemente. Al terminar el siglo, se habían aislado por primera vez otros veinte.

Muchos de estos nuevos elementos eran metales, entre ellos el cobalto, el platino y el manganeso. La mayoría de ellos se descubrieron gracias a mejoras llevadas a cabo en la tecnología minera; el platino se descubrió en las minas de oro de la actual Colombia, mientras que el cobalto se descubrió en un mineral azul de las minas de cobre.

La identificación de lo que más tarde se conocería como toda una familia nueva de elementos metálicos, las tierras raras, comenzó por el hallazgo del itrio en un mineral del pueblo sueco de Ytterby. En esta pequeña localidad se descubrirían más elementos que en ningún otro lugar del mundo: un total diez elementos a lo largo de las décadas siguientes. Los nombres de cuatro de ellos son derivados del nombre del pueblo: itrio, iterbio, terbio y erbio. Los descubrimientos de tierras raras nuevas continuaron hasta entrado el siglo XX.

Química neumática

No fueron elementos metálicos las únicas sustancias identificadas por primera vez. Partiendo de las investigaciones iniciales de las reacciones de combustión a finales del siglo XVII, varios químicos se centraron en producir, aislar e identificar nuevos gases.

Fundamental en este empeño fue el desarrollo de la cubeta neumática, un ingenio para captar gases. No era un concepto nuevo, pero, en 1727, el clérigo y químico inglés Ste-

1777

Carl Wilhem Scheele halla que los productos de las **reacciones fotosensibles** de las sales de plata **se vuelven permanentes** usando **amoniaco**.

1778

El químico francés **Antoine Lavoisier** llama oxígeno al «aire deflogistizado» y aporta pruebas que acaban **desacreditando** la **teoría del flogisto**.

1787

Los químicos franceses **Lavoisier, Guyton, Fourcroy y Berthollet** publican *Méthode de nomenclature chimique*, que introduce una **nomenclatura química** común.

1794

Elizabeth Fulhame publica su obra sobre el **teñido de la seda** con sales metálicas y agentes reductores, en la que es la primera en describir el concepto de **catálisis**.

1794

Joseph Proust propone la ley de las proporciones constantes, que explica por qué las **fórmulas químicas** de los compuestos son **fijas**.

phen Hales creó una versión que permitía obtener los gases mientras los producía una reacción química. Al instante se convirtió en un aparato esencial para todo químico que se encontrara a la caza de nuevos gases. En los descubrimientos del dióxido de carbono, hidrógeno y oxígeno en las décadas siguientes intervino la cubeta neumática para obtener gases previamente a su identificación.

El hallazgo del oxígeno acabó con la teoría del flogisto (véanse las pp. 48–49), que había persistido durante casi un siglo. Lo descubrió el químico inglés Joseph Priestley, quien le dio el nombre de «aire deflogistizado»; no obstante, fue el químico francés Antoine Lavoisier quien lo reconoció como «el verdadero cuerpo combustible», y llevó a cabo experimentos cuantitativos que conducirían a una nueva teoría de la combustión basada en el oxígeno.

Las semillas de la revolución

Desacreditar la teoría del flogisto no fue la única aportación que hizo Lavoisier a la química moderna. Tras varias décadas de críticas a la variabilidad de los nombres químicos, muchos de ellos derivados de la terminología críptica de la alquimia, numerosos químicos comenzaron a pronunciarse sobre cómo debería reformarse la nomenclatura química. Esto culminó en la publicación, en 1787, de *Méthode de nomenclature chimique*, tratado escrito por cuatro químicos franceses (entre ellos, el propio Lavoisier) que reformó y estandarizó los nombres que empleaban los químicos para definir elementos y compuestos.

Dos años más tarde, Lavoisier publicó lo que se tiene por el primer libro de texto de química moderno, *Traité élémentaire de chimie*. En este definió los elementos como sustancias que no se pueden analizar más allá por medios químicos, y catalogó 33 de dichas sustancias, 23 de las cuales se siguen considerando elementos hoy. También estableció el principio de conservación de la masa en las reacciones químicas.

Lavoisier no llegó a vivir para ver el impacto pleno de sus reformas. Miembro de la Ferme Générale francesa, que recaudaba impuestos para el rey y se embolsaba primas sustanciosas, fue acusado de fraude fiscal durante la Revolución francesa y guillotinado en 1794. A pesar de su muerte, sin embargo, la revolución química que había iniciado no había hecho más que comenzar. ■

ESTE TIPO PARTICULAR DE AIRE [...] ES MORTIFERO PARA TODOS LOS ANIMALES

EL AIRE FIJO

EN CONTEXTO

FIGURA CLAVE
Joseph Black (1728–1799)

ANTES
1630 Jan Baptist van Helmont identifica el dióxido de carbono como gas silvestre, despedido por la madera al arder.

1697 El alemán Georg Ernst Stahl postula que en toda combustión interviene una sustancia que llama flogisto.

DESPUÉS
1766 El británico Henry Cavendish descubre el hidrógeno.

1774 El británico Joseph Priestley descubre el «aire deflogistizado» (oxígeno).

1823 Los británicos Humphry Davy y Michael Faraday obtienen dióxido de carbono líquido bajo presión.

1835 El inventor francés Adrien-Jean-Pierre Thilorier produce dióxido de carbono sólido (hielo seco).

En la década de 1750, el joven alumno escocés Joseph Black aisló y analizó el gas dióxido de carbono por primera vez. En ese momento, los médicos de Edimburgo, donde Black estudiaba medicina, mantenían un apasionado debate acerca de los méritos de tratar las piedras del riñón disolviéndolas con sustancias alcalinas cáusticas, como la solución de hidróxido de calcio, $Ca(OH)_2$. Se trataba de un procedimiento arriesgado, pero la alternativa –la cirugía sin anestesia– era insufriblemente dolorosa. Para evitar la controversia, Black decidió centrar su trabajo doctoral en un álcali menos agresivo, la magnesia alba, propuesta recientemente para tratar la acidez estomacal. La magnesia alba se conoce actualmente como carbonato de magnesio ($MgCO_3$).

La balanza usada por Joseph Black en sus experimentos con álcalis en la década de 1750 se exhibe en el Museo Nacional de Escocia (Edimburgo).

Enfoque metódico

Lo revolucionario de los experimentos de Black fue lo meticuloso de su método científico. Al iniciar su trabajo en 1750, refinó una balanza analítica con un astil ligero sobre el pivote para obtener mediciones precisas. Luego comenzó a observar distintas reacciones alcalinas, pesando todo cuidadosamente en todas las fases. Pronto se dio cuenta de que, al añadirle ácido, la magnesia alba pierde peso por efecto de la efervescencia, y que lo mismo ocurría con la cal viva, cáustica y alcalina (óxido de calcio, CaO). También observó que, al calentarla en el horno, la magnesia alba se convertía en «magnesia usta» (óxido de magnesio, MgO), y perdía también peso. Hasta entonces se había supuesto que al cocer caliza (carbonato cálcico, $CaCO_3$) en el horno para obtener cal viva, la causticidad de

Véase también: La fermentación 18–19 ▪ Gases 46 ▪ El flogisto 48–49 ▪ Aire inflamable 56–57 ▪ El oxígeno y el fin del flogisto 58–59 ▪ El efecto invernadero 112–115 ▪ La escala de pH 184–189 ▪ Captura de carbono 294–295

esta procedía de alguna sustancia ardiente, o flogisto, que se le añadía en el horno.

Las mediciones meticulosas de Black mostraron que, al tratar con ácido o calentarlos, ni los álcalis suaves ni los cáusticos ganaban peso –ni sustancia fogosa alguna–, sino al contrario: lo perdían. El siguiente paso fue buscar qué se perdía. No había líquido, pero pudo obtener algo de gas, y halló que este no solo apagaba una vela, sino que era tóxico para los animales, a los que mataba en segundos, aunque no comprendiera por qué. Sus burbujas a través de un tubo en una solución de cal hidratada dejaban polvo blanco de cal. Al soplar por el tubo, el resultado era el mismo, lo cual indicaba que el gas estaba presente también en el aire que exhalamos.

Black llamó al gas que identificó «aire fijo» porque podía fijarse en un sólido, la magnesia alba. Pronto advirtió que era el mismo *gas sylvestre* de la madera al arder que había identificado el científico flamenco Jan Baptist van Helmont un siglo antes, y que está siempre presente en pequeña cantidad en el «aire común» que respiramos. Al calentar carbonato de magnesio («magnesia alba»), la reacción puede representarse con esta ecuación química: $MgCO_3$ (carbonato de magnesio) → MgO (óxido de magnesio, «magnesia usta») + CO_2 (dióxido de carbono). Y cuando se calienta caliza: $CaCO_3$ (caliza) → CaO (cal viva, óxido de calcio) + CO_2.

Black no solo había descubierto el dióxido de carbono –aunque no se llamó así durante muchos años–, sino que había establecido una metodología experimental que iba a ser el fundamento de la química moderna. Esto dio impulso al mundo de la química, situando la química neumática en la vanguardia de la ciencia. ■

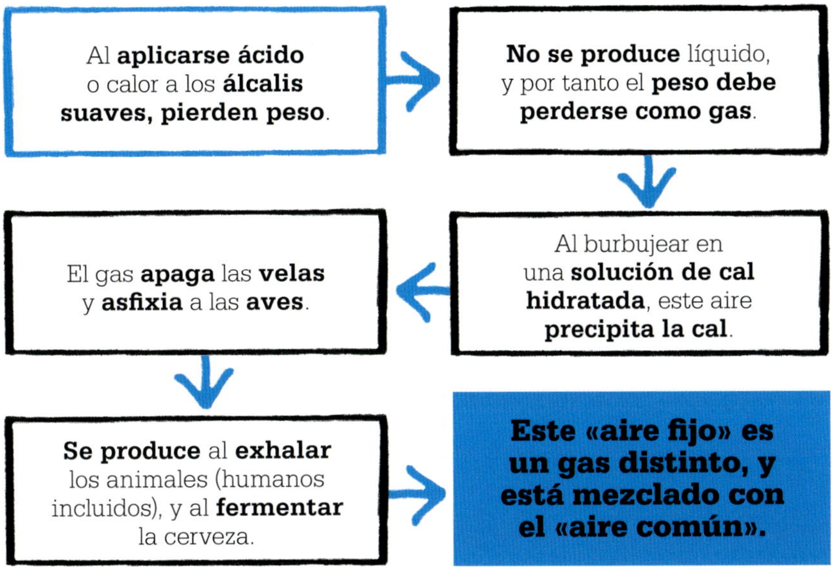

Joseph Black

Hijo de un comerciante de vinos irlandés emigrado, Joseph Black nació en 1728 en Burdeos (Francia), donde vivió hasta los doce años. Más tarde, en la Universidad de Glasgow, estudió idiomas y filosofía antes de cambiar a medicina. Para su doctorado, Black llevó a cabo los experimentos innovadores que le llevaron a descubrir el dióxido de carbono.

A la edad de 28 años, Black fue profesor universitario en Glasgow, y alumnos de Europa y EEUU acudían a sus brillantes clases. En una de estas reveló su hallazgo de que la temperatura no cambia al fundirse el hielo en agua, e identificó con ello el concepto de calor latente. Después haría la primera distinción crucial entre calor y temperatura, e identificó también la noción de calor específico. Su trabajo inspiró a su joven amigo James Watt a realizar mejoras enormes en la máquina de vapor. Black murió en 1799.

Obra principal

1756 *Experiments upon magnesia alba, quicklime, and some other alcaline substances.*

¡EL GAS EXPLOTO CON UN RUIDO BASTANTE FUERTE!

AIRE INFLAMABLE

EN CONTEXTO

FIGURA CLAVE
Henry Cavendish
(1731–1810)

ANTES
1671 El irlandés Robert Boyle produce inadvertidamente hidrógeno al experimentar con los efectos del ácido diluido sobre limaduras de metal.

1756 El escocés Joseph Black identifica el «aire fijo», o dióxido de carbono.

DESPUÉS
1772 El escocés Daniel Rutherford descubre el nitrógeno.

1774 El británico Joseph Priestley descubre el «aire deflogistizado», u oxígeno.

1783 El francés Antoine Lavoisier reproduce el experimento de Cavendish para confirmar que el agua es un compuesto de hidrógeno y oxígeno.

La segunda mitad del siglo XVIII fue un periodo de descubrimientos acerca de la naturaleza de los gases y la composición de la atmósfera. En 1766, el científico británico Henry Cavendish publicó tres trabajos, uno de los cuales describía cómo había aislado e identificado por primera vez el gas al que llamó «aire inflamable». Antoine Lavoisier lo llamaría más adelante hidrógeno. Los otros trabajos que publicó Cavendish se centraron en los «aires facticios», como llamó a los gases que se combinan con otras sustancias.

Cavendish, un solitario algo excéntrico cuya fortuna personal le permitía trabajar en un laboratorio propio y bien equipado, se distinguió por la precisión. Joseph Black había mostrado la importancia de las mediciones precisas en la química experimental, y Cavendish fue aún más allá. Aunque Robert Boyle había producido «aire inflamable» –sin comprender lo que era– al verter ácido sobre limaduras de hierro, la meticulosidad de Cavendish le permitió aislar el gas e identificar en detalle sus propiedades. Empleando aparatos diseñados por él mismo, capturó el gas emitido al verter ácidos como espíritu de sal (ácido clorhídrico) y una solución de aceite de vitriolo (ácido sulfúrico) sobre metales como zinc, hierro y estaño. Hoy sabemos que la reacción de la que fue testigo Cavendish puede expresarse como sigue: Zn (zinc) + H_2SO_4 (ácido sulfúrico) $\rightarrow$ $ZnSO_4$ (sulfato de zinc) + H_2 (hidrógeno).

> Por aire facticio quiero decir [...] cualquier tipo de aire contenido en otros cuerpos.
> **Henry Cavendish**

Reacción explosiva

Cavendish observó que este gas era diferente a cualquier otra cosa en el aire que nos rodea, llamado entonces «aire común», y mucho menos denso. Además, comprobó que explotaba al ser mezclado con el aire ordinario y encendido, de donde el nombre «aire inflamable».

Véase también: Gases 46 ▪ El flogisto 48–49 ▪ El aire fijo 54–55 ▪ El oxígeno y el fin del flogisto 58–59 ▪ Las proporciones de los compuestos 68

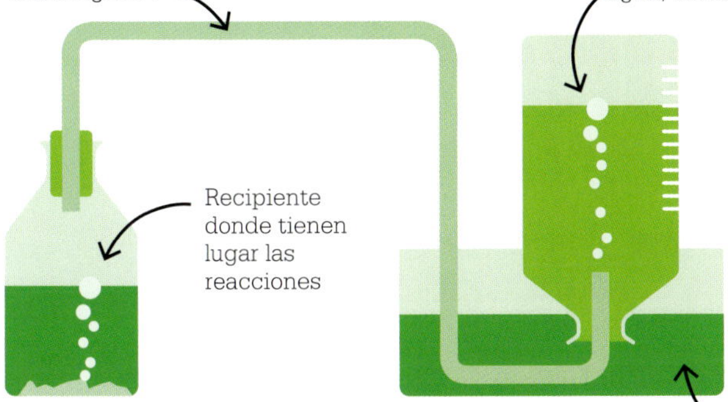

Este es el aparato empleado por Cavendish para medir el «aire inflamable» (hidrógeno) producido por las reacciones entre diversos metales y los ácidos clorhídrico y sulfúrico.

En su segundo trabajo de 1766, Cavendish estudió el «aire fijo» (dióxido de carbono) en mayor detalle que Black, y descubrió que no era soluble en agua ni inflamable, y que era mucho más pesado que el aire. Retomó el estudio de los «aires» en la década de 1780. Supuso erróneamente que lo que hoy conocemos como hidrógeno debía ser el largamente buscado flogisto, el misterioso ingrediente presente en las sustancias que las hacía arder. Y creía que la combustión añadía algo (flogisto) al aire, en lugar de –como hoy sabemos– extraer oxígeno.

La composición del agua

En 1783, Cavendish llevó a cabo un experimento para medir el componente misterioso: mezcló hidrógeno con aire ordinario en un recipiente sellado, y encendió la mezcla con una chispa eléctrica. La explosión resultante dejó un residuo de agua en el recipiente. Había mostrado que el hidrógeno y el oxígeno se combinan para formar agua, y sus mediciones revelaron que se combinan en una proporción de dos por uno. Cavendish nunca tuvo prisa por publicar, y retrasó hasta el año siguiente el anuncio de que el agua no es un elemento, sino un compuesto. Para entonces, el ingeniero James Watt ya había presentado sus propios y muy similares hallazgos.

El debate sobre quién había sido el primero en descubrir la naturaleza del agua continuó durante varios años, pero, en cualquier caso, el papel de Cavendish en poner los cimientos de la química moderna estaba asegurado. ■

> El aire inflamable, o bien es flogisto puro […], o bien es agua unida a flogisto […].
> **Henry Cavendish**

Henry Cavendish

Henry Cavendish nació en 1731 en Niza (Francia), en el seno de una de las familias más ricas de Gran Bretaña. Lo crio su padre, ya que su madre murió cuando él tenía dos años. Fue siempre una persona solitaria y huraña, en particular con las mujeres.

Asombra lo diverso de las investigaciones realizadas por Cavendish, pero, como rara vez publicó, se desconoce su pleno alcance. Además de descubrir el hidrógeno y la naturaleza compuesta del agua, Cavendish analizó la composición del aire, midiendo la proporción de oxígeno y nitrógeno con increíble precisión. Anotó una porción no identificada, inferior al 1%, identificada un siglo más tarde como el gas argón. En 1798 midió la densidad y la masa de la Tierra en un experimento que exigió mediciones de una precisión difícilmente concebible con un equipo tan básico. Murió en 1810.

Obras principales

1766 «Three papers containing experiments on factitious air».
1784 «Experiments on air».
1798 «Experiments to determine the density of Earth».

ESTE AIRE DE NATURALEZA EXALTADA

EL OXÍGENO Y EL FIN DEL FLOGISTO

EN CONTEXTO

FIGURA CLAVE
Joseph Priestley (1733–1804)

ANTES
1674 El fisiólogo británico John Mayow teoriza sobre partículas «nitroaéreas» que circulan por la sangre después de inhalar, cien años antes de descubrirse el oxígeno.

1703 Georg Ernst Stahl propone la teoría del flogisto, basada en parte en el trabajo anterior de Johann Becher.

1754 Joseph Black identifica el «aire fijo», o dióxido de carbono.

1766 Henry Cavendish aísla e identifica el «aire inflamable», o hidrógeno.

1772 El químico escocés Daniel Rutherford descubre el nitrógeno.

DESPUÉS
1783 Antoine Lavoisier revela que el agua no es un elemento, sino un compuesto de hidrógeno y oxígeno.

El descubrimiento del oxígeno en la década de 1770 –que acabó por desacreditar la teoría del flogisto para explicar por qué las cosas arden– fue un punto de inflexión de enorme importancia en la química. Fue un avance históricamente atribuido a Joseph Priestley, pero son también candidatos otros dos químicos, el sueco Carl Scheele y el francés Antoine Lavoisier.

En sus experimentos de 1774, Priestley calentó lentamente mercurio para obtener el óxido rojo de este metal. Luego, enfocando la luz solar con una lupa, calentó el óxido y capturó el gas emitido, que hoy sabemos que es oxígeno. Para su sorpresa, este gas excitaba la llama de una vela en un recipiente, y hacía refulgir con mayor intensidad el carbón al rojo.

> Todos los hechos de la combustión [...] se explican de modo mucho más simple y fácil sin flogisto que con él.
> **Antoine Lavoisier**

Decodificar la deflogistización

El hallazgo de este gas fue, para Priestley, la prueba final de que el aire no es un elemento, sino una mezcla de gases. Según la teoría del flogisto, sin embargo, una vela que arde en un recipiente transfiere el flogisto al aire que la rodea; el aire se vuelve tan «flogistizado» que la vela deja de arder. Priestley supuso que el nuevo gas ardía vivamente por estar perdiendo el flogisto, y lo llamó por tanto aire «deflogistizado». También descubrió que este gas tenía el efecto de prolongar la vida de un ratón atrapado en el recipiente; además, al inhalarlo el propio Priestley, este tuvo una sensación de salud y bienestar.

Mientras tanto, en París, Lavoisier se dio cuenta de que sustancias como el fósforo y el azufre ganan peso al calentarse, lo cual parecía contradecir la idea de que perdieran flogisto. En octubre de 1774, durante un viaje breve por Europa, Priestley conoció a Lavoisier en París, y men-

Véase también: Gases 46 ▪ El flogisto 48–49 ▪ El aire fijo 54–55 ▪ Aire inflamable 56–57 ▪ Los inicios de la fotoquímica 60–61 ▪ La conservación de la masa 62–63

cionó su descubrimiento del aire deflogistizado. Esto inspiró a Lavoisier a empezar a experimentar con óxido, y, al calentar un volumen medido de aire con mercurio para obtener óxido de mercurio, supo cuánto aire se había consumido. Al recalentar el óxido por sí solo, volvió a convertirse en mercurio y emitió un gas, en el mismo volumen que antes había perdido.

Lavoisier comprendió que, cuando algo arde o se calienta, lejos de perder flogisto, se combina con algo presente en el aire. Solo cabía concluir que la vieja teoría del flogisto de la combustión no tenía sentido. Pronto cayó también en la cuenta de que este algo en el aire era el aire deflogistizado de Priestley, y de que se trataba de un elemento totalmente aparte. Lo llamó oxígeno («productor de ácido»), por detectarlo en la mayoría de los ácidos.

Para complicar más la disputa sobre quién descubrió el oxígeno, se cree que lo aisló Carl Scheele, en Upsala (Suecia), quien lo llamó «gas de fuego», antes incluso que Priestley o Lavoisier. Sin embargo, no publicó el hallazgo hasta 1777, algún tiempo después de que el trabajo de Priestley fuera a la imprenta. Parece que Scheele escribió una carta a Lavoisier sobre su descubrimiento justo antes del encuentro de este con Priestley en París en 1774, pero Lavoisier dijo no haberla recibido nunca. Pese a su parte en la historia del oxígeno, Priestley siguió explicando su existencia y función por una versión de la teoría del flogisto. La comunidad científica concordó con Lavoisier, quedando Priestley aislado. Lavoisier comprendería la importancia plena del nuevo elemento y su papel en un nuevo modo de pensar la química. ■

El experimento del ratón de Priestley

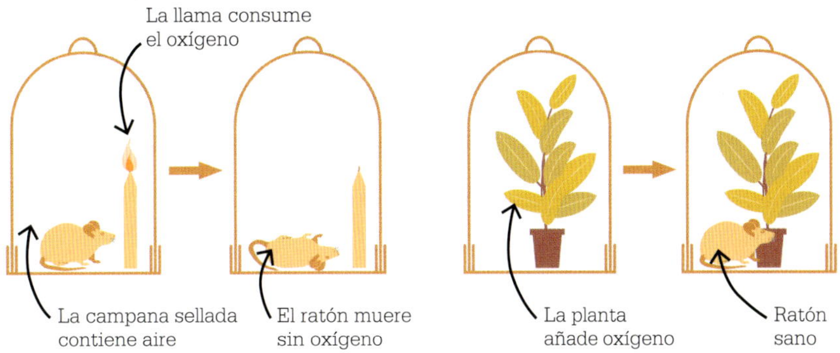

Experimento 1: Priestley colocó una vela encendida y un ratón sano bajo la campana; la llama consumió el oxígeno, y el ratón murió pocos segundos después.

Experimento 2: Priestley colocó una planta en la campana de aire «usado»; siete días después introdujo un ratón, y vio que permanecía activo «muchos minutos».

Joseph Priestley

Joseph Priestley nació cerca de Leeds (Inglaterra) en 1733. Fue un talento precoz, luego partidario firme del análisis racional del mundo natural, y dedicó toda su vida a la ciencia. Miembro de la Royal Society y de la Lunar Society, de inventores y pensadores, Priestley escribió una obra temprana importante sobre electricidad, inventó el agua con gas o carbonatada y descubrió varios otros gases aparte del oxígeno. Sus escritos religiosos poco ortodoxos y su apoyo a las revoluciones de las colonias norteamericanas y francesas indignaron tanto a algunos que una muchedumbre destruyó su casa. Huyó de Gran Bretaña en 1794, y se asentó en EEUU, donde siguió investigando hasta su muerte en 1804.

Obras principales

1772 *Directions for impregnating water with fixed air.*
1774–1786 *Experiments and observations on air.*

HE ATRAPADO LA LUZ

LOS INICIOS DE LA FOTOQUÍMICA

EN CONTEXTO

FIGURA CLAVE
Carl Wilhelm Scheele
(1742–1786)

ANTES
1604 El alquimista italiano Vincenzo Casciarolo descubre la «piedra de Bolonia», que brilla en la oscuridad.

1677 El alquimista alemán Hennig Brand descubre un nuevo elemento, el fósforo, que brilla en la oscuridad, origen del término fosforescencia.

DESPUÉS
1822 Joseph-Nicéphore Niépce crea la primera fotografía.

1852 George Stokes descubre la fluorescencia, el brillo de algunas sustancias bajo luz ultravioleta (UV).

1887 El físico alemán Heinrich Rudolf Hertz descubre el efecto fotoeléctrico.

1896 El físico francés Henri Becquerel descubre la radiactividad.

Uno de los logros más extraordinarios del químico sueco Carl Scheele fue su papel clave como pionero de la fotoquímica, que conduciría a la invención de la fotografía.

El efecto de la luz sobre sustancias químicas fue observado por primera vez por el alquimista alemán Christian Adolf Balduin en 1674, al ver que el nitrato de calcio expuesto a la luz brilla luego en la oscuridad. Esto indica que la fosforescencia se debe a la reemisión lenta de luz absorbida por átomos.

En 1717, el anatomista alemán Johann Schulze intentó recrear los resultados de Balduin con caliza y ácido nítrico. Para su sorpresa, la muestra se volvió violeta oscuro al exponerse a la luz del sol, y al investigarlo descubrió que se debía a contaminación con trazas de plata. Schulze demostró que las sales de plata se vuelven negras al exponerse a la luz.

> Explicar fenómenos nuevos, esa es mi tarea.
> **Carl Scheele**
> ***Scheeles nachgelassene Briefe und Aufzeichnungen* («Cartas y notas póstumas», 1892)**

Fijación de imágenes

Seis décadas después, en 1777, los experimentos de Scheele mostraron también que una sal de plata, el cloruro de plata, se volvía negra a la luz. Scheele quiso saber por qué ocurría, y descubrió que la luz causaba una reacción química que volvía a convertir en plata el cloruro de plata. Luego hizo otro descubrimiento crucial: el amoniaco disolvía el cloruro de plata no expuesto, pero no las zonas de plata negra. Esta fijaba toda parte expuesta de una imagen hecha de sales de plata. El trabajo de Scheele proporcionaba todo lo necesario para hacer una fotografía, pero dar ese paso quedaría para inventores posteriores.

En la década de 1790, al inventor británico Thomas Wedgwood le intrigó la cámara oscura, ingenio que proyectaba una imagen dentro de una caja empleando una lente. Se preguntaba si podría hallar la ma-

Véase también: Intentos de fabricar oro 36–41 ▪ La catálisis 69 ▪ La fotografía 98–99 ▪ Espectroscopia de llamas 122–125 ▪ Proteína verde fluorescente 266

La cámara oscura óptica se usó como asistente para el dibujo a partir del siglo XVII. Los pintores la empleaban para reflejar con precisión la perspectiva en sus representaciones.

nera de capturar permanentemente la imagen, y, usando sales de plata, logró crear siluetas, al colocar objetos sobre ellas y exponerlas a la luz. Wedgwood no conocía la fijación con amoniaco de Scheele, y sus imágenes se desvanecían en cuanto les daba la luz. Además, eran negativos, ya que se volvían negras las áreas expuestas a la luz y permanecían claras las sombras.

Crear un positivo

En la década de 1820, el inventor francés Joseph-Nicéphore Niépce creó las primeras fotografías permanentes usando aceite de lavanda sensible a la luz y bitumen sobre placas de peltre, en lugar de plata, pero la calidad de las imágenes era pobre. Para crear el primer proceso fotográfico con éxito, en 1839, el empresario francés Louis Daguerre volvió a usar sales de plata, y halló que, al exponer a la luz una placa de metal recubierta con yoduro de plata, se crea una imagen latente positiva, con las partes claras y oscuras donde corresponde. Esta imagen latente se podía luego revelar, exponiéndola a vapores de mercurio. No obstante, era necesario detener el proceso lavando con agua salada en el momento exacto, o de lo contrario la imagen entera quedaba negra. Esta técnica, llamada daguerrotipo en honor de su inventor, tuvo éxito, e inició la era de la fotografía. ■

Cuando el **cloruro de plata se expone** a la luz, las áreas más expuestas **se vuelven plata negra**.

↓

La **luz violeta** tiene el mayor efecto; la **roja**, muy poco. → Todo el **cloruro** acabará **convertido en plata**.

↓

El amoniaco «fija» el efecto, dejando solo la plata negra expuesta.

Carl Wilhelm Scheele

Nacido en Stralsund, en Pomerania Occidental (en la actual Alemania), en 1742, Carl Scheele se trasladó a Suecia a los 14 años para formarse como farmacéutico, y permaneció allí el resto de su vida. Vivió en Estocolmo y Upsala, y se dedicó a la investigación química. Sus experimentos llevaron a descubrir el cloro, el manganeso y el oxígeno, por el que es más conocido.

Trabajó en muchos campos de la química, y entre sus logros se cuenta el hallazgo de los ácidos orgánicos tartárico, oxálico, úrico, láctico y cítrico, los ácidos fluorhídrico, arsénico y cianhídrico, y el desarrollo de un medio de producción en masa de fósforo que llevó a Suecia al liderazgo mundial en la producción de cerillas. Murió en 1786, probablemente por el contacto con sustancias peligrosas como el arsénico.

Obra principal

1777 «Tratado químico del aire y del fuego».

EN TODAS LAS OPERACIONES DEL ARTE Y LA NATURALEZA, NADA SE CREA

LA CONSERVACIÓN DE LA MASA

EN CONTEXTO

FIGURA CLAVE
Antoine Lavoisier
(1743–1794)

ANTES
***C.*450 A.C.** El pensador griego Empédocles afirma que nada viene de la nada (traducido al latín como *nihil ex nihilo*) ni nada se destruye.

1615 El químico francés Jean Beguin publica la primera ecuación química.

1754 El químico escocés Joseph Black descubre el dióxido de carbono al calentar carbonato de magnesio y observar que el óxido de magnesio resultante pesa menos que el compuesto original.

DESPUÉS
1803 El físico y químico británico John Dalton propone su teoría atómica.

1905 Albert Einstein propone la teoría de la equivalencia entre masa y energía.

El químico francés Antoine Lavoisier es celebrado a veces con el título de padre de la química moderna. Con su enfoque riguroso y sistemático, transformó la química de un empeño cualitativo (descriptivo) en una ciencia cuantitativa, basada en mediciones precisas y expresada en ecuaciones. Una aportación clave fue el principio en el que se han basado desde entonces los experimentos químicos: la conservación de la masa.

El principio establece que la materia, aunque puede adoptar diferentes formas, no puede crearse ni destruirse; se puede quemar, disolver o deshacer, pero su cantidad total no cambia. En un experimento químico en el que nada pueda entrar o escapar, la masa de los productos finales es siempre la misma que la de los reactivos (sustancias añadidas para causar una reacción) originales.

El concepto no era del todo nuevo: la idea de que «nada viene de la nada» fue importante en la filosofía de los antiguos griegos. En el siglo XVIII, el principio de conservación de la masa era generalmente aceptado entre los químicos, y el polímata ruso Mijaíl Lomonósov trató de demostrarlo experimentalmente en 1756, pero fue Lavoisier quien lo estableció como una verdad fundamental. Lavoisier pesaba y medía los reactivos (sustancias consumidas) y productos de sus experimentos, y mantenía un registro meticuloso.

> Debemos suponer siempre una igualdad exacta entre los elementos del cuerpo examinado y los de los productos de su análisis.
> **Antoine Lavoisier**
> ***Tratado elemental de química* (1789)**

El flogisto y el aire

Después de los descubrimientos de diversos tipos de «aire» por químicos británicos como Henry Cavendish y Joseph Priestley, Lavoisier quería saber qué ocurría cuando estos se generaban o absorbían. Según la teoría imperante del flogisto, los metales perdían flogisto

Véase también: El universo atómico 28–29 ■ El oxígeno y el fin del flogisto 58–59 ■ Las proporciones de los compuestos 68 ■ La teoría atómica de Dalton 80–81 ■ Pesos atómicos 121 ■ El mol 160–161

Este horno solar, hecho con dos grandes lentes para concentrar el calor del sol, fue diseñado por Lavoisier para evitar contaminar sus experimentos con los productos de la combustión.

al arder, oxidarse o perder lustre. En tal caso, deberían perder peso, pero los científicos sabían que los metales ganan peso al oxidarse. En 1772, Lavoisier llevó a cabo varios experimentos aumentando la luz del sol con una lente. En uno de estos experimentos calentó óxido de plomo (PbO) con carbón en un recipiente. Al convertirse el óxido calentado en metal, Lavoisier vio que liberaba gran cantidad de aire en el recipiente. Si un óxido emite aire al convertirse en metal, pensó, quizá al pasar un metal a óxido absorbe aire, y se preguntó si era por esto que ganaba peso. También observó que el fósforo y el azufre ganaban peso al arder, y quiso saber si podían estar absorbiendo aire también.

Lavoisier envió una nota sellada a la Academia de Ciencias de Francia para que constara su prioridad en esta nueva y radical teoría, pero demostrarla resultó más difícil de lo que había previsto. Tuvo que realizar cientos de experimentos escrupulosamente cuantificados, asistido por su esposa Marie-Anne.

Prueba y explicación

En un experimento clave, Lavoisier calentó un matraz de vidrio con trozos de estaño hasta convertir este en óxido. Al abrirlo y pesar el óxido, comprobó que pesaba una centésima de onza más que el estaño original. El minúsculo peso extra únicamente podía proceder del aire del matraz.

Lavoisier había confirmado la teoría de conservación de la masa, pero no sabía si era todo el aire el implicado. A finales de 1774, Priestley le visitó y mencionó su descubrimiento del «aire deflogistizado». Era este el que se combinaba con, o era emitido por, otros elementos. Lavoisier llamó a este nuevo gas «oxígeno» (O_2). ■

Antoine Lavoisier

Lavoisier nació en 1743 en una familia noble parisina. Estudió derecho en la Universidad de París, pero una vez licenciado se dedicó a la ciencia. Publicó su primer trabajo a los 21 años, y a los 26 era ya miembro de la Academia de Ciencias de Francia. El mismo año compró una parte de la compañía recaudadora de impuestos Ferme Générale. En 1771 se casó con Marie-Anne Paulze, de 13 años, futura y capaz asistente de laboratorio.

Entre sus logros, Lavoisier nombró los elementos oxígeno, hidrógeno y carbono e identificó el azufre. Descubrió el papel del oxígeno en la combustión y la respiración, demostró la falsedad de la teoría del flogisto, y estableció un sistema de nomenclatura química. Ser recaudador de impuestos le convirtió en objetivo durante la Revolución francesa, y fue guillotinado el 8 de mayo de 1794.

Obras principales

1787 *Método de nomenclatura química.*
1789 *Tratado elemental de química.*

ME ATREVO A HABLAR DE UNA NUEVA TIERRA

ELEMENTOS DE TIERRAS RARAS

EN CONTEXTO

FIGURA CLAVE
Johan Gadolin (1760–1852)

ANTES
1735 Georg Brandt descubre que el cobalto es un metal.

1774 Carl Scheele y otros aíslan el metal manganeso.

1783 Los químicos y hermanos españoles Juan José y Fausto Elhuyar descubren el wolframio.

DESPUÉS
1952 La mina de tierras raras Mountain Pass, en California, inicia la extracción de europio para televisores en color.

1984 General Motors y Sumitomo Special Metals desarrollan al mismo tiempo el imán de neodimio, el más potente del mundo.

1988 China se convierte en el mayor productor mundial de tierras raras.

El grupo de elementos llamados tierras raras lo forman los 15 lantánidos más el escandio y el itrio. El primero lo descubrió el químico y mineralogista finlandés Johan Gadolin en 1794, pero pasaron casi 150 años antes de aislar e identificar los 17. Estos metales plateados, químicamente muy similares, pertenecen al grupo 3 de la tabla periódica. Tienen cualidades especiales tales como el magnetismo, la conductividad y la luminiscencia, que los hacen extremadamente útiles en combinación con otros metales, y por esta razón se han vuelto vitales para la tecnología moderna, desde los teléfonos inteligentes hasta los automóviles eléctricos.

Las tierras raras no fueron descubiertas como metales, sino como

Véase también: La extracción de metales del mineral 24–25 ▪ Aislar elementos con electricidad 76–79 ▪ Electroquímica 92–93 ▪ Espectroscopia de llamas 122–125 ▪ La tabla periódica 130–137 ▪ Cristalografía de rayos X 192–193

> Me parece algo fatídico si cada tierra nueva se encuentra solo en un yacimiento, o en un solo mineral.
> **Johan Gadolin**

componentes de óxidos a los que los químicos del siglo XVIII llamaron «tierras». En realidad, geológicamente son bastante abundantes, algunas tanto como el plomo o el cobre, pero nunca se hallan en concentraciones altas, sino en tal grado combinadas con otros minerales y con otras tierras raras que son difíciles de encontrar y extraer. Esta es la razón de que se les aplicara el adjetivo «raras», y de que el periplo que supuso su hallazgo resultara tan largo y arduo.

La roca negra de Ytterby

En 1787, el teniente del ejército sueco Carl Arrhenius, interesado en la mineralogía, estaba explorando una mina de feldespato en la isla sueca de Resarö cuando dio con una roca negra distinta a cualquiera que hubiese visto antes. Se preguntó si podría contener el metal denso tungsteno (wolframio), y envió una muestra al inspector de minas Bengt Geijer, en Estocolmo. Tras hacer algunas pruebas, Geijer anunció el descubrimiento de un nuevo mineral pesado, la iterbita –del pueblo próximo a la mina, Ytterby–, y envió una muestra a Johan Gadolin para un análisis detallado.

Gadolin disolvió el mineral molido en diversas sustancias, entre ellas ácido nítrico (HNO_3) e hidróxido sódico ($NaOH$), probando y midiendo escrupulosamente los productos. En 1794 publicó los resultados del análisis, según los cuales la roca negra constaba de 31 partes de sílice (SiO_2), 19 partes óxido de aluminio (Al_2O_3), 12 partes de óxido de hierro (Fe_2O_3) y 38 partes de una tierra desconocida. Esta última no solo era muy densa, sino que tenía un punto de fusión muy alto, de 2425 °C, como hoy sabemos. Aunque se disolvía fácilmente en la mayoría de los ácidos y tenía semejanzas con otros óxidos metálicos, esta tierra era claramente una sustancia nueva.

Johan Gadolin analizó una muestra de iterbita –la roca negra de Ytterby– en 1794. Contenía un óxido hasta entonces desconocido, la «yttria».

En 1797, el químico analítico sueco Anders Ekeburg afinó los resultados y llamó a la nueva tierra «yttria». Tras tener noticia del hallazgo del berilio por el francés Louis-Nicolas Vauquelin al año siguiente, »

Johan Gadolin

Johan Gadolin nació en 1760 en Åbo (la actual Turku, en Finlandia), hijo de un profesor de física. Estudió matemáticas y luego química en la Universidad de Åbo, y después en la de Upsala (Suecia) se dedicó a la mineralogía. Fue nombrado profesor de química en Åbo en 1785, a los 25 años, y en 1786 viajó por Europa, visitó minas y conoció a científicos eminentes.

Publicó estudios clave sobre el calor específico, fue un partidario temprano del rechazo de la teoría del flogisto por Antoine Lavoisier y determinó la composición química del pigmento azul de Prusia, pero se le conoce sobre todo por el análisis de la roca negra de Ytterby. El gran incendio de Åbo en 1827 destruyó su laboratorio y su incomparable colección de minerales, lo cual puso fin a su carrera científica. Murió en 1852, a los 92 años.

Obra principal

1794 «Examen de un mineral negro denso de la cantera de Ytterby Quarry en Roslagen».

Ekeburg se percató de que la iterbita contenía berilio, y no aluminio. El químico analítico alemán Martin Klaproth confirmó los hallazgos de Ekeburg, y llamó a la iterbita «gadolinita», en honor de Gadolin.

El concepto de elemento era aún vago en esta época. La itria era un óxido, y pasaron 30 años antes de que el químico alemán Friedrich Wöhler lograra aislar el metal puro. El análisis de Gadolin, sin embargo, marcó el descubrimiento de la primera tierra rara.

El cerio y las tierras ocultas

En 1803, los químicos suecos Jöns Jacob Berzelius y Wilhelm Hisinger, e independientemente Martin Klaproth, lograron otro avance clave con otro mineral pesado. Berzelius y Hisinger creyeron que una muestra hallada medio siglo antes por el químico sueco Axel Cronstedt en la mina de Bastnäs, en Suecia, podía contener itria, pero su análisis reveló un nuevo óxido, al que Berzelius llamó «ceria», por el planeta enano del cinturón de asteroides Ceres, recientemente descubierto, que se consideró un planeta entonces. El mineral en el que fue hallado se llamó cerita.

Como con la itria, llevó décadas de trabajo aislar el cerio como metal puro. Lo lograron en 1875 los químicos estadounidenses William Hillebrand y Thomas Norton, haciendo pasar una corriente eléctrica a través de cloruro de cerio ($CeCl_3$) fundido.

Una vez descubiertas la itria y la ceria, los químicos comprendieron que había otros elementos entremezclados con ambas tierras. Sin embargo, separarlos era una tarea formidable. El desarrollo de la electroquímica ayudó, pero en lo principal era cuestión de análisis minucioso con ácidos, tubos que avivaban la llama de una vela hasta temperaturas de horno y cristalización fraccionada –cuando una mezcla fundida se enfría, sus componentes se cristalizan en fases distintas debido a las diferencias de solubilidad.

En 1839, el químico sueco Carl Mosander, colega y exalumno de Berzelius, usó ácido nítrico para separar una segunda tierra de la ceria, a la que Berzelius llamó «lantana». Luego, en 1842, Mosander encontró una tercera tierra en la ceria, la «didimia», y también dos nuevas tierras mezcladas con la itria: la rosada «terbia» y la amarillenta «erbia», ambos nombres derivados también de Ytterby. Con estas, eran seis las tierras raras conocidas.

Ampliar la lista

Un aspecto confuso del proceso fue que algunos químicos que realizaron análisis similares creyeron haber encontrado elementos, no óxidos, lo cual llevó a muchos hallazgos de tierras raras posteriormente desacreditados. En el caso de la didimia, por ejemplo, Mosander creyó erróneamente que era un óxido de metal puro. El error salió a la luz décadas después, al comenzar a emplearse la técnica de la espectroscopia de llamas en 1860. Cada sustancia emite un espectro único de colores al someterse a un calor intenso, lo cual a

Cascadas de separación de tierras raras

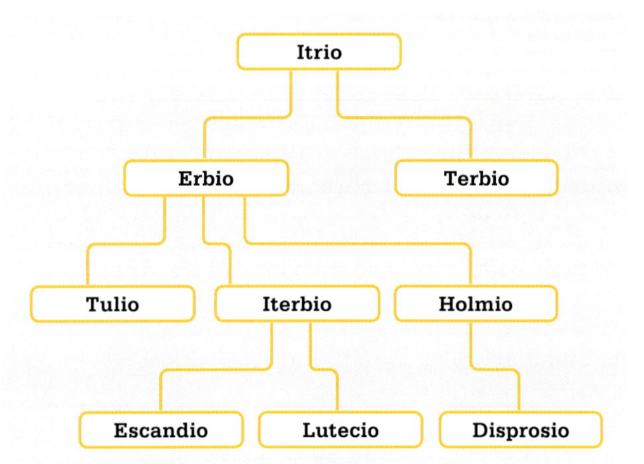

Las primeras 16 tierras raras se descubrieron en dos «cascadas» de separación, con cada elemento revelado en forma de óxido. El óxido de itrio («yttria») se daba mezclado con otros ocho óxidos de tierras raras.

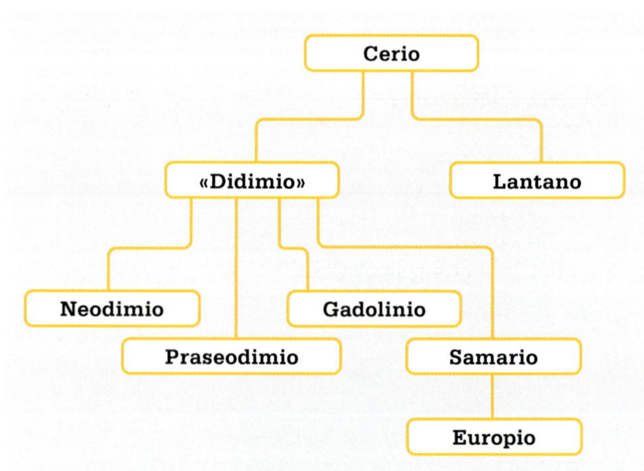

El óxido de cerio («ceria») se daba mezclado con otros seis óxidos de tierras raras. La 17.ª, el prometio, es radiactiva y ya no se da en la naturaleza; fue creada artificialmente en 1945.

menudo revelaba nuevas sustancias, aunque llevara algún tiempo identificarlas aplicando procesos químicos. La espectroscopia de llamas hizo sospechar a varios químicos que lo identificado como el elemento «didimio» era en realidad una mezcla de al menos dos elementos. En 1885, el químico austriaco Carl Auer von Welsbach identificó el neodimio y el praseodimio. Luego, en 1886, el químico francés Paul-Émile Lecoq de Boisbaudran aisló el gadolinio.

En 1878, el químico suizo Jean Charles Galissard de Marignac separó la erbia, hallando el iterbio, y el químico sueco Per Teodor Cleve aisló el holmio y, en 1879, el tulio. Del holmio, Boisbaudran extrajo el disprosio en 1886.

Mientras tanto se identificaron como posibles fuentes de tierras raras otros dos minerales, la samarskita y la euxenita. En 1879, Lecoq aisló la «samaria» de una muestra de didimia extraída de samarskita. El mismo año, a partir de euxenita, el químico sueco Lars Fredrik Nilson aisló, por este orden, el erbio, el iterbio y una nueva tierra de la iterbia, el escandio. En 1901, el químico francés Eugène-Anatole Demarçay aisló el europio de la samaria. Finalmente, en 1907, el químico francés Georges Urbain fue el primero en informar de la extracción del lutecio de la iterbia.

Los teléfonos inteligentes de hoy contienen varias tierras raras, muchas de ellas empleadas en la pantalla para producir color y brillo. Su electrónica se sirve de la alta conductividad de las tierras raras.

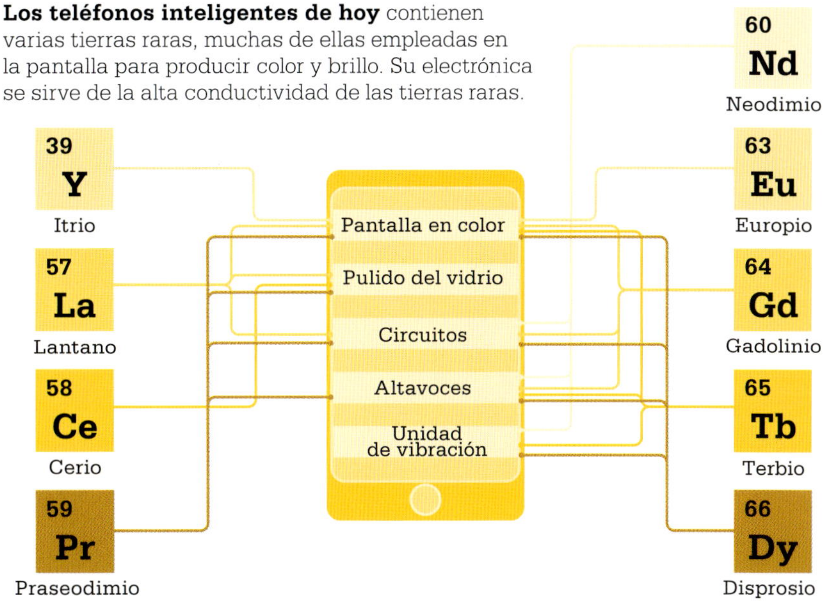

La tierra rara oculta

Había ahora 16 tierras raras, pero ¿cuántas más podía haber? En 1913, el físico británico Henry Moseley usó la espectroscopia de rayos X para determinar el número atómico de cada una e incluirlas en la tabla periódica. Resultó que había un solo hueco entre el neodimio y el samario, el del número atómico 61. En 1926, en Florencia (Italia), unos científicos dijeron haber descubierto el elemento que faltaba, y lo llamaron orentio, mientras que otros en Illinois (EE UU) afirmaron lo mismo, llamándolo ilinio.

Ninguno de ambos equipos tenía razón. El elemento 61 es radiactivo, y se desintegra demasiado rápidamente para haber sobrevivido desde la formación de la Tierra. Por tanto, solo se da en la naturaleza –de forma extremadamente rara– como producto de otros elementos radiactivos. Fue creado artificialmente al fin en 1945, por científicos que estaban trabajando en el Proyecto Manhattan para crear la bomba atómica durante la Segunda Guerra Mundial. Los químicos estadounidenses Jacob Marinsky, Charles Coryell y Lawrence Glendenin crearon el elemento a partir de los productos de la fusión del uranio en un reactor nuclear. Publicaron sus resultados en 1947, y llamaron prometio a esta última tierra rara. ■

La revolución de las tierras raras

La cromatografía de intercambio iónico (IEC, en inglés) usada para aislar el prometio la desarrollaron los estadounidenses Frank Spedding y Jack Powell cuando trabajaban en el Proyecto Manhattan. Tenían que dar con un modo de librarse de impurezas del uranio tales como el itrio, que arruinaban la reacción en cadena nuclear. Las anteriores técnicas de separación proporcionaban muestras minúsculas de tierras raras; sin embargo, la IEC podía separarlas en masa, lo cual desencadenó una revolución de las tierras raras desde principios de la década de 1950. Por primera vez, estos elementos estaban disponibles a escala industrial.

Comparada con la de otros metales, la cantidad de tierras raras producida es minúscula, y el proceso de extracción resulta muy caro; pero se han vuelto indispensables, caso de los imanes de neodimio para vehículos eléctricos y turbinas eólicas, y del itrio, erbio y terbio para monitores de vídeo.

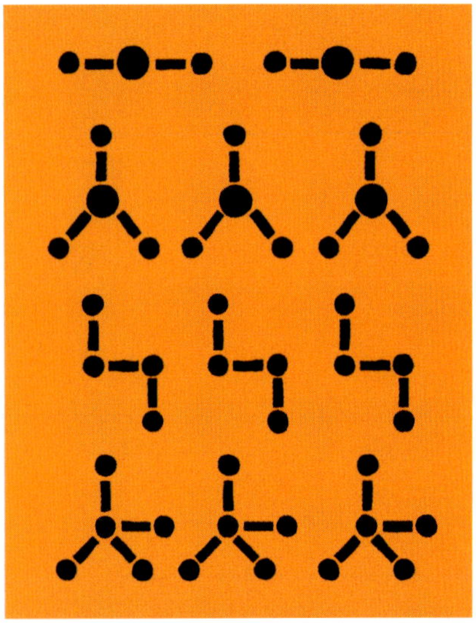

LA NATURALEZA ASIGNA PROPORCIONES FIJAS

LAS PROPORCIONES DE LOS COMPUESTOS

EN CONTEXTO

FIGURA CLAVE
Joseph Proust (1754–1826)

ANTES
1615 El químico francés Jean Beguin escribe la primera ecuación química.

1661 Robert Boyle identifica diferencias entre mezclas y compuestos, y muestra que estos pueden tener propiedades distintas de sus componentes.

1718 El francés Étienne Geoffroy contribuye a codificar la idea de compuesto en su tabla de afinidades.

DESPUÉS
1808 El británico John Dalton publica su teoría atómica de los elementos y explica cómo los compuestos están hechos siempre de la misma combinación de átomos.

1826 El químico sueco Jöns Jacob Berzelius publica la primera tabla de pesos atómicos.

A la vez que Antoine Lavoisier definía qué es un elemento, otro químico francés, Joseph Proust, propuso una verdad fundamental de los compuestos. En 1794, Proust introdujo la ley de las proporciones constantes: los elementos solo se combinan para formar un número limitado de verdaderos compuestos, siempre en una relación constante de masas, y de ahí sus fórmulas químicas fijas.

Proporciones únicas

A Proust le interesaba cómo los metales se combinan con oxígeno, azufre y carbono, en óxidos, sulfuros, sulfatos y carbonatos. Los experimentos que llevó a cabo con óxidos mostraron dos proporciones definidas, a las que llamó mínima y máxima, y con los sulfuros, una sola. En otras palabras, metales como el hierro pueden combinarse con azufre u oxígeno de solo una o dos maneras, y siempre en las mismas proporciones únicas.

Claude-Louis Berthollet se opuso a la idea, y consideró que las sustancias químicas podían combinarse en un espectro de proporciones distintas. La clave estaba en la definición de compuesto: Berthollet incluía lo que hoy llamamos mezclas y soluciones, que sí se unen en proporciones muy variables. La «verdadera combinación» de Proust corresponde a la definición moderna de compuesto: elementos químicamente enlazados y, a diferencia de mezclas y soluciones, separables solo por reacción química, no por medios físicos. ■

El óxido resulta de la unión de hierro, oxígeno y agua en proporciones fijas para formar hidróxido de hierro. La ecuación de esta reacción es $4Fe + 3O_2 + 6H_2O = 4Fe(OH)_3$.

Véase también: Corpúsculos 47 ▪ El oxígeno y el fin del flogisto 58–59 ▪ La conservación de la masa 62–63 ▪ La teoría atómica de Dalton 80–81

LA QUIMICA SIN CATALISIS SERIA COMO UNA ESPADA SIN EMPUÑADURA

LA CATÁLISIS

EN CONTEXTO

FIGURA CLAVE
Elizabeth Fulhame
(activa en 1794)

ANTES
1540 El farmacólogo alemán Valerius Cordus cataliza la conversión de alcohol en éter con ácido sulfúrico.

1781 El farmacéutico francés Antoine Parmentier observa que el vinagre estimula la formación de azúcares en la mezcla de almidón de patata y crémor tártaro.

DESPUÉS
1810 La obra de Fulhame se reedita en EE UU, y es valorada por los químicos.

1823 El alemán Johann Wolfgang Döbereiner observa cómo el dióxido de manganeso acelera la descomposición del clorato de potasio.

1835 Jöns Jacob Berzelius acuña el término catálisis.

Los catalizadores aceleran las reacciones químicas reduciendo la energía necesaria para desencadenarlas, y son esenciales para muchos procesos cotidianos, desde la limpieza de tubos de escape y la fabricación de plásticos hasta la actividad de las enzimas (catalizadores biológicos) en los seres vivos. Ofrecen una vía más fácil a la reacción, el llamado mecanismo de reacción, sin ser parte propiamente de la misma.

El término catalizador fue acuñado por Jöns Jacob Berzelius en 1835; sin embargo, uno de los primeros estudios clave fue el de Elizabeth Fulhame en Escocia, medio siglo antes. Esposa de un médico que había estudiado química con Joseph Black, Fulhame quería teñir telas con oro, plata y otros metales. Empleando distintos agentes reductores, como el hidrógeno, probó cómo reducir las sales de diversos metales a metal puro, y se dio cuenta de que muchas reducciones que se creía requerían calor se dan a temperatura ambiente empleando agua como catalizador.

> Al tener lugar la combustión, un cuerpo, al menos, se oxigena, y otro es devuelto [...] a su estado combustible.
> **Elizabeth Fulhame**

La descripción que hizo Fulhame de la reacción de las sales de plata catalizadas por la luz contribuyó al conocimiento de procesos que acabarían llevando al desarrollo de la fotografía. También observó el papel catalizador del oxígeno en algunas reacciones, desafiando correctamente tanto la vieja teoría del flogisto como la nueva de Antoine Lavoisier. En 1793, Fulhame conoció a Joseph Priestley, quien la animó a publicar su trabajo, lo cual hizo al año siguiente. ■

Véase también: El oxígeno y el fin del flogisto 58–59 ▪ Elementos de tierras raras 64–67 ▪ La fotografía 98–99 ▪ Enzimas 162–163

LA REVO QUIMICA 1800–1850

LUCION

1800

Alessandro Volta anuncia la creación de la **primera pila**, anuncio del comienzo de la electroquímica.

1803

Dalton publica su **teoría atómica**, que incluye el primer intento de crear símbolos para los átomos y las moléculas.

1807

Humphry Davy, pionero de la primera electroquímica, **aísla el potasio y el sodio** empleando la electrólisis. Más tarde aísla el calcio, el estroncio, el bario, el magnesio y el boro.

1813

Jöns Jacob Berzelius propone los **símbolos de los elementos** y su uso para representar compuestos.

1828

Friedrich Wöhler sintetiza por primera vez una sustancia orgánica, la **urea**, a partir de sustancias inorgánicas.

El establecimiento de la química moderna a finales del siglo XVIII fue seguido de una explosión del conocimiento durante el siglo XIX, con desarrollos que incluyeron la apertura de campos de estudio de la química enteramente nuevos.

Un lenguaje común

A la estandarización de la nomenclatura química vino a sumarse una revolución en cómo los químicos concebían y representaban los átomos. El químico inglés John Dalton fue el primero en proponer que los átomos de distintos elementos tendrían distintas masas y tamaños, y afirmó también que, al combinarse elementos, lo hacen en proporciones expresables en números enteros. En 1808, Dalton había creado una serie de símbolos químicos para los elementos entonces conocidos, lo cual se considera el primer intento de diseñar un sistema tal.

Solo unos años después, el químico sueco Jöns Jacob Berzelius propondría una notación propia para representar los elementos con una o dos letras, el sistema que se emplea aún hoy. Desde entonces, los químicos no solo contaban con una nomenclatura; también con abreviaturas comunes, lo cual facilitó mucho la comunicación de los avances en la química, algo muy conveniente en un momento en que estaban surgiendo áreas nuevas de la misma.

Los inicios de la electroquímica

La electroquímica cobró vida a inicios del siglo XIX, al anunciar Alessandro Volta la creación de la pila voltaica, la primera batería. La unión de química y electricidad produjo rápidamente avances espectaculares: menos de una década después, el químico inglés Humphry Davy descubriría varios metales nuevos por medio de la electrólisis, separando compuestos comunes con electricidad para aislar los nuevos elementos.

En 1813, Davy empleó como asistente al joven Michael Faraday, quien luego sería el científico más destacado de la Royal Institution, y que desarrollaría el trabajo de Davy en el campo de la electricidad. En el de la química, Faraday formuló leyes electroquímicas que establecían una relación directa entre la magnitud de una corriente eléctrica y las masas de los productos de la electrólisis. A través de su trabajo se formalizó también gran parte de la terminología electroquímica aún vigente en la actualidad.

1830

Berzelius acuña el término **«isómero»** para sustancias creadas a partir de combinaciones idénticas de elementos, pero con propiedades distintas.

1833

El científico **Michael Faraday** desarrolla **leyes electroquímicas** que permiten hacer cálculos cuantitativos para las reacciones químicas.

1839

El inventor francés **Louis Daguerre** introduce el primer **proceso fotográfico** con éxito, el daguerrotipo.

1842

Crawford Long usa éter etílico para **anestesiar** a un paciente y extirpar con éxito un tumor.

1842

El químico francés **Jean-Baptiste Dumas** publica su teoría de tipos, que llevaría a la concepción de los compuestos orgánicos en términos de **grupos funcionales**.

Más allá del vitalismo

Los descubrimientos que realizó Faraday no se limitaron a lo relacionado con la electricidad. Creó los primeros compuestos de carbono y cloro en 1820, y fue el primero en aislar e identificar el benceno, en 1825. Estas fueron algunas de las primeras incursiones en la química orgánica, área clasificada como distinta de la química inorgánica por Berzelius en 1806.

La mayoría de los químicos activos en esa época eran adeptos de la noción del vitalismo, teoría basada en la idea de que las sustancias químicas orgánicas presentes en los seres vivos no se podían sintetizar a partir de compuestos no vivos (inorgánicos). Sin embargo, en 1828, el químico alemán Friedrich Wöhler mostró que la urea, un compuesto orgánico, se podía sintetizar a partir de dos compuestos inorgánicos: amoniaco y ácido ciánico. Si bien la síntesis de Wöhler no fue apreciada en su plena importancia durante varias décadas, el descubrimiento se cita a menudo como el fin de la teoría vitalista.

Berzelius y Wöhler, junto con el químico alemán Justus von Liebig, descubrieron también que algunos compuestos inorgánicos pueden estar compuestos de elementos idénticos, pero tener propiedades distintas, fenómeno al que denominaron isomería. Más tarde, otros químicos demostrarían que la isomería se da también en los compuestos orgánicos.

Berzelius, Wöhler y Liebig propusieron la idea de que los compuestos orgánicos se forman a partir de sustancias básicas a las que llamaron «radicales». Este concepto fue superado por la teoría de tipos de las moléculas orgánicas de Jean-Baptiste Dumas, que a su vez se desarrollaría hasta el concepto de grupos funcionales de átomos. Estos patrones estructurales son grupos de átomos que confieren a las moléculas sus propiedades y reacciones. La capacidad predictiva de los grupos funcionales se convertiría en una herramienta esencial para comprender y predecir las múltiples reacciones de los compuestos orgánicos.

En menos de medio siglo, por tanto, la química orgánica había pasado de ser apenas reconocida como campo propio de la química a ser uno de los de más rápido crecimiento, y, en las décadas siguientes, generaría algunos de los mayores avances químicos, muchos de los cuales continúan afectando a nuestras vidas actualmente. ■

CADA METAL TIENE UN DETERMINADO PODER

LA PRIMERA PILA

EN CONTEXTO

FIGURA CLAVE
Alessandro Volta
(1745–1827)

ANTES
1729 El tintorero y científico británico Stephen Gray muestra cómo se transmite la carga eléctrica a distancia.

1745 El físico alemán Ewald Georg von Kleist y el científico neerlandés Pieter van Musschenbroek inventan independientemente la botella de Leyden para almacenar carga eléctrica.

1752 El inventor y estadista Benjamin Franklin demuestra que los rayos son eléctricos.

DESPUÉS
1808 Humphry Davy desarrolla la electroquímica.

1833 Michael Faraday plantea las leyes de la electrólisis.

1886 El científico alemán Carl Gassner inventa la pila seca.

A finales del siglo XVIII, los teatros se llenaron con un público ansioso por ver las chispas, fogonazos y detonaciones de efectos eléctricos producidos por generadores estáticos enormes, o botellas de Leyden, que almacenaban electricidad estática entre dos electrodos. Muchos se preguntaban si no sería la electricidad la fuerza vital, idea esbozada en la novela *Frankenstein* (1818), de la británica Mary Shelley.

El vínculo entre electricidad y vida pareció confirmarse con las observaciones del físico italiano Luigi Galvani en la década de 1780. Galvani descubrió que las patas de rana se movían no solo si se conectaban los músculos a una máquina estática o superficie metálica durante una tormenta, sino también tendidas de una cuerda sujeta por un gancho de latón sobre una valla de hierro. Galvani atribuía las sacudidas a la «electricidad animal» inherente a todos los músculos animales.

Competencia experimental

Al principio, Alessandro Volta, colega y compatriota de Galvani, estuvo de acuerdo con él. Experimentaba con efectos eléctricos desde la década de 1760, y era ya una autoridad destacada en materia de electricidad. Creyó que Galvani había mostrado en sus ingeniosos experimentos que la electricidad animal estaba «entre las verdades demostradas», pero le fueron surgiendo dudas, y en 1792 y 1793 argumentó que la electricidad que contraía los músculos de las patas de rana era de una fuente exterior: el contacto entre el latón y el hierro. Según Volta, la electricidad se podía crear por medios puramente químicos, y se debía a la reacción química entre dos metales.

Representación de Volta en una pintura del italiano Gasparo Martellini, donde lo muestra en una demostración de sus experimentos con la pila eléctrica ante Napoleón Bonaparte.

Véase también: Aislar elementos con electricidad 76–79 ▪ Electroquímica 92–93

> El aparato [...], que sin duda les asombrará, es solo el montaje de un número de buenos conductores de diferentes clases dispuestos de determinada manera.
> **Alessandro Volta**

Esto no convenció a Galvani, y ambos empezaron a competir con experimentos para dirimir la cuestión. Al morir Galvani en 1798, Volta seguía decidido a demostrar que su teoría era la correcta, pero tenía que encontrar la forma de hacer más detectable la carga eléctrica.

Al año siguiente, Volta apiló discos de cobre y zinc, entreverando cada par con cartón remojado en salmuera. El resultado fue suficiente para que Volta recibiera una pequeña descarga al tocar la pila. Añadir más discos la aumentó, y las combinaciones de metales distintos, como plata y estaño, producían cargas diferentes.

Más importante fue otro hallazgo de Volta, en el que, al conectar con un alambre las partes superior e inferior de la pila, observó que se creaba un flujo eléctrico continuo que se podía detener con solo desconectar el alambre. Mientras no se conectara, la pila conservaba la carga. A diferencia de la botella de Leyden, que liberaba la carga almacenada de una vez, la pila de Volta suministraba una corriente eléctrica continua que se podía apagar y encender como se deseara. Había creado la primera pila eléctrica, o voltaica, que anunció al mundo en una carta a la Royal Society londinense en 1800.

La pila voltaica tuvo un gran impacto en el ámbito científico. Antes de un año, los químicos la usaron para separar el agua en hidrógeno y oxígeno; y antes de una década, el británico Humphry Davy formuló la nueva ciencia electroquímica. Durante los siguientes 30 años, hasta que el científico británico Michael Faraday y el ingeniero estadounidense Joseph Henry descubrieron cómo generar electricidad magnéticamente, la pila voltaica fue la principal fuente de electricidad, y sigue siendo la precursora de todos los miles de millones de pilas y baterías que se usan hoy en toda una serie de aparatos, desde los teléfonos móviles hasta los vehículos eléctricos. ▪

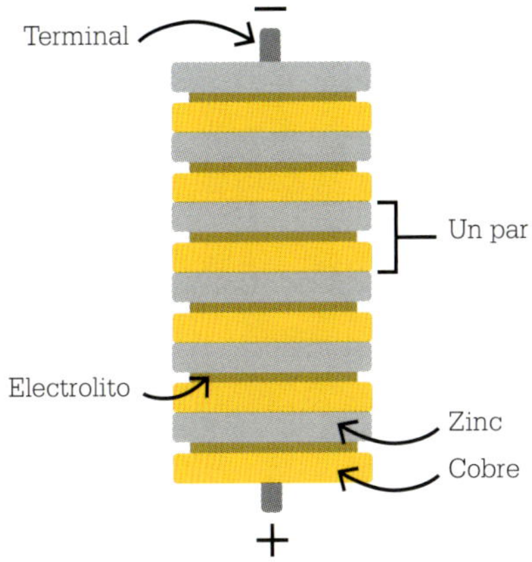

Una pila voltaica puede constar de una serie de componentes, como el cobre y el zinc. Los discos se apilan por pares separados por un conductor (electrolito).

Alessandro Volta

Volta nació en Como (Ducado de Milán) en 1745, y de adolescente le fascinó la electricidad. Escribió su primer trabajo científico sobre la electricidad en 1768, y en 1776 descubrió el metano (gas natural). Su trabajo mostró que una chispa en una cámara inflamaba un gas, e inventó un arma eléctrica, la pistola voltaica. Famoso en toda Europa por su trabajo con la electricidad, ocupó la cátedra de física de la Universidad de Pavía en 1779, que mantuvo durante 40 años. También mejoró y popularizó el electróforo, un ingenio del físico sueco Johan Wilcke que producía electricidad estática, pero se le conoce sobre todo por descubrir que la electricidad se puede generar químicamente y por haber inventado la pila. Recibió de Napoleón el título de conde en reconocimiento de su trabajo. Más de 50 años después de su muerte, acaecida en 1827, el voltio, la unidad de fuerza electromotriz, fue nombrado así en su honor.

Obra principal

1769 *De vi attractiva ignis electrici* («Sobre la fuerza atractiva del fuego eléctrico»).

FUERZAS DE ATRACCION Y REPULSION SUSPENDEN LA AFINIDAD ELECTIVA

AISLAR ELEMENTOS CON ELECTRICIDAD

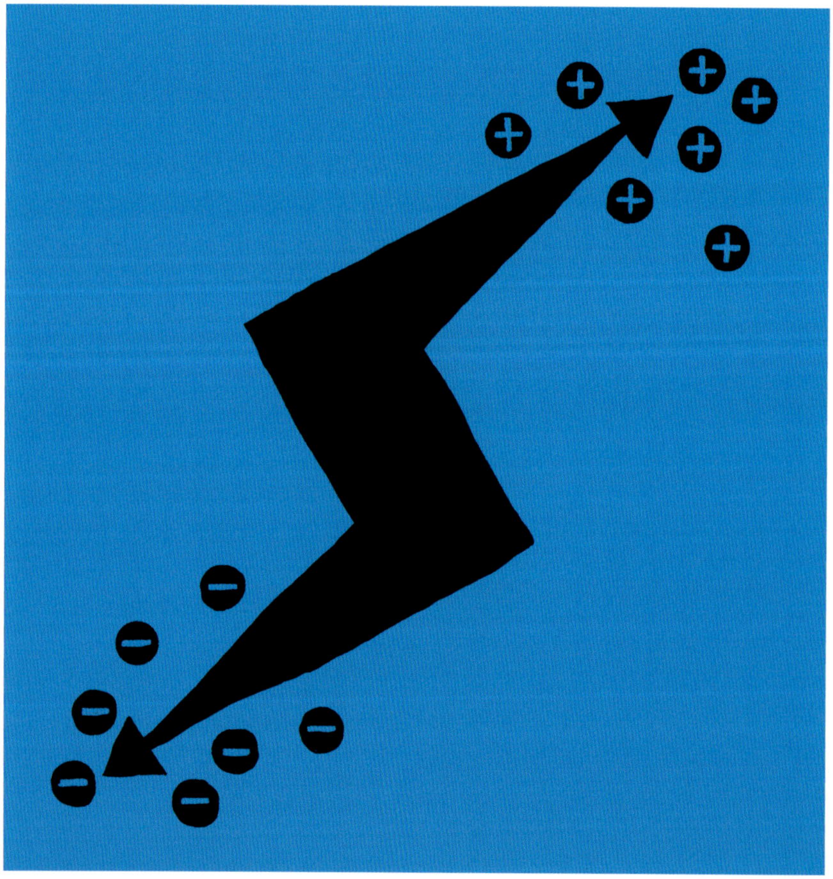

EN CONTEXTO

FIGURA CLAVE
Humphry Davy (1778–1829)

ANTES
Década de 1770 Lavoisier propone que el oxígeno en los compuestos causa acidez.

1791 Galvani publica la idea de la «electricidad animal».

1800 Volta crea la primera pila eléctrica.

DESPUÉS
1832 Michael Faraday establece sus dos leyes de la electroquímica.

1839 William Grove, físico británico, crea la primera pila de combustible, que combina hidrógeno y oxígeno para producir agua y electricidad.

1866 El ingeniero francés George Leclanché inventa la celda húmeda, precursora de la pila de zinc-carbono.

La creación de la primera pila eléctrica por el físico italiano Alessandro Volta en 1800 tuvo un efecto profundo sobre la ciencia. La pila de Volta puso por primera vez en manos de los científicos una corriente eléctrica controlada para sus experimentos, y también reveló el vínculo fundamental entre electricidad y reacciones químicas, inaugurando con ello toda una nueva rama de la ciencia, la electroquímica.

Antes de pasar dos semanas del anuncio de la pila por Volta, el químico británico William Nicholson hizo la pregunta obvia: si una reacción química puede generar electricidad, ¿puede la electricidad producir una reacción química? El 2 de mayo de 1800, él y el cirujano Anthony Car-

Véase también: La extracción de metales del mineral 24–25 ▪ El oxígeno y el fin del flogisto 58–59 ▪ La conservación de la masa 62–63 ▪ Elementos de tierras raras 64–67 ▪ La primera pila 74–75 ▪ Electroquímica 92–93

Nicholson y Carlisle demostraron que una corriente que pasa por agua produce los gases oxígeno e hidrógeno. Hoy sabemos que esto se debe a que las moléculas de agua se componen de iones hidroxilos de carga negativa (OH^-) e iones de hidrógeno de carga positiva (H^+).

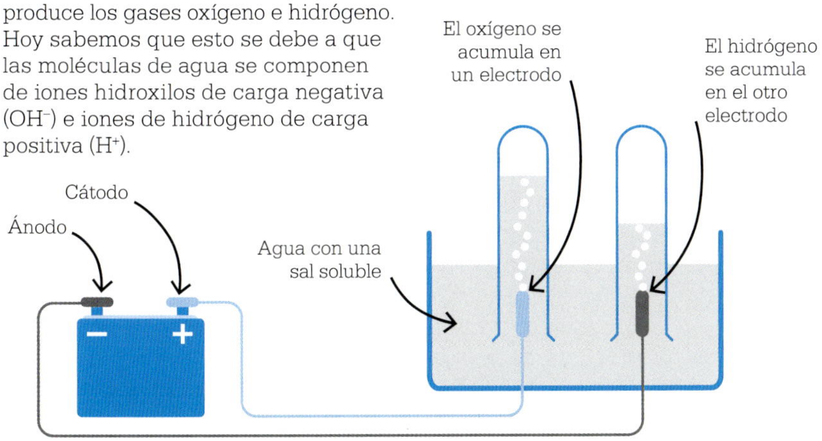

> La pila voltaica fue un toque de alarma para los experimentadores de toda Europa.
> **Humphry Davy**

lisle demostraron que sí, y de forma espectacular, al insertar en agua alambres conectados a una pila. Al instante aparecieron burbujas junto a los electrodos (terminales eléctricas), mientras el agua se separaba en hidrógeno y oxígeno. Fue el primer ejemplo real de electrólisis, la separación química de elementos de un compuesto.

Solo meses después del avance de Nicholson y Carlisle, el físico alemán Johann Ritter logró independientemente el mismo resultado, pero disponiendo los electrodos por separado para poder capturar y medir exactamente el hidrógeno y el oxígeno liberados. Poco después, Ritter descubrió que podía usar la electricidad para recubrir cobre con metal disuelto. La técnica del galvanizado se convirtió rápidamente en un proceso industrial importante.

Voltaje aumentado

Alrededor de 1800, el químico británico William Cruickshank creó la pila de artesa con 50 pares de cobre-zinc en hilera recubiertos de sal o ácido diluido. Esta pila era mucho más potente que la de Volta, y rápidamente se convirtió en la fuente de electricidad por defecto. Fue probablemente con una de estas pilas que los químicos británicos William Hyde Wollaston y Smithson Tennant emprendieron sus innovadores experimentos químicos.

Juntos descubrieron no menos de cuatro nuevos elementos al buscar el modo de purificar platino a partir de su mineral por electrólisis. Tennant trabajó con el residuo negro dejado al tratar el mineral de platino con agua regia (mezcla de los ácidos clorhídrico y nítrico), y descubrió los nuevos metales iridio y osmio. Wollaston trabajó con la parte soluble, y descubrió los elementos paladio y rodio. Los cuatro se dan en pequeña cantidad en el mineral de platino, pero eran hasta entonces desconocidos. Wollaston logró también purificar el platino por electrólisis, la primera vez que se pudo refinar a escala comercial, y se volvió muy demandado para fabricar joyas.

Este grabado de la época muestra a un científico, que se cree que es Humphry Davy, en una demostración química, en la Surrey Institution de Londres en 1809.

Superestrella científica

Otro científico que experimentó con la electrólisis fue el químico británico Humphry Davy. A sus 20 años de edad, Davy era ya famoso por sus demostraciones científicas espectaculares, pero era también un ingenioso experimentador práctico. Davy se preguntaba si los enlaces entre elementos se podrían romper más eficazmente con una corriente más potente. Para generarla, en 1806 instaló varias grandes pilas de artesa conectadas en serie en el sótano de la Royal Institution »

Humphry Davy

Nacido en Penzance (Cornualles, Inglaterra) en 1778, Humphry Davy estudió ciencias e investigó en la Pneumatic Institution de Bristol. Sus experimentos con óxido nitroso (gas de la risa) le hicieron famoso cuando publicó los resultados en 1800. Un año más tarde fue empleado por la Royal Institution de Londres para dar conferencias públicas.

Muchos consideran a Davy el padre de la electroquímica por sus hallazgos innovadores con la electrólisis en 1806–1807. No descubrió ni una ni otra, pero fue el primero en comprender que el cloro y el yodo eran elementos, y no compuestos. Con ayuda de Michael Faraday, en 1815 creó una lámpara de seguridad para los mineros del carbón que protegía la llama de los gases inflamables del subsuelo. Davy murió en Suiza en 1829.

Obras principales

1800 *Researches, chemical and philosophical.*
1807 «On some chemical agencies of electricity».
1810 «Historical sketch of electrical discovery».

en Londres. De esta manera podía mantener en marcha la electrólisis durante diez minutos o más.

Davy decidió estudiar la potasa (K_2CO_3) –del inglés *potash*, palabra compuesta de *ash* («ceniza») y *pot* («olla»), el recipiente que recogía la ceniza de la madera quemada–, que algunos científicos intuían que era un compuesto, aunque no habían sido capaces de aislarlo. Intentó electrolizar la potasa en agua, pero solo logró separar el agua en hidrógeno y oxígeno. Luego probó el procedimiento con potasa seca, sin resultado alguno. Por último, usó potasa ligeramente humedecida para que transmitiera la corriente eléctrica, con efectos sorprendentes: para gran alegría de Davy, un glóbulo de metal fundido resplandeciente rompió la corteza de potasa y comenzó a arder. Había descubierto un elemento metálico del todo nuevo, el potasio.

Al día siguiente, Davy repitió el experimento con sosa cáustica (NaOH) humedecida, otra sustancia aparentemente inseparable, y volvió a descubrir otro elemento metálico, el sodio. Estos dos nuevos metales eran distintos a cualquiera de los conocidos: ambos eran tan blandos que se podían cortar con un cuchillo y tan propensos a combinarse con oxígeno que se partían y explotaban en contacto con el agua. La demostración de ello por Davy en una clase le convirtió en superestrella científica, e hizo de la electrólisis la sensación científica de la época.

Más elementos

En 1808, Davy repitió el experimento con varias tierras alcalinas que se sospechaba contenían elementos metálicos. Esta vez descubrió otros cuatro nuevos elementos metálicos: el magnesio, el calcio, el estroncio y el bario. Al separar las tierras alcalinas, Davy comprendió que eran todas óxidos metálicos, combinaciones de los nuevos elementos me-

Sustancias como la **potasa** y la **sosa cáustica** contienen **elementos**.

↓

Estos **elementos** pueden estar **unidos** por una **fuerza eléctrica**.

↓

Aplicar una **corriente eléctrica** potente, empleando agua como conductor, **rompe los enlaces**.

↓

La corriente separa el compuesto y revela los elementos de los que está hecho.

El sodio reacciona de forma explosiva con el agua y emite una llama de color amarillo. La oxidación libera hidrógeno tan rápidamente que fragmentos de sodio «bailan» en la superficie del agua.

tálicos y óxidos. Si las tierras alcalinas contenían oxígeno, ¿cómo podía ser el oxígeno la causa de la acidez, como mantenía Antoine Lavoisier? Davy observó luego que el ácido que Lavoisier llamaba oximuriático –el que hoy llamamos ácido clorhídrico (HCl)– no contiene oxígeno en absoluto, sino que consiste únicamente en hidrógeno y cloro. Pronto se confirmó que es el hidrógeno, y no el oxígeno, la causa de la acidez.

Con los seis nuevos elementos metálicos descubiertos por Davy y los cuatro por Wollaston y Tennant, en solo unos pocos años eran ya diez en total. Davy añadió dos más, al mostrar que el yodo y el cloro, que se habían considerado compuestos, son de hecho elementos. Al unirse otros científicos a los estudios electrolíticos, se añadieron más elementos aún, entre ellos el aluminio, el boro, el litio y el silicio.

En la época, los químicos creían que ciertos elementos se combinan con otros movidos por una atracción particular, o «afinidad», y los experimentos de Davy le convencieron de que dicha afinidad es eléctrica. Como la corriente eléctrica supera la fuerza que mantiene unidos los elementos en los compuestos, argumentó, dicha fuerza debe ser también eléctrica, una idea que con el tiempo daría abundantes frutos.

Después de tales éxitos, sin embargo, Davy abandonó la investigación, dejando a su joven asistente Michael Faraday a cargo de la continuación de su obra. En 1832, Faraday halló que la fuerza eléctrica no actuaba a distancia, como una onda de choque, al separar moléculas, como se había creído, sino que es la propia electricidad que atraviesa el medio conductor líquido el que las separa. Faraday descubrió también que el grado de descomposición depende exactamente de la potencia de la corriente eléctrica. Esto movió a Faraday a desarrollar una teoría electroquímica enteramente nueva para explicar cómo la electricidad interactúa con las fuerzas que mantienen unidas las moléculas.

Faraday desarrolló dos leyes. La primera es que la cantidad de la sustancia depositada en cada electrodo de una celda electrolítica es directamente proporcional a la cantidad de electricidad que pasa por la misma. La segunda enuncia que las cantidades de los distintos elementos depositados por una cantidad dada de electricidad están en proporción con sus pesos equivalentes químicos. El científico francés Antoine-César Becquerel no tardó en confirmar las leyes de Faraday, y descubrió también cómo extraer metales de los sulfuros por electrólisis.

El potencial de la electrólisis

En 1840, la electroquímica estaba firmemente asentada como parte de la investigación científica, y rápidamente se convirtió en herramienta clave de muchos procesos industriales, liberando metales y otras sustancias a una escala enorme. Actualmente, la electrólisis permite extraer aluminio, sodio, potasio, magnesio, calcio y otros metales de sus menas. Se espera que la electrólisis del agua con energía solar produzca algún día hidrógeno para células de combustible de automóviles, pero, de momento, el llamado «hidrógeno azul» es un producto secundario de los combustibles fósiles. ■

Sodio y potasio

El sodio y el potasio son metales de enorme importancia; sin embargo, revelar su existencia requirió los experimentos de Humphry Davy, pues en forma pura son extremadamente raros en la naturaleza.

El sodio se da en abundancia combinado con el cloro como sal común (cloruro sódico, NaCl) –en los océanos hay unos 5000 billones de toneladas disueltas–, mientras que el potasio es un constituyente de varios minerales.

El sodio y el potasio tienen un papel fundamental en el funcionamiento del organismo de muchos animales, humanos incluidos. Son electrolitos: portadores de una pequeña carga eléctrica, que activa diversas funciones celulares y nerviosas. Ambos participan en el mantenimiento de un equilibrio sano de fluidos en el organismo: el potasio en las células, y el sodio en el líquido extracelular. Si no se mantiene este equilibrio, el organismo no puede sobrevivir.

LOS PESOS RELATIVOS DE LAS PARTICULAS ULTIMAS

LA TEORÍA ATÓMICA DE DALTON

EN CONTEXTO

FIGURA CLAVE
John Dalton (1766–1844)

ANTES
***C.* 420 A.C.** Demócrito propone que la materia está hecha de átomos, partículas con espacio vacío entre ellas.

1630 Jan Baptist van Helmont propone que el aire es una mezcla de gases.

1789 Antoine Lavoisier elabora la primera lista de elementos químicos.

DESPUÉS
1897 El físico británico J. J. Thomson descubre la existencia del electrón.

1911 El físico neozelandés Ernest Rutherford descubre el núcleo atómico.

1913 El físico danés Niels Bohr crea el modelo planetario del átomo.

1926 El físico alemán Erwin Schrödinger propone el modelo de nube del átomo.

Un gran avance de la ciencia moderna fue el desarrollo de la teoría de los átomos y elementos del químico británico John Dalton, a principios del siglo XIX. La idea de átomo no era nueva: en la antigua Grecia, Demócrito mantuvo que la materia está hecha de partículas minúsculas separadas por espacio vacío, y acuñó el término *atomos* («indivisible»), pero no era fácil concebir que el aire o el agua pudieran dividirse así, y la postura opuesta de Aristóteles, para quien la materia era continua y constituida por solo cuatro elementos básicos –tierra, agua, aire y fuego– prevaleció durante más de 2000 años.

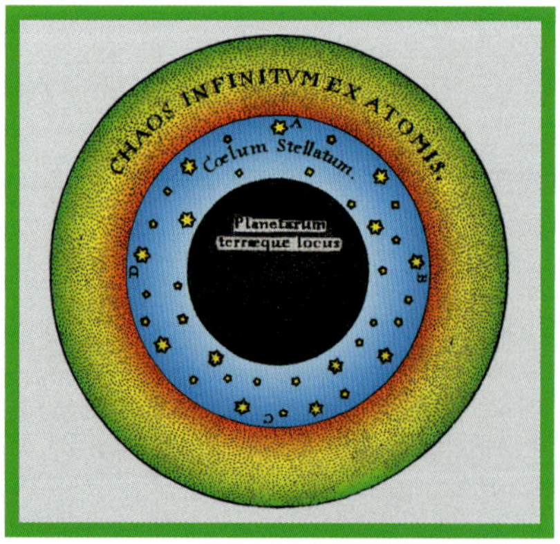

Demócrito concebía el universo con la Tierra y los planetas en el centro, rodeados por el cielo y las estrellas, y estos por un anillo exterior, descrito como «caos infinito de átomos».

Cuestionar a Aristóteles

Algunos islámicos cuestionaron la opinión de Aristóteles mucho antes, pero, en 1661, el irlandés Robert Boyle propuso la existencia de elementos «químicos», con características únicas, e incluso que la materia podía estar compuesta de átomos. En el siglo XVIII, Antoine Lavoisier y Joseph Priestley desacreditaron la hipótesis de Aristóteles, al mostrar que el aire y el agua son combinaciones de elementos distintos.

Nadie había definido claramente qué es un elemento, ni se habían relacionado los elementos con los átomos. Se supuso que si la materia estaba hecha de átomos, estos debían ser todos idénticos. La gran intuición de Dalton fue que los átomos de cada gas que compone el aire podían ser diferentes, como punto de partida de una teoría atómica general de los elementos: la idea, generalmente correcta, de que todos los átomos de un mismo elemento son idénticos, pero distintos a los de todos los demás elementos.

Los primeros trabajos de Dalton que esbozaban la teoría atómica se ocupaban de cómo la presión del

Véase también: Gases 46 ▪ El oxígeno y el fin del flogisto 58–59 ▪ La conservación de la masa 62–63 ▪ La ley de los gases ideales 94–97 ▪ El mol 160–161 ▪ El electrón 164–165 ▪ Modelos atómicos mejorados 216–221

> La materia, aunque divisible en un grado extremo, no es infinitamente divisible.
> **John Dalton**

Todos los elementos se componen **de átomos, partículas minúsculas**.

→ Los **átomos** de cada elemento son **iguales**; los de elementos diferentes, **distintos**.

→ Al **unirse** o **separarse átomos** distintos, se producen **cambios químicos**.

→ **Los cambios químicos ni crean ni destruyen los átomos.**

aire afecta a la cantidad de agua que absorbe. Observó que el oxígeno puro no absorbe tanto vapor de agua como el nitrógeno puro, e intuitivamente concluyó que se debía a que los átomos de oxígeno son mayores y más pesados que los de nitrógeno.

Proporciones múltiples

En un trabajo leído ante la Sociedad Literaria y Filosófica de Manchester el 21 de octubre de 1803 (y publicado en 1806), Dalton explicó cómo había asignado distintos pesos para las unidades básicas de cada gas elemental, o, en otras palabras, el peso atómico. Según Dalton, los átomos de cada elemento se combinaban para formar compuestos en proporciones simples de números enteros. Así, el peso relativo de cada átomo se puede deducir del peso de cada elemento del compuesto. Esta idea vino a conocerse posteriormente como la ley de las proporciones múltiples.

Dalton comprendió que el hidrógeno es el gas más ligero, y le asignó un peso atómico de 1. Dado el peso del oxígeno que se combina con hidrógeno en el agua, atribuyó al oxígeno un peso atómico de 7. Este fue un pequeño fallo en el método de Dalton, pues no era consciente de que pueden combinarse átomos del mismo elemento. Supuso erróneamente que un compuesto de átomos –una molécula– consta de un solo átomo de cada elemento. En tal caso, el agua sería HO, y no H_2O. Sin embargo, la idea básica de la teoría atómica de Dalton –que cada elemento tiene átomos propios de un tamaño único– se demostró correcta y aportó el fundamento mismo de la química moderna. ■

John Dalton

Nacido en una familia cuáquera del Distrito de los Lagos (Inglaterra) en 1766, John Dalton tuvo a un pariente como tutor, y comenzó a enseñar ciencia en una escuela cuáquera a los 12 años. Allí conoció al filósofo ciego John Gough, quien le inspiró a observar el clima. Dalton puso los cimientos de la meteorología moderna. También identificó el carácter hereditario del trastorno visual luego llamado daltonismo, que padecían él y su hermano. Fue elegido presidente de la Sociedad Literaria y Filosófica de Mánchester en 1817, puesto que conservó toda la vida.

La teoría atómica de Dalton le hizo famoso, pero no rico. Rechazó el ingreso en la Royal Society en 1810, posiblemente por no podérselo permitir, pero, doce años después, la institución reunió el dinero para que fuera elegido. Murió en 1844.

Obras principales

1794 *Extraordinary facts relating to the vision of colours.*
1806 «On the absorption of gases by water and other liquids».
1808 *A new system of chemical philosophy.*

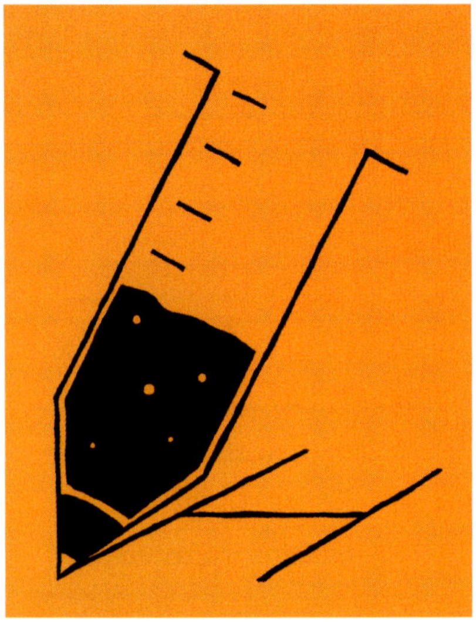

LOS SIMBOLOS QUIMICOS DEBEN SER LETRAS

NOTACIÓN QUÍMICA

EN CONTEXTO

FIGURA CLAVE
Jöns Jacob Berzelius
(1779–1848)

ANTES
1775 El químico sueco Torbern Bergman construye una tabla de símbolos para sustancias químicas con «afinidades electivas».

1789 Antoine Lavoisier introduce la primera lista científica de elementos.

1808 Con su teoría atómica, John Dalton introduce un nuevo conjunto de símbolos para los elementos químicos.

DESPUÉS
1869 Dmitri Mendeléiev introduce la tabla periódica, con 63 elementos dispuestos en grupos y periodos.

1913 El físico británico Henry Moseley revisa la tabla periódica en función del número atómico, en lugar de la masa.

El sistema de notación para elementos y compuestos al que hoy estamos habituados –como H_2O para el agua, o HCl para el ácido clorhídrico– fue obra del químico sueco Jöns Jacob Berzelius en 1813. Antes, los alquimistas habían asignado símbolos a distintas sustancias, pero no en un sistema coherente; y después, con el desarrollo de la química científica en el siglo XVIII, los químicos buscaron símbolos nuevos. En 1789, Antoine Lavoisier introdujo la primera tabla química científica, donde figuraban 33 «sustancias simples» (elementos), divididos en gases, metales, no metales y tierras (que luego resultaron ser compuestos).

Cinco años más tarde, otro químico francés, Joseph Proust, determinó que los compuestos casi siempre se combinan en proporciones fijas por peso. Poco después, John Dalton desarrolló su teoría atómica de los elementos, que introdujo la idea de un peso particular para los átomos de cada elemento, y también la ley de las proporciones múltiples. Según esta, cuando un elemento se combina con otro de distintas maneras, la proporción de sus pesos es siempre simple: 1:1, 2:1 o 3:1. Dalton creó un conjunto de símbolos del todo nuevo para los elementos, que representaba pictóricamente cómo se combinan en los compuestos.

> Tomaré, por tanto, para el símbolo químico, la letra inicial del nombre en latín de cada sustancia elemental.
> **Jöns Jacob Berzelius**

Un enfoque sistemático

Animado en parte por el trabajo de Dalton, Berzelius inició en 1810 una serie de experimentos para determinar los pesos exactos de diferentes compuestos. A lo largo de los seis años siguientes, analizó más de dos mil, y elaboró la tabla más precisa de pesos atómicos hasta entonces. Su trabajo constituía una prueba sólida en favor de la teoría de Dalton.

Mientras trabajaba, Berzelius encontró caótico el conjunto de símbo-

Véase también: La conservación de la masa 62–63 ▪ Elementos de tierras raras 64–67 ▪ Las proporciones de los compuestos 68 ▪ La catálisis 69 ▪ La teoría atómica de Dalton 80–81 ▪ La tabla periódica 130–137 ▪ Los gases nobles 154–159

los químicos existente, de manera que en 1813 publicó su propio sistema. En un primer momento propuso emplear nombres latinos para los elementos –como hiciera el botánico sueco Carlos Linneo 80 años antes–, con el fin de dar proyección internacional al sistema; sin embargo, después optó por las letras, en lugar de los círculos y las flechas empleados por Dalton.

Letras en lugar de símbolos

Berzelius propuso emplear la inicial del nombre en latín de cada elemento como su símbolo. Por ejemplo, el carbono (en latín *carbo*) sería C, y el oxígeno (*oxygenium* en neolatín) sería O. En el caso de los metales que empiezan por la misma letra, como es el caso del oro (*aurum*) y la plata (*argentum*), añadía una segunda letra del nombre, de manera que el oro sería Au, y la plata, Ag (para evitar la confusión con el arsénico, pues *arsenicum* tiene las mismas dos letras iniciales). En la actualidad, el sistema se extiende a los elementos no metálicos.

Símbolos químicos

óxido sulfuroso (dióxido de azufre)

Símbolos de Dalton

SO^2

Propuesta de Berzelius

SO_2

Símbolos de uso actual

Para los compuestos, el símbolo lo formarían las letras de los elementos implicados, de modo que el óxido de cobre sería CuO. El ingenioso rasgo final del sistema consistía en añadir pequeños números para representar la proporción de los distintos elementos del compuesto, de manera que el dióxido de carbono sería CO_2, indicando una parte de carbono (por peso) y dos partes de oxígeno. Berzelius empleaba números superíndices (como en CO^2), pero hoy son siempre subíndices. El sistema tardó algún tiempo en imponerse, y se ha desarrollado y ampliado, pero su sencillez y eficacia le han dado un lugar central en la química que conserva aún hoy. ■

Laboratorio del Instituto Karolinska, en Estocolmo, donde llevó a cabo gran parte de sus investigaciones Berzelius, considerado uno de los fundadores de la química moderna.

Jöns Jacob Berzelius

Jöns Jacob Berzelius nació en Linköping (Suecia) en 1779. Comenzó la carrera de medicina en la Universidad de Upsala, pero pronto se interesó por la química experimental y la mineralogía. Fue el mejor químico experimental de su tiempo y el autor de la primera tabla precisa de pesos atómicos, además de establecer el sistema de notación química empleado aún hoy en día.

Berzelius desarrolló también una teoría de la atracción eléctrica entre átomos, descubrió los elementos cerio (en 1803) y selenio (en 1817), y aisló el silicio y el torio por primera vez (1824). En 1835 propuso el término catálisis y describió el fenómeno. Publicó más de 250 trabajos sobre todos los aspectos de la química, muy influyentes entre los químicos posteriores. Murió en 1848.

Obra principal

1813 «Essay on the cause of chemical proportions, and on some circumstances relating to them: together with a short and easy method of expressing them».

LOS MISMOS, PERO DISTINTOS
ISOMERÍA

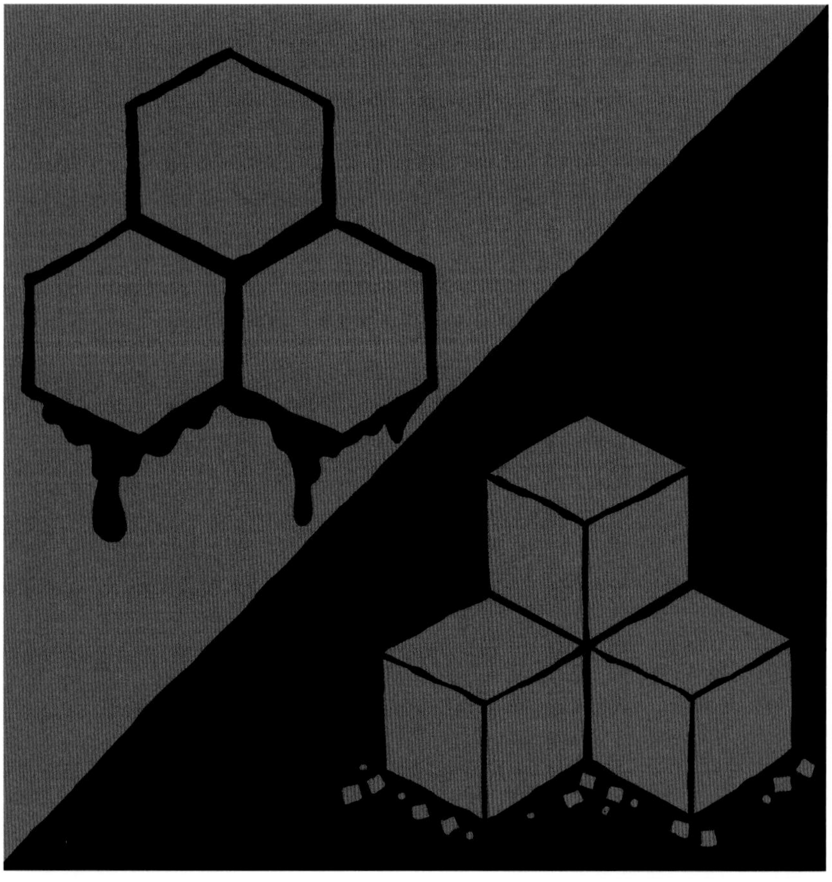

EN CONTEXTO

FIGURA CLAVE
Justus von Liebig
(1803–1873)

ANTES
1805 Joseph Gay-Lussac afirma que los volúmenes de gas revelan los pesos atómicos en los compuestos.

1808 John Dalton presenta su teoría atómica.

DESPUÉS
1849 Louis Pasteur descubre los estereoisómeros.

1874 Jacobus van 't Hoff y el químico francés Joseph Le Bel explican los estereoisómeros.

1922 Los británicos James Kenner y George Hallatt Christie descubren los atropisómeros.

2018 El equipo australiano formado por Jeffrey Reimers y Maxwell Crossley descubre los akamptisómeros.

A medida que se familiarizaban con los compuestos en la primera década del siglo XIX, los químicos daban por hecho que sus propiedades dependían enteramente de la combinación de elementos implicados. Así, cuando un solo átomo de sodio se une a un solo átomo de cloro para formar cloruro sódico (NaCl), por ejemplo, siempre tendrá el mismo carácter.

En la década de 1820, sin embargo, el químico sueco Jöns Jacob Berzelius y sus pupilos alemanes Justus von Liebig y Friedrich Wöhler describieron los isómeros: compuestos formados por combinaciones idénticas de elementos pero con propiedades distintas. Pronto se demostró

Véase también: Las proporciones de los compuestos 68 ▪ La teoría atómica de Dalton 80–81 ▪ Estereoisomería 140–143

Dos **sustancias formadas de modo diferente** pueden estar compuestas de los **mismos elementos en las mismas proporciones**.

↓

Parecen **químicamente idénticas**, pero tienen propiedades distintas; por ejemplo, **una puede ser explosiva**, pero la otra no.

↓

El **análisis químico** muestra que son **isómeros**, es decir, sustancias de composición idéntica pero con **propiedades diferentes**.

↓

Las diferencias obedecen a que los mismos átomos se disponen de otra forma, siendo así isómeros constitucionales.

que los isómeros tienen un papel clave en el ámbito de la vida y en su asombroso despliegue de sustancias químicas, basado en el carbono y en solo unos pocos elementos más. El trabajo realizado por Von Liebig y Wöhler pondría los cimientos del campo de la química orgánica.

Formas cristalinas

En 1819 salieron a la luz pistas importantes sobre la estructura de los compuestos, al estudiar el químico alemán Eilhard Mitscherlich las formas de los cristales.

Mitscherlich halló que compuestos diferentes pueden formar cristales de forma idéntica, fenómeno llamado isomorfismo. Sus formas solo podían ser idénticas si sus átomos se disponían del mismo modo. Por tanto, el modo en que se unen los átomos debía tener algún papel en la química de los compuestos. Iluminando cristales en un telescopio y haciéndolos rotar, Mitscherlich pudo revelar con gran precisión los ángulos de las caras.

El periplo de descubrimiento de los isómeros comenzó solo unos años después, cuando Liebig era un joven y ambicioso estudiante en París que estaba aprendiendo las últimas técnicas de análisis orgánico del eminente químico francés Joseph Gay-Lussac.

A Liebig le resultaba fascinante desde la infancia la explosividad de »

Justus von Liebig

A Justus von Liebig, nacido en Darmstadt (Alemania) en 1803, le fascinó la química a raíz del comercio de tintes, fármacos y otras sustancias químicas de su padre. Una vez completó sus estudios en Alemania y París, fue nombrado profesor de la Universidad de Giessen.

Aparte de su trabajo con la isomería, para instruir a sus alumnos, Liebig desarrolló un enfoque centrado en el laboratorio que constituiría el modelo para la enseñanza de la química práctica. También mejoró los instrumentos analíticos con la invención del *Kaliapparat*.

Liebig sentó las bases de la ciencia agrícola y nutricional, y creó el primer abono nitrogenado antes de morir en 1873, en Múnich.

Obras principales

1832 *Annalen der Chemie* (revista fundada por Liebig).
1840 *Química orgánica aplicada a la agricultura y la fisiología.*
1842 *Química orgánica aplicada a la fisiología animal y a la patología.*

algunos derivados del ácido fulmínico (HCNO), y quería descubrir exactamente qué contenían.

Liebig iba a convertirse en uno de los mayores analistas de su época, y su estudio del fulminato de plata fue un triunfo temprano. Demostró que era un compuesto de plata con carbono, nitrógeno y oxígeno; en otras palabras, una sal de plata del ácido fulmínico. Publicó sus resultados junto con Gay-Lussac en 1824, y fue muy aclamado.

Mientras tanto, Wöhler estaba en Estocolmo aprendiendo análisis químico con Berzelius. Trabajando en el laboratorio de Berzelius, Wöhler analizó un compuesto de plata, el cianato de plata, y concluyó que era la sal de plata de un ácido entonces desconocido, el ácido ciánico. El análisis mostró que era un compuesto de plata con carbono, nitrógeno y oxígeno, igual que el fulminato de plata de Liebig, y en las mismas cantidades. Sin embargo, mientras que el fulminato de plata era altamente explosivo, el cianato de plata de Wöhler no lo era.

El cianato de plata y el fulminato de plata tienen ambos un único átomo de plata combinado con uno solo de carbono, nitrógeno y oxígeno. La clave de su diferencia reside en la disposición de los átomos.

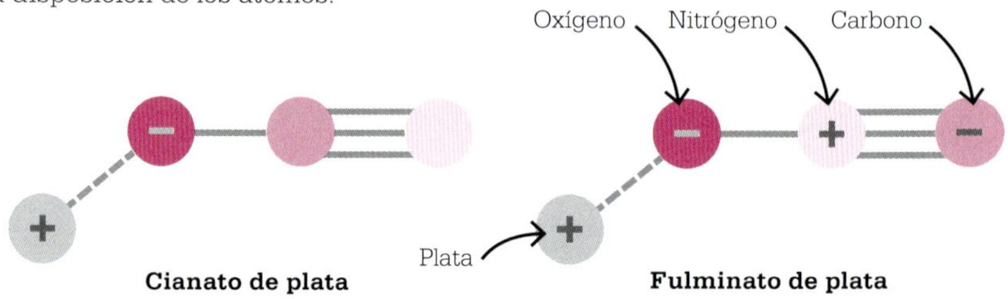

Al saber de los resultados de Wöhler, Liebig le escribió, sugiriendo que debía haber un error en el análisis. Wöhler envió muestras de cianato de plata a Liebig para analizar, y el estudio de Liebig confirmó los resultados de Wöhler.

Liebig y Wöhler, amigos a raíz de este contacto, habían mostrado que dos compuestos de composición idéntica podían tener distintas propiedades, pero ninguno sabía por qué. No parecía tener sentido, pues se creía que las propiedades dependían únicamente de la composición. Gay-Lussac se planteó que la disposición de los componentes pudiera ser distinta, pero nadie tenía una respuesta aún.

Composiciones idénticas

Empezaron a surgir otros casos similares. En 1825, Michael Faraday analizó un gas procedente del aceite de ballena, y vio que tenía la misma composición que el gas de los pantanos o marjales (hoy llamado etileno), aunque el aceite de ballena era mucho más ligero. Ese año, Berzelius descubrió dos ácidos fosfóricos distintos de composición idéntica.

En 1828, Wöhler, siendo ya profesor en Berlín, completó su síntesis innovadora del cianato de amonio (NH_4OCN), cuyo análisis reveló una composición idéntica a la de la

Algunos fuegos artificiales contienen fulminato de plata, compuesto que solo puede prepararse en pequeña cantidad: el peso de sus propios cristales puede hacerlo detonar.

urea, sustancia orgánica presente en la orina pero con propiedades muy distintas.

Mientras Wöhler producía cianato de amonio, Gay-Lussac mostró que un ácido recién descubierto, al que llamó «racémico», tenía la misma composición elemental que el ácido tartárico. Este se da de forma natural en muchas frutas, y hoy sabemos que su fórmula es $C_4H_6O_6$. El ácido racémico se da de forma natural en las uvas, y, aunque comparte la misma combinación de elementos, sus propiedades son diferentes.

Experimentos con sales

Dos años más tarde, Berzelius experimentó con las sales de plomo de estos dos ácidos, lo cual documentó en un trabajo con el muy largo título «Sobre la composición del ácido tartárico y el ácido racémico (ácido de Juan de los montes Vosgos), sobre el peso atómico del óxido de plomo, junto con comentarios generales sobre las sustancias que tienen la misma composición pero diferentes propiedades». Después de barajar otros posibles términos, como «homosintética», Berzelius acuñó el término «isómero» para describir las sustancias formadas por átomos en la misma proporción exacta, pero con distintas propiedades.

> Ambos ácidos [fulmínico y ciánico] tienen la misma composición elemental.
> **Jacob Berzelius**
> **(1830)**

En *The history of chemistry*, de 1830, el químico británico Thomas Thomson respondió al trabajo de Berzelius proponiendo que los átomos estaban dispuestos en distinto orden en cada isómero. Por ejemplo, en el ácido ciánico de Wöhler, podría ser H-OCN, mientras que en el ácido fulmínico de Liebig puede que fuera H-CNO. En isómeros más complejos como el etanol y el éter dimetílico, ambos tienen la fórmula básica C_2H_6O, pero los átomos de cada uno se conectan en distinto orden. Este puede escribirse como CH_3CH_2OH para el etanol, y como CH_3OCH_3 para el éter dimetílico.

El concepto de los átomos conectados en órdenes bidimensionales diferentes dio lugar al término isómeros constitucionales, y abrió los ojos de los químicos a la complejidad de los modos en que los elementos se combinan para formar sustancias tan diversas. Esto tuvo una importancia particular para la química orgánica: la variedad de materiales presente en los seres vivos ya no requería elementos especiales exclusivos de la vida; podían ser todos los múltiples isómeros de combinaciones elementales, igual que en el mundo no vivo.

Hoy sabemos que los isómeros constitucionales bidimensionales son raros; la variedad verdaderamente mareante procede de las disposiciones de átomos tridimensionales (estereoisómeros), como se descubrió en 1849. Con todo, gracias al concepto de isomería, los químicos empezaban a comprender cómo un número limitado de elementos podía combinarse para formar todas y cada una de las sustancias casi infinitas de las que está hecho el universo. ■

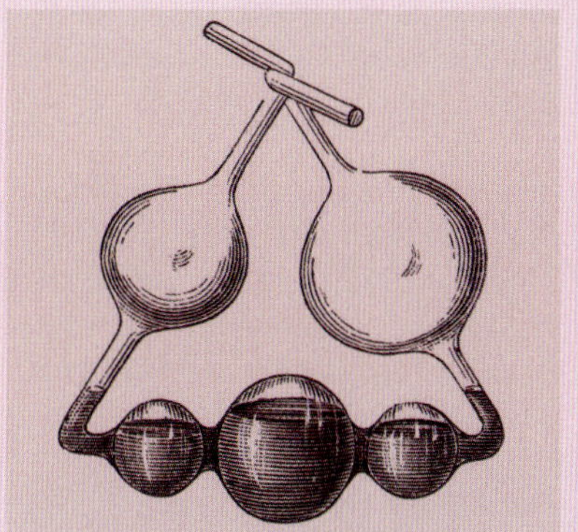

El *Kaliapparat* de Liebig ofreció un método mejor para determinar el contenido en carbono, hidrógeno y oxígeno de las sustancias orgánicas.

El aparato de cinco esferas de Liebig

Liebig creó un instrumento triangular de vidrio con cinco esferas de distinto tamaño en 1830. El pequeño y sencillo *Kaliapparat* fue un hito en la química orgánica, como primer medio preciso para cuantificar el carbono de una sustancia.

Los gases emitidos en la combustión de una sustancia pasan primero sobre cloruro de calcio para absorber el vapor de agua, extrayendo el H_2O, y luego van al *Kaliapparat*, en el que tres esferas en la parte inferior con una solución de hidróxido potásico absorben el dióxido de carbono (CO_2). La diferencia de peso antes y después de la combustión revela la cantidad de CO_2 producido y, con ello, el contenido en carbono de la sustancia original. Las dos esferas en los brazos contienen escapes de gas y evitan que la solución rezume al exterior.

Liebig popularizó también un sistema de enfriado con agua para la destilación, aún hoy llamado condensador de Liebig.

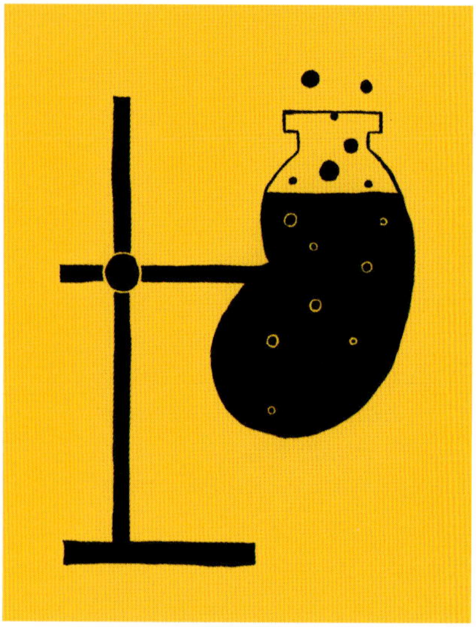

PUEDO FABRICAR UREA SIN RIÑONES

LA SÍNTESIS DE LA UREA

EN CONTEXTO

FIGURA CLAVE
Friedrich Wöhler (1800–1882)

ANTES

1770 El sueco Torbern Bergman reconoce la diferencia entre química orgánica e inorgánica.

1806 Los franceses Louis-Nicolas Vauquelin y Jean Robiquet aíslan el primer aminoácido conocido.

DESPUÉS

1865 El alemán August Kekulé descubre la estructura anular del benceno.

1874 El neerlandés Jacobus van 't Hoff y el francés Joseph-Achille Le Bel explican los estereoisómeros de manera independiente.

1899 La empresa alemana Bayer produce comercialmente aspirina, el primer fármaco sintético.

1922 El británico Francis Aston inventa el espectrómetro de masas para analizar sustancias químicas orgánicas.

La **reacción** del **amoniaco** con el **ácido ciánico** produce **cristales blancos**.

Los **cristales blancos** reaccionan con el **ácido nítrico** formando escamas brillantes, igual que la **urea orgánica**.

La **composición** del producto de **este compuesto** es **idéntica a la de la urea**.

La reacción del amoniaco y el ácido ciánico sintetiza la urea.

Hasta inicios del siglo XIX se creía que las sustancias químicas orgánicas procedentes de los seres vivos, como los jugos y los tintes, tenían alguna cualidad especial ligada al misterio de la vida y que las hacía imposibles de sintetizar (crear a partir de sustancias inorgánicas). La idea se conoce como vitalismo. En 1828, el químico alemán Friedrich Wöhler fue el primero en sintetizar una de tales sustancias, la urea.

En la primera década del siglo XIX, los químicos comprendían que todas las sustancias se componen de fundamentos básicos o elementos, unidos en distintas combinaciones y formando compuestos. También se habían desarrollado técnicas analíticas para desentrañar las combinaciones de elementos que integran los compuestos y la proporción de átomos que los componen.

Los químicos habían mostrado que las sustancias orgánicas estaban hechas sobre todo de carbono, hidrógeno, oxígeno y nitrógeno, y sabían que distintas combinaciones de estos pocos elementos formaban una variedad apabullante de sustancias.

Análisis de la urea

La urea fue una de las primeras sustancias químicas orgánicas analizadas plenamente. Se produce en el cuerpo de todos los animales para atrapar aminoácidos tóxicos, y la

Véase también: Isomería 84–87 ▪ El ácido sulfúrico 90–91 ▪ Grupos funcionales 100–105 ▪ El benceno 128–129 ▪ Estereoisomería 140–143 ▪ Fertilizantes 190–191 ▪ Espectrometría de masas 202–203 ▪ La retrosíntesis 262–263

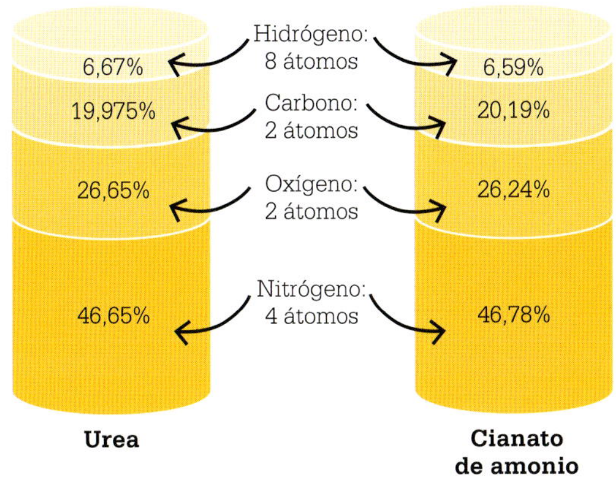

Wöhler comparó su análisis del cianato de amonio con el análisis de la urea de Prout (ambos en la imagen), y halló que su composición química era casi idéntica. A partir de ello, Wöhler concluyó que los átomos debían poderse disponer en las moléculas de maneras diferentes.

excretan los riñones en forma de orina. Fue aislada por primera vez a partir de la orina en forma de cristales blancos por el químico francés Hilaire-Marin Rouelle. El británico William Prout obtuvo una muestra pura en 1818, y pudo determinar su composición exacta.

La purificación de la urea era un aspecto que interesaba al mentor de Wöhler, el químico sueco Jöns Jacob Berzelius. Wöhler estaba trabajando en el laboratorio de Berzelius en 1823, y pudo estar al tanto del análisis de Prout.

En 1824, al mezclar amoniaco (combinación de nitrógeno e hidrógeno, NH_3) con cianógeno (C_2N_2), Wöhler vio que el producto de la reacción era ácido oxálico ($C_2H_2O_4$), que elaboran el ruibarbo y otras plantas. También producía cristales blancos, pero Wöhler no sabía de qué eran. Al volver al experimento en 1828, hizo reaccionar amoniaco líquido con ácido ciánico, esperando que el producto fuera cianato de amonio (NH_4OCN). Sin embargo, la reacción produjo los mismos cristales blancos, y no el esperado cianato de amonio. Al tratar los cristales con ácido nítrico, se precipitaron en escamas brillantes, como se sabía hacía la urea.

Composiciones parejas

Wöhler halló que la composición de su cianato de amonio se correspondía casi a la perfección con el análisis de la urea de Prout. La reacción del amoniaco y el ácido ciánico habían producido urea, y era la primera vez que se sintetizaba un compuesto orgánico. Para Wöhler y Berzelius fue emocionante, pero no pasaba de ser una curiosidad. No invalidó de inmediato la concepción vitalista, y se tardó un par de décadas en comprender su verdadera importancia.

La capacidad de sintetizar la urea tuvo aplicaciones importantes, como la producción de fertilizantes y suplementos alimenticios para el ganado. Los científicos comenzaron a comprender que los compuestos orgánicos se comportan según las mismas leyes químicas que los inorgánicos y que se pueden sintetizar por medio de reacciones químicas controladas. Esto despejó el camino a la vasta industria química actual. ■

Friedrich Wöhler

Friedrich Wöhler, uno de los grandes pioneros de la química orgánica, nació cerca de la ciudad alemana de Fráncfort en 1800, hijo de un agrónomo y veterinario. Licenciado en medicina en 1823, no tardó en dedicarse a la química, y pasó un año como alumno de Jöns Jacob Berzelius. Durante los años siguientes obtuvo la primera muestra pura de aluminio, además de sintetizar la urea.

Colaborando con Justus von Liebig, completó los análisis que llevaron a Berzelius a identificar los isómeros. La colaboración posterior de ambos condujo al descubrimiento de los radicales orgánicos, así como a métodos innovadores para la educación en ciencias. Wöhler murió en Gotinga en 1882.

Obras principales

1825 «Libro de texto de química».
1828 «De la producción artificial de la urea».
1840 «Compendio de química orgánica».

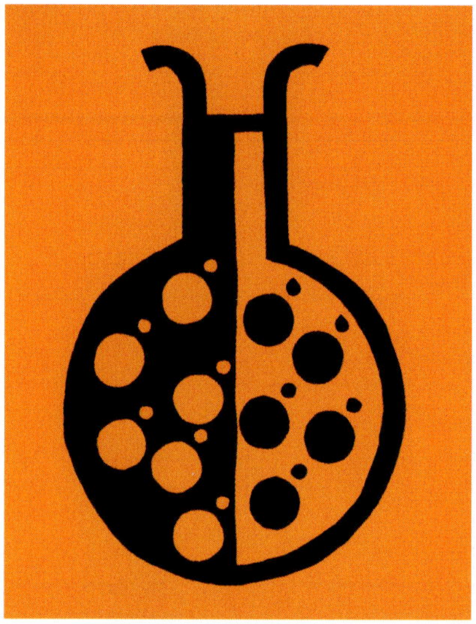

LA UNION INSTANTANEA DE GAS DE ACIDO SULFUROSO CON OXIGENO

EL ÁCIDO SULFÚRICO

EN CONTEXTO

FIGURA CLAVE
Peregrine Phillips
(1800–1888)

ANTES
C.**550** Los chinos descubren una forma natural de azufre que llaman *shiliuhuang*.

1600 El neerlandés Jan Baptist van Helmont quema azufre con vitriolo verde y obtiene ácido sulfúrico.

1809 Joseph Gay-Lussac y Louis-Jacques Thenard prueban que el azufre es un elemento.

DESPUÉS
1875 La primera planta industrial que emplea el proceso de contacto abre en Friburgo (Alemania).

1934 El estadounidense Arnold O. Beckman desarrolla el acidómetro, precursor de los medidores de pH actuales.

2017 La producción anual global de ácido sulfúrico alcanza los 250 millones de toneladas.

El ácido sulfúrico es una de las sustancias químicas industriales más importantes, usado para fabricar desde fertilizantes hasta papel. Se producen cien millones de toneladas al año en el mundo, pero esto solo es posible gracias al proceso de contacto desarrollado por el fabricante de vinagre británico Peregrine Phillips en 1831.

Método de destilación seca

El descubrimiento del ácido sulfúrico y otros ácidos minerales se atribuye al alquimista árabe Jabir ibn Hayyan, alrededor de 800 d.C. Hayyan usaba el método llamado de destilación seca para calentar la sal de azufre del cobre y del hierro, vitriolo azul y vitriolo verde, respectivamente. El aceite de vitriolo, como llamaban al ácido sulfúrico los alquimistas, fue un producto básico en la alquimia. Se creía clave para la búsqueda del modo de convertir metales viles en oro, pues deja intacto este, pero corroe la mayoría de los demás metales. En el siglo XV, el alquimista alemán Basilius Valentinus descubrió cómo obtener ácido sulfúrico quemando azufre sobre salitre (nitrato potásico, KNO_3). Al descomponerse el salitre, oxida el azufre para formar dióxido de azufre (SO_2), y luego trióxido de azufre (SO_3), que se combina con el agua como ácido sulfúrico (H_2SO_4).

El médico británico John Roebuck usó este método para desarrollar el primer proceso a escala industrial en 1746. Hasta entonces, el ácido se preparaba en recipientes de vidrio, y Roebuck usó grandes tinas de plomo, uno de los pocos metales

El alquimista que destila ácido sulfúrico en esta xilografía de 1651 añade con un cucharón los ingredientes a calentar en el horno.

Véase también: El oxígeno y el fin del flogisto 58–59 ▪ La catálisis 69 ▪ Notación química 82–83 ▪ Tintes y pigmentos sintéticos 116–119

La producción de ácido sulfúrico es importante por los muchos usos de este agente altamente corrosivo en la industria moderna. Se usan grandes cantidades en el sector del metal, la producción de fertilizantes y el refinado de petróleo.

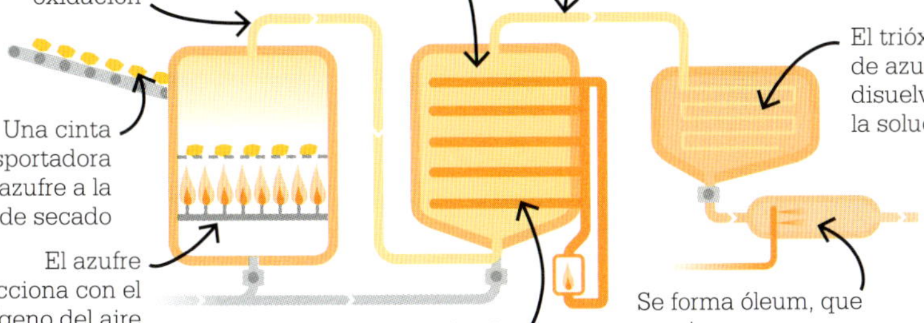

resistentes al ácido. El proceso con cámaras de plomo no tardó en atender la demanda de ácido para blanquear el algodón de una industria textil en expansión.

El proceso era limitado en tanto que solo proporcionaba un ácido muy diluido, de un 35–40% de ácido sulfúrico puro. No era suficiente para fabricar tintes, y por tanto se siguió utilizando el costoso método de destilación seca. En la década de 1820, los químicos Joseph Gay-Lussac y John Glover lograron alcanzar el 78% haciendo pasar los gases por una torre de reacción para recuperar óxidos de nitrógeno.

Un gran avance

En 1831, Peregrine Phillips patentó un proceso mucho más eficiente para obtener trióxido de azufre, que podía mezclarse con agua para crear ácido concentrado. Phillips hizo pasar el gas de dióxido de azufre por un tubo recubierto de platino, que acelera enormemente la conversión en trióxido de azufre. El platino actúa como catalizador y participa directamente en la reacción; el proceso se llamó «de contacto» por combinarse el trióxido de azufre con vapor.

En la década de 1870, el químico alemán Eugen de Haën empleó el proceso de contacto a pequeña escala para la industria de tintes sintéticos, pero su uso no despegó hasta 1915, cuando la empresa alemana BASF, líder en la fabricación de tintes, introdujo el óxido de vanadio en lugar del platino como catalizador. Desde la década de 1920 en adelante, casi un siglo después de la patente de Phillips, el proceso de contacto con el más económico catalizador de óxido de vanadio comenzó a sustituir al proceso de cámara de plomo. El enorme aumento en la producción de ácido sulfúrico concentrado le confirió un lugar clave en multitud de procesos industriales, como en la fabricación de jabón, pintura y carrocerías de automóvil y en el refinado de petróleo. ■

> Es [...] el destino habitual del inventor de un nuevo proceso de manufactura química que su recompensa monetaria sea poco o nada [...].
>
> **Ernest Cook**
> **Biógrafo de Peregrine Phillips (1926)**

Peregrine Phillips

Se cree que Peregrine Phillips, nacido en 1800, pudo ser el hijo de un sastre, también llamado Peregrine Phillips, que abrió un comercio en la calle Milk en Bristol (Inglaterra) en torno a 1803.

En la década de 1820, Phillips padre tenía funcionando una gran planta de producción de vinagre, ampliamente utilizado como ácido en la época, para la medicina y la conservación de alimentos, entre otros usos. El joven Phillips diseñó el innovador proceso de contacto para fabricar ácido sulfúrico concentrado, y lo patentó en 1831, pero no encontró apoyo suficiente. El proceso de contacto era caro, y no fue utilizado a gran escala hasta mucho tiempo después, al descubrirse un catalizador más barato.

La patente, la n.° 6096, aún se conserva, y muestra tanto el nivel de detalle logrado por Phillips como su conocimiento de la química implicada en el proceso. Pese a todo, Phillips quedó relegado al olvido, y murió en 1888.

LA CANTIDAD DE MATERIA DESCOMPUESTA ES PROPORCIONAL A LA CANTIDAD DE ELECTRICIDAD

ELECTROQUÍMICA

EN CONTEXTO

FIGURA CLAVE
Michael Faraday (1791–1867)

ANTES
1800 Alessandro Volta crea la primera pila eléctrica.

1800 El químico británico William Nicholson y el cirujano Anthony Carlisle, e independientemente el físico alemán Johann Ritter, separan eléctricamente el agua en hidrógeno y oxígeno.

1803 John Dalton desarrolla su teoría atómica, en la que los elementos se dan en los compuestos en proporciones simples de números enteros.

DESPUÉS
1859 El físico francés Gaston Planté inventa el acumulador de plomo y ácido, la primera batería recargable.

1897 El científico británico J. J. Thomson descubre el electrón, unidad de carga negativa y primera partícula subatómica identificada.

Durante la **electrólisis**, las sustancias en solución se **descomponen**. Los iones de carga positiva pasan al **electrodo negativo**, y los de carga negativa, al **electrodo positivo**.

Si aumenta la cantidad de **corriente eléctrica**, aumenta la **masa de las sustancias** acumulada en los electrodos.

1.ª ley: la masa de las sustancias depositadas es proporcional a la cantidad de electricidad.

2.ª ley: las masas de cada sustancia depositada por una cantidad dada de electricidad están en proporción con sus pesos equivalentes químicos.

A principios del siglo XIX, después de la invención de la pila por el físico y químico italiano Alessandro Volta en 1800, experimentos electroquímicos innovadores generaron un enorme entusiasmo entre los científicos. A las pocas semanas del descubrimiento de Volta, científicos de varios países usaron la electricidad para separar el agua en sus componentes. A lo largo de los años siguientes, químicos como el británico Humphry Davy y el sueco Jöns Jacob Berzelius aislaron elementos del todo nuevos separando compuestos con electricidad.

En 1807, Davy propuso que algunos elementos tenían afinidad química negativa, y otros, una afinidad positiva. Berzelius fue más allá al proponer que la atracción de los opuestos eléctricos es lo que vincula a los elementos en compuestos. La idea, llamada dualismo, acabó siendo superada, pero condujo a la idea de que las sustancias quími-

Véase también: La primera pila 74–75 ▪ Aislar elementos con electricidad 76–79 ▪ La teoría atómica de Dalton 80–81 ▪ Pesos atómicos 121 ▪ El mol 160–161 ▪ El electrón 164–165

cas pueden analizarse cuantitativamente para determinar sus constituyentes de carga positiva y negativa. Esto dirigió la atención hacia las proporciones exactas en las que los elementos se combinan, indicada por las cantidades de los productos y reactivos antes, durante y después de una reacción química. Estas relaciones son lo que designa el término estequiometría.

Principios de la electrólisis

Michael Faraday, brillante pupilo de Davy, creía que debía haber una relación cuantitativa directa entre una corriente eléctrica y su efecto químico. En 1832 y 1833, Faraday realizó cientos de experimentos electroquímicos en los que midió cuánta electricidad requiere descomponer varios compuestos, proceso al que llamó electrólisis. Trabajando con el polímata británico William Whewell, formalizó otros términos relacionados con el proceso, como «ánodo» y «cátodo» para las terminales positiva y negativa de una célula electrolítica (colectivamente, «electrodos»), e «ión» para las partículas cargadas.

En una serie de experimentos, Faraday colocó dos electrodos de papel de aluminio sobre un disco de vidrio y los conectó mediante un disco de papel de filtro remojado en una solución química. Cambiando el filtro por otros remojados en soluciones distintas, pudo probar rápidamente muchas reacciones electrolíticas distintas. En otros experimentos, Faraday conectó tubos de vidrio en forma de «V» al circuito electrolítico para captar y medir el hidrógeno y oxígeno generados al separarse el agua. Esto le permitió mostrar la fuerza de la corriente eléctrica.

Los experimentos de Faraday requerían una medición meticulosa de los productos. En este, la electrólisis del cloruro de estaño produjo estaño, cloro, hidrógeno y oxígeno.

Dos nuevas leyes

Faraday dedujo dos verdades, que publicó en 1834 como leyes de la electrólisis. La primera ley es que la cantidad de sustancia depositada en un electrodo de una célula electrolítica depende de la cantidad de electricidad que atraviesa esta. La segunda ley enuncia que por una cantidad dada de corriente eléctrica, la cantidad de cada sustancia acumulada en los electrodos depende de su peso equivalente químico (la cantidad que se combina con o desplaza una cantidad fija de otra sustancia). Faraday no relacionó esta segunda idea con los átomos y, sin embargo, fue la primera prueba directa concreta de una relación directa entre una unidad de electricidad y el peso atómico, y sería de inmenso valor para determinar los pesos atómicos relativos de los elementos. ▪

Michael Faraday

Faraday nació en 1791 en Londres (Inglaterra), y a los 14 años fue aprendiz de un encuadernador de libros. Humphry Davy lo empleó como asistente después de que este le escribiera sobre una de sus clases. Faraday se convirtió en la figura más destacada de la Royal Society, famoso por sus conferencias en la Royal Institution, y fue uno de los mayores científicos prácticos y teóricos de la época.

Tras el hallazgo del vínculo entre electricidad y magnetismo en 1820, Faraday reveló primero el principio del motor eléctrico, y luego cómo generar electricidad. Más tarde descubrió las leyes de la electrólisis. Debido a sus creencias religiosas, Faraday estaba seguro de que todas las formas de electricidad eran una y la misma fuerza fundamental. Murió en 1867.

Obras principales

1834 *On electro-chemical decomposition.*
1839 *Experimental researches in electricity* (vols. I y II).
1873 *On the various forces of nature.*

EL AIRE REDUCIDO A LA MITAD DE SU EXTENSION ADQUIERE UN MUELLE EL DOBLE DE FUERTE

LA LEY DE LOS GASES IDEALES

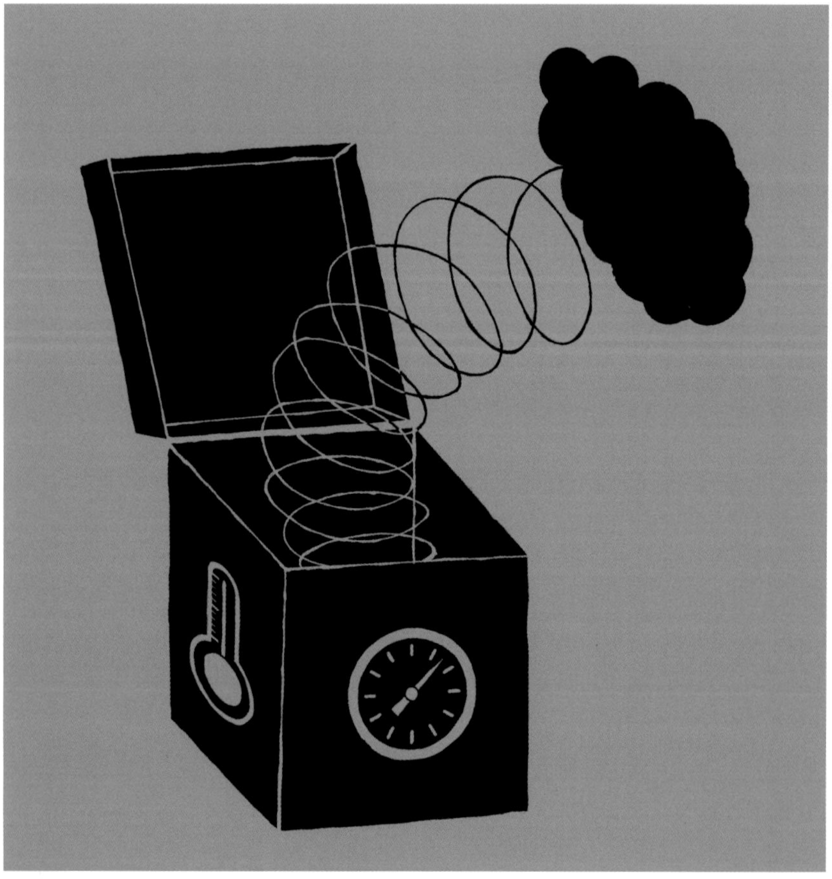

EN CONTEXTO

FIGURA CLAVE
Émile Clapeyron (1799–1864)

ANTES
1650 Blaise Pascal acuña el término «presión» para el peso del aire.

1662 Robert Boyle formula una ley por la que, en un gas a temperatura constante, la presión es inversamente proporcional al volumen.

DESPUÉS
1873 El físico Johannes van der Waals modifica la ley de los gases ideales para explicar el tamaño de las moléculas, las fuerzas intermoleculares y el volumen de los gases reales.

1948 Dos químicos, el austriaco Otto Redlich y el chino-estadounidense Joseph Kwong, proponen la ecuación de estado Redlich-Kwong, que perfecciona la de los gases ideales.

En el pasado, los científicos dudaron que los gases tuvieran propiedades físicas en absoluto, pero, a partir del siglo XVII, los análisis más avanzados revelaron la relación mutua entre su temperatura, volumen y presión. Entonces, en 1834, el ingeniero francés Émile Clapeyron expresó esta relación en la ecuación de los gases ideales.

En 1614, el científico neerlandés Isaac Beeckman había propuesto que el aire, como el agua, tiene peso y ejerce presión, opinión de la que disintió el gran científico Galileo. Algunos científicos más jóvenes sí opinaban como Beeckman, entre ellos, dos compatriotas de Galileo: Evangelista Torricelli y Gasparo Berti.

Véase también: Gases 46 ▪ El oxígeno y el fin del flogisto 58–59 ▪ Fuerzas intermoleculares 138–139 ▪ Los gases nobles 154–159 ▪ El mol 160–161 ▪ Microscopia de fuerza atómica 300–301

Según la ley de Boyle, la presión y el volumen son **inversamente proporcionales** para una cantidad fija de un gas ideal a temperatura constante:

$V \propto 1/P$

Según la ley de Charles, el volumen de un gas ideal es **directamente proporcional a la temperatura** para una cantidad fija del gas a una presión constante:

$V \propto T$

Según la ley de Avogadro, el volumen de un gas ideal es **directamente proporcional a la cantidad (moles) del gas** a temperatura y presión constantes:

$V \propto v\ n$

Todas se combinan en la ley de los gases ideales plena: $V \propto nT/P$

Se añade una constante *(R)* para crear la ecuación de los gases ideales: $PV = nRT$

Entre 1640 y 1643, mientras investigaba la existencia del vacío (asunto entonces controvertido), Berti llenó de agua un tubo de plomo y lo selló por arriba con un recipiente de vidrio. Al abrir grifos en la parte inferior, salió parte del agua, y se formó un espacio desocupado en la parte superior del recipiente. Berti afirmó que eso era un «vacío». En 1643, Torricelli investigó el fenómeno más allá, usando mercurio en vez de agua. Siguiendo sus instrucciones, Vincenzo Viviano llenó de mercurio un tubo de vidrio, selló un extremo y tapó el otro con el dedo mientras lo invertía sobre un cuenco. Al retirar el dedo el mercurio del tubo descendió a una altura de 76 cm, donde se detuvo, dejando un espacio vacío en la parte superior.

Torricelli explicó que el mercurio no salía completamente del tubo debido al peso del aire sobre el mercurio del cuenco. Había refutado la idea de que el aire no tuviera peso, lo cual quedó demostrado al repetirse el experimento a mayor altura, donde el aire debe pesar menos, y el mercurio del tubo cayó a un nivel más bajo.

La ley de Boyle

Inspirado por Torricelli, el químico angloirlandés Robert Boyle realizó sus experimentos con un tubo de vidrio en forma de «J», lleno de mercurio y con el extremo inferior sellado. Boyle vio que el espacio encima del mercurio menguaba al añadir mercurio al tubo, y crecía al verterlo. Concluyó que la presión del aire en el espacio aumentaba o disminuía al comprimirse más o menos.

Boyle comparó la presión del aire con partículas como muelles que resisten al ser comprimidas, y propuso una ley simple, hoy conocida como ley de Boyle: mientras la temperatura de un gas sea constante, el volumen y la presión del gas varían en proporción inversa. »

Torricelli realizó su experimento con un tubo de vidrio de aproximadamente 1 m. Mantuvo que los cambios de altura del mercurio de un día a otro reflejaban cambios de presión atmosférica.

Temperatura del gas

A lo largo del siglo siguiente, el advenimiento de la máquina de vapor centró la atención en el papel del calor para expandir el aire. En 1787, el científico francés y pionero del globo aerostático Jacques Charles añadió la temperatura a la relación entre volumen y presión. Con la ley de Charles, este mostró que, mientras la presión sea constante, el volumen del gas varía con la temperatura. De hecho, la relación es una línea recta, en la que el volumen aumenta a una tasa regular por cada grado de aumento de la temperatura (desde cero absoluto), y mengua igual de regularmente por cada grado de reducción.

En 1802, el científico francés Joseph Gay-Lussac completó la ecuación, vinculando presión y temperatura: según la ley de Gay-Lussac, si el volumen de un gas es constante, la presión aumenta con la temperatura. El químico británico John Dalton no tardó en demostrar que esto se aplicaba a todos los gases, y Gay-Lussac comprendió que los gases distintos se combinan en proporciones simples por volumen, como expresa la ley de Gay-Lussac, o ley de los volúmenes de combinación. Esta relación triangular apuntaba a una causa mecánica, pero no se sabía cuál era.

Reunir los conceptos

En 1811, el científico italiano Amedeo Avogadro añadió un ingrediente crucial a la ecuación, las propias partículas de gas. Avogadro llamaba moléculas a todas las partículas, tanto a las propiamente dichas como a los átomos, y lo decisivo de su hipótesis era que volúmenes iguales de gas a una temperatura y presión dadas contendrán siempre el mismo número de partículas. En 1865, el alumno de instituto austriaco Josef Loschmidt calculó dicho número en $6{,}02214076 \times 10^{23}$. Este «número de Avogadro» de todas las partículas (átomos, moléculas, iones o electrones) en una sustancia se definió más tarde como 1 mol.

Todos los ingredientes añadidos por los diversos científicos a lo largo de dos siglos quedaron reunidos en 1834 en el trabajo del ingeniero francés Émile Clapeyron, recogidos en la ley de los gases ideales. Esta ecuación sencilla integra todas las cualidades necesarias para predecir cómo se comportará un gas en circunstancias cambiantes, atendiendo al volumen, la presión, la temperatura y el número de partículas:

$$PV = nRT$$

En la ecuación, P es la presión, V es el volumen, T es la temperatura y n es el número de moles. R es la constante que necesitaba Clapeyron para combinar la relación proporcional de presión, volumen y temperatura en una sola ecuación.

La ecuación es hipotética, pues los gases ideales se dan raramente en el mundo real, salvo a temperaturas extremadamente altas y presio-

> La aparente contracción de volumen sufrida por gases al combinarse guarda también una relación muy simple con el volumen de uno de ellos.
> **Joseph Gay-Lussac**

Los globos de los Montgolfier de la década de 1780 demostraron la ley de Charles: calentar el aire del globo hace que se expanda y lo vuelva más ligero que el aire que lo rodea, por lo cual asciende.

nes bajas. Los átomos y moléculas de un gas ideal no tienen tamaño ni dimensiones; nunca interactúan entre sí, salvo en colisiones ocasionales, y cuando chocan simplemente rebotan sin perder impulso. Este no es el caso en los gases reales, pero la ecuación se aproxima al comportamiento de estos. La ecuación incluye solo los factores que debe conocer el químico al hacer cálculos de la presión, temperatura, volumen y número de partículas, y es precisamente esto lo que la hace tan eficaz.

Aplicaciones en el mundo real

En el mundo real, la ley de los gases ideales explica por qué una bomba de bicicleta se calienta al aumentar la presión y decrecer el volumen. También explica por qué el aire comprimido se enfría al liberarse y expandirse, y es clave para el funcionamiento de las neveras, que se mantienen frías comprimiendo aire y permitiendo que se expanda.

La ecuación de los gases ideales de Clapeyron estimuló el desarrollo de la termodinámica. En la década de 1850, los científicos alemanes Rudolf Clausius y August Krönig desarrollaron independientemente la teoría cinética de los gases, centrada en la energía de sus partículas en movimiento. Con el fin de obtener una instantánea del movimiento mecánico de billones de partículas en un gas ideal, emplearon la distribución estadística de las velocidades de las partículas para explicar la relación entre presión, volumen y temperatura.

Si se imagina una caja llena de miles de millones de partículas de un gas ideal, el movimiento continuo de las partículas en líneas rectas –el camino libre medio– es lo que crea la relación entre temperatura, volumen y presión. La temperatura es proporcional a la energía cinética media o velocidad de las partículas. La presión es el efecto estadístico de todas las colisiones con los lados de la caja. Hoy, la ecuación de los gases ideales se usa de diversas maneras. Al trabajar con la termodinámica, por ejemplo, los físicos añaden a la ecuación la constante derivada en 1877 por el físico austriaco Ludwig Boltzmann para tener en cuenta la energía cinética de las partículas. En todas sus formas, la ecuación sigue siendo fundamental para nuestra comprensión práctica de cómo se comportan los gases. ■

Según la hipótesis de Avogadro, a la misma temperatura y presión, globos de igual volumen contendrán igual número de moléculas con independencia de cuál sea el gas, pero la masa de cada uno será diferente.

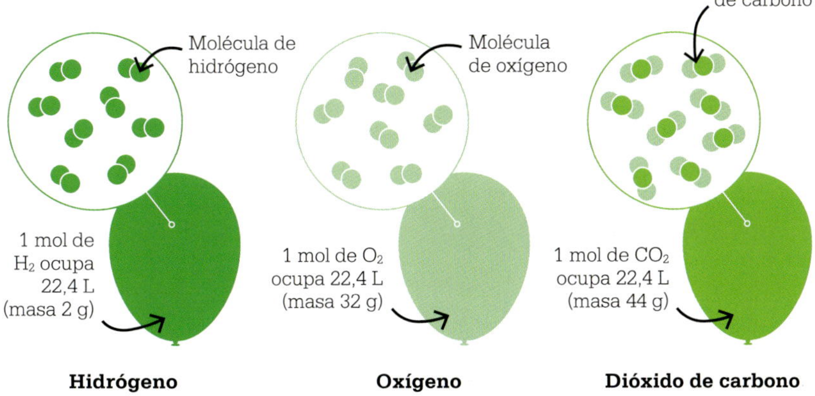

Émile Clapeyron

Benoît Paul Émile Clapeyron nació en 1799 en París, en cuya École des Mines se formó como ingeniero. En 1820 viajó con su amigo Gabriel Lamé a Rusia a enseñar matemáticas e ingeniería a equipos de construcción de puentes y carreteras. Regresaron diez años después, y trabajaron en la construcción de ferrocarriles. Clapeyron fue diseñador de locomotoras de vapor, al tiempo que se dedicaba a estudios relacionados más teóricos. Su resumen de 1834 de las ideas del ingeniero mecánico Sadi Carnot sobre motores térmicos marca el nacimiento de la termodinámica, y su síntesis de las leyes de los gases en una sola ecuación asentó su reputación como teórico.

Elegido miembro de la Academia de Ciencias de Francia en 1848, Clapeyron murió en 1864. Nombrada en parte en su honor, la ecuación Clausius-Clapeyron determina el calor necesario para vaporizar un líquido.

Obra principal

1834 *Mémoire sur la puissance motrice de la chaleur* («Memoria sobre el poder motriz del calor»).

PUEDE COPIAR CUALQUIER OBJETO

LA FOTOGRAFÍA

EN CONTEXTO

FIGURA CLAVE
Louis Daguerre (1787–1851)

ANTES
1777 Carl Scheele confirma la reacción de los compuestos de plata a la luz.

***C.* 1790** El inventor británico Thomas Wedgwood capta la primera silueta fotográfica.

1822 Joseph-Nicéphore Niépce crea la primera fotografía permanente.

DESPUÉS
1850 El fotógrafo británico Frederick Scott Archer introduce el proceso de colodión húmedo, que ofrece mayor detalle y claridad.

1890 En EE UU, la Eastman Kodak Company lanza los rollos de película fotográfica de celuloide.

1975 Kodak introduce el primer prototipo de cámara digital.

2000 Salen a la venta los primeros teléfonos móviles con cámara incorporada.

Desde el siglo XVII, los pintores usaron la cámara oscura para esbozar cuadros a partir de las imágenes temporales proyectadas. En 1777, el químico sueco-alemán Carl Scheele aportó los medios para captar una imagen permanente, al demostrar cómo iniciar y detener la reacción de las sales de plata a la luz. Esto se llevó a cabo al fin en 1839, cuando el inventor francés Louis Daguerre creó el primer proceso fotográfico con éxito, el daguerrotipo.

El colega de Daguerre e inventor francés Joseph-Nicéphore Niépce había hecho fotografías veinte años antes, pero las reacciones químicas empleadas eran tan lentas que se tardaba muchas horas en crear una sola foto, y la imagen era muy borrosa. Durante la década de 1830, Daguerre experimentó con combinaciones diferentes de sustancias químicas.

Daguerre dividió el proceso en dos fases: en la primera, la fotografía podía captarse rápidamente con una débil imagen «latente» en las sustancias de la placa fotográfica; en la segunda, las imágenes latentes se «revelaban» en el laboratorio del fotógrafo con vapores de mercurio.

Otros pioneros, como el francés Hippolyte Bayard y el británico William Henry Fox Talbot, ambos inventores, estaban probando ideas similares, pero fue el avance de Daguerre en 1839 el que acaparó los titulares.

> El daguerrotipo es […] un proceso físico y químico que le da [a la naturaleza] el poder de reproducirse ella misma.
> **Louis Daguerre**

El invento de Daguerre

Los daguerrotipos eran placas de cobre con una película de plata. Para crear una fotografía, la placa se pulía hasta relucir como un espejo, y se limpiaba con ácido nítrico. A oscuras, la superficie de plata se convertía en yoduro de plata sensible a la luz exponiéndola a vapores de yodo, y luego se incrementaba dicha sensibilidad con vapores de bromo o

Véase también: Los inicios de la fotoquímica 60–61 ▪ La catálisis 69 ▪ Por qué ocurren las reacciones 144–147 ▪ Espectroscopia infrarroja 182

La puerta abierta, de 1844, por Fox Talbot, quien creía que la fotografía podía ser el igual de los antiguos maestros, y más fiel a la realidad.

cloro. La placa sensibilizada se introducía en la cámara en una funda opaca, y esta se abría al quitar brevemente la tapa de la lente de la cámara para obtener la imagen.

Después se exponía la placa a vapores de mercurio calentado, dentro de una caja especial, para revelar la imagen latente. Fijar la imagen requería detener la reacción química antes de que se ennegreciera por completo, retirando las sales de plata no afectadas por la luz con una solución de hiposulfito sódico (tiosulfato de sodio). Por último, la imagen revelada se introducía en un estuche, protegida por una placa de vidrio.

La imagen del daguerrotipo era en realidad un negativo, denso y oscuro en los claros y delgado en las sombras, pero la superficie plateada reflejaba la luz de modo que se veía la imagen como positivo. La nitidez de los resultados asombró al público, y con ello la fotografía tomó impulso. Ese mismo año de 1839, el ebanista francés Alphonse Giroux creó la primera cámara comercial.

El calotipo

En 1841, Fox Talbot introdujo un proceso propio, el calotipo, con una ventaja clara sobre el daguerrotipo, que era una imagen única que no se podía copiar. En el calotipo, la foto era una imagen negativa sobre papel encerado, a través del cual podía proyectarse luz sobre otra hoja de papel fotosensible para copiar muchas veces la imagen. Este método de negativo a positivo sería el modo estándar de producir fotografías, hasta la llegada de la fotografía digital en la década de 1990. ■

Louis Daguerre

Louis Daguerre, nacido en 1787 en Cormeilles-en-Parisis (Francia), fue aprendiz de pintura paisajista, y aprendió también sobre arquitectura y escenografía teatral. Después de trabajar como recaudador de impuestos, pintó decorados de ópera y creó varios efectos especiales escénicos. Así, inventó el diorama, un ingenio de decorados móviles con efecto de profundidad, que estrenó en París en 1822.

Trabajó en la creación de un proceso fotográfico práctico con Nicéphore Niépce, autor de la primera fotografía del mundo. Después de morir Niépce en 1833, Daguerre siguió con el proyecto, y el resultado fue el daguerrotipo, el primer proceso fotográfico con éxito del mundo. Fue lanzado y promocionado por la Academia de Ciencias de Francia en 1839, y después Daguerre cedió los derechos del proceso al Estado, a cambio de una pensión vitalicia. Murió en 1851.

Obra principal

1839 *Historique et description des procédés du daguerréotype et du diorama.*

LA NATURALEZA HA CREADO COMPUESTOS QUE SE COMPORTAN COMO ELEMENTOS

GRUPOS FUNCIONALES

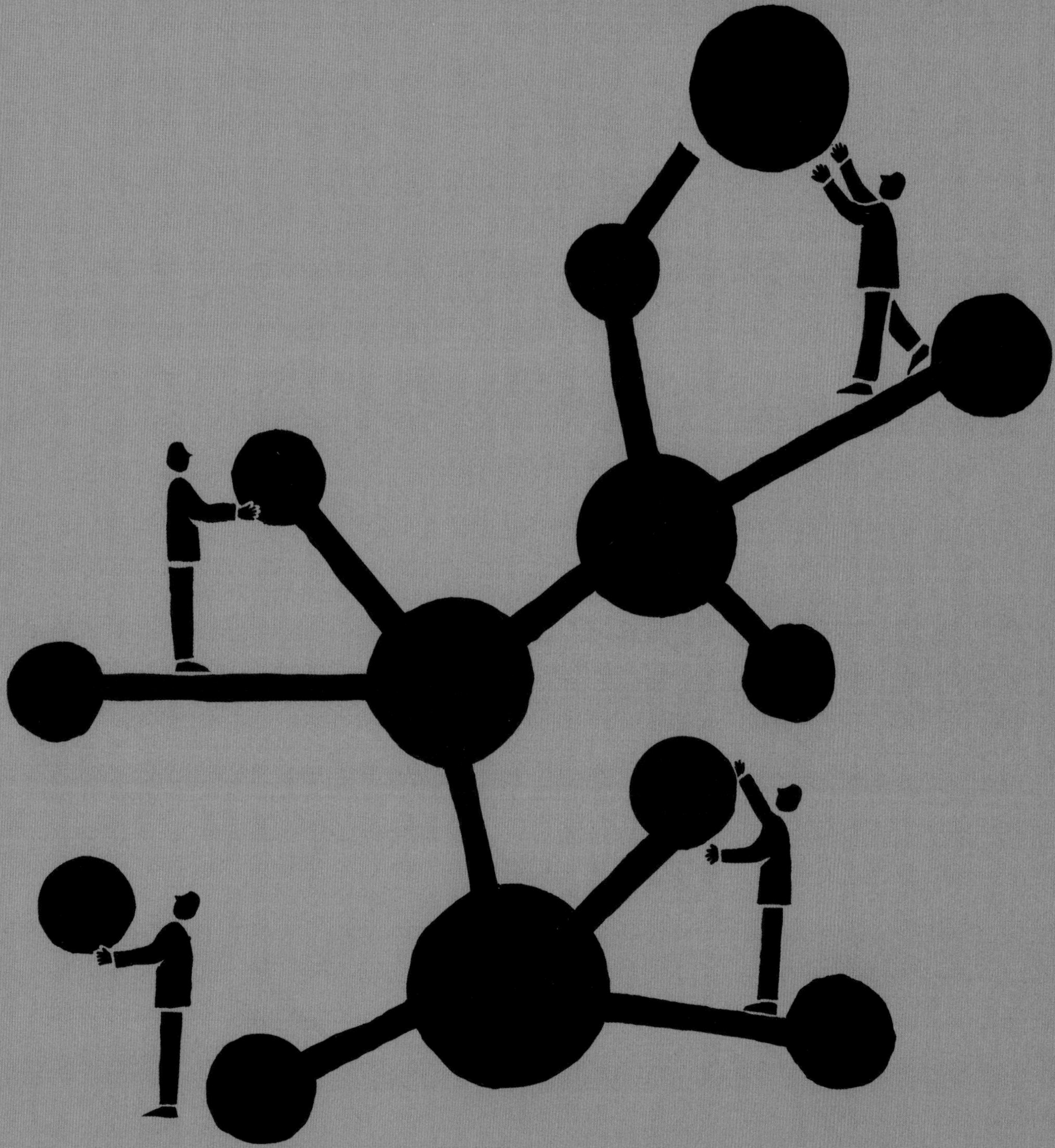

EN CONTEXTO

FIGURA CLAVE
Jean-Baptiste Dumas
(1800–1884)

ANTES
1782 El químico francés Baron de Morveau llama «radicales» a las combinaciones de sustancias no afectadas por las reacciones.

1815–1817 Joseph Gay-Lussac y Jöns Jacob Berzelius desarrollan la idea de radicales inorgánicos. Estos compuestos parecen comportarse como una sola unidad en diversas combinaciones.

DESPUÉS
1852 El químico británico Edward Frankland descubre el concepto crucial de valencia, que subvierte la noción de radicales y tipos.

1865 El químico alemán August Kekulé descubre la estructura molecular en anillo del benceno.

Un desafío importante para los químicos en la década de 1830 era determinar el lugar de las sustancias químicas orgánicas en el esquema de los elementos y los compuestos. La tabla de los elementos estaba creciendo, y había quedado claro que los compuestos eran el resultado de la combinación de elementos. Una de las cuestiones era cómo la multitud de sustancias producidas por los seres vivos podían derivar de solo tres o, en ocasiones, cuatro elementos: carbono, hidrógeno, oxígeno y, a veces, nitrógeno. En 1840, tratando de resolver este misterio, el químico francés Jean-Baptiste Dumas publicó su teoría de los tipos, que ayudó a concebir las sustancias orgánicas y sus características en términos de grupos funcionales.

Propiedades de los compuestos

La teoría de Dumas partió de logros importantes de otros químicos: la síntesis de la sustancia orgánica llamada urea por Friedrich Wöhler, en 1828, y también el hallazgo de este y de Justus von Liebig de los isómeros (moléculas que comparten fórmula química pero difieren en la disposición de los átomos) fueron ambos hitos relevantes. Lo que realmente interesaba a ambos jóvenes científicos, sin embargo, así como a su mentor Jöns Jacob Berzelius, era lo que pudieran revelar tales descubrimientos sobre la estructura de las sustancias químicas. Estaba quedando claro que las propiedades de un compuesto obedecen no solo a la combinación de elementos presente, sino también al modo en que se combinan.

Hacia 1820, el químico alemán Eilhard Mitscherlich descubrió el isomorfismo en los cristales. Midiendo los ángulos de cristales con precisión, halló que diferentes compuestos, tales como los arsenatos y fosfa-

> Tenemos la clave de todos los cambios de la materia, tan repentinos, rápidos y singulares, que ocurren en los animales y las plantas.
> **Jean-Baptiste Dumas**

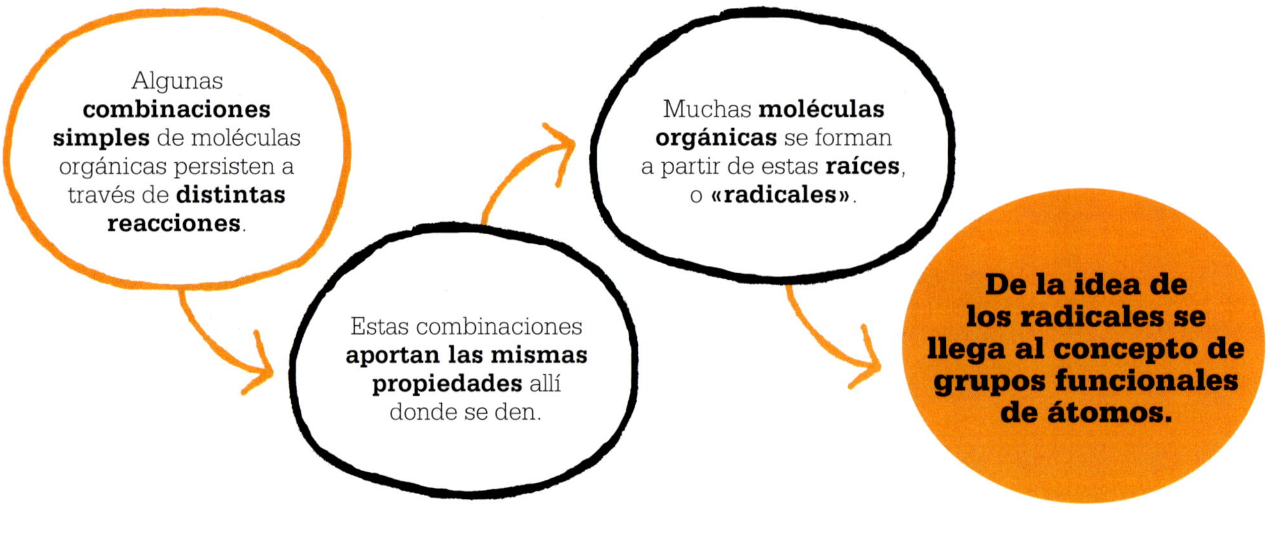

Véase también: El universo atómico 28–29 ▪ Isomería 84–87 ▪ La síntesis de la urea 88–89 ▪ Fórmulas estructurales 126–127 ▪ El benceno 128–129 ▪ El electrón 164–165 ▪ El agujero de la capa de ozono 272–273

tos, producían cristales cuya forma era idéntica. El hallazgo apuntaba a que algunos compuestos se combinan en disposiciones particulares que definen sus propiedades.

Liebig y Wöhler comenzaron a estudiar compuestos orgánicos, comenzando por el aceite de almendras amargas, sustancia obtenida destilando huesos de ciruela y cereza. Hicieron reaccionar el aceite, que es principalmente benzaldehído (C_7H_6O), con varias sustancias, como oxígeno, bromo y cloro, y analizaron los compuestos resultantes. Les fascinó que todos los nuevos compuestos contenían C_7H_5O –siete átomos de carbono, cinco de hidrógeno y uno de oxígeno–, por lo que parecía que el C_7H_5O era un grupo de átomos que se mantenía a través de las reacciones sin reaccionar él mismo. Liebig y Wöhler lo llamaron «radical», o raíz, empleando un término introducido muchos años antes por el químico francés Louis-Bernard Guyton de Morveau para sustancias inorgánicas. Lo llamaron benzoílo.

Junto con Berzelius, Liebig y Wöhler desarrollaron la idea de que grupos de sustancias orgánicas se enlazan para formar diversos radicales, que a su vez forman compuestos. Berzelius mantenía la idea dualista de que los compuestos representan la unión de elementos negativos y positivos, y argumentó que los radicales negativos y positivos se combinan de la misma forma.

El aceite de almendras amargas, que trata trastornos diversos, es sobre todo benzaldehído, molécula formada por dos grupos funcionales: un anillo de benceno conectado a un grupo aldehído.

La búsqueda de radicales

Químicos de toda Europa se lanzaron con entusiasmo a buscar nuevos radicales. Liebig dio con el acetilo; Berzelius, con el etilo; el químico alemán Robert Bunsen, con el cacodilo; el italiano Raffaele Piria, con el salicilo, y Dumas con el metilo, cinamilo y cetilo. Sin embargo, parecía que estos radicales podían perder o ganar átomos para formar otros radicales. Dumas descubrió que podía hacer metilo (CH_3), por ejemplo, añadiendo agua a un grupo más simple, el metileno (CH_2). (El sufijo -eno deriva de «hija» en griego.)

Al descubrir los químicos otros grupos de átomos que persistían en distintas moléculas, se desarrolló una nomenclatura para reflejar el número de átomos de carbono, hidrógeno u oxígeno. El propilo, por ejemplo, es un grupo con tres átomos de carbono, y el butilo, un grupo con cuatro átomos de carbono. El propilo tiene tres átomos de carbono y siete de hidrógeno, y el propileno (la «hija»), »

Jean-Baptiste Dumas

Dumas nació en Alès (Francia) en 1800, y se mudó a Ginebra (Suiza) con 16 años para estudiar farmacia, química y botánica. Publicó varios trabajos siendo adolescente, y en la veintena fue profesor de química en algunas de las academias más distinguidas de Francia.

Uno de los pioneros de la química orgánica, Dumas adoptó primero la teoría de los radicales de Berzelius, y descubrió varios él mismo, pero la rechazó al proponer la teoría rival de las sustituciones. Desde mediados de la década de 1840 se centró en la docencia, y fue mentor de luminarias en ascenso como Louis Pasteur. Como presidente del consejo municipal de París desde 1859, supervisó el alumbrado, el alcantarillado y la conducción de agua de la ciudad. Dumas murió en 1884. Es uno de los científicos franceses cuyo nombre fue grabado en la torre Eiffel.

Obras principales

1837 «Note sur l'état actuel de la chimie organique».
1840 «Mémoire sur la loi des substitutions, et la théorie des types».

tres de carbono y seis de hidrógeno. El butilo tiene cuatro carbonos y nueve hidrógenos, y el butileno, cuatro carbonos y ocho hidrógenos.

En 1837, Dumas estaba convencido de que los radicales eran un punto de inflexión tan decisivo para la química orgánica como lo había sido la clasificación de los elementos por Antoine Lavoisier. Entonces, Dumas creía que los químicos orgánicos solo tenían que identificar los distintos radicales, al igual que en la química inorgánica era cuestión de identificar los elementos.

> Este es [...] el secreto entero de la química orgánica.
> **Jean-Baptiste Dumas**

Teoría de las sustituciones

Las cosas resultaron ser bastante más complejas de lo que creía Dumas, y un fallo procedía de su propio trabajo. Se dice que, en un baile en París, los invitados sufrieron violentos ataques de tos debido a un vapor acre emanado por las velas, y pidieron a Dumas que lo investigara. Descubrió que las velas se habían lavado con cloro, y que la cera, un éster graso, había reaccionado de tal modo que el cloro había sustituido al hidrógeno en la cera y emitido vapores de cloruro de hidrógeno. Intrigado, Dumas comprobó que el cloro puede sustituir al hidrógeno también en otros compuestos orgánicos. En 1839 comenzó a desarrollar la teoría de las sustituciones, o la idea de que los elementos pueden intercambiarse en un radical sin que sus propiedades se vean drásticamente afectadas. Esto indignó a Berzelius, pues la idea parecía desafiar la teoría dualista positiva-negativa. A la luz de la teoría, si el cloro se combina con hidrógeno, deben tener carga opuesta, y en tal caso, ¿cómo podría uno ocupar el lugar del otro? En 1840, Dumas presentó su trabajo clave sobre sustitución en la revista química líder *Annalen die Chemie und Pharmacie*, editada por Liebig, pero este se desmarcó de la teoría en su editorial, llegando incluso a publicar una carta paródica escrita por Wöhler, firmando como el misterioso químico S. C. H. Windler (leído todo junto, «tramposo» en alemán), en la que afirmaba haber descubierto nuevas sustituciones del cloro. La teoría dualista positiva-negativa, sin embargo, estaba de capa caída. Hoy se sabe que las sustituciones en efecto se dan, y que dependen de la orientación de las órbitas de los electrones (el electrón no se descubrió hasta 1897).

A lo largo de la década de 1840, Dumas y otros químicos franceses desarrollaron la teoría, refiriéndose a «tipos» de molécula en lugar de radicales. Identificaron al menos cuatro tipos –agua, hidrógeno, ácido clorhídrico y amoniaco–, sobre los cuales podían construirse otros.

Disposición molecular

El joven químico francés Auguste Laurent fue más allá con su teoría nuclear, en la que los compuestos están formados a partir de «núcleos» o grupos simples de átomos, y unos elementos pueden sustituir a otros sin cambiar la mayoría de características de un compuesto.

La diferencia entre las teorías en competencia parecía insalvable. El origen de la confusión residía en que los químicos concebían las moléculas como poco más que fórmulas o combinaciones hipotéticas de átomos. Cuando Dumas propuso que las moléculas orbitan en torno a los átomos de modo comparable a los planetas alrededor del Sol, seguía hablando en abstracto. Sin embargo, hacia 1850,

Las botellas de plástico se hacen a menudo de tereftalato de polietileno (PET), compuesto que contiene dos grupos hidroxilos: un átomo de hidrógeno enlazado a uno de oxígeno.

el británico Alexander Williamson, Laurent y el francés Charles Gerhardt comprendieron la importancia de la disposición de los átomos en las moléculas, y comenzaron a presentar fórmulas de un modo diferente. En estas nuevas fórmulas, los tipos se presentaban por la disposición de los símbolos químicos, unidos por corchetes. Williamson mostró que el alcohol y el éter, por ejemplo, pertenecen al tipo agua, al presentarlos así:

H }O H	C_2H_5 }O H	C_2H_5 }O C_2H_5
Agua	**Alcohol**	**Éter**

Según Williamson, estas nuevas fórmulas representaban el tipo de forma análoga a cómo los planetarios mecánicos representaban la disposición de los planetas del sistema solar. Los químicos comprendieron que las propiedades y reacciones de las moléculas dependen de su disposición tridimensional y sus enlaces, y también, de modo crucial, de su valencia (la capacidad de un elemento para combinarse), que volvió obsoletos los radicales y tipos. No obstante, la idea de combinaciones básicas de átomos persistió, y se desarrolló como conocimiento de los grupos funcionales, un principio organizador clave de la química orgánica. Los grupos funcionales son combinaciones específicas de átomos o enlaces en un compuesto que determinan sus características, y tienen el mismo efecto sea cual sea el compuesto del que formen parte. Hay 14 grupos funcionales comunes, y 26 menos comunes.

Los rasgos de los grupos funcionales

Los grupos funcionales son grupos de átomos de moléculas orgánicas, con propiedades típicas que se manifiestan sin importar con qué otros átomos se combinen. Moléculas más complejas pueden contener más de un grupo funcional. Son ejemplos los alcoholes, las aminas, las cetonas y los éteres. Se pueden identificar por enlaces dobles de carbono (C=C), grupos hidroxilos (–OH), grupos carboxilos (–COOH) y ésteres (–COO). Las moléculas que comparten el mismo grupo funcional se comportan de modo similar, teniendo quizá un punto de ebullición más alto o bajo, o reaccionando con determinadas sustancias. Todas las sustancias orgánicas son hidrocarburos inertes con uno o más grupos funcionales conectados, que determinan su comportamiento. Este concepto resulta útil para predecir reacciones de sustancias orgánicas, y también en la síntesis de nuevas moléculas con propiedades particulares.

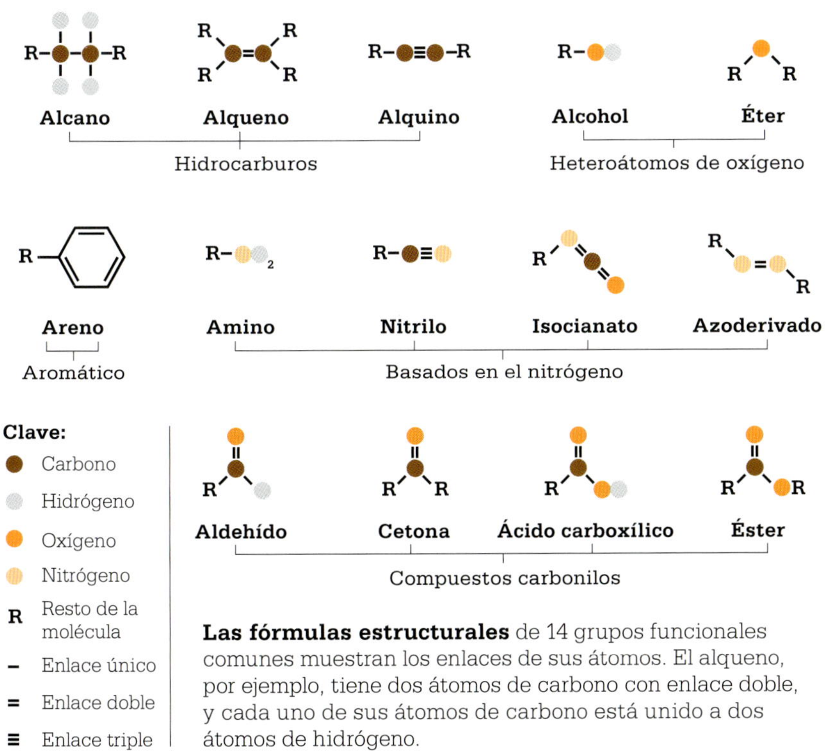

Las fórmulas estructurales de 14 grupos funcionales comunes muestran los enlaces de sus átomos. El alqueno, por ejemplo, tiene dos átomos de carbono con enlace doble, y cada uno de sus átomos de carbono está unido a dos átomos de hidrógeno.

Auge y caída de los radicales

El término «radical» persiste en medicina, en la que los radicales libres son entidades químicas específicas, y muy distintas de la noción de Liebig. Descubiertos por Moses Gomberg en 1900, son combinaciones de átomos que vagan «libres»: no son «raíces», sino moléculas con un número impar de electrones que roban electrones a otras moléculas.

Aunque la idea de radicales y tipos quedara superada hace mucho, representó el primer gran paso en la apertura del campo de la química orgánica, que hoy en día proporciona desde plásticos hasta fármacos, y nos ayuda a comprender los procesos que requiere la vida para funcionar. ■

¡OH, BOLSA DE AIRE EXCELENTE!

LA ANESTESIA

EN CONTEXTO

FIGURA CLAVE
Crawford Long (1815–1878)

ANTES
Siglo VI A.C. El médico indio Súsruta aconseja sedar a los pacientes con vino y aceite de cannabis.

1275 El polímata mallorquín Ramon Llull descubre el éter, al que llama «vitriolo dulce».

1772 Joseph Priestley descubre el óxido nitroso, o gas de la risa.

DESPUÉS
1934 Anestesiólogos estadounidenses usan tiopentona, el primer anestésico intravenoso.

1962 Calvin Phillips, químico estadounidense, crea la ketamina, anestésico de efectos limitados sobre la respiración y la presión sanguínea.

Década de 1990 El sevoflurano, anestésico general inhalado, se difunde por su acción y recuperación rápidas.

Antes de la anestesia, los cirujanos no tenían otro lenitivo para un paciente a punto de sufrir una amputación que una botella de ron, y rapidez con la sierra. Los primeros verdaderos anestésicos se utilizaron en el siglo XIX, al comprobarse que algunos gases recién descubiertos hacían perder la conciencia.

En 1799, Humphry Davy fabricó un gran lote de óxido nitroso (N_2O) calentando cristales de nitrato de amonio (NH_4NO_3) y purificándolo con agua. Llenó de gas un habitáculo sellado diseñado para inhalar los gases, en el que permaneció una hora, y cuando salió se sentía abrumado por la euforia y las ganas de reventar a reír.

El gas pronto se puso de moda, y proliferaron las fiestas con «gas de la risa», pero los efectos eran demasiado impredecibles para el uso quirúrgico. En 1818, Michael Faraday observó que el éter ($C_4H_{10}O$) tenía efectos similares, y pronto fue el gas predilecto para fiestas, por ser más fácil de preparar. En 1842, en EE UU, el cirujano Crawford Long logró un gran avance al usar éter para retirar sin dolor un absceso. El dentista estadounidense Horace Wells empezó a usarlo en las extracciones, y en 1846, Robert Morton, antiguo socio de Wells, durmió con éter a un paciente para extraerle un tumor.

General y local

El éter y el gas de la risa funcionaban bien para operaciones rápidas, pero hacía falta algo diferente para las largas. En 1847, el cirujano escocés James Simpson propuso usar el vapor de un pañuelo rociado con unas gotas de cloroformo ($CHCl_3$). Funcionaba, y el cloroformo se convirtió en la opción preferente para la anestesia.

Con este inhalador de mediados del siglo XIX, el paciente absorbía los vapores de las esponjas empapadas en éter del recipiente.

Véase también: La nueva medicina química 44–45 ▪ Gases 46 ▪ La química de la vida 256–257

> ¿Cuándo va a empezar?
> **Frederick Churchill**
> **Después de amputársele la pierna bajo los efectos del éter, en Londres (1846)**

El siguiente gran avance llegó casi un siglo después, al comprender el anestesiólogo canadiense Harold Griffith que no era siempre necesario dormir a los pacientes con anestesia general. Sabía que algunas tribus indígenas de América del Sur untaban las puntas de sus flechas con curare, que paraliza los músculos. Griffith desarrolló una versión segura del curare llamada Intracostin, que empleó con éxito en 1942 durante una apendicectomía. Hoy se usan relajantes musculares similares en muchas operaciones largas, en combinación con la anestesia general. La lidocaína, a la venta en 1948, fue el primer anestésico local que funciona a base de bloquear señales nerviosas. Desde entonces se han introducido muchos otros anestésicos químicos.

Interrupción de señales nerviosas

La anestesia general funciona interrumpiendo la transmisión de señales nerviosas entre el cerebro y el cuerpo en las sinapsis, pero no se sabe cómo ocurre esto. Es probable que perturbe proteínas de la membrana de las neuronas. El paciente pierde por completo la conciencia, pero la respiración y la circulación sanguínea no se ven afectadas.

Los anestésicos locales como la lidocaína o la novocaína se unen a los canales de iones de sodio de la membrana de las neuronas, y los inhiben al bloquear la transmisión nerviosa a los centros del dolor del sistema nervioso central. Solo el área inmediatamente contigua a la inyección se ve afectada. ■

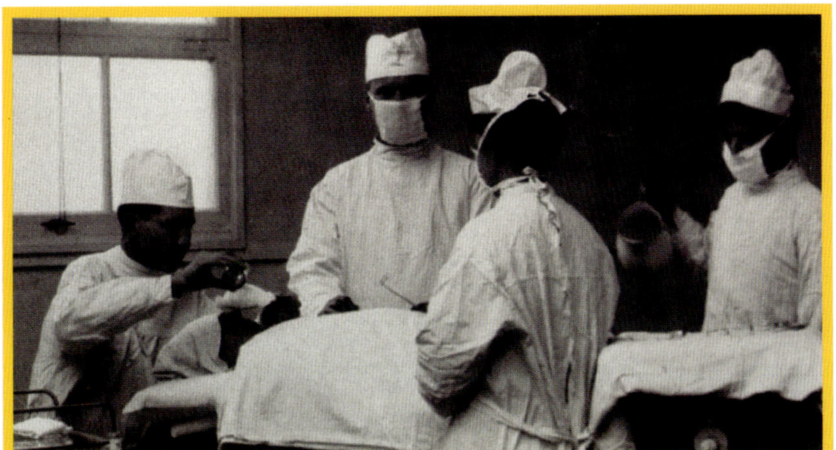

Un médico del ejército de EEUU anestesia a un paciente con cloroformo en Gran Bretaña durante la Primera Guerra Mundial.

Crawford Long

Crawford Long nació en Georgia (EEUU) en 1815, hijo de un senador y dueño de una plantación. Estudió medicina, y mientras estudiaba cirugía fue testigo del dolor de las operaciones sin anestesia. Acabada la carrera, trabajó como interno en Nueva York durante 18 meses, y luego abrió una consulta en Jefferson (Georgia).

En Nueva York, Long fue testigo de fiestas del éter, en las que los invitados se ponían eufóricos con el gas y parecían inmunes al dolor. Cualificado como farmacéutico, en 1842, Long usó éter para anestesiar a un paciente al que extirpó con éxito un tumor. Después realizó docenas de operaciones con anestesia. Sin estar al tanto de ello, Robert Morton causó sensación con espectaculares operaciones en público con éter. No fue hasta después de su muerte, que tuvo lugar en 1878, que el modesto Long fue reconocido como el verdadero pionero de la anestesia con éter para la cirugía.

Obra principal

1849 «The first use of sulfuric ether by inhalation as an anesthetic».

LA ERA INDUSTR
1850–1900

IAL

1856

William Henry Perkin sintetiza la mauveína a partir de un derivado del alquitrán de hulla, origen de la industria de los tintes sintéticos.

1856

Eunice Foote deduce que el dióxido de carbono (CO_2) atrapa el calor en la atmósfera de la Tierra, el hoy llamado **efecto invernadero**.

1859

Los científicos alemanes **Robert Bunsen** y **Gustav Kirchhoff** inventan el **espectroscopio de llama**, que permite identificar elementos por sus espectros de emisión característicos.

1860

Stanislao Cannizzaro propone un conjunto internacionalmente acordado de **pesos atómicos** relativos al hidrógeno.

1869

Dmitri Mendeléiev publica la **tabla periódica** de los elementos, dejando huecos para los aún no descubiertos y prediciendo sus propiedades.

Los avances industriales del siglo XIX trajeron cambios a gran escala en muchos ámbitos de la vida, como la mecanización, las innovaciones tecnológicas y la rápida industrialización, y en el campo de la química hubo avances importantes. En un lugar central, el carbón, el combustible fósil que alimentó la revolución industrial, ofrecía nuevas materias primas para explotar. La industria de los tintes sintéticos creció tras la creación de un tinte a partir de la anilina, compuesto derivado del alquitrán de hulla, un subproducto de la minería del carbón. Esta industria, a su vez, dio pie a procesos químicos que generaron un sinnúmero de sustancias, desde combustibles hasta fertilizantes y medicamentos.

Sin embargo, ya incluso en los primeros años de su uso, los efectos de los combustibles fósiles en la atmósfera causaron preocupación. En la década de 1850, los estudios de la científica estadounidense Eunice Foote sobre las propiedades térmicas de los gases la llevaron a concluir que una atmósfera con una proporción mayor de dióxido de carbono (CO_2) sería más cálida que con una proporción menor, lo cual es la primera formulación del hoy llamado efecto invernadero. Cincuenta años después, Svante Arrhenius identificó la actividad industrial humana como causa del aumento de la proporción de dióxido de carbono en la atmósfera terrestre.

Al margen de la industria, los científicos estaban haciendo progresos importantes en la comprensión de la química a escala atómica, los cuales llevaron al descubrimiento de elementos nuevos y nuevas concepciones de los átomos y las moléculas, además de a la creación de la tabla periódica de los elementos.

Organizar los elementos

Tratar de definir y clasificar los elementos había obsesionado a los científicos desde la época de los antiguos griegos. En siglos posteriores, al dejar paso la alquimia a la química, el afán organizador se vio impedido primero por la falta de claridad acerca de qué constituye un elemento, y luego por datos imprecisos. Con todo, la lista de elementos del químico francés Antoine Lavoisier y el concepto de tríadas del alemán Johann Döbereiner, junto con el acuerdo internacional para un conjunto estándar de pesos atómicos de los elementos en 1860, prepararon el terreno para un sistema más lógico.

La tabla periódica publicada por Dmitri Mendeléiev en 1869 organiza-

1873

El científico neerlandés **Johannes van der Waals** propone que **fuerzas intermoleculares** mantienen unidas las moléculas.

1884

Svante Arrhenius define los **ácidos** y **bases** como sustancias capaces de perder o captar iones de hidrógeno.

1894

Wilhelm Ostwald propone **el mol**, unidad que relaciona la masa de una sustancia con su masa atómica o molecular.

1897

El físico inglés **J. J. Thomson** descubre el **electrón**; su trabajo le lleva luego a proponer el modelo «pudín de pasas» del átomo.

1897

Eduard Buchner descubre que los procesos bioquímicos son impulsados por las **enzimas** y que no requieren células vivas.

ba los 56 elementos entonces conocidos en un sistema de filas y columnas que aclaraba las relaciones entre las propiedades de los elementos y, de modo crucial, permitía predecir los que faltaban y sus propiedades. El hallazgo de elementos nuevos iba a demostrar el acierto de las predicciones de Mendeléiev. Su tabla periódica fue revisada, y se le añadieron otros elementos, hasta adoptar la forma visible hoy en los laboratorios químicos de todo el mundo.

Fundamentos químicos

Otra área de innovación fue el conocimiento del comportamiento de los átomos y las moléculas, en general y en las reacciones químicas. Se sabía que muchas sustancias estaban compuestas por moléculas, pero seguía sin estar claro qué las mantenía unidas. El científico neerlandés Johannes van der Waals fue el primero en proponer el concepto de fuerzas débiles entre las moléculas para explicarlo. Al describirse en detalle estas fuerzas en la década de 1930, se las llamó fuerzas (o interacciones) de Van der Waals.

El concepto de mol, medida de las cantidades de átomos o moléculas, facilitó los cálculos para las reacciones químicas, al simplificar la expresión de las enormes cifras de las entidades químicas implicadas en las reacciones y al ser fácil de relacionar con las masas atómicas relativas recién acordadas de los elementos.

La cuestión clave de por qué algunas reacciones se producen con facilidad y otras no se abordó aplicando la termodinámica a la química. El físico y matemático estadounidense Josiah Gibbs usó principios termodinámicos para relacionar cambios de energía y entropía en las reacciones, permitiendo a los químicos calcular la probabilidad de que estas se produzcan.

El efecto de condiciones variables sobre las reacciones químicas fue explorado por el químico francés Henri-Louis Le Châtelier; y tendría un papel vital en la síntesis posterior de fertilizantes.

Por último, el cambio de siglo fue testigo del descubrimiento de una partícula fundamental, el electrón, identificado por J.J. Thomson gracias a una serie de experimentos con rayos catódicos. Hoy sabemos que las reacciones químicas son, al nivel más simple, intercambios de electrones, de modo que esto fue una pieza vital del rompecabezas químico, y la que iba a conducir a modelos en rápida mejora del átomo en las décadas siguientes. ■

ESE GAS DARIA A NUESTRA TIERRA UNA TEMPERATURA ELEVADA

EL EFECTO INVERNADERO

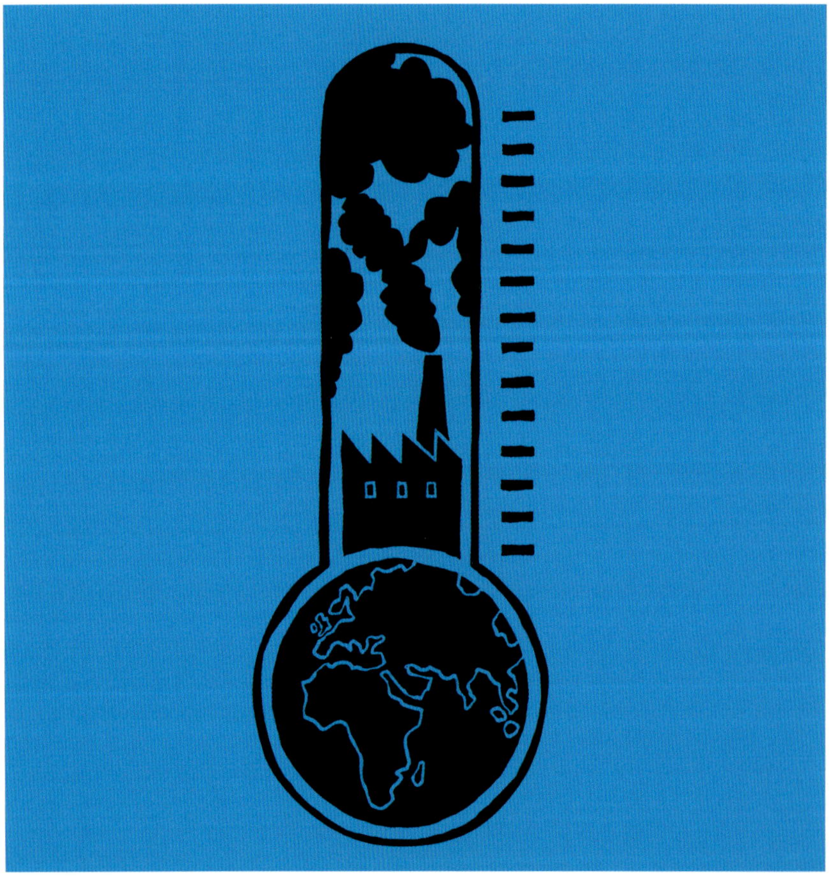

EN CONTEXTO

FIGURA CLAVE
Eunice Newton Foote
(1819–1888)

ANTES
1824 El francés Joseph Fourier propone que la atmósfera terrestre aísla al planeta.

1840 El geólogo suizo Jean Louis Agassiz afirma que la Tierra experimentó una era glaciar en el pasado.

DESPUÉS
1938 Guy Callendar cuantifica el CO_2 emitido por la actividad humana y el ascenso de la temperatura global en los 50 años anteriores.

2019 Se emite un récord de 38 000 millones de toneladas de CO_2.

2021 La NASA anuncia que los siete años anteriores han sido los más calurosos registrados.

En 1856, la estadounidense Eunice Newton Foote publicó un gran hallazgo en el campo de la climatología. Fue la primera persona en advertir que el dióxido de carbono (CO_2) y el vapor de agua absorben calor, de lo cual concluyó que un aumento del CO_2 atmosférico causaría lo que hoy conocemos como efecto invernadero. Su trabajo se leyó en la reunión anual de la Asociación Estadounidense para el Avance de la Ciencia, pero no se apreciaron plenamente sus implicaciones, y quedó prácticamente olvidado durante más de 150 años.

Usando aire atmosférico, oxígeno, hidrógeno y dióxido de carbono en cilindros de vidrio, Foote experimentó con varias concentraciones

Véase también: Gases 46 ▪ El aire fijo 54–55 ▪ Captura de carbono 294–295

de los gases y distintos grados de humedad. Puso algunos cilindros con termómetros al sol y algunos a la sombra, y midió los cambios de temperatura. Los resultados mostraron que el sol calienta más el aire condensado que el enrarecido (con menor contenido en oxígeno), y el aire húmedo más que el seco. Los cilindros que contenían CO_2 se calentaron más que cualquiera de los otros, lo cual convenció a Foote de que una atmósfera con mayor proporción de CO_2 sería más cálida. Esto lo presentó como perspectiva sobre las condiciones de la Tierra en el pasado: «Si, como algunos suponen, en una época de su historia el aire contenía una proporción mayor [de CO_2] que en el presente, necesariamente debió conllevar un aumento de la temperatura».

Cuantificar el cambio

Sin estar al tanto del trabajo de Foote en la otra orilla del Atlántico, el físico irlandés John Tyndall hizo descubrimientos similares solo unos años después, que publicó en 1861. Con la ayuda de equipo más sofisticado, midió la capacidad de los diferentes gases de la atmósfera para absorber calor radiante (radiación infrarroja). Halló que el vapor de agua absorbía con mucho la mayor cantidad, y concluyó que, de todos los gases atmosféricos, este tendría la mayor influencia sobre el clima. Sin embargo, también observó que el clima se vería afectado por cambios en la proporción de CO_2 y la combustión de hidrocarburos.

En 1896, el sueco Svante Arrhenius estudió el vínculo entre el CO_2 atmosférico y las glaciaciones regulares de la Tierra. Tras numerosos cálculos, concluyó que doblar o reducir a la mitad la cantidad de CO_2 en la atmósfera causaría un aumento o caída de la temperatura global de 5–6 °C. Arrhenius identificó también la actividad industrial humana como principal fuente de nuevo CO_2. No obstante, su estimación de la tasa de cambio futuro resultaría ser muy conservadora: creyó que un aumento del 100% en el nivel de CO_2 tardaría 3000 años en producirse. Hoy se estima que, de continuar las tendencias actuales, dicho aumento se producirá antes de acabar el siglo XXI. »

La Revolución industrial supuso el paso a una producción mecanizada, alimentada por combustibles fósiles como el carbón y, más tarde, petróleo y gas natural.

Eunice Newton Foote

Eunice Newton nació en Connecticut (EEUU) en 1819, en una familia de doce hermanos. Se crio en el condado de Ontario, en Nueva York, y asistió al Troy Female Seminary y a un instituto de ciencias próximo. En 1841 se casó con el juez e inventor Elisha Foote. Fue una firmante de la Declaración de Sentimientos en la Convención de Seneca Falls de 1848, primera por los derechos de las mujeres. El 23 de agosto de 1856, en la octava reunión de la Asociación Estadounidense para el Avance de la Ciencia, John Henry, del Instituto Smithsoniano, presentó el trabajo de Foote sobre los gases de efecto invernadero.

Además del trabajo pionero sobre las propiedades térmicas de los gases, Foote estudió su excitación eléctrica. Fue una botánica entusiasta y pintora consumada, además de inventora: patentó las suelas de caucho vulcanizado y creó una máquina nueva para fabricar papel. Murió en Lenox (Massachusetts), en 1888.

Obra principal

1856 «Circumstances affecting the heat of the sun's rays».

La curva de Keeling

A inicios del siglo xx, muchos científicos sospechaban que el nivel de CO_2 en la atmósfera iba en aumento, pero no hubo datos que lo demostraran hasta marzo de 1958, cuando el geoquímico estadounidense Charles David Keeling instaló un analizador infrarrojo de gases en el Observatorio de Mauna Loa, en Hawái, y registró una concentración de CO_2 de 316 partes por millón (ppm). Keeling siguió tomando lecturas, e hizo dos descubrimientos: que las concentraciones de CO_2 experimentaban cambios estacionales, con el pico en mayo y el valle en septiembre; y que estaban aumentando de año en año.

Keeling explicó la primera tendencia como el resultado de la absorción del CO_2 atmosférico por las plantas para crecer durante el verano en el hemisferio norte, donde se encuentra la mayor parte de las tierras emergidas. La segunda tendencia la atribuyó al consumo de combustibles fósiles, como el carbón, el petróleo y el gas natural. El conjunto de datos de Mauna Loa se conoce hoy como curva de Keeling, y muestra las tendencias identificadas por Keeling, que continúan hasta hoy.

Efecto invernadero

En torno a la mitad de la energía que llega a la Tierra desde el Sol es radiación ultravioleta de onda corta (luz), y el resto es radiación infrarroja de onda larga (calor). Las nubes y el hielo reflejan parte de esta radiación al espacio, y la superficie y la atmósfera de la Tierra absorben el resto. La mayor parte de la energía de onda corta absorbida es reirradiada en la superficie en forma de calor. Si todo el calor emitido por la superficie terrestre pasara directamente al espacio, la temperatura media en la misma sería de unos –18 °C. De hecho la temperatura media es de unos 15 °C debido a la presencia de gases de efecto invernadero en la atmósfera: vapor de agua, CO_2, metano (CH_4), óxido nitroso (N_2O) y halocarburos. El vapor de agua es el más abundante, con diferencia, seguido por el CO_2. Los gases de efecto invernadero absorben el calor irradiado desde la superficie terrestre y lo liberan lentamente en todas direcciones. Estos gases son necesarios para la vida en la Tierra, pues hacen que la atmósfera se comporte como una manta aislante.

El inconveniente del efecto invernadero es que el nivel de los gases de efecto invernadero (distintos del vapor de agua) ha aumentado mucho desde los inicios de la industrialización a mediados del siglo XVIII debido a la actividad humana. Durante este periodo, el CO_2 atmosférico ha crecido aproximadamente en un 47%, en gran medida como resultado del uso industrial de combustibles fósiles (sobre todo carbón y petróleo) y la deforestación, que reduce la cantidad de biomasa y, con ello, su capacidad para absorber el gas. Desde 1958, las concentraciones de CO_2 han aumentado hasta en un 33%: la lectura más alta, registrada en abril de 2021, fue de 421 ppm. Más de la mitad de este incremento se ha producido a partir de 1980.

La concentración de metano en la atmósfera ha aumentado más del 150% desde la era preindustrial, en

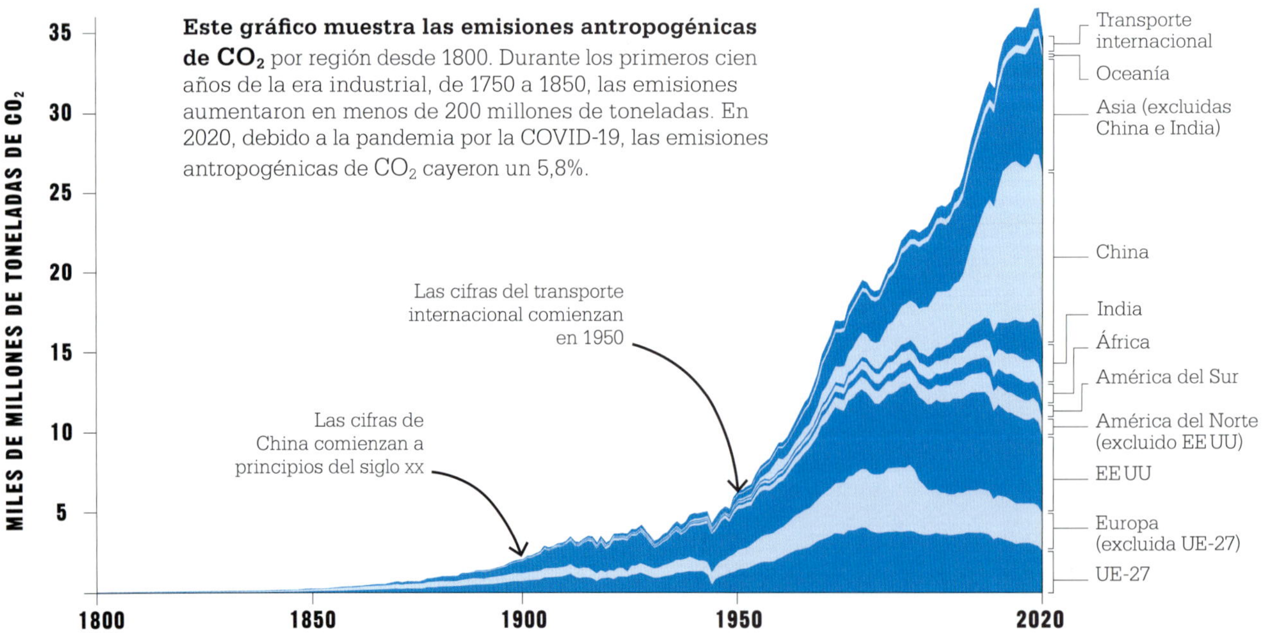

Este gráfico muestra las emisiones antropogénicas de CO_2 por región desde 1800. Durante los primeros cien años de la era industrial, de 1750 a 1850, las emisiones aumentaron en menos de 200 millones de toneladas. En 2020, debido a la pandemia por la COVID-19, las emisiones antropogénicas de CO_2 cayeron un 5,8%.

gran medida debido a la enorme expansión de la ganadería (los rumiantes, como las vacas y ovejas, emiten metano durante la digestión), además de la producción de petróleo y gas. La concentración preindustrial de CH_4 era de unas 700 partes por mil millones (ppb); en 2021 era de 1891 ppb, siendo la mayor parte del aumento posterior a 1960. Esto es particularmente preocupante porque, aunque hay mucho menos CH_4 en la atmósfera que CO_2, el metano atrapa más de 20 veces más calor por unidad de masa que el dióxido de carbono. (Por otra parte, mientras que el CO_2 puede permanecer en la atmósfera cientos de años, el CH_4 atmosférico se oxida antes de una década.)

La concentración atmosférica de óxido nitroso (N_2O) también ha aumentado desde la época preindustrial, y lo ha hecho en casi un 18%. Y, si bien el N_2O representa una fracción del volumen total de gases de efecto invernadero, su efecto aislante es 300 veces el del CO_2, y persiste en la atmósfera durante más de un siglo.

Aceleración del calentamiento global

Al calentarse, la atmósfera genera efectos de retroalimentación positiva, es decir, procesos que aceleran el efecto. Así, al descongelarse el permafrost por efecto del ascenso térmico, las turberas hasta entonces congeladas liberan más metano, algo especialmente preocupante en áreas con turberas extensas, como el norte de Siberia. Al resultar el calentamiento en incendios forestales mayores y más frecuentes, la combustión libera más CO_2 aún; y al calentarse el agua del océano, su capacidad para absorber CO_2 de la atmósfera se reduce.

> Los ojos de todas las generaciones futuras están puestos en vosotros. Y si elegís fallarnos, os digo que no lo perdonaremos jamás.
>
> **Greta Thunberg**
>
> **Conferencia del Clima de la ONU, Nueva York (2019)**

El riesgo y la gravedad de los incendios crece debido al calentamiento global, causa de una vegetación más seca y combustible y estaciones secas más largas.

Impacto y respuesta

Aunque el número de variables impide hacer predicciones precisas, se sabe que el resultado de un mayor efecto invernadero es un aumento de la temperatura de la atmósfera. Esto causa el deshielo, que aumenta el volumen de agua en el océano y el nivel del mar. Una atmósfera más cálida es más energética y propensa a generar temporales violentos y temperaturas extremas. En agosto de 2021, el Grupo Intergubernamental de Expertos sobre el Cambio Climático (IPCC) informó de que se observan cambios climáticos en todas las regiones de la Tierra y en el sistema climático en su conjunto. Estos cambios perturban ecosistemas e influyen en la producción de alimentos y la salud humana (debido a la malnutrición, la enfermedad y el estrés térmico), mientras que las regiones costeras se vuelven inhabitables por las inundaciones. Los países pobres son los más afectados, al carecer de infraestructuras y fondos para responder a estas amenazas.

Estos efectos son irreversibles en un marco temporal de cientos, o incluso miles de años. Limitar las dimensiones del cambio futuro exige reducir mucho la emisión de gases de efecto invernadero y detener la deforestación a gran escala. Sin una reducción rápida y sustancial de las emisiones, no será posible limitar el calentamiento global a 1,5 °C por encima de los niveles preindustriales. El umbral crítico de tolerancia para la agricultura y la salud se estima en 2 °C. ■

AZULES DERIVADOS DEL CARBON

TINTES Y PIGMENTOS SINTÉTICOS

EN CONTEXTO

FIGURA CLAVE
William Henry Perkin
(1838–1907)

ANTES
***C.* 3250 a.C.** Primer uso conocido del azul egipcio, primer pigmento sintético.

***C.* 1706** El suizo Johann Jacob Diesbach fabrica pintura azul de Prusia, primer pigmento sintético de uso global.

1834 Friedlieb Ferdinand Runge aísla la anilina del alquitrán de hulla.

DESPUÉS
1884 El microbiólogo danés Hans Christian Gram halla que el violeta de genciana tiñe ciertas especies de bacterias y no otras, una técnica de identificación usada aún hoy.

1932 Los químicos alemanes Josef Klarer y Fritz Mietzsch, con el médico Gerhard Domagk crean el Prontosil, el primer fármaco antibacteriano de sulfonamida, a partir de un tinte azo rojo.

Desde los tiempos prehistóricos, distintas culturas han usado pigmentos para el adorno personal y de su entorno. En una cueva de Twin Rivers (Zambia), se ha encontrado óxido de hierro (Fe_2O_3) para hacer rojos y minerales para hacer otros colores junto a utensilios de molienda de pigmentos, todo de una antigüedad de 350 000–400 000 años. El primer pigmento artificial, el azul egipcio, fue creado en el IV milenio a.C., calentando una mezcla de arena de cuarzo, caliza molida, sosa o potasa y una fuente de cobre, como la malaquita.

Véase también: Grupos funcionales 100–105 ▪ El benceno 128–129 ▪ Los antibióticos 222–229 ▪ Diseño racional de fármacos 270–271 ▪ La quimioterapia 276–277

Hasta el siglo XIX, los tintes para tejidos procedían exclusivamente de plantas y otras fuentes naturales, y algunos eran caros de producir. Un buen ejemplo fue la púrpura de Tiro, creada por los fenicios en el siglo XVI a.C. a partir de una secreción mucosa de un tipo de caracol marino. Se requerían más de 10 000 de estos gasterópodos para hacer un solo gramo de tinte, y este quedaba por tanto reservado a los más ricos y poderosos. Fue conocido también como púrpura real o imperial.

En 1771, el químico irlandés Peter Woulfe informó de que había tratado un tinte natural, el índigo, con ácido nítrico y obtenido un tinte amarillo. La sustancia, luego identificada como ácido pícrico, teñía varios materiales, pero no fue utilizada como tinte hasta finales de la década de 1840, y a pequeña escala, pues no era muy inalterable.

El descubrimiento de Perkin

Un descubrimiento accidental de un joven químico en 1856 marcó el nacimiento efectivo de la industria de los tintes sintéticos. Aquel año, William Henry Perkin, de 18 años, era asistente del químico orgánico pionero August Wilhelm von Hofmann en el Royal College of Chemistry de Londres. Una de sus tareas era desarrollar una versión sintética de la quinina, necesaria para tratar la malaria en las áreas tropicales del Imperio británico, pero difícil de extraer de su fuente natural, la quina, o corteza del árbol llamado quino, o chinchona.

En su modesto laboratorio doméstico, Perkin estaba experimentando con anilina, aceite incoloro derivado del alquitrán de hulla, producto secundario de la producción de gas a partir de carbón. Al intentar oxidar la anilina con dicromato de potasio con la esperanza de obtener el alcaloide quinina, quedó un residuo negro en el recipiente. Al tratar de lavarlo con alcohol, quedó una solución morada. Experimentos posteriores mostraron que la solución teñía la seda.

El tinte de Perkin era más resistente al desteñido que los tintes morados naturales de aquella época; de hecho, algunas de sus muestras mantienen bien el color aún hoy. El

En este cuadro de John Philip, encargado por la reina Victoria del Reino Unido, esta lleva un vestido malva con ocasión de la boda de la mayor de sus hijas, el 25 de enero de 1858.

análisis moderno de muestras históricas ha revelado que el tinte no era una sustancia única, sino una mezcla de más de trece compuestos diferentes.

En agosto de 1856, Perkin patentó su nuevo tinte sintético. Estableció una fábrica, y aconsejó a los tintoreros sobre el uso idóneo del pigmento. En 1860, Perkin era rico »

William Henry Perkin

William Perkin nació en Londres en 1838, como el menor de siete hermanos. Su padre quería que fuera arquitecto, pero al mostrarle un amigo cómo cristalizan la sosa y el alumbre, el muchacho se interesó por la química.

A los 14 años, Perkin asistió a la Escuela de Londres, una de las primeras escuelas de Inglaterra en las que se enseñó química. Su maestro le animó a asistir a las conferencias de las tardes del renombrado físico y químico Michael Faraday en la Royal Institution. En 1853, con 16 años de edad, Perkin se matriculó en el Real Colegio de Química, cuyo director August Wilhelm von Hofmann animó a Perkin a trabajar en la síntesis de la quinina, que conduciría al descubrimiento de la mauveína.

Tras ganar una fortuna con la manufactura del tinte, Perkin vendió su fábrica y se retiró de la industria en 1874, a los 36 años. En reconocimiento de sus logros fue elegido miembro de la Royal Society en 1866, y nombrado caballero en 1906. Murió en 1907.

y famoso, en buena parte gracias al entusiasmo por el nuevo color mostrado por figuras notables, como la reina Victoria y la emperatriz Eugenia de Francia. Originalmente lo llamó púrpura de Tiro, como el antiguo color imperial, pero, después de su éxito en Francia, Perkin le dio el nombre «mauveína», y al color que producía, «malva», por la flor púrpura así llamada.

Teñido con índigo

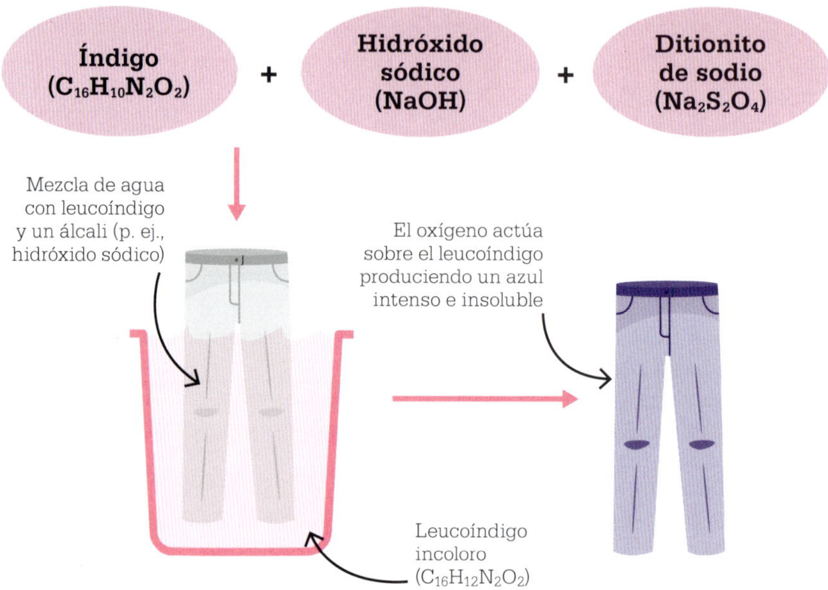

El índigo, natural o sintético, no es soluble en agua; debe mezclarse con un agente reductor, como el ditionito de sodio, para solubilizarlo. En esta forma, denominada leucoíndigo, es incoloro. La tela o hilo se sumerge en una mezcla de leucoíndigo y álcali, y, expuestos al aire, el oxígeno convierte el leucoíndigo de nuevo en índigo.

Rojos, violetas y magenta

Un problema al que se enfrentaba Perkin para manufacturar mauveína era el escaso rendimiento del tinte, que podía ser tan poco como el 5% de la materia prima original. El descubrimiento dio pie a tratar de obtener los llamados «tintes de anilina», de mayor rendimiento, a partir de la enorme variedad de sustancias químicas presentes en el alquitrán de hulla.

En 1859, François-Emmanuel Verguin, químico industrial en Lyon (Francia), usó cloruro de estaño como agente oxidante alternativo al dicromato de potasio, y obtuvo un tinte rojo de rendimiento mucho mayor que el logrado por Perkin. Sin embargo, como el cloruro de estaño era caro, para fabricarlo se emplearon oxidantes más económicos, como el nitrato de mercurio y el ácido arsénico. Verguin llamó a su tinte «fucsina», alusión a la flor fucsia, pero más tarde se cambió el nombre a «magenta», para conmemorar la victoria de Francia y el Reino de Cerdeña sobre Austria en la batalla de Magenta (norte de Italia) en 1859.

Hofmann siguió estudiando las aminas, la clase de compuestos que incluye la anilina, e intentó hacer reaccionar esta con diversas sustancias orgánicas. En 1858 informó de que había obtenido «un magnífico color carmesí». Luego, en 1862, Edward Nicholson, antiguo alumno, le pidió que determinara la composición química del magenta. Este trabajo llevó a Hofmann a añadir diferentes grupos funcionales –los átomos responsables de las reacciones características de un compuesto– a la molécula de magenta para crear nuevos tonos. Una de las reacciones produjo violetas vivos, los llamados violetas de Hofmann, pronto fabricados por Nicholson. Fueron los primeros tintes creados a base de un estudio científico deliberado, en lugar del método de prueba y error.

Rojo turco e índigo

Entre 1869 y 1870, Perkin y, de manera independiente, los químicos alemanes Carl Graebe, Carl Liebermann y Heinrich Caro descubrieron un modo de sintetizar la alizarina (también llamada rojo turco, o rojo de Adrianópolis), tinte rojo de importancia comercial obtenida de la raíz de rubia. Este pigmento se usaba desde hacía siglos para teñir uniformes militares, entre otros usos. Los químicos alemanes patentaron

> Los químicos han querido siempre producir artificialmente sustancias naturales orgánicas.
>
> **William Henry Perkin**
>
> ***Journal of the Society of Art* (1869)**

Equipo de destilación listo para usar en esta ilustración de un taller francés de producción de anilina del siglo XIX. La imagen procede del estudio en ocho volúmenes de la industria francesa *Les grandes usines en France*, de Julien Turgan, publicado entre 1860 y 1868.

el proceso un día antes que Perkin, pero las fábricas de Perkin por sí solas pronto producían más de 400 toneladas de alizarina sintética al año, a la mitad del coste del producto natural. Después de este éxito, la rubia no tardó en dejar de cultivarse.

Otro tinte natural importante era el añil, o índigo, obtenido de plantas del género *Indigofera*. Muy apreciado durante milenios, fue conocido como «oro azul». El químico alemán Adolf von Baeyer determinó su estructura química en 1865, y en 1870 logró preparar una muestra de índigo sintético a partir de isatina. El proceso era demasiado costoso como para aplicarlo a escala industrial, y no fue hasta 1890 cuando Karl Heumann descubrió un modo de fabricar índigo a partir de anilina, sustancia fácilmente disponible. En 1897, BASF vendía en Alemania el primer índigo sintético, y al inicio de la Primera Guerra Mundial, más del 80% de la producción mundial correspondía a Alemania, eclipsando a Gran Bretaña y otros países.

Peligros y beneficios

Desde el principio, los pigmentos sintéticos podían ser peligrosos para los trabajadores, e incluso para los compradores. El verde de Scheele, por ejemplo, un pigmento verde vivo inventado en 1775 por el químico sueco Carl Wilhelm Scheele, era un compuesto de arsénico altamente tóxico utilizado en papel de pared, pintura e incluso juguetes. En la década de 1860, el proceso basado en el ácido arsénico para sintetizar fucsina producía arsenito de fucsina, que podía contener hasta un 6% de arsénico. Los trabajadores en las fábricas padecieron ulceraciones en la nariz, los labios y los pulmones. La prensa informó de irritaciones de la piel en mujeres al exponerse sus vestidos a la lluvia o el sudor. En 1864, la empresa de tintes suiza J. J. Muller-Pack se vio obligada a cerrar, tras enfermar personas que vivían cerca de su fábrica de Basilea debido a la contaminación del agua de los pozos. La fábrica de Renard Frères en Lyon (Francia) dejó de producir magenta después de las muertes por pozos envenenados. Incluso hoy, el empleo de sustancias tóxicas en la industria de los tintes plantea problemas para la salud y el medio ambiente.

En contraste, algunos tintes sintéticos demostraron tener aplicaciones beneficas en la medicina, en particular, para teñir muestras de células y revelar microorganismos patógenos y estructuras celulares, y también para producir fármacos (por ejemplo, contra la malaria), en una inversión sorprendente de la labor de William Perkin en los inicios. ■

Fármacos y tintes

Los tintes sintéticos resultaron ser útiles en medicina, además de en el sector textil. El médico alemán Paul Ehrlich fue uno de los primeros científicos en usar tintes de anilina como tinción biológica. En la década de 1880 descubrió que ciertas células absorben ciertos tintes: en particular, el azul de metileno (tinte de la empresa química alemana BASF) teñía las neuronas vivas y el parásito de la malaria *(Plasmodium)* de un azul vivo. En 1891 comenzó a trabajar con el médico Robert Koch –cuyo uso de tintes para teñir células condujo al hallazgo del bacilo de la tuberculosis– para hallar sustancias que atacaran a organismos patógenos sin afectar a las células sanas. Ehrlich hizo pruebas con muchas sustancias, y una de ellas era el rojo de tripano, que es eficaz contra los tripanosomas, microorganismos causantes de la tripanosomiasis, o enfermedad del sueño. Ehrlich demostró que los tintes podían ser agentes antibacterianos, iniciando así una revolución farmacéutica.

EXPLOSIVOS POTENTES HAN PERMITIDO OBRAS MARAVILLOSAS

QUÍMICA EXPLOSIVA

EN CONTEXTO

FIGURA CLAVE
Alfred Nobel (1833–1896)

ANTES
***C.* siglo IX** Alquimistas chinos descubren la pólvora, el primer explosivo.

1679 Primer uso en ingeniería civil de la pólvora, en concreto para construir el túnel de Malpas en Francia.

DESPUÉS
1870 Primer uso bélico de la dinamita, en la Guerra franco-prusiana.

1891 Carl Häussermann descubre las propiedades explosivas del TNT (trinitrotolueno), inventado como tinte amarillo.

1940–1945 Las fuerzas aliadas lanzan 2,7 millones de toneladas de bombas explosivas de alta potencia en Europa.

El primer explosivo moderno, la nitroglicerina, lo inventó el químico italiano Ascanio Sobrero en 1846. Con glicerina añadida a una mezcla de los ácidos nítrico y sulfúrico, era mucho más potente que la pólvora, único explosivo hasta entonces disponible, pero demasiado inestable para un uso seguro.

Para hacer más seguro el manejo de la nitroglicerina, en 1865, el químico y empresario sueco Alfred Nobel inventó el detonador, pequeño dispositivo de madera con una carga de pólvora negra en un contenedor metálico de nitroglicerina. Se hacía estallar encendiendo una mecha, o con una chispa eléctrica.

Nobel mezcló la nitroglicerina aceitosa con tierra de diatomeas y obtuvo una pasta a la que se podía dar forma de barras para un manejo más fácil. En 1867 patentó la idea como dinamita. Luego, mezcló la nitroglicerina con algodón pólvora (nitrocelulosa). Descubierto accidentalmente en 1832 por el químico germano-suizo Christian Friedrich Schönbein, el algodón pólvora se preparaba mojando algodón en ácidos nítrico y sulfúrico, obteniendo así una sustancia inflamable que explotaba por impacto. Patentado en 1875, el nuevo invento de Nobel se llamó gelignita. Era tan eficaz como la nitroglicerina, pero más estable, y se podía usar debajo del agua.

La dinamita y la gelignita se convirtieron en los explosivos predominantes en trabajos de construcción y minería. ■

Alfred Nobel estipuló en su testamento que su fortuna dotara premios de Física, Química, Fisiología o Medicina, Paz y Literatura, más tarde conocidos como premios Nobel.

Véase también: La pólvora 42–43 ▪ Por qué ocurren las reacciones 144–147

PARA DEDUCIR EL PESO DE LOS ATOMOS

PESOS ATÓMICOS

EN CONTEXTO

FIGURA CLAVE
Stanislao Cannizzaro
(1826–1910)

ANTES
1789 Lavoisier establece el principio de que la materia ni se crea ni se destruye en las reacciones químicas.

1808 John Dalton introduce su teoría atómica, en la que los átomos de elementos diferentes tienen distinta masa.

1826 Berzelius publica una tabla de pesos atómicos basada en experimentos, muy próxima a los valores actuales.

DESPUÉS
1865 El científico austriaco Johann Josef Loschmidt determina el número de moléculas en un mol, más tarde llamado número de Avogadro.

1869 Dmitri Mendeléiev crea la tabla periódica de los elementos basada en los pesos atómicos.

En 1811, Amadeo Avogadro propuso que volúmenes iguales de gas a la misma temperatura y presión contienen igual número de moléculas, y que los gases simples no estaban formados por átomos solitarios, sino por moléculas formadas por dos o más átomos. Pocos científicos del momento aceptaron tales ideas.

En *Sunto di un corso di filosofia chimica* («Resumen de un curso de filosofía química»), de 1858, el químico italiano Stanislao Cannizzaro quiso mostrar cómo la hipótesis de Avogadro permitía a los científicos medir pesos atómicos. Determinar estos era objeto de disputa, ya que átomos y moléculas se trataban a menudo como sinónimos. En 1860, en el primer congreso químico internacional, ante más de 140 de los químicos más destacados del mundo, Cannizzaro defendió sus ideas de manera persuasiva, e insistió en que, siendo los pesos atómicos relativos, debería elegirse un peso estándar como referencia para todos los valores. Escogió el hidrógeno, pero, dado que sabía que era diatómico (compuesto por dos átomos), tal y como había mostrado el químico sueco Jöns Jacob Berzelius, Cannizzaro dio el valor de unidad a media molécula de hidrógeno.

> Se me cayó la venda de los ojos, y mis dudas desaparecieron.
>
> **Julius Lothar Meyer**
> **Sobre la lectura de *Sunto*, de Cannizzaro**

Se distribuyeron copias del trabajo de Cannizzaro entre los participantes, que quedaron convencidos de sus ideas y las de Avogadro. Entre ellos estaban los jóvenes químicos rusos Julius Lothar Meyer y Dmitri Mendeléiev, que de inmediato emplearon los nuevos cálculos de pesos atómicos para construir la tabla periódica de los elementos. ■

Véase también: La conservación de la masa 62–63 ▪ Elementos de tierras raras 64–67 ▪ La teoría atómica de Dalton 80–81 ▪ La ley de los gases ideales 94–97

LINEAS DE COLORES VIVOS AL ACERCARLA A LA LLAMA

ESPECTROSCOPIA DE LLAMAS

EN CONTEXTO

FIGURAS CLAVE
Robert Bunsen (1811–1899), **Gustav Kirchhoff** (1824–1871)

ANTES
1666 Isaac Newton experimenta con prismas para producir espectros, pero cree que la luz es un haz de partículas, no ondas.

1835 El inventor británico Charles Wheatstone informa de que los metales se distinguen por los espectros de emisión de sus chispas.

DESPUÉS
Década de 1860 Los británicos William y Margaret Huggins muestran por espectroscopia que las estrellas se componen de elementos que hay en la Tierra.

1885 El matemático suizo Johann Balmer representa las longitudes de onda de la serie espectral del hidrógeno con fórmulas simples.

El físico inglés Isaac Newton introdujo el término «espectro» en 1666 para describir la dispersión de la luz blanca en los colores del arcoíris al atravesar un prisma. Por las limitaciones del equipo que usó, Newton obtenía espectros poco nítidos, con colores solapados. En 1802, el químico británico William Hyde Wollaston describió un espectro en el que observó una serie de líneas oscuras, pero los juzgó meros huecos entre los colores, y no les dio importancia. Sin embargo, había sido el primero en observar lo que después se conocería como líneas de absorción del espectro solar. Las líneas claras

Véase también: La fotografía 98–99 ▪ La tabla periódica 130–137 ▪ Los gases nobles 154–159 ▪ Espectroscopia infrarroja 182 ▪ Espectrometría de masas 202–203

también observadas se conocen como líneas de emisión.

Líneas de Fraunhofer

El fabricante de lentes alemán Joseph von Fraunhofer investigó más, y en 1814 hizo un estudio minucioso del espectro solar en el que cartografió varios cientos de líneas, las más marcadas de las cuales etiquetó como A, B, C, D, y así sucesivamente. Estas se conocen como líneas de Fraunhofer. También estudió los espectros de estrellas y planetas, y observó que los espectros planetarios eran semejantes al espectro solar.

El color de la llama

Los alquimistas del siglo XV sabían que las sales producen llamas de distintos colores, y los primeros estudios de los espectros de las llamas de los que hay constancia son del siglo XVIII. En 1752, el médico escocés Thomas Melvill utilizó un prisma para estudiar el espectro producido al arder destilados, a los que añadió sustancias diversas, como potasa y sal marina. Observó un tono específico de amarillo que ocupaba siempre el mismo lugar entre sus espectros, pero no le pareció importante. Melvill murió en 1753, y no fue hasta cinco años más tarde cuando el químico alemán Andreas Marggraf informó de que podía distinguir los compuestos de sodio de los de potasio por el distinto color de sus llamas: los compuestos de sodio emiten una llama amarilla, y las sales de potasio, violeta.

Espectros de llamas

El análisis cabal del espectro de las llamas fue obra del científico británico John Herschel, quien escribió en 1823 que los colores producidos ofrecían un modo de detectar «cantidades extremadamente minúsculas» de sustancias químicas. La presencia de impurezas de sodio en sus muestras perjudicó sus investigaciones; al parecer, en sus espectros siempre aparecía una línea de color amarillo anaranjado vivo idéntica a la observada por Melvill. Esto volvió imposible para Herschel demostrar que cada sustancia producía un espectro único. Mientras tanto, el pionero de la fotografía »

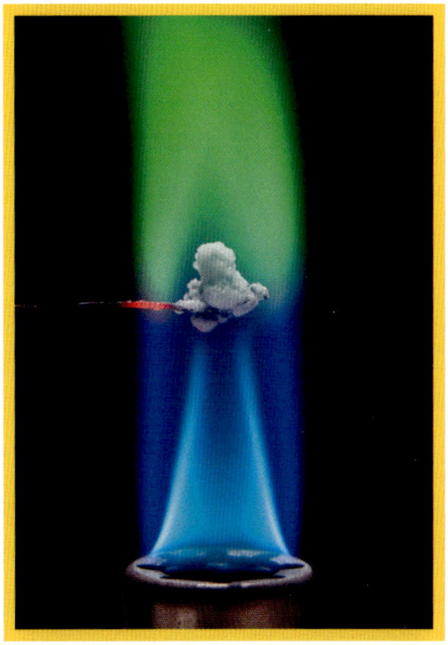

Cuando el bario arde produce una llama verde, debida a que los electrones son excitados hasta un nivel energético superior. Al regresar a su estado fundamental, emiten energía en forma de luz.

Una fuente de luz, como **el Sol**, produce un **espectro continuo**.

↓

Al atravesar la **luz** un **gas frío**, los elementos del gas absorben longitudes de onda características y crean **líneas de absorción oscuras**.

↓

Un gas caliente produce **líneas de emisión**: líneas claras donde se emite luz de una **longitud de onda concreta**.

↓

Las líneas de absorción de un elemento se corresponden con las de emisión.

británico William Fox Talbot realizaba sus propios estudios de los espectros de las llamas. En 1826, observó «un rayo rojo característico de las sales de potasa» (potasio), al igual que el rayo amarillo correspondía a las «sales de sosa» (sodio), aunque el rayo rojo solo se pudiera ver con ayuda de un prisma. Talbot creía que los patrones característicos de líneas en los espectros de las llamas podían servir para detectar la presencia de sustancias que de otro modo llevaría horas de trabajo identificar.

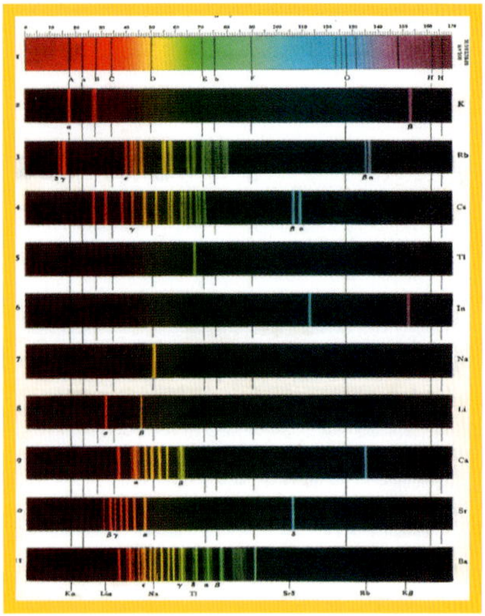

Los espectros de emisión de los metales alcalinos muestran que, al calentarse, los elementos emiten un patrón de luz característico. Las líneas verticales de Fraunhofer se ven en negro.

Los científicos sospechaban desde hacía algún tiempo que había un vínculo entre las líneas de emisión claras de los espectros de las llamas y las líneas de absorción oscuras del espectro solar. El propio Fraunhofer había notado que sus líneas solares D coincidían con la línea doble amarillo vivo que había visto en el espectro de las llamas. En 1849, el físico francés Léon Foucault ilustró la coincidencia de las líneas iluminando con luz solar la luz de una lámpara de arco voltaico, para superponer ambos espectros. Le sorprendió ver que las líneas D eran más marcadas que en el espectro solar sin la luz de la lámpara, y esto iba a ser clave para un descubrimiento posterior.

El espectroscopio de llama

Diez años después, en 1859, en Alemania, el físico Gustav Kirchhoff y el químico Robert Bunsen inventaron el espectroscopio de llama. Utilizaron el mechero que hoy lleva el nombre de Bunsen para producir una llama incolora y evitar así enmascarar los colores de emisión del material a analizar. El espectroscopio consistía en tres partes: la llama y un colimador para concentrar en un haz la luz de la muestra; un prisma para dispersarla; y un telescopio para observar los colores emitidos. Esto permitió medir con precisión las longitudes de onda emitidas por la muestra en la llama. Repitiendo el trabajo de Foucault, Kirchhoff y Bunsen combinaron la luz solar y la de la llama en la ranura de la parte delantera del espectroscopio, e introdujeron en la llama primero sal de sodio,

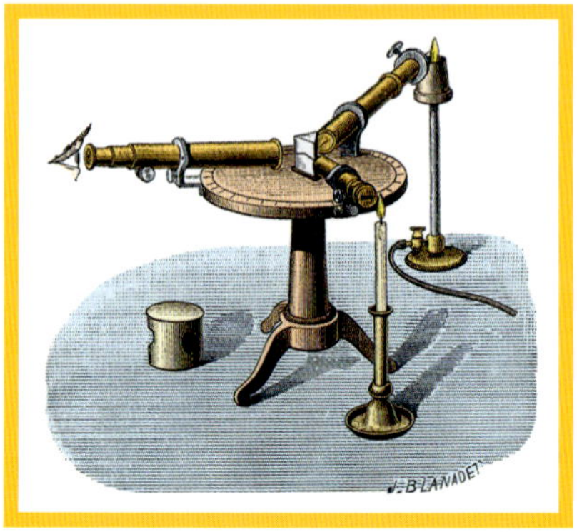

Un espectroscopio de llama, como lo inventaron Kirchhoff y Bunsen, sirve para identificar elementos y descubrir la composición de cualquier sustancia.

Robert Bunsen

Robert Bunsen nació en Gotinga, Westfalia (actual Alemania) en 1811, siendo el menor de cuatro hermanos. Se doctoró en 1830, y en 1832 se unió al químico francés Joseph Gay-Lussac en su laboratorio de París. Al año siguiente regresó a Alemania para trabajar como profesor en la Universidad de Gotinga.

Bunsen tenía grandes dotes como inventor y experimentador. Trabajando con el médico alemán Arnold Berthold, descubrió un antídoto para el envenenamiento con arsénico en 1834. También desarrolló técnicas nuevas para analizar los gases producidos por la industria, y recomendó reciclar los gases emitidos en la combustión del carbón para generar más energía. En 1841 inventó la pila de zinc-carbono, o pila de Bunsen. Combinar estas en grandes baterías permitió a Bunsen separar metales de sus minerales por electrólisis.

En 1864, con su entonces becario investigador británico Henry Roscoe, Bunsen inventó el *flash* fotográfico, empleando magnesio como fuente de luz. Murió en Heidelberg en 1899.

y después otras sales, como calcio y estroncio, para obtener distintos espectros. Las líneas espectrales claras producidas se alineaban exactamente con las líneas oscuras del espectro solar, lo cual indicaba la conexión entre los procesos de emisión y absorción.

Kirchhoff llegó a la conclusión de que, cuando la luz atraviesa un gas, las longitudes de onda que el gas absorbe coinciden con las que emite cuando está incandescente. Una sustancia que emite con fuerza luz en una determinada longitud de onda absorberá también esta misma con intensidad.

Pronto resultó evidente para Kirchhoff y Bunsen que cada elemento químico producía un patrón característico de líneas de color al volverse incandescente, punto en que emite luz. Cada elemento y compuesto tiene un espectro exclusivo, comparable en cierto modo a un código de barras que lo identifica. Con la espectroscopia, por tanto, se podía determinar la composición de cualquier sustancia.

La espectroscopia en el espacio

El vapor de sodio producía una línea doble amarilla, y se correspondía con la línea D de Fraunhofer. Las líneas D oscuras en el espectro solar indicaban que la luz procedente del Sol había atravesado vapor de sodio en su trayectoria hasta la Tierra, prueba indiscutible, concluyó Kirchhoff, de la presencia de sodio en la atmósfera solar y de que había absorbido luz en su longitud de onda característica. Comparando las líneas de Fraunhofer oscuras del espectro solar con las líneas espectrales de los metales, Kirchhoff determinó que en la atmósfera solar había –además de sodio– magnesio, hierro, cobre, zinc, bario y níquel. El descubrimiento de Bunsen y Kirchhoff no solo había revolucionado el análisis químico, sino que había aportado a los astrónomos una nueva y potente herramienta para explorar el cosmos.

> El camino está despejado para determinar la composición química del Sol y las estrellas fijas.
> **Robert Bunsen**

Elementos nuevos

En mayo de 1860, mientras analizaba las emisiones espectrales de agua subterránea cuya riqueza en compuestos de litio era conocida, Bunsen vio una nueva firma azul cielo en el espectro. Él y Kirchhoff comprendieron que pertenecía a un elemento nuevo, al que llamó cesio (*caesium*, «azul cielo»). Para dar una idea de la potencia del análisis espectral, Bunsen tuvo que evaporar 45 000 litros del agua mineral para obtener una muestra de sales de cesio suficiente como para determinar sus propiedades. No pudo, sin embargo, aislar cesio metálico puro; esta hazaña la logró en 1881 el químico sueco Carl Setterberg.

Al año siguiente, 1861, Bunsen y Kirchhoff descubrieron otro elemento nuevo, que producía un espectro rojo oscuro. Era el metal rubidio (de *rubidus*, «rojo oscuro» en latín), y en esta ocasión Bunsen fue capaz de aislarlo. Los descubrimientos de Bunsen y Kirchhoff inauguraron una nueva era en la forma de hallar elementos desconocidos. ■

Helios y helio

El día 18 de agosto de 1868, durante un eclipse solar total en India, el astrónomo francés Pierre Janssen vio algo que le sorprendió en la corona (capa más exterior) del Sol al espectroscopio: una línea amarilla brillante que no se correspondía con ningún elemento conocido. A los dos meses, sin conocer el trabajo de Janssen, el británico Norman Lockyer descubrió también la línea, y en seguida anunció haber encontrado un nuevo elemento. Lo llamó helio, por el dios solar griego Helios. Hubo voces contrarias, como la de Dmitri Mendeléiev, que no tenía espacio para el helio en su tabla periódica. El descubrimiento de los gases inertes o nobles restantes, entre los años 1894 y 1900, dio pie a una revisión, y el helio se añadió a la tabla con los otros cinco gases nobles en 1902.

Hoy en día se sabe que el helio es el segundo elemento más ligero y el segundo más abundante en el universo observable, después del hidrógeno.

Un eclipse solar total se produce cuando la Luna pasa entre el Sol y la Tierra y bloquea la luz de la estrella.

NOTACION PARA INDICAR LA POSICION QUIMICA DE LOS ATOMOS

FÓRMULAS ESTRUCTURALES

EN CONTEXTO

FIGURA CLAVE
Alexander Crum Brown
(1838–1922)

ANTES
1808 John Dalton teoriza que los átomos se enganchan entre sí, y los muestra combinados en diagramas.

1858 Archibald Couper representa los enlaces entre átomos con líneas en diagramas.

DESPUÉS
1865 August Wilhelm von Hofmann crea los primeros modelos de barras y esferas de las moléculas.

1916 El estadounidense Gilbert Lewis introduce la «estructura de Lewis» para representar átomos y moléculas, con puntos para los electrones y líneas para los enlaces covalentes.

1931 Linus Pauling, químico estadounidense, utiliza la mecánica cuántica para calcular las propiedades y estructuras de las moléculas.

Es difícil determinar qué aspecto tiene una molécula, pues la mayoría mide menos de un nanómetro (una milmillonésima de metro). Su estructura, sin embargo, ofrece información importante acerca de sus propiedades y de cómo reacciona con otras moléculas, y, por tanto, resulta vital poder representarlas de algún modo.

Primeros diagramas

En el siglo v a.C., entre los antiguos griegos circuló la idea de que los átomos tenían ganchos y huecos por los que se conectaban unos con otros, pero los primeros esfuerzos serios por representar combinaciones de átomos no se acometieron hasta el siglo XIX. En 1803, el británico John Dalton creó una serie de símbolos para los elementos conocidos, como el hidrógeno, oxígeno, carbono y azufre, y también diagramas para ilustrar moléculas comunes. Creía que los elementos se combinan principalmente en formas binarias, de manera que los compuestos tendrían un solo átomo de cada elemento. Esto le hizo creer que la fórmula del agua era OH; hoy sabemos que es H_2O.

Con los progresos en el conocimiento de la estructura química, en particular de las moléculas orgánicas, llegaron desarrollos posteriores en la representación de las moléculas. En 1858, el escocés Archibald Couper propuso una teoría de la estructura molecular basada en que el carbono forma cuatro enlaces y se enlaza con otros átomos de carbono formando cadenas. El alemán August Kekulé postuló la misma idea casi simultáneamente, y la publicó el mismo año.

Recepción

Kekulé acompañó su teoría de diagramas que representaban los compuestos orgánicos a base de fórmulas «salchicha» (óvalos alargados y círcu-

> Hay […] oposición a sus fórmulas aquí, pero estoy convencido de que están destinadas a traer mucha mayor precisión a nuestras nociones de los compuestos químicos.
> **Edward Frankland**

Véase también: Las proporciones de los compuestos 68 ▪ Notación química 82–83 ▪ El benceno 128–129 ▪ Química de coordinación 152–153 ▪ Cristalografía de rayos X 192–193 ▪ Espectroscopia de resonancia magnética nuclear 254–255

Evolución de las fórmulas estructurales

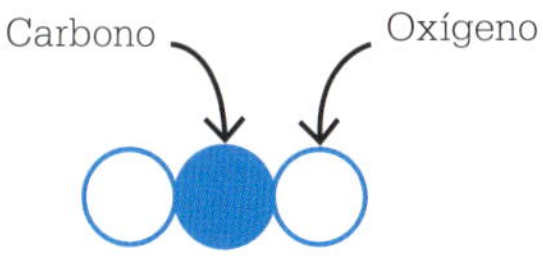

1808: símbolos atómicos de Dalton, aquí para el CO_2, con círculos de distinto color para representar distintos elementos.

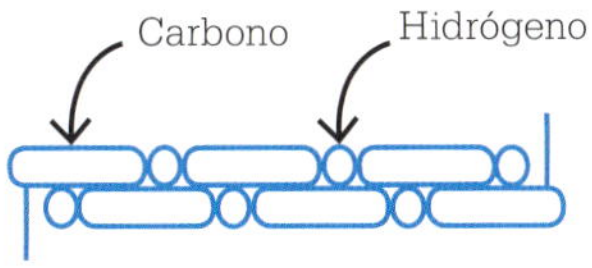

1858: fórmulas «salchicha» de Kekulé, aquí para el benceno (descubierto en 1865), con longitudes variables para representar las valencias.

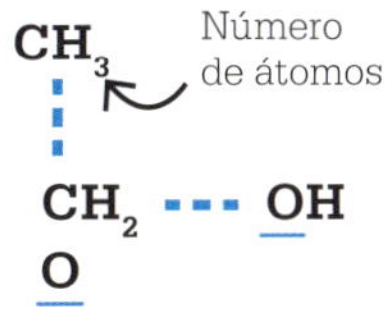

1858: fórmulas de Couper, aquí para la estructura del etanol, con símbolos elementales para los átomos y líneas de puntos para los enlaces.

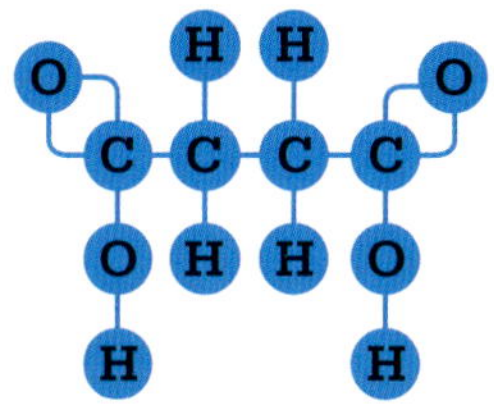

1861: fórmulas constitucionales de Crum Brown, aquí para el ácido succínico, que usa símbolos elementales para los átomos, y líneas para los enlaces.

los). Couper también usó diagramas, pero de símbolos de los elementos con líneas para representar los enlaces entre átomos, no muy diferentes de las representaciones estructurales empleadas hoy. El trabajo de ambos fue recibido con desdén por otros químicos. El ruso Aleksandr Bútlerov, conocido por sus aportaciones a la teoría de la estructura atómica, encontró la teoría y las estructuras de Couper «demasiado absolutas» y «ni percibidas ni expresadas con suficiente claridad». Mientras que Kekulé sería famoso por su propuesta posterior de la estructura del benceno, Couper fue mayormente olvidado.

No parece que el químico escocés Alexander Crum Brown estuviera familiarizado con el trabajo de Couper, pero hizo aportaciones igualmente importantes a la representación de moléculas. Su tesis de 1861 incluía representaciones similares a las de Couper, con símbolos elementales inscritos en círculos para los átomos, unidos por líneas para los enlaces. Las fórmulas de Crum Brown no fueron bien recibidas por algunos, pero el químico británico Edward Frankland, que había trabajado sobre valencias atómicas a principios de la década de 1850, las usó en sus clases y las incluyó luego en un libro de texto publicado en 1866, que las popularizó aún más. La segunda edición de este libro prescindió de los círculos, y empleó representaciones casi idénticas a las actuales. De forma más bien injusta, estos diagramas fueron conocidos como «notación de Frankland». ■

Alexander Crum Brown

Crum Brown (Edimburgo, 1838) estudió artes y luego medicina. Se doctoró en medicina por la Universidad de Edimburgo, y en ciencias, por la Universidad de Londres. Desde 1869 hasta su jubilación en 1908, fue profesor de química en la Universidad de Edimburgo. Además de sus diagramas químicos, Crum Brown fue el primero en proponer que el eteno (C_2H_4) contiene un enlace doble carbono-carbono. También demostró que la estructura de una molécula influye en cómo se comporta en el cuerpo. Empleó materiales como cuero, papel maché y lana, entre otros, para construir modelos matemáticos tridimensionales de superficies que encajaban entre sí, y construyó una maqueta de una precisión extraordinaria del cloruro sódico (NaCl), varios años antes de que se determinara su estructura experimentalmente. Murió en 1922.

Obras principales

1861 «On the theory of chemical combination».
1864 «On the theory of isomeric compounds».

UNA DE LAS SERPIENTES HABIA MORDIDO SU PROPIA COLA

EL BENCENO

EN CONTEXTO

FIGURAS CLAVE
August Kekulé (1829–1896), **Kathleen Lonsdale** (1903–1971)

ANTES
1825 Michael Faraday aísla la primera muestra de benceno del residuo oleoso de lámparas de gas.

1861 Johann Loschmidt representa el benceno con una estructura cíclica, idea novedosa entonces para un compuesto.

DESPUÉS
1866 El químico orgánico y físico francés Pierre Marcellin Berthelot completa la primera síntesis del benceno en el laboratorio calentando acetileno en un tubo de vidrio.

1928 Kathleen Lonsdale confirma con cristalografía de rayos X que la molécula del benceno es un hexágono plano.

En 1865, el químico alemán August Kekulé propuso que el benceno consiste en un anillo hexagonal de seis átomos de carbono, formando cuatro enlaces cada uno: uno con un átomo vecino de hidrógeno, y otros tres con los átomos de carbono contiguos. Kekulé dijo que la idea de la estructura cíclica le vino en una ensoñación diurna, en la que una serpiente se mordía la cola.

La teoría de Kekulé

En las décadas transcurridas desde que Kekulé publicó su teoría, los historiadores de la ciencia han debatido si fue el primero en representar el benceno como una estructura plana, cíclica y hexagonal. Algunos creen que el austriaco Johann Loschmidt propuso una estructura cíclica del benceno cuatro años antes; otros consideran la propuesta de Loschmidt una coincidencia afortunada, resultado de escoger un círculo para denotar que la estructura del benceno aún no se conocía.

Controversias aparte, la interpretación visual inicial de la molécula del benceno de Kekulé mostraba los átomos de hidrógeno como círculos, y los de carbono como óvalos alargados. Sus contemporáneos apodaron despectivamente a estos diagramas «fórmulas salchicha», lo cual movió a Kekulé a refinar sus dibujos. En 1865, optó por un simple hexágono. En 1866 añadió enlaces simples y dobles alternos entre los átomos de carbono para mayor precisión, en una representación que aún lleva su nombre.

La estructura de Kekulé predecía correctamente los resultados de algunas reacciones de sustitución con el benceno, en las que uno de sus hidrógenos se intercambia por otro átomo o grupo de átomos, pero no daba cuenta de las observaciones de

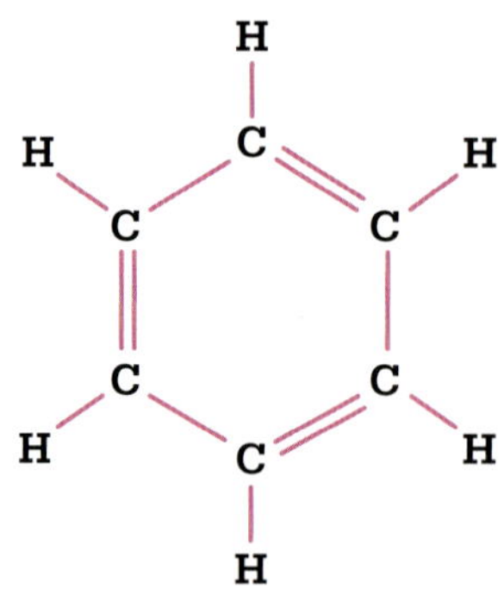

La estructura del benceno de Kekulé propone que cada átomo forma un enlace doble y uno simple con los átomos de carbono vecinos, y un enlace simple con un átomo de hidrógeno.

Véase también: Fórmulas estructurales 126–127 ▪ Cristalografía de rayos X 192–193 ▪ Representación de los mecanismos de reacción 214–215

los diversos productos de la reacción del benceno, y tampoco al refinar el modelo Kekulé en 1872, con enlaces dobles y simples intercambiándose constantemente unos por otros en la molécula. Con todo, sus predicciones de la estructura del benceno condujeron a un interés renovado y a avances en la composición y estructura de los compuestos aromáticos. Estos sirven hoy para fabricar fármacos, plásticos, tinte y muchos otros productos de uso cotidiano.

Cristalografía de rayos X

Kekulé no vivió para ver confirmados los detalles finales de la estructura del benceno. Para ello hizo falta la cristalografía de rayos X, tecnología que no se desarrolló hasta más de una década después de su muerte. En 1928, Kathleen Lonsdale, cristalógrafa irlandesa, utilizó la técnica para confirmar que la estructura plana y cíclica propuesta por Kekulé era correcta. También explicó algunas de las rarezas de la estructura del benceno que Kekulé no había podido desentrañar. Las mediciones de Lonsdale indicaban que todos los enlaces carbono-carbono en un anillo de benceno son de la misma longitud. La razón es que los electrones de los enlaces están «deslocalizados», o repartidos por el anillo entero. La estructura deslocalizada explica también la estabilidad adicional del benceno, en contraste con la teoría de enlaces alternantes dobles y simples de Kekulé. Los químicos suelen utilizar un hexágono inscrito en un círculo para ilustrar la estructura deslocalizada.

La versión de Kekulé no fue sustituida por completo por la de Lonsdale, y se usa aún al dibujar estructuras de compuestos orgánicos, en parte porque facilita el ilustrar los movimientos de los electrones que tienen lugar durante los mecanismos de reacción. De modo algo injusto, sin embargo, la estructura de Kekulé lleva su nombre, mientras que la de Lonsdale se cita a menudo sin mencionar el de ella. ■

> Tres cuartas partes de la química orgánica son, directa o indirectamente, producto de esta teoría [...].
>
> **Francis R. Japp**
> **Químico escocés (1848–1925)**

Kathleen Lonsdale en 1948, en el laboratorio de la University College de Londres, donde fue profesora adjunta de cristalografía desde 1946 y profesora de química desde 1949.

August Kekulé

Friedrich August Kekulé nació en Darmstadt (Alemania), en 1829. Tenía pensado estudiar arquitectura en la Universidad de Giessen, pero le fascinaron las clases de Justus von Liebig, uno de los fundadores de la química orgánica, y decidió estudiar química. A lo largo de su carrera, Kekulé hizo aportaciones cruciales a la comprensión de la estructura química, en particular la de los compuestos del carbono. Desarrolló el trabajo de sus predecesores para explicar la conexión entre átomos en términos de su valencia, con especial hincapié en la idea de que un átomo de carbono forma cuatro enlaces con otros átomos. Kekulé murió en Bonn en 1896. Tras su muerte, tres de sus alumnos de la Universidad de Bonn fueron galardonados con el Nobel de química.

Obras principales

1858 «Sobre la constitución y metamorfosis de los compuestos químicos y la naturaleza química del carbono».
1859–1887 «Libro de texto de química orgánica», ediciones 1 a 7.

UNA REPETICION PERIODICA DE PROPIEDADES

LA TABLA PERIÓDICA

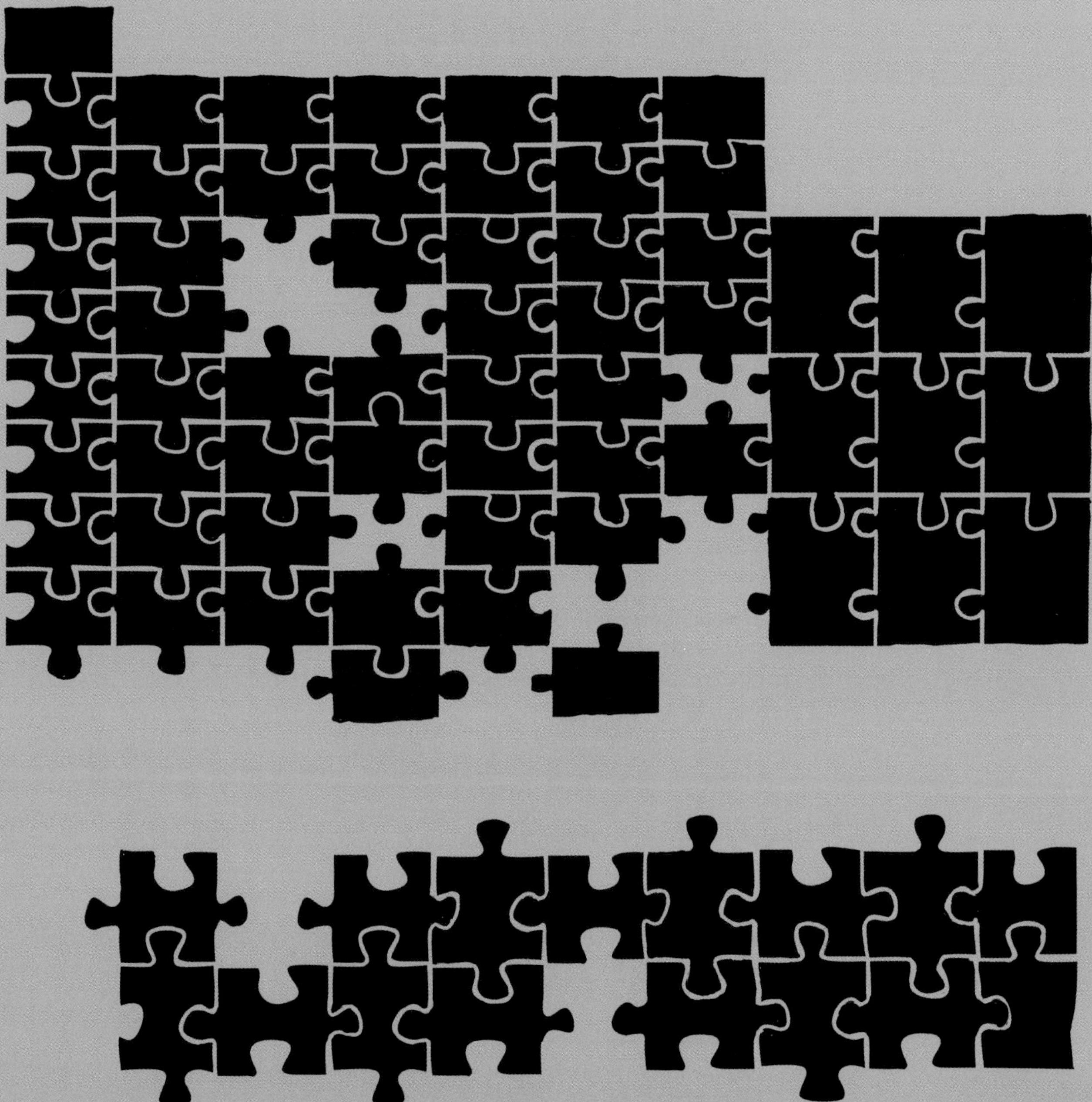

EN CONTEXTO

FIGURA CLAVE
Dmitri Mendeléiev
(1834–1907)

ANTES
1789 Antoine Lavoisier trata de agrupar los elementos en metales y no metales.

1803 John Dalton presenta la primera teoría del átomo verdaderamente científica, producto de la experimentación.

DESPUÉS
1904 El físico británico J. J. Thomson desarrolla su modelo del átomo basado en la tabla periódica.

1913 Niels Bohr deduce que los elementos del mismo grupo periódico tienen configuraciones idénticas de electrones en la capa más exterior.

2002 Un equipo de químicos rusos descubre el oganesón (Og), el elemento 118.

La tabla periódica de los elementos es una de las síntesis más reconocibles del conocimiento científico jamás creadas: presente en las paredes de laboratorios y aulas del mundo entero, resume un cuerpo formidable de conocimientos acerca de las propiedades de los elementos químicos y la relación de unos con otros. Aunque suela atribuirse su invención al químico ruso Dmitri Mendeléiev, varios otros científicos contribuyeron al logro de este esquema organizador de los elementos. La tabla periódica sigue evolucionando, a medida que se van descubriendo nuevos elementos y crecen nuestros conocimientos.

> Debemos esperar el descubrimiento de muchos elementos aún desconocidos [...] cuyo peso atómico será de entre 65 y 75.
> **Dmitri Mendeléiev**
> **(1869)**

Teoría atómica

Químicos del siglo XVIII como Joseph Priestley y Antoine Lavoisier habían demostrado por medio de experimentos que algunas sustancias podían combinarse para formar materiales nuevos, que algunas podían descomponerse en otros materiales y que unas pocas parecían ser «puras» y no susceptibles a la descomposición. La teoría atómica de 1803 de John Dalton reunió los hallazgos anteriores en un todo coherente. Planteó algunos supuestos básicos sobre la naturaleza de la materia, como que toda ella consiste en átomos minúsculos e inmutables que no pueden ser creados, destruidos ni transformados en otros átomos, y que los átomos de cada elemento tienen masa y propiedades idénticas. También propuso que todos los átomos del mismo elemento tienen pesos idénticos –es decir, que cada átomo de un elemento es idéntico a todos los demás de dicho elemento– y que los átomos de elementos distintos tienen propiedades diferentes. Comenzando por el

Dmitri Mendeléiev

Nacido en 1834 en Tobolsk (Siberia, Imperio ruso), Dmitri Mendeléiev fue el miembro más joven de una familia numerosa. Tras morir su padre, su madre llevó a la familia a San Petersburgo en 1848. Después de obtener la maestría en química en 1856, fue a la ciudad alemana de Heidelberg, donde estableció un laboratorio propio.

En 1860, en el Congreso de Karlsruhe, entró en contacto con muchos de los químicos más destacados de Europa. Fue profesor de tecnología química en la Universidad de San Petersburgo desde 1865. Además de su trabajo de tipo teórico, Mendeléiev tomó parte en estudios del rendimiento agrícola, la producción de petróleo y la industria del carbón. En 1893 fue nombrado director de la nueva Oficina de Pesos y Medidas de Rusia. Mendeléiev fue reconocido internacionalmente por sus logros en la química, y en su funeral, en 1907, sus alumnos llevaron una copia de la tabla periódica como homenaje.

Obra principal

1871 *Principios de química.*

Véase también: La teoría atómica de Dalton 80–81 ▪ Pesos atómicos 121 ▪ Los gases nobles 154–159 ▪ El electrón 164–165 ▪ Modelos atómicos mejorados 216–221 ▪ La fisión nuclear 234–237 ▪ Los elementos transuránicos 250–253

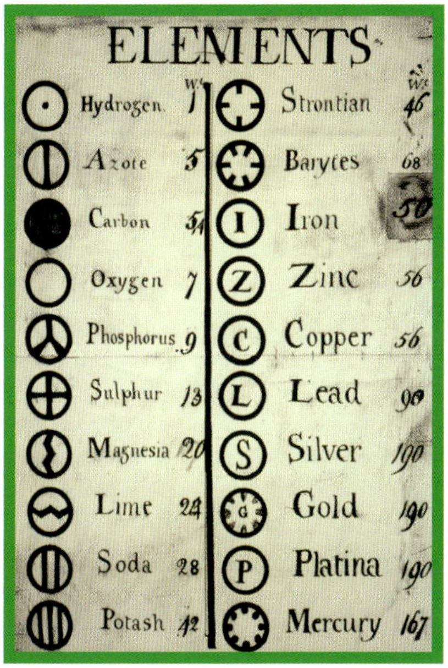

La tabla de 1808 de Dalton de pesos atómicos muestra 20 «elementos», aunque algunos de ellos son en realidad compuestos, como la cal y la potasa. En 1827, la lista contenía 36 elementos.

hidrógeno como 1, Dalton asignó a los elementos entonces conocidos pesos atómicos basados en la proporción de masas en que se combinaban con el hidrógeno. El fallo en la metodología de Dalton era que creía que el compuesto más simple de dos elementos tenía que consistir en un átomo de cada uno. Al creer, por ejemplo, que la fórmula del agua era HO y no H_2O, asignó al oxígeno un peso atómico que era la mitad de su peso real. Con todo, la tabla de pesos atómicos de Dalton fue un primer paso hacia el desarrollo de la tabla periódica de los elementos.

En 1811, el químico italiano Amedeo Avogadro afirmó que los gases simples no estaban hechos de elementos únicos, sino de moléculas compuestas de dos o más átomos enlazados. En esa época, los términos «átomo» y «molécula» se utilizaban de forma más bien indistinta. Avogadro habló de una «molécula elemental», lo que actualmente llamaríamos un átomo; lo que estaba haciendo, en esencia, era definir esta como la menor parte de una sustancia. Pasarían varios años hasta que se aceptaran las propuestas de Avogadro, principalmente porque los químicos de entonces creían que dos átomos del mismo elemento no se podían combinar. El oxígeno, por ejemplo, se seguía considerando un átomo único en lugar de una molécula diatómica.

El Congreso de Karlsruhe

Entre 1817 y 1829, el químico alemán Johann Döbereiner investigó el descubrimiento de que ciertos elementos pueden organizarse en grupos de tres, o tríadas, basadas en sus propiedades tanto físicas como químicas. Si se calculaba la media de los pesos atómicos del litio y el potasio, por ejemplo, el resultado se aproximaba al valor del sodio, tercer miembro de la tríada. Los elementos de una tríada también reaccionaban químicamente de manera similar, de modo que podían predecirse las propiedades del elemento central a partir de las de los otros dos. El sistema de Döbereiner funcionaba con algunos elementos, pero no con todos, y el progreso se vio entorpecido »

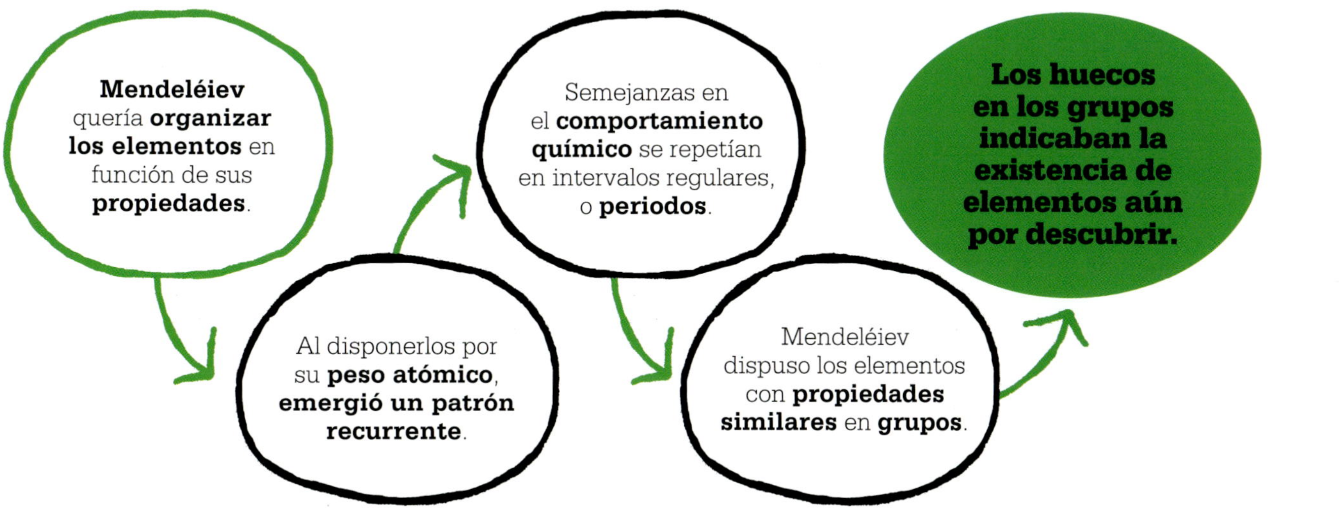

por mediciones imprecisas. Lo que faltaba era una lista precisa de los pesos atómicos de los elementos. A mediados del siglo XIX, varias ideas en competencia sobre la mejor manera de calcular pesos atómicos y fórmulas moleculares causaban confusión en los círculos científicos. El problema se resolvió en gran medida en el congreso celebrado en 1860 en Karlsruhe, capital del Estado alemán de Baden, durante el cual el químico italiano Stanislao Cannizzaro argumentó de manera convincente a favor de la hipótesis de Avogadro, y declaró que concordaba «invariablemente con todas las leyes físicas y químicas hasta hoy descubiertas». A la par del Congreso de Karlsruhe se publicó también una lista revisada de elementos con sus pesos atómicos, en la que se asignaba al hidrógeno un peso de 1, y el de los demás elementos se determinaba en función de este. Armados de una nueva concepción de los átomos y las moléculas, los científicos se entregaron a la tarea de organizar los elementos.

La hélice telúrica mostraba la periodicidad de las propiedades de los elementos. Su nombre se debe a que el telurio estaba situado en el centro.

Hélice elemental

Uno de los primeros intentos serios de organización periódica de todos los elementos conocidos fue el del geólogo francés Alexandre Béguyer de Chancourtois. En 1862 presentó su propuesta a la Academia de Ciencias de Francia, en forma de disposición tridimensional de los elementos sobre lo que llamó hélice telúrica, un gráfico espiral de los pesos atómicos sobre un cilindro. Una vuelta completa de la hélice correspondía a un incremento del peso atómico de 16. Al hacerla girar, los elementos con propiedades similares se alineaban verticalmente –el litio con el sodio y el potasio, por ejemplo– para mostrar una representación visual de la periodicidad de las propiedades químicas en los grupos descubiertos por Döbereiner. Algunos elementos, sin embargo, no se alineaban del modo esperado: la bromina, por ejemplo, se alineaba con el cobre y el fósforo, químicamente muy diferentes.

Al año siguiente, 1863, el químico británico John Newlands notó que si los elementos se disponían en filas de siete según su peso atómico, formaban columnas de elementos con propiedades químicas semejantes. Halló que todos los elementos tenían propiedades químicas semejantes al que estaba ocho lugares más allá en la tabla, y llamó a esta periodicidad «ley de las octavas», en un guiño a la analogía con la escala musical. La tabla de Newlands tenía sus inconvenientes: a veces tenía que doblar elementos para mantener el patrón, y no dejaba espacios para los elementos no descubiertos.

> El octavo elemento, empezando a partir de uno dado, es una especie de repetición del primero, como la octava nota en música.
> **John Newlands**

Meyer y Mendeléiev

Alrededor de la misma época, en Alemania, el químico Julius Lothar Meyer, sin duda inspirado tras asistir al Congreso de Karlsruhe, confeccionó su primera tabla periódica, que contenía solo 28 elementos. La diferencia es que los dispuso en función de su valencia, propiedad recientemente descubierta que medía la capacidad de un elemento para combinarse con otros. Cuatro años después, en 1868, creó una tabla más sofisticada que incorporaba más elementos, ordenados por peso atómico y con los elementos de la misma valencia dispuestos en columnas. La tabla era extraordinariamente parecida a la que pronto publicaría Mendeléiev, otro asistente al Congreso de Karlsruhe. A falta de un libro de texto que se ocupara de la química inorgánica, asignatura que impartía en la Universidad de San Petersburgo, Mendeléiev

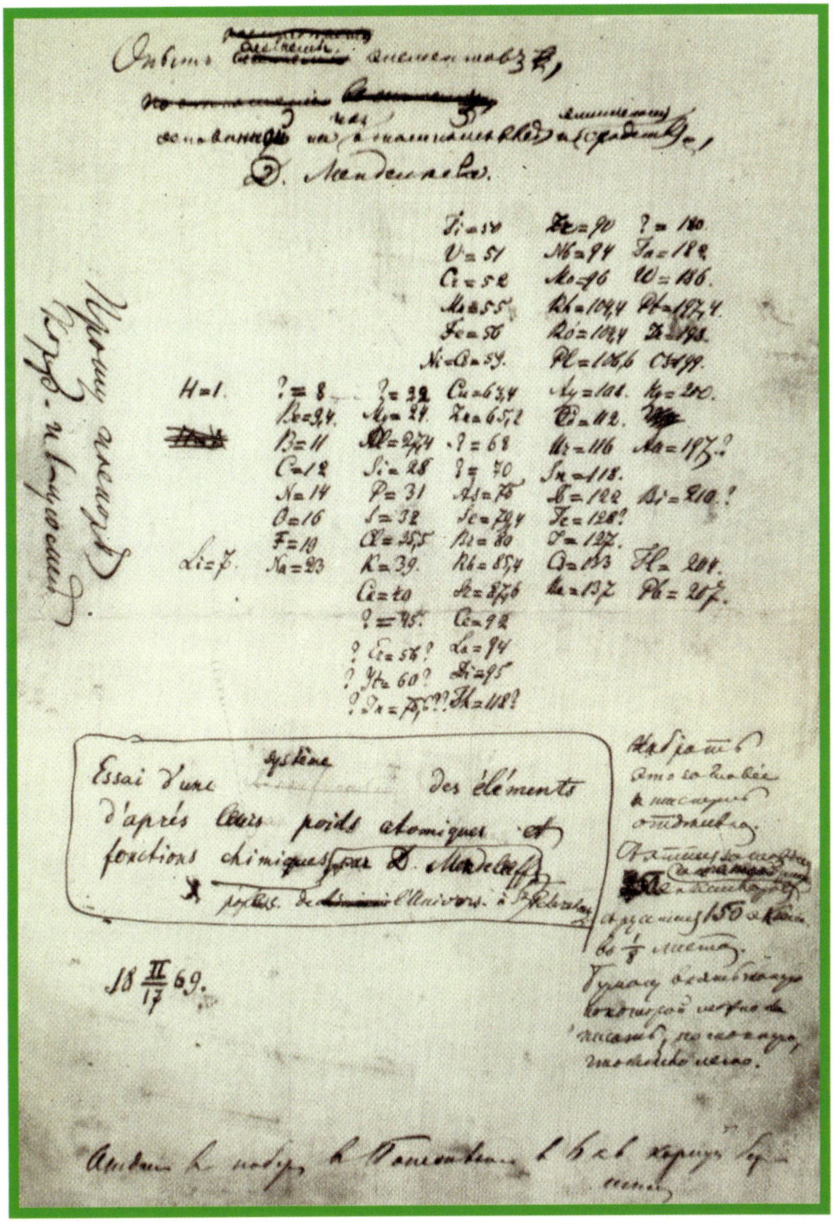

En el primer intento de Mendeléiev de un sistema periódico, puso los elementos por orden ascendente de peso atómico en vertical en lugar de horizontal.

decidió escribir uno propio, *Principios de química*. Mientras se documentaba para el libro en la década de 1860, notó que había patrones recurrentes entre distintos grupos de elementos, y en 1869 confeccionó su versión de la tabla periódica. Se contó que lo hizo disponiendo naipes etiquetados con los diversos elementos y sus propiedades, como en una partida de solitario químico, pero dichos naipes no se hallaron en su archivo.

Fuera como fuese que creara la tabla, Mendeléiev imprimió 200 copias, la presentó a la Sociedad Química de Rusia y la distribuyó entre colegas de toda Europa. Meyer no publicó la suya hasta 1870, un año después que Mendeléiev. Aunque Meyer y Mendeléiev sin duda se conocían –ambos se habían formado en la Universidad de Heidelberg con Robert Bunsen como maestro–, inicialmente no fueron conscientes el uno del trabajo del otro, y Meyer no tuvo inconveniente en admitir que Mendeléiev había publicado su versión primero.

Predicciones periódicas

La tabla de Mendeléiev, a la que él llamaba sistema periódico, incluía los 56 elementos conocidos en la época, dispuestos en orden ascendente por su peso atómico y divididos en filas, llamadas periodos, de modo que los elementos de cada columna compartieran propiedades como la valencia. Una decisión que tomaron tanto Mendeléiev como Meyer fue que, si el peso atómico de un elemento parecía situarlo en un lugar erróneo, el elemento se desplazaba hasta donde encajara con los patrones que habían descubierto, intercambiando las posiciones del telurio y el yodo, por ejemplo. Por orden ascendente de peso atómico, el yodo debería figurar antes que el telurio, pero esto no tenía sentido si se atendía a sus propiedades químicas. Esto quedaría explicado por descubrimientos posteriores.

Tanto Mendeléiev como Meyer dejaron espacios en blanco en sus tablas, pero solo Mendeléiev predijo que se descubrirían elementos para llenarlos, y predijo también el peso atómico y las propiedades de estos elementos y de sus compuestos. El acierto de sus predicciones no fue total, pero sí suficiente como para que, al descubrirse elementos » como el galio y el escandio, pudieran insertarse en los espacios vacíos correspondientes de la tabla. El descubrimiento del argón, el primero de los gases nobles, por el físico británico lord Rayleigh (John Strutt) y el químico William Ramsay en 1894, pareció poner en entredicho la tabla periódica. Mendeléiev y otros argumentaron que, en lugar de un elemento nuevo, era una forma hasta entonces desconocida de nitrógeno molecular, N_3. Sin embargo, para los descubrimientos subsiguientes del helio, criptón, neón y xenón no valía la explicación, y algunos químicos llegaron incluso a creer que no tenían lugar alguno en la tabla periódica. En 1900, Ramsay propuso dar a los nuevos elementos un grupo propio, entre los halógenos y los metales alcalinos. Mendeléiev declaró que esto era «una confirmación gloriosa de la aplicabilidad general de la ley periódica».

La tabla periódica de Mendeléiev estaba ordenada por peso atómico, y aunque esto funcionaba bien, había algunas anomalías que requerían ajustes, como en el caso del yodo y el telurio.

En 1913, solo seis años después de la muerte de Mendeléiev, un nuevo descubrimiento hizo que todo encajara. En Inglaterra, en la Universidad de Manchester, el físico Henry Moseley bombardeó diversos metales con haces de electrones, examinó el espectro de los rayos X emitidos y halló que la frecuencia de los rayos servía para identificar la carga positiva del núcleo atómico del elemento. Esta carga positiva, equivalente al número de protones en el núcleo, fue llamado el número atómico del elemento.

> Hay en el átomo una cualidad fundamental, que aumenta en pasos regulares al pasar de un elemento al siguiente.
> **Henry Moseley**

Moseley llegó a la conclusión de que era el número atómico del elemento, y no el peso atómico, el que determinaba sus características. Solo encajaban en el patrón números enteros, y no había elementos con fracciones de un número atómico. Moseley pudo reorganizar la tabla periódica, con los elementos químicos dispuestos por número atómico –del hidrógeno, con el número atómico 1, al uranio, con el 92– en lugar de por peso atómico. El telurio (con el número atómico 52) y el yodo (53) podían ahora ocupar su lugar correcto en la tabla sin necesidad de ajustes. Por los huecos en su tabla de frecuencias de los rayos X, Moseley predijo la existencia de tres elementos desconocidos: el renio, descubierto en 1925; el tecnecio, descubierto en 1937; y, por último, el prometio, descubierto en 1945.

La tabla moderna

En la década de 1940, el químico estadounidense Glenn Seaborg confeccionó la versión de la tabla periódica con la que están más familiarizados los estudiantes de química en la actualidad. Cuando Seaborg y su equipo descubrieron el plutonio en 1940, consideraron la opción de llamarlo «ultimio», por creer que sería el último elemento de la tabla periódica. Durante la investigación como parte del Proyecto Manhattan para desarrollar la bomba atómica, Seaborg y miembros de su equipo comenzaron a sospechar que se estaban formando elementos aún más pesados en los reactores nucleares. El mejor modo de identificar y aislar estos elementos era predecir sus características químicas en función de cuáles serían sus posiciones en la tabla periódica. Los esfuerzos de Seaborg por aislar los elementos 95 y 96, hoy conocidos como americio y curio, no tuvieron éxito, por suponerse que sus propiedades químicas serían semejantes a las del iridio y el platino (como indicaría su posición en la tabla periódica), no

Rediseños periódicos

A lo largo de los años hubo varios intentos de rediseñar la tabla periódica. En 1928, por ejemplo, el inventor francés Charles Janet elaboró su tabla periódica escalonada por la izquierda, basada en cómo se llenan las capas electrónicas de los átomos. En 1964, el químico alemán Otto Theodor Benfey creó una tabla bidimensional en forma de caracol que se expandía a partir del hidrógeno en el centro, y rodeaba dos salientes formados por los metales de transición y los lantánidos y actínidos. Añadió también un área para los superactínidos (grupo en gran medida teórico), del elemento 121 al 157. En 1969, Glenn Seaborg propuso una tabla periódica ampliada para incluir elementos aún desconocidos hasta el número atómico 168, y, en 2010, el químico finlandés Pekka Pyykkö propuso una ampliación hasta el número atómico 172, considerando efectos mecánicos cuánticos.

La tabla periódica de Mendeléiev fue la precursora de la tabla moderna, en la imagen. Las columnas verticales numeradas se llaman grupos, y los elementos de cada grupo tienen cualidades similares. Las filas numeradas horizontales son los periodos, que representan el número de niveles energéticos ocupados.

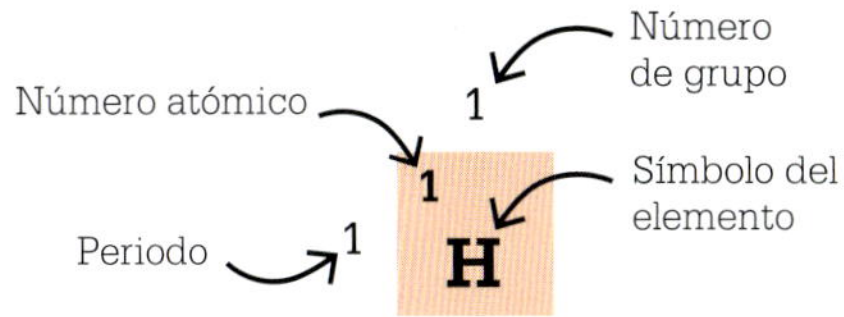

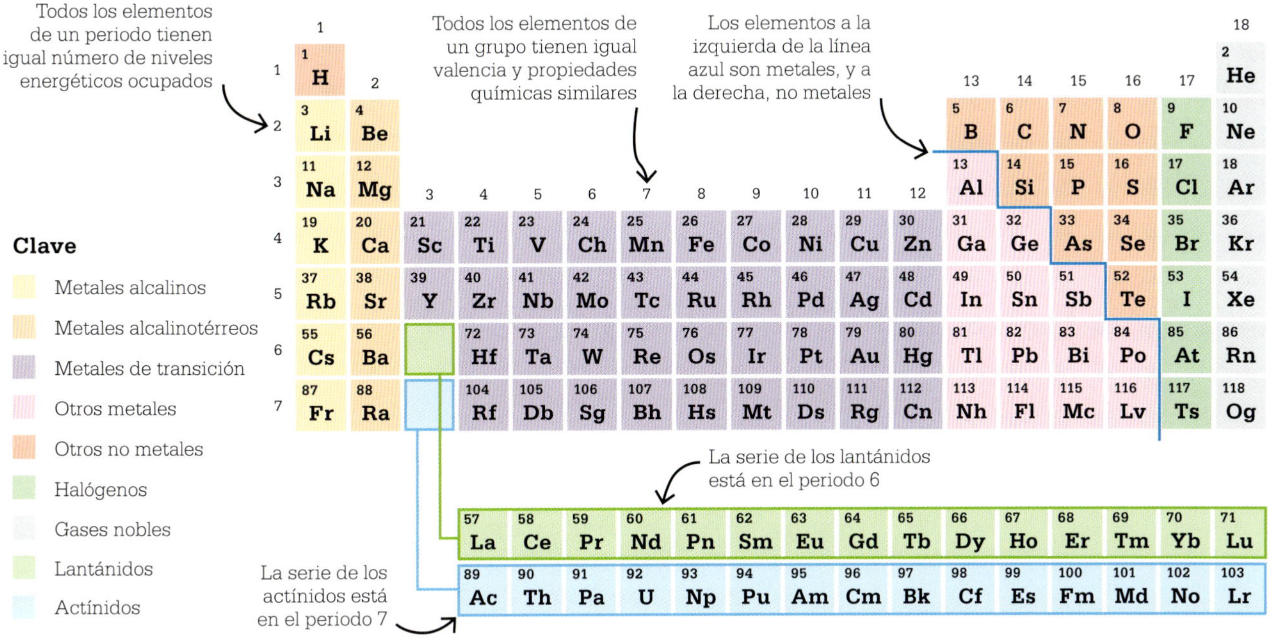

siendo este el caso. Seaborg concluyó que esta falta de éxito tenía que obedecer a un fallo de la propia tabla periódica.

Otro grupo que resultó problemático fue el de los lantánidos, o elementos de tierras raras. Hasta que el físico danés Niels Bohr desarrolló su modelo de órbitas electrónicas concéntricas en 1913, los catorce elementos siguientes al lantano habían sido difíciles de situar. Bohr propuso que estos elementos formaban una serie de transición interna en la que el número de electrones de valencia se mantenía constante en tres, por lo que todos compartían propiedades similares. Bohr propuso también otra serie de transición interna formada por los elementos siguientes al actinio.

En 1945, Seaborg publicó una tabla periódica reestructurada, con la serie de los actínidos directamente debajo de la de los lantánidos. Muchos químicos se mostraron escépticos en un primer momento; sin embargo, la tabla de Seaborg no tardaría en ser aceptada como la versión estándar. La serie de los actínidos incluía el uranio y los nuevos elementos transuránicos, como el americio, el curio y el fermio, además del mendelevio (elemento 101), descubierto por Seaborg y sus colegas en 1955. Las aportaciones de Seaborg a la química le valieron el raro honor de dar su nombre a un elemento, el seaborgio, número 106, el primero nombrado en honor de alguien en vida. ■

El acelerador de partículas ciclotrón de la Universidad de California, que utilizaron Glenn Seaborg y Edwin McMillan para descubrir el plutonio, el neptunio y otros elementos transuránicos.

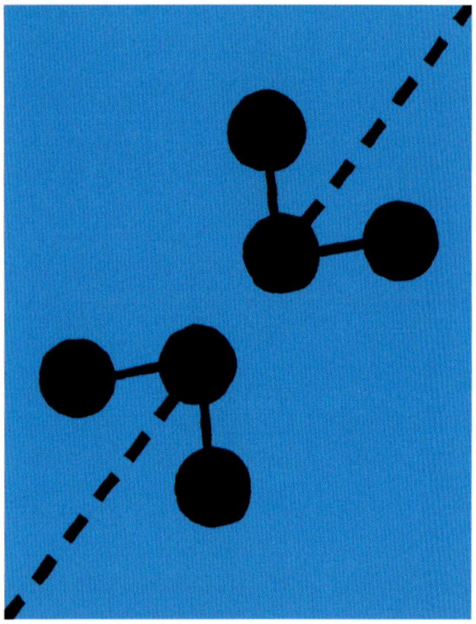

LA ATRACCION MUTUA DE LAS MOLECULAS

FUERZAS INTERMOLECULARES

EN CONTEXTO

FIGURA CLAVE
Johannes van der Waals
(1837–1923)

ANTES
75 a.C. Lucrecio propone que los líquidos se componen de átomos lisos y esféricos, y los sólidos, de átomos ganchudos.

1704 Isaac Newton postula que una fuerza de atracción invisible mantiene unidos los átomos.

1805 Thomas Young describe la tensión superficial en los líquidos.

DESPUÉS
1912 El químico neerlandés Willem Keesom describe por primera vez la interacción dipolo-dipolo.

1920 Wendell Latimer y Worth Rodebush proponen el concepto de enlaces de hidrógeno del agua.

1930 El físico alemán Fritz London descubre el enlace cuántico en los gases nobles.

En un líquido, **fuerzas intermoleculares** mantienen **unidas** las moléculas.

→ El **calor** imparte a las moléculas **más energía**, y estas se **mueven**.

→ **Al moverse** con mayor energía, comienzan a **romper los enlaces intermoleculares**.

→ **Al irse rompiendo más enlaces, el líquido se convierte en gas.**

A mediados del siglo xix, los científicos tenían una idea cabal de qué mantiene unidos los átomos, y empezaban a comprender que la materia –sólidos, líquidos y gases– se compone de moléculas. Pero quedaban preguntas: ¿qué mantiene unidas las moléculas, y qué hace que un gas se condense en un líquido? La respuesta fue que hay fuerzas sutiles entre las moléculas, una idea desarrollada por el profesor de física neerlandés Johannes van der Waals en 1873.

Setenta años antes, Thomas Young había estudiado por qué el agua forma gotas esféricas y por qué sobresale del reborde de un vaso lleno, en lo que se conoce como menisco. Propuso que unas moléculas tiran de otras en la superficie, en lo que hoy llamamos tensión superficial, y Van der Waals desarrolló la idea.

Enlaces entre moléculas

Van der Waals estudió los momentos en que un líquido se convierte en gas (evaporación), y un gas, en líquido (condensación). Los avances se habían centrado en la teoría cinética de los gases, que explica el vínculo entre presión, temperatura y volumen en los gases por el movimiento continuo de sus partículas. La teoría suponía que entre estas no había atracción.

Van der Waals creía que había enlaces entre las moléculas y que la condensación y evaporación no eran

Véase también: La teoría atómica de Dalton 80–81 ▪ La ley de los gases ideales 94–97 ▪ Grupos funcionales 100–105 ▪ Química de coordinación 152–153

saltos, sino transiciones en las que un número creciente de moléculas obtienen la energía para liberarse de sus enlaces y convertirse en gas, o bien pierden energía y quedan sujetas en un líquido. Propuso una capa de transición en la superficie de los líquidos, ni líquida ni gaseosa.

Van der Waals no pudo identificar la naturaleza de estas fuerzas intermoleculares que mantienen unidas las moléculas, pero, en 1930, los científicos confirmaron su existencia y comprendieron cómo funcionan.

Identificar las fuerzas

Hay identificadas tres fuerzas o interacciones clave: dipolo-dipolo, enlaces de hidrógeno y fuerzas de dispersión, o de London. La interacción dipolo-dipolo se da en las moléculas polares, en las que los átomos de la molécula comparten electrones de forma desigual. Así, un lado de la molécula tiene mayor carga negativa, y hay atracción con el lado positivo de otras. Los enlaces de hidrógeno, como los del agua, son enlaces dipolo-dipolo extremos que se dan cuando el hidrógeno se combina con oxígeno, flúor o nitrógeno. Estos tres átomos atraen electrones, mientras que el hidrógeno tiende a perderlos. Al combinarse con hidrógeno, crean una molécula muy polarizada y una cohesión fuerte; por eso el agua (H_2O) tiene un punto de ebullición tan elevado para tratarse de una sustancia hecha de dos gases ligeros.

Las fuerzas de dispersión (o de London) son muy débiles, y se dan entre moléculas no polares. En estas, ninguna parte es permanentemente negativa o positiva, pero el movimiento continuo de electrones individuales en los átomos de la molécula es suficiente para crear atracciones temporales. ■

Las fuerzas de Van der Waals

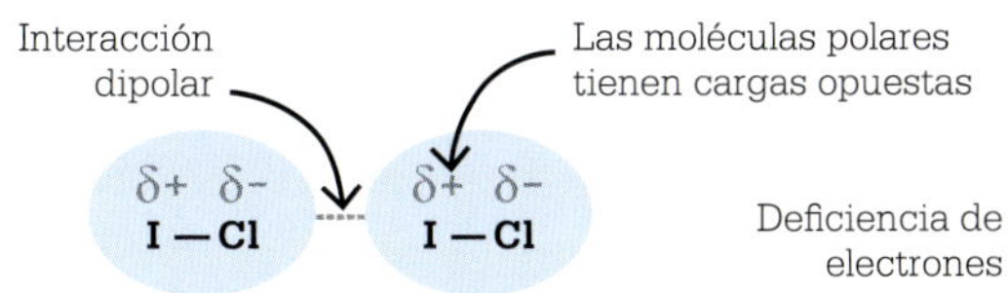

La interacción dipolo-dipolo se da cuando los electrones se distribuyen desigualmente en una molécula. Partes de esta tienen cargas parciales positivas o negativas que atraen a sus opuestos.

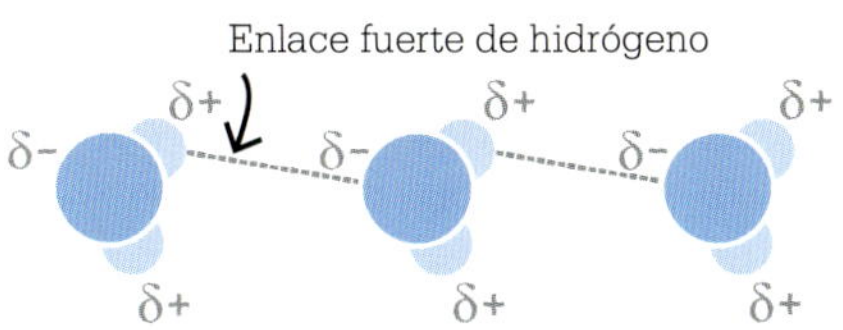

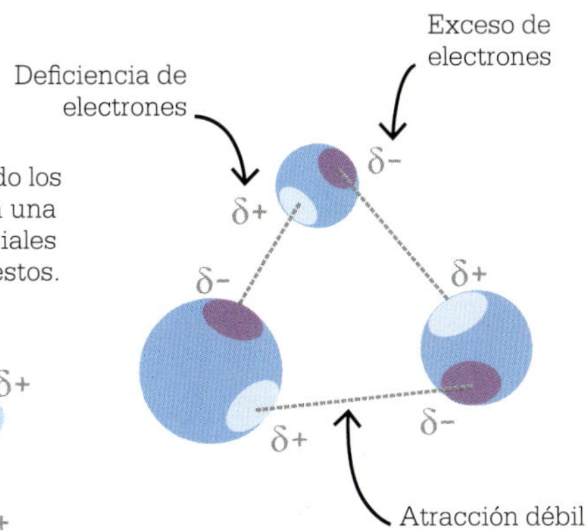

Los enlaces de hidrógeno son un caso especial de interacción dipolo-dipolo, presente en moléculas en las que el hidrógeno se enlaza con átomos que atraen con fuerza electrones, como el oxígeno.

Las fuerzas de dispersión, o de London –por el físico Fritz London–, son atracciones temporales entre átomos adyacentes causadas por el movimiento de los electrones en las moléculas.

Johannes van der Waals

Johannes van der Waals nació en 1837 en Leiden (Países Bajos). Hijo de carpintero, fue profesor de primaria antes de estudiar matemáticas y física a tiempo parcial y doctorarse finalmente con una tesis sobre la atracción molecular en 1873. Fue nombrado profesor en 1877, año en el que estaba muy avanzado su trabajo sobre termodinámica, y en particular los cambios de estado entre líquidos y gases.

La obra de Van der Waals condujo al conocimiento de que hay una temperatura crítica para los gases por encima de la cual es imposible que se condensen en forma líquida, y demostró la continuidad entre los estados líquido y gaseoso. Por este trabajo fue distinguido con el Nobel de física en 1910. Van der Waals murió en 1923.

Obras principales

1873 «Over de Continuiteit van den Gas- en Vloeistoftoestand» («Sobre la continuidad de los estados líquido y gaseoso»).
1880 «Ley de los estados correspondientes».
1890 «Teoría de las soluciones binarias».

MOLECULAS ZURDAS Y DIESTRAS

ESTEREOISOMERÍA

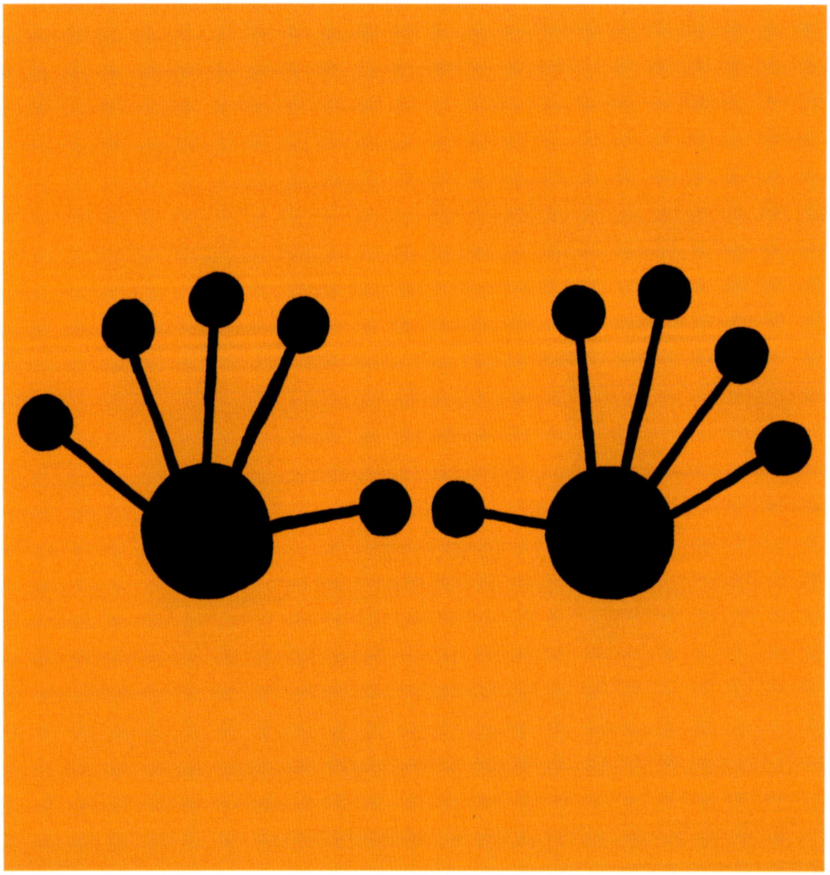

EN CONTEXTO

FIGURA CLAVE
Jacobus van 't Hoff
(1852–1911)

ANTES
1669 Rasmus Bartholin descubre la polarización de la luz en espatos de Islandia.

1815 Jean-Baptiste Biot descubre la actividad óptica en sales de ácido tartárico.

1820 Philippe Kestner descubre el ácido racémico, gemelo no ópticamente activo del tartárico.

1848 Pasteur descubre que los cristales de las sales del ácido tartárico y racémico son estereoisómeros.

ANTES
1904 Lord Kelvin acuña «quiral» para definir los estereoisómeros.

1908 Arthur Robertson Cushny observa las diferencias en actividad biológica entre la adrenalina y sus estereoisómeros.

Hoy, los modelos y las representaciones gráficas en 3D de estructuras moleculares son tan habituales que ya no llaman la atención, pero, hasta el trabajo del químico neerlandés Jacobus van 't Hoff y el francés Joseph-Achille Le Bel en la década de 1870, los químicos no imaginaban que las moléculas tuvieran forma alguna.

Los compuestos tenían una composición química particular, y se sabía que estaban hechos de combinaciones de átomos, pero fueron pocos los químicos que concebían que los átomos se unen formando un objeto físico real, con una forma concreta. El avance de Van 't Hoff y Le Bel abrió un campo nuevo de la quí-

Véase también: Isomería 84–87 ▪ Fórmulas estructurales 126–127 ▪ Fuerzas intermoleculares 138–139 ▪ Por qué ocurren las reacciones 144–147 ▪ Diseño racional de fármacos 270–271 ▪ Microscopia de fuerza atómica 300–301

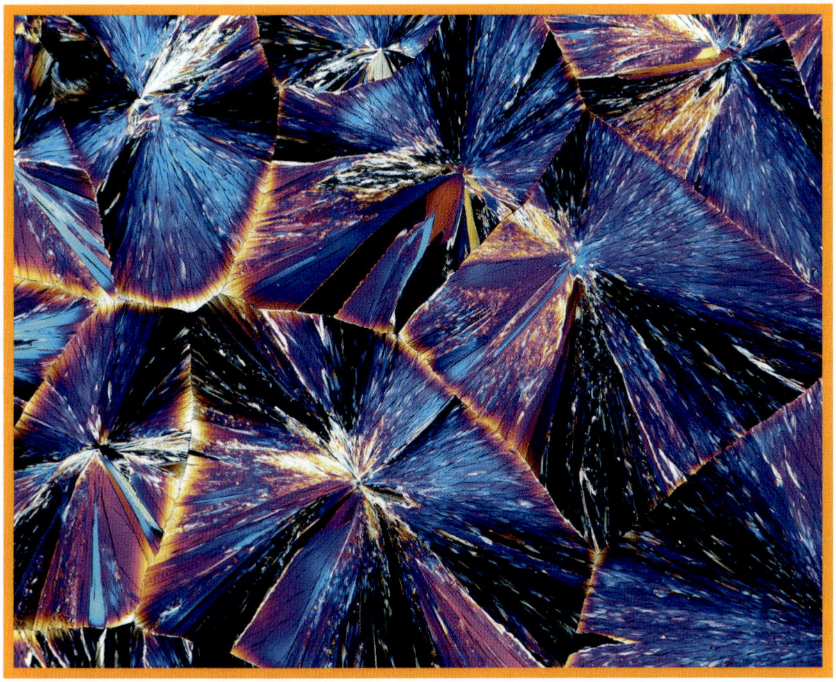

Los cristales de ácido tartárico de la fruta fueron claves para descubrir la quiralidad. Resultaron tener un gemelo especular, el ácido racémico, que polariza la luz de forma distinta.

mica, hoy llamado estereoquímica –el estudio de las moléculas en tres dimensiones–, que es clave en muchos de los fármacos actuales.

Los ácidos tartárico y racémico

Las raíces del hallazgo de que las moléculas tienen forma están en un ácido producido naturalmente en las cubas de vino, el ácido tartárico. Este y las sales que formaba eran bien conocidas para los químicos, y por tanto despertó gran interés el descubrimiento realizado en 1820 por el químico alemán Philippe Kestner de que en cubas que se calentaban demasiado se producía un ácido similar, pero no idéntico, en lugar del tartárico. Jöns Jacob Berzelius lo llamó ácido paratartárico, y el químico francés Joseph Gay-Lussac, ácido racémico. Pronto, Berzelius definió como isómeros las sustancias químicas con la misma composición pero con propiedades diferentes.

La diferencia más llamativa entre los ácidos tartárico y racémico era su respuesta a la luz. Ya en 1669, el matemático danés Rasmus Bartholin había observado cómo los cristales de calcita del espato de Islandia parecen partir la luz en distintos planos, fenómeno confirmado por los científicos a comienzos del siglo XIX. Normalmente, la luz vibra en todas direcciones, pero en ocasiones se polariza, es decir, vibra en un solo plano de polarización ignorando al filtrarse las demás direcciones. Al físico francés Jean-Baptiste Biot le fascinaba especialmente el modo en que algunos cristales y líquidos polarizan la luz que los atraviesan, rotándola en el sentido de las agujas del reloj, o bien en sentido contrario, de modo que sale en un plano distinto al plano en que entra en el cuerpo. Esto se conoce como actividad óptica.

En 1815, Biot confirmó que el ácido tartárico en solución mostraba actividad óptica, pero pruebas realizadas por el químico alemán Eilhard Mitscherlich revelaron que no la mostraba el recién descubierto ácido racémico. En 1848, el joven químico francés Louis Pasteur lo investigó para una de sus tesis doctorales. Empleando una lupa potente, estudió los cristales de las sales ácidas (tartrato de sodio y amonio racémico), y vio que los cristales no eran idénticos, sino que se emparejaban como pares de zapatos, con un cristal orientado a la izquierda y otro a la derecha.

Con unas pinzas, Pasteur separó los pares en cristales izquierdos y derechos. Preparó otra solución con los izquierdos, y comprobó que polarizaba la luz en un sentido; al preparar otra con los derechos, halló que polarizaba la luz en sentido opuesto. Mezclados en igual proporción, no tenían efecto alguno sobre la luz, y tales mezclas iguales se conocen »

> Los cristales hemiédricos derechos desvían la luz a la derecha [y] los hemiédricos izquierdos desvían el plano de polarización a la izquierda.
> **Louis Pasteur**
> **(1848)**

hoy como racémicas. Pasteur había descubierto los «estereoisómeros». Se lo comunicó a Biot, quien quedó encantado, y declaró: «He amado la ciencia tanto toda mi vida que esto me toca el corazón».

Pasteur había revelado con su hallazgo una cualidad de las sustancias, pero no la causa. Intuía que podía tener alguna relación con las formas de la materia, pero eso era todo. La solución llegó en 1874, gracias a dos químicos que se conocieron en los laboratorios del eminente químico francés Charles-Adolphe Wurtz: Van 't Hoff y Le Bel. Ambos estudiaron el problema, cada uno por su cuenta, y dieron con la misma respuesta.

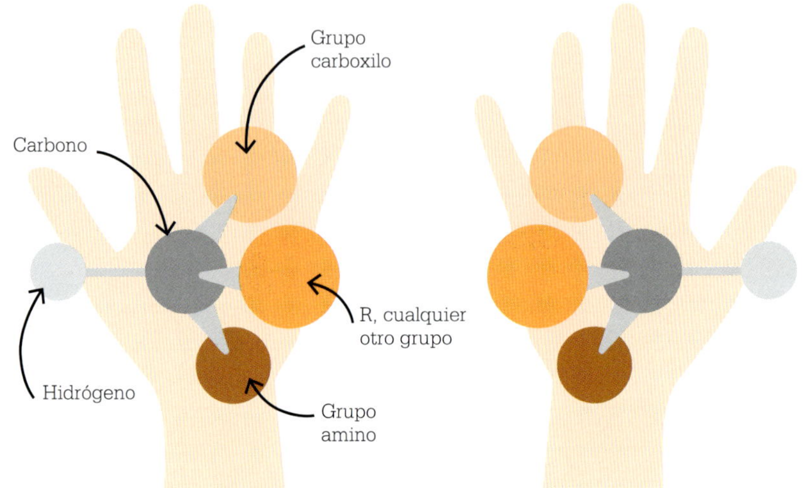

La molécula quiral no puede superponerse a su molécula espejo, igual que una mano izquierda no entra en un guante derecho, pero las moléculas quirales comparten muchas propiedades idénticas.

Forma y estructura

Para Van 't Hoff y Le Bel, la clave estaba en que la mayoría de las sustancias conocidas que tenían actividad óptica eran compuestos de carbono. Ambos manifestaron que todos los compuestos ópticamente activos que estudiaron podían explicarse por dos posibles disposiciones de cuatro grupos distintos en torno a un átomo de carbono central, y propusieron que los cuatro átomos a los que está unido el carbono ocupan las esquinas de un tetraedro regular. Van 't Hoff no solo visualizó por primera vez esta disposición, que plasmó en varios pequeños dibujos; construyó incluso modelos de cartón de la pirámide o el tetraedro de carbono. Estas maquetas aún se conservan, y constituyen uno de los ejemplos más antiguos de modelos moleculares. La idea de que las moléculas son entidades físicas, reales, con estructura tridimensional, y no una mera combinación informe de elementos, hoy parece obvia, pero indignó a algunos científicos. Irónicamente, el alemán Hermann Kolbe, uno de los pioneros de la química orgánica, fue uno de sus críticos más acérrimos, llegando a decir del trabajo de Van 't Hoff: «Criticar este trabajo en detalle alguno es imposible, pues el juego de la imaginación abandona por completo el suelo firme».

Jacobus van 't Hoff

Van 't Hoff nació en Róterdam (Países Bajos) en 1852. Fue el tercero de siete hermanos, y no tuvo medios para dedicarse a la ciencia a tiempo completo, pero en 1872 viajó a Bonn a estudiar matemáticas y química durante un año con el químico alemán August Kekulé como maestro. Tras otro periodo de estudio en París (Francia) con Charles-Adolphe Wurtz, regresó a los Países Bajos y empezó su trabajo en estereoquímica, publicando sus ideas en 1874. Después de su doctorado y de la publicación de *La chimie dans l'espace*, obra que dio a conocer sus ideas, Van 't Hoff fue profesor de química en la Universidad de Ámsterdam, puesto en el que permaneció 20 años. Allí estudió las tasas de reacción, la afinidad y el equilibrio químicos, entre otros aspectos. En 1896 se trasladó a la Universidad de Berlín, y en 1901 fue el primer galardonado con el Nobel de química por su trabajo en la física química. Van 't Hoff murió en 1911.

Obra principal

1875 *La chimie dans l'espace*.

Las moléculas **basadas en el carbono** en **compuestos** ópticamente **activos** deben tener una **forma concreta** en el espacio.

↓

Esta forma es un **tetraedro** con un átomo de carbono en el centro rodeado por **cuatro grupos** de átomos.

↓

Hay **dos maneras** posibles en las que **pueden disponerse** estos **átomos**.

↓

Las dos alternativas son imágenes especulares; una polariza en el sentido de las agujas del reloj, y la otra, en el contrario.

De forma gradual, sin embargo, la verdad de lo planteado por Van 't Hoff y Le Bel fue calando. Los químicos comenzaron a comprender que la estructura tridimensional de las moléculas es clave para su carácter, y que la única forma de comprender su comportamiento es visualizar cómo se enlazan sus átomos para adquirir una forma determinada. Los modelos eran, además, táctiles e intuitivos, y aunque fueran de un tamaño muchas veces mayor que las reales, permitían a los químicos manipular y mover las moléculas, hasta entonces una noción vaga e imaginaria.

Estereoquímica

Durante los siguientes 50 años, muchos científicos trabajaron para establecer la ciencia de la química 3D, o estereoquímica: el estudio de los compuestos que tienen la misma fórmula molecular y constitucional –es decir, la misma combinación de átomos dispuestos en el mismo orden– pero con los átomos dispuestos en formas diferentes. Quedó claro que esto es propio de los compuestos del carbono, aunque el silicio y algunos otros elementos pueden formar a veces tales moléculas. Se comprendió también que los compuestos de este tipo tienen un papel de enorme importancia en la química orgánica.

En 1904, el físico escocés William Thomson, lord Kelvin, introdujo el término «quiralidad» (de «mano» en griego) para describir los estereoisómeros, y, en 1908, el farmacéutico escocés Arthur Robertson Cushny observó por primera vez una diferencia en actividad biológica entre dos versiones quirales de una molécula, la adrenalina, que actúa como vasoconstrictor (estrecha los vasos sanguíneos) en una de sus versiones, pero no así su gemela. Como consecuencia, en la década de 1920, las empresas farmacéuticas comenzaron a desarrollar medicamentos nuevos basados en estereoisómeros. Hoy, el 40% de los fármacos sintéticos son quirales, aunque la mayoría contenga ambas versiones de la molécula y, por tanto, se llamen racémicos.

En la década de 1960, la quiralidad quedó asociada al desastre de la talidomida, fármaco introducido en Alemania en 1957, prescrito para tratar las náuseas del embarazo. Causó malformaciones de los miembros en los fetos, y el médico alemán Widukind Lenz y el australiano William McBride comprendieron que la causa era la naturaleza quiral de la talidomida. Las 10 000 víctimas infantiles dieron pie a una normativa más estricta para los ensayos de los fármacos.

Pese a este revés, la quiralidad es clave para muchos de los fármacos más potentes y útiles, y ha desempeñado un papel de enorme importancia para entender cómo se comportan las moléculas orgánicas. ■

“Jacobus van 't Hoff y Joseph Le Bel añadieron una tercera dimensión a nuestras ideas sobre compuestos orgánicos.”
John McMurry
Química orgánica **(2012)**

LA ENTROPIA DEL UNIVERSO TIENDE A UN MAXIMO

POR QUÉ OCURREN LAS REACCIONES

EN CONTEXTO

FIGURA CLAVE
Josiah Gibbs (1839–1903)

ANTES
Década de 1840 El físico británico James Joule y los alemanes Hermann von Helmholtz y Julius von Mayer postulan la teoría de conservación de la energía.

1850, 1854 Rudolf Clausius publica las leyes 1.ª y 2.ª de la termodinámica.

1877 El austriaco Ludwig Boltzmann plantea la relación entre entropía y probabilidad.

DESPUÉS
1893 El suizo Alfred Werner introduce el concepto de química de coordinación.

1923 Gilbert Lewis y Merle Randall publican un libro que pone la energía o entalpía libre en la vanguardia del estudio de las reacciones químicas.

En la década de 1870, la química y la física se tenían por ciencias separadas, pero en 1873, un trabajo extraordinario del matemático y físico estadounidense Josiah Gibbs introdujo la termodinámica –la física del calor y la energía– en el seno de la química, inaugurando con ello la nueva disciplina de la química física, que se ocupa de la física de las interacciones químicas.

La expresión «química física» se remonta a 1752, cuando la usó el polímata ruso Mijaíl Lérmontov para explicar lo que ocurría en cuerpos complejos por procesos químicos, pero su importancia fue escasa hasta el trabajo de Gibbs.

En su juventud, Gibbs había estudiado en Europa, y hablaba flui-

Véase también: La conservación de la masa 62–63 ▪ La catálisis 69 ▪ La ley de los gases ideales 94–97 ▪ Química de coordinación 152–153

En una **reacción química**, hay una cantidad total de **energía** (entalpía), más la energía de Gibbs, o energía disponible para **desencadenar la reacción**.

En **una reacción química espontánea**, la entalpía se reduce a medida que se **pierde energía**.

Se **pierde también** energía al **aumentar** la **entropía** o desorden.

El cambio en la energía de Gibbs disponible para que continúe la reacción es la diferencia entre los cambios de entalpía y entropía.

damente francés y alemán. Aprendió de primera mano de algunos de los científicos más destacados de la época, entre ellos los físicos alemanes Gustav Kirchhoff y Hermann von Helmholtz, y se familiarizó con las ideas matemáticas, químicas y físicas más avanzadas. El área más emocionante era la termodinámica, en la que acababan de establecerse dos leyes fundamentales, gracias a que científicos como el físico alemán Rudolf Clausius y el ingeniero escocés William Rankine trataron de comprender la relación entre calor, energía y movimiento. La primera ley establecía que la energía puede desplazarse, pero siempre se conserva, y no puede crearse ni destruirse; la segunda, que la energía tiende naturalmente a extender o disiparse, y, por tanto, la entropía –o desorden– de un sistema siempre aumenta. En palabras de Clausius, «la entropía del universo tiende a un máximo».

Modelo geométrico

Gibbs comprendía que la clave de la termodinámica está en las matemáticas, pero, a diferencia de la mayoría de los físicos, que usaban el álgebra, él trabajaba con la geometría. En un trabajo clave publicado en 1873, insistió en la importancia de la entropía, ampliando el gráfico del ingeniero escocés James Watts, que expresaba la relación entre presión y volumen, y añadiendo una »

Josiah Gibbs

Josiah Gibbs nació en 1839 en Connecticut (EEUU). Fue el cuarto de cinco hermanos, y muy pronto sintió interés por las matemáticas. Estudió en la Universidad de Yale y en la Connecticut Academy of Arts and Sciences. A los 24 años recibió el primer doctorado en ingeniería concedido en EEUU. En 1866 viajó a Europa, y asistió a clases en París, Berlín y Heidelberg (Alemania).

En 1869, Gibbs regresó a Yale, donde fue nombrado profesor de física matemática y trabajó el resto de su vida, llegando a ser el primer gran científico teórico de EEUU. Su trabajo sobre termodinámica tuvo impacto en la química, la física y las matemáticas, y Einstein le llamó «la mente más grande de la historia de EEUU». Gibbs murió en 1903.

Obras principales

1873 «A method of geometrical presentation of the thermodynamic properties of substances».
1878 «On the equilibrium of heterogeneous substances».

tercera coordenada para la entropía. El resultado fue que la relación entre volumen, entropía y energía podía representarse gráficamente en formas geométricas tridimensionales.

El enfoque de Gibbs era tan radical que solo unos pocos lo comprendieron. Uno de ellos fue James Clerk Maxwell, matemático escocés. En 1874, usó las ecuaciones 3D de Gibbs para construir modelos de escayola de la superficie termodinámica de una sustancia acuosa imaginaria, como manera de visualizar los cambios de estado de la materia entre sólido, líquido y gas.

Hacer predicciones

En 1878, Gibbs escribió otro trabajo clave que creó un nuevo campo de la ciencia, el de la termodinámica química. Gibbs comprendió que la termodinámica podía servir para hacer predicciones generales acerca del comportamiento de las sustancias. Para los químicos sus ideas eran revolucionarias, pues mostraban que era posible conocer dicho comportamiento sin conocer los detalles de la estructura molecular. Gibbs mostró cómo los principios de la termodinámica –y el concepto de entropía en particular– funcionan para todo, desde gases y mezclas a cambios de estado. Sus ideas revolucionaron la concepción científica de todos los procesos en los que intervienen el calor y el trabajo, incluidas las reacciones químicas.

Gibbs supuso que las moléculas existen de modo uniforme en todos los estados energéticos, y luego observó la relación estadística entre propiedades de los gases como la presión y la entropía. Si hay tres estados energéticos, pueden imaginarse como la posición media en la que caen tres canicas en una huevera de cartón tras agitarse billones de veces. Gibbs llamó «ensambles» a tales sistemas termodinámicos.

Clave en su trabajo fue lo que llamó «energía libre», que hoy se conoce como energía o función de Gibbs, o entalpía libre: la energía termodinámica disponible para realizar trabajo. Así como todo objeto levantado del suelo tiene energía potencial gravitatoria, porque puede caer, las moléculas tienen energía potencial en sus enlaces. Los enlaces débiles tienen energía potencial elevada. La energía de Gibbs es la energía disponible para que tengan lugar procesos, como las reacciones químicas; por tanto, indica la probabilidad de que una reacción se produzca y, en tal caso, en cuánto tiempo. Las reacciones pueden ser espontáneas o no espontáneas: las primeras ocurren

> Cualquier método que contenga la noción de entropía [...] puede repeler al principiante como oscuro y de difícil comprensión.
> **Josiah Gibbs**

Un proceso termodinámico: disolución de la sal

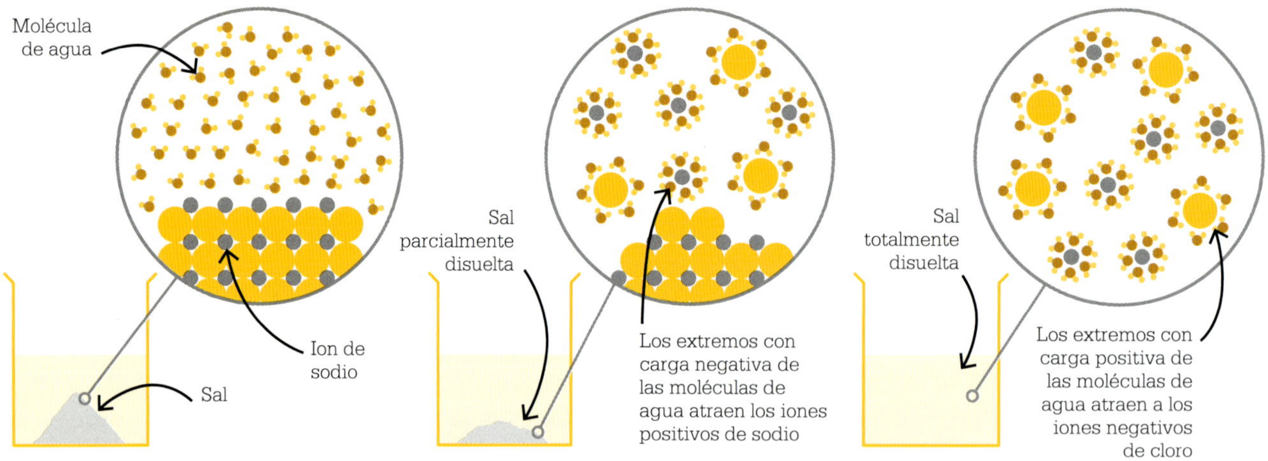

No disuelta
La sal (cloruro de sodio, NaCl) es un compuesto iónico: un átomo cede o dona un electrón para estabilizar otro átomo.

Parcialmente disuelta
Cuando el cloruro de sodio se disuelve en agua, se separa en iones de sodio positivos (Na^+) e iones negativos de cloro (Cl^-).

Disuelta
La disolución del cloruro de sodio es un proceso endotérmico cuyo resultado es una caída de temperatura de la solución.

por sí mismas, usando su propia energía, aunque para iniciarse puedan requerir alguna energía de activación, como la cerilla que enciende la mecha de una bengala; en cambio, las reacciones no espontáneas requieren un aporte continuo de energía.

Entalpía y entropía

Durante una reacción química espontánea, la energía total disponible, llamada entalpía *(H)*, se reduce con el tiempo: el carbón pierde energía al arder, por ejemplo. De modo similar, la entropía *(S)*, o desorden, aumenta, igual que el azúcar se propaga más al azar a medida que se disuelve un terrón en una infusión. Cuanto mayor es el desorden en un sistema, menos energía hay disponible. La energía disponible restante, la energía de Gibbs, es la diferencia entre la entalpía y la entropía.

La ecuación de Gibbs muestra cómo estas cambian en una reacción, en la que el símbolo delta (Δ) indica el cambio, G es la energía de Gibbs, y T la temperatura en grados Kelvin:

$$\Delta G = \Delta H - T\Delta S$$

Esto confirma que si la entalpía disminuye o la entropía o la temperatura aumentan, la energía de Gibbs debe disminuir también. Si la reacción es espontánea, ΔG es menor que cero, y la energía de Gibbs disminuye. Si la reacción es no espontánea, ΔG es mayor que cero, y la energía de Gibbs disminuye. Aumentar o disminuir H o S crea cuatro clases de reacciones (véase el gráfico). Si no hay cambio –ΔG es cero–, el sistema está en equilibrio.

Con este enfoque, los químicos pueden calcular si una reacción es muy probablemente imposible o no. Por ejemplo, los cálculos mostraron que bajo temperaturas y presiones extremas, el grafeno (un alótropo del carbono), puede convertirse en diamante, y esto animó a los científicos a persistir, pese a muchos fracasos, hasta lograr al fin la conversión.

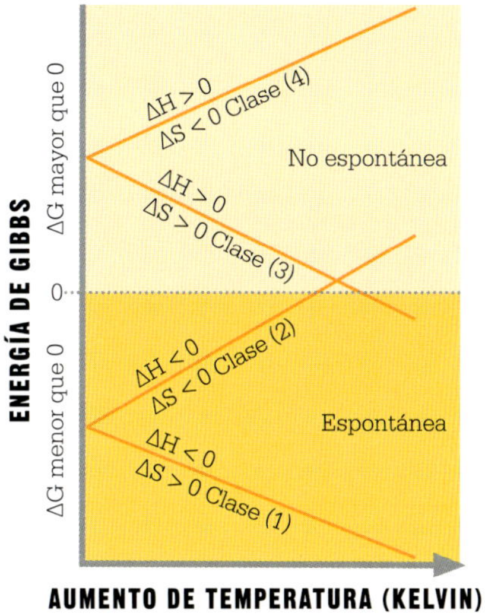

Este gráfico muestra las cuatro situaciones en cambios de entalpía *(H)* y entropía *(S)* en reacciones espontáneas y no espontáneas, como expresa la ecuación de Josiah Gibbs.

Además de la energía que lleva su nombre, Gibbs introdujo también otro concepto: la regla de las fases. Esta muestra el número de fases que intervienen en un sistema químico, teniendo en cuenta el número de componentes y todas las variables que afectan al modo en que reaccionan: temperatura, presión, energía y volumen, descritos estadísticamente como grados de libertad. Gibbs mostró cuantas fases pueden coexistir y por qué el agua tiene un punto triple en el que puede existir en tres formas simultáneamente –líquida, hielo y gas–, llamado equilibrio de tres fases.

En 2020, un equipo de investigadores de la Universidad Tecnológica de Eindhoven y la Universidad París-Saclay mostró que puede darse también un equilibrio de cinco fase: una fase gaseosa, dos de cristal líquido y dos fases sólidas con cristales «ordinarios». A pesar de ello, la regla de las fases de Gibbs sigue siendo cierta en lo fundamental, y se ha demostrado enormemente valiosa en numerosas actividades, como predecir el punto de fusión de las aleaciones.

El trabajo de Gibbs aportó un conjunto nuevo de herramientas a químicos, ingenieros y teóricos: los químicos las podían emplear para predecir si habría reacciones químicas; los ingenieros podían aplicar los diagramas 3D para comprender las reglas de la termodinámica de forma práctica y sencilla; y a los teóricos les servía como punto de partida para más ciencia innovadora. ■

Mecánica estadística

Gibbs comprendió que los cálculos en termodinámica dependen de cómo se consideren los átomos y las moléculas. En la perspectiva newtoniana se supone que todo se comporta de forma precisa y que pueden calcularse velocidades y trayectorias, pero la interacción de miles de millones de átomos en rápido movimiento chocando entre sí es tan incalculable que parece caótica.

Gibbs, junto con el austriaco Ludwig Boltzmann, comprendió que los átomos deben concebirse como poblaciones, con un enfoque estadístico, y en 1884 acuñó la expresión «mecánica estadística». Se trata de probabilidades: no pueden hacerse predicciones exactas del comportamiento de un átomo individual, pero sí sobre cualquier reacción en su conjunto. Este enfoque vincula fenómenos macroscópicos –es decir, de escala observable– y microscópicos, y contribuyó al origen de la ciencia cuántica a principios del siglo XX.

TODA SAL DISUELTA EN AGUA SE DISOCIA PARCIALMENTE EN ACIDO Y BASE

ÁCIDOS Y BASES

EN CONTEXTO

FIGURA CLAVE
Svante Arrhenius (1859–1927)

ANTES
1766 Henry Cavendish descubre que la reacción de los metales con ácido libera hidrógeno.

1809 El polímata alemán Goethe toma las reacciones iónicas como metáfora en su novela *Las afinidades electivas*.

1867 El cirujano británico Joseph Lister descubre que los ácidos matan patógenos y usa ácido carbólico para la cirugía antiséptica.

DESPUÉS
1912 El neerlandés Willem Keesom describe la interacción dipolo-dipolo.

1963 Gene Likens, ecólogo estadounidense, descubre la lluvia ácida.

1972 Los astrónomos G. T. Sill y A. T. Young muestran que la atmósfera de Venus es rica en ácido sulfúrico.

Los ácidos y las bases son sustancias clave que atraen la atención de los químicos desde hace siglos, en parte porque causan reacciones extremas. Determinar qué son sigue siendo un problema, pero la primera definición moderna, atenta al papel de los iones, la introdujo el químico sueco Svante Arrhenius en 1884.

En la Antigüedad se conocían sustancias de sabor agrio, como el vinagre, y la palabra ácido proviene del latín *acidus*, de sentido similar. También sabían que algunos ácidos disuelven los metales. En Irán, alrededor de 800 d.C., Jabir ibn Hayyan descubrió los ácidos clorhídrico y nítrico, cuya combinación como agua regia disuelve incluso el oro.

En 1776, Antoine Lavoisier mantuvo que era la presencia de oxígeno lo que define a un ácido, idea que dio nombre al elemento («oxígeno» significa «que vuelve o produce ácido»). En 1810, Humphry Davy hizo ensayos de ácidos con metales y con no metales, y halló que en muchos no intervenía el oxígeno en absoluto. Davy mencionó que el hidrógeno pudiera ser la clave, y lo confirmó 20 años más tarde Justus von Liebig, que definió ácido como una sustancia que contiene hidrógeno y en la que el hidrógeno puede ser sustituido por un metal.

¿Qué son los ácidos?

La definición de Liebig funcionaba, pero decía poco acerca de qué son los ácidos. La respuesta llegó en 1884, en la disertación doctoral de Arrhenius, centrada en los iones, átomos que adquieren carga negativa o positiva ganando o perdiendo electrones.

Un experimento sencillo, la mezcla de vinagre (ácido acético) con bicarbonato de sodio produce una reacción ácido-base potente.

Véase también: Aislar elementos con electricidad 76–79 ▪ Fuerzas intermoleculares 138–139 ▪ El electrón 164–165 ▪ La escala de pH 184–189 ▪ Representación de los mecanismos de reacción 214–215 ▪ La estructura del ADN 258–261

> [Existe] la probabilidad de que los electrolitos puedan tomar dos formas diferentes, una activa y otra inactiva.
> **Svante Arrhenius**

Se había creído que los iones únicamente aparecen en un líquido si lo atraviesa una corriente eléctrica, pero Arrhenius mantuvo que están siempre presentes en los líquidos, y propuso que los electrolitos –sustancias conductoras de electricidad– pueden tener un estado activo (conductor) y un estado inactivo (no conductor).

El concepto fue tan radical para la época que Arrhenius fue vilipendiado, pero él persistió, y en 1894 desarrolló una nueva concepción de ácidos y bases: los ácidos son sustancias que añaden iones de hidrógeno de carga positiva (cationes) a una solución; las bases son sustancias que añaden iones hidroxilo de carga negativa (aniones hidroxilo) a una solución. También propuso que ácidos y bases se neutralizan mutuamente, formando agua y una sal.

Todas las definiciones modernas de ácido surgen de esta idea, que valió a Arrhenius el premio Nobel de química en 1903. En 1923, el danés Johannes Brønsted y el británico Thomas Lowry refinaron la idea. Considerando los protones, definieron *ácido* como una sustancia a la que puede sustraerse un protón, y *base* como una sustancia que puede enlazar con el protón de un ácido. Hoy, los químicos se refieren a los ácidos como donantes de protones, y a las bases como receptores.

También en 1923, el químico estadounidense Gilbert Lewis profundizó en la cuestión, centrándose en pares de electrones y enlaces covalentes. Ambos enfoques se combinaron en la década de 1960 para conformar la noción actual de ácido. ■

En el agua, los **átomos** de **sustancias disueltas** se convierten en **iones con carga**.

↓

En las soluciones ácidas, hay más **iones positivos de hidrógeno** disponibles para enlazarse con **iones negativos**.

↓

En las **soluciones básicas**, hay más **iones hidroxilos negativos**.

↓

Un ácido es una solución con más iones de hidrógeno que iones hidroxilos.

Svante Arrhenius

Svante Arrhenius nació en 1859 en Vik, cerca de Upsala (Suecia). Fue un niño prodigio de las matemáticas. Insatisfecho con la enseñanza en la Universidad de Upsala, se mudó a Estocolmo y trabajó en su tesis doctoral pionera sobre el papel de los iones en las soluciones. Pese al rechazo inicial de sus ideas, Arrhenius había iniciado una carrera científica de éxito.

El trabajo de Arrhenius abarcó la química, la física, la biología y la cosmología, e hizo aportaciones clave a tres ámbitos distintos de la ciencia: primera, la teoría de los iones fue la plataforma para la concepción moderna de los electrolitos y ácidos; segunda, sus estudios en geofísica ofrecieron las primeras pruebas científicas del cambio climático; tercera, realizó estudios clave sobre toxinas y antitoxinas. Arrhenius murió en Estocolmo en 1927.

Obra principal

1884 «Recherches sur la conductibilité galvanique des électrolytes» (tesis doctoral).

EL CAMBIO CAUSA UNA REACCION OPUESTA

EL PRINCIPIO DE LE CHATELIER

EN CONTEXTO

FIGURA CLAVE
Henry-Louis Le Chatelier
(1850–1936)

ANTES
1803 Claude-Louis Berthollet descubre que algunas reacciones químicas son reversibles.

1864 Los noruegos Cato Guldberg y Peter Waage proponen la ley de masas, que define la velocidad de las reacciones y explica el comportamiento de las soluciones en equilibrio dinámico.

DESPUÉS
1905 Fritz Haber propone un método de producción en masa de amoniaco aplicando el principio de Le Chatelier.

1913 Comienza la producción a escala industrial de amoniaco, tras diseñar el ingeniero Carl Bosch un método práctico para las ideas de Haber: el proceso Haber-Bosch.

Muchas reacciones químicas son reversibles, es decir, sus productos reaccionan y producen los reactivos originales. Por ejemplo, el cloruro de amonio (NH_4Cl), un sólido, forma los gases amoniaco (NH_3) y cloruro de hidrógeno (HCl) al calentarlo. Al enfriarse dichos gases lo suficiente, reaccionan para formar NH_4Cl de nuevo. Esta reacción reversible se expresa como $NH_4Cl \rightleftharpoons NH_3 + HCl$. Se dice que una reacción se desplaza a la derecha cuando la cantidad del producto aumenta, y a la izquierda cuando aumenta la cantidad del reactivo. Cuando no hay cambio neto en la cantidad de reactivos y productos, se encuentra en equilibrio dinámico.

En 1884, el químico francés Henry-Louis Le Chatelier propuso que si un sistema en equilibrio se ve sometido a un cambio de condiciones, la posición de equilibrio se ajusta para compensar el cambio. Tales condiciones son la concentración de reactivos y la temperatura o presión a la que ocurre la reacción. Si el químico aumenta la temperatura, por ejemplo, la reacción se desplazará a la derecha o a la izquierda para reducir la temperatura.

El químico alemán Fritz Haber aplicó el principio de Le Chatelier para descubrir un método que maximizara la producción de amoniaco a partir de nitrógeno e hidrógeno, en la reacción $N_2 + 3H_2 \rightleftharpoons 2NH_3$. Calculó que la reacción debía realizarse a alta presión y baja temperatura. En la práctica, tuvo que recurrir a un catalizador, pero el avance de Le Chatelier había sido fundamental para el éxito. ■

> Dejé que se me escurriera de las manos el descubrimiento de la síntesis del amoniaco.
> **Henry-Louis Le Chatelier**

Véase también: La catálisis 69 ▪ Por qué ocurren las reacciones 144–147 ▪ Fertilizantes 190–191 ▪ La guerra química 196–199

RESISTENTE AL CALOR, LA ROTURA Y LOS ARAÑAZOS

VIDRIO BOROSILICATADO

EN CONTEXTO

FIGURA CLAVE
Otto Schott (1851–1935)

ANTES
Siglo I a.C. En la provincia romana de Siria se desarrollan técnicas de soplado de vidrio.

1830 Jean-Baptiste-André Dumas da con la mejor proporción de sosa, cal y sílice para obtener vidrio duradero.

DESPUÉS
1915 Comienza la fabricación en masa de fuentes de horno de Pyrex, vidrio borosilicatado resistente al calor.

1932 El físico noruego-estadounidense William Zachariasen explica la estructura química del vidrio, que distingue de los cristales.

Hasta finales del siglo XIX, todo el vidrio era común, o de sílice, arena y sosa, hecho con dióxido de silicio (SiO_2), carbonato de sodio (NA_2CO_3) y óxido de calcio (CaO), a menudo con magnesio y óxidos de aluminio (MgO y Al_2O_3) para aumentar su durabilidad. Se trata de un vidrio adecuado para ventanas y botellas, pero también tiene sus limitaciones: distorsiona la luz, y a temperaturas altas se expande y estalla. Al químico alemán Otto Schott le fascinaba la relación entre la composición química del vidrio y sus características físicas, y entre 1887 y 1893 experimentó con los ingredientes hasta lograr revolucionar el material.

Uso en el laboratorio

Schott descubrió que añadir litio producía un vidrio con aberraciones ópticas mínimas, lo cual permitió mejorar mucho la calidad de las lentes de los microscopios y telescopios. También descubrió que añadir trióxido de boro (B_2O_3) al dióxido de silicio produce un vidrio mucho más resistente al calor y a la exposición a sustancias químicas. Las características del nuevo vidrio borosilicatado se derivan de los enlaces de una estructura química muy compacta.

El vidrio borosilicatado soporta diferencias de temperatura de hasta 165 °C, por lo cual es idóneo para ser usado en experimentos científicos.

Aunque el proceso de manufactura se refinó en el siglo XX, en la actualidad se emplea en cocinas y laboratorios un vidrio borosilicatado muy similar al de Schott. Puede calentarse hasta los 500 °C sin que se rompa. ■

Véase también: La fabricación de vidrio 26 ▪ Cristalografía de rayos X 192–193

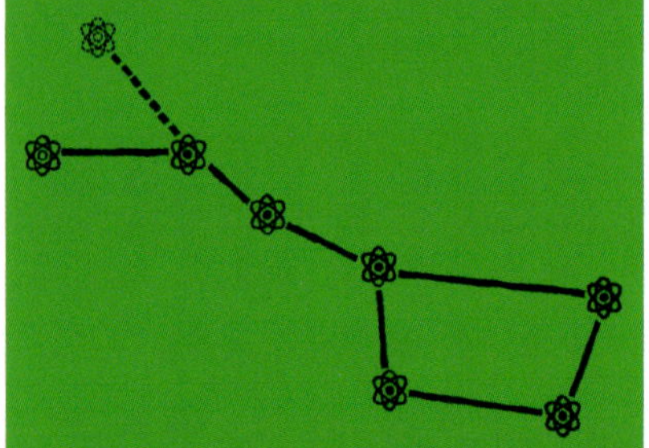

LA NUEVA CONSTELACION ATOMICA

QUÍMICA DE COORDINACIÓN

EN CONTEXTO

FIGURA CLAVE
Alfred Werner (1866–1919)

ANTES
1832 Friedrich Wöhler y Justus von Liebig introducen los grupos funcionales de átomos en moléculas.

1852 Edward Frankland introduce la idea de capacidad combinatoria para explicar el enlazamiento en las moléculas.

1861 August Kekulé y Josef Loschmidt desarrollan el concepto de fórmulas estructurales.

1874 Jacobus van 't Hoff y Joseph-Achille Le Bel mantienen que las moléculas tienen estructuras tridimensionales.

DESPUÉS
1916 Gilbert Lewis propone que los enlaces químicos se forman por la interacción de dos electrones compartidos.

1931–1932 Linus Pauling publica la teoría del enlace de valencia.

En la década de 1880, se llamó valencia a la capacidad de los átomos para combinarse (el número de átomos de hidrógeno con los que puede enlazarse un átomo). Fue un gran paso para comprender cómo se constituyen las moléculas, pero las moléculas complejas que parecían tener múltiples valencias eran un problema. En 1893, el químico suizo Alfred Werner propuso una explicación radical que inauguró una nueva rama de la química, la química de coordinación.

Desde la década de 1860, los progresos en el conocimiento de la estructura molecular se habían dado sobre todo en la química orgánica, pero Werner estaba estudiando compuestos metálicos, en particular lo que hoy llamamos compuestos de coordinación, en los que átomos o grupos de átomos no metálicos rodean un átomo metálico. Estos se conocían desde hacía siglos (el pigmento azul de Prusia, introducido en 1706, es un ejemplo), pero era difícil determinar su estructura química. A muchos se les llamaba «sales dobles», pues parecían combinar dos sales, y sus fórmulas se escribían con un punto. Por ejemplo, el fluoruro de aluminio (AlF_3) y fluoruro de potasio (KF), que se combinan en una proporción de 1:3, se escriben $AlF_3.3KF$.

> Este concepto [de número de coordinación] está destinado a servir de base a la teoría de la constitución de los compuestos inorgánicos.
> **Alfred Werner**

Valencia secundaria

¿Por qué los elementos se combinaban en determinadas proporciones y no en otras? El problema obsesionaba a Werner, y una noche se despertó inspirado a las dos de la mañana. A las cinco de la tarde había terminado de redactar un trabajo clave que explicaba su teoría, publicada en 1893. Werner concibió los complejos metálicos como un átomo central de un metal combinado con «ligandos» –iones, átomos o moléculas con los que se enlaza. Los ligandos pueden ser moléculas simples, como

Véase también: Isomería 84–87 ▪ Grupos funcionales 100–105 ▪ Fórmulas estructurales 126–127 ▪ Estereoisomería 140–143 ▪ Enlaces químicos 238–245

el amoniaco (NH_3) o el agua (H_2O), o mucho más complejas.

A partir de su trabajo con un complejo de amoniaco con cloruro de platino ($PtCl_2.2NH_3$), Werner propuso dos tipos de valencia para iones metálicos: una primaria, dada por la carga positiva del ion; y una secundaria, o número de coordinación, que es el número de enlaces ligando-metal que el metal puede adquirir. La idea le permitió explorar cómo se enlazan los compuestos de coordinación. Fue recibida con escepticismo, y Werner se puso a trabajar para crear una nueva serie de complejos metálicos predichos por la teoría. En 1900, su alumna de doctorado Edith Humphrey tuvo éxito en la tarea, al preparar cristales de uno de los complejos del cobalto predichos.

Geometría compuesta

Como el químico neerlandés Jacobus van 't Hoff, que había visualizado las moléculas de carbono en tres dimensiones, como tetraedros, Werner pensó en los complejos metálicos en 3D. Dedujo las configuraciones de algunos a partir del número y tipo de sus isómeros: compuestos formados por los mismos componentes pero dispuestos de forma distinta. Propuso, por ejemplo, que los complejos del cobalto (III), que tiene un número de coordinación de seis, son octaédricos. Werner pasó años analizando estos compuestos para fundamentar su teoría, pero faltaban algunos esenciales. En 1907, con la ayuda del doctorando estadounidense Victor King, Werner logró sintetizar las muy inestables tetraminas *violeo* (violetas) –$[Co(NH_3)_4Cl_2]X$– con sus dos isómeros. Los críticos asumieron su error, y la química de coordinación comenzó a hacerse un lugar importante.

Casi todos los metales forman complejos, y son de enorme importancia en muchos campos. La industria depende de ellos, sobre todo para los catalizadores; además, los complejos de metales de transición son cruciales para procesos biológicos: la hemoglobina, que transporta el oxígeno en la sangre, es un complejo del hierro, y otros tienen un papel clave en las enzimas, que son catalizadores biológicos. Los metalofármacos –fármacos basados en complejos metálicos– se utilizan para tratar el cáncer. ■

Un complejo metálico con número de coordinación 6 puede darse en forma de hexágono, prisma trigonal u octaedro. Si el metal M tiene cuatro ligandos de tipo A y dos de tipo B (MA_4B_2), y es uno de los dos primeros, tendrá tres isómeros; si es un octaedro, solo tendrá dos.

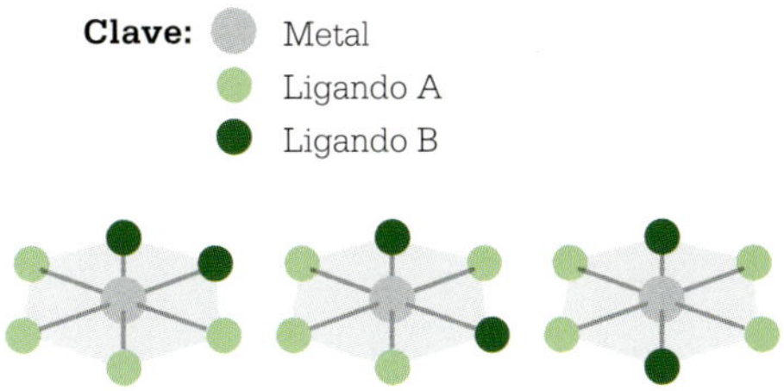

Hexágono con tres isómeros

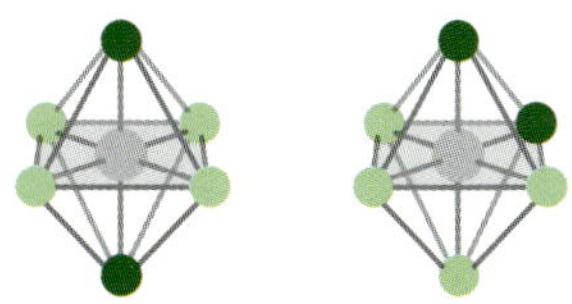

Octaedro con dos isómeros

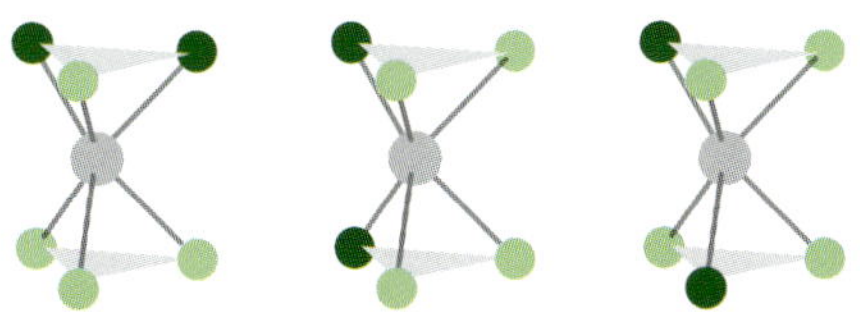

Prisma trigonal con tres isómeros

Alfred Werner

Hijo de un obrero fabril, Werner nació en 1866 en Mulhouse, en Alsacia (Francia), anexionada por Alemania cuatro años más tarde. Interesado desde muy joven por la química, hacía experimentos en su dormitorio. En 1889 fue a estudiar química a Suiza, donde se licenció en la Universidad de Zúrich en 1890 y se doctoró dos años más tarde.

En 1895, a los 29 años, fue nombrado profesor de química en Zúrich, año en que adquirió la nacionalidad suiza. Muy estimado por sus alumnos, realizó con ellos gran parte de sus investigaciones pioneras. Entre ellos, cosa inhabitual en la época, hubo un buen número de mujeres, varias de las cuales serían luego químicas destacadas, como Edith Humphrey, quien se cree fue la primera británica que obtuvo el doctorado en química. Werner obtuvo el premio Nobel de química en 1913, y murió seis años más tarde.

Obra principal

1893 *«Contribuciones a la constitución de los compuestos inorgánicos».*

UN RESPLANDOR AMARILLO GLORIOSO

LOS GASES NOBLES

EN CONTEXTO

FIGURA CLAVE
William Ramsay (1852–1916)

ANTES
1860 Robert Bunsen y Gustav Kirchhoff proponen que se pueden identificar elementos nuevos por análisis espectral.

1869 Dmitri Mendeléiev dispone los 64 elementos conocidos en la tabla periódica y predice que se descubrirán más.

DESPUÉS
1937 El físico ruso Piotr Kapitsa y los británicos John Allen y Don Misener producen helio superenfriado, el primer superfluido de viscosidad cero.

1962 El químico británico Neil Bartlett sintetiza el hexafluoroplatinato de xenón, primer compuesto químico que incluye un gas noble.

La tabla periódica de 1869 de Dmitri Mendeléiev organizó los elementos en función de sus pesos atómicos, mostrando características recurrentes en intervalos regulares, o periodos. El fundamento de la tabla parecía tan sólido que la mayoría de los científicos creía que se mantendría vigente con independencia de los nuevos descubrimientos que se produjeran. Mendeléiev había dejado incluso huecos para que ocuparan su lugar dichos nuevos elementos cuando al fin se descubrieran, y cuando se descubrieron el galio y el escandio en la década de 1870, encajaron perfectamente. Algunos elementos nuevos, sin embargo, iban a plantear un desafío mayor.

Primeras pistas

En 1783, el químico británico Henry Cavendish publicó el relato de su intento de determinar la composición de la atmósfera. Su método consistió en añadir al aire óxido nítrico (NO) –que se combina con el oxígeno para formar dióxido de nitrógeno (NO_2) soluble– y, luego, medir la reducción de volumen. Cavendish pudo retirar el nitrógeno de la muestra, pero, para su sorpresa, halló que permanecía una pequeña burbuja de gas, un 0,8 aproximado de la muestra original. Cavendish no pudo explicarlo, y el misterio tardaría casi un siglo en resolverse.

En agosto de 1868, el año anterior al de la publicación de la primera versión de la tabla periódica de Mendeléiev, el astrónomo francés Pierre Janssen examinó la corona solar al espectroscopio durante un eclipse total en India. Observó una línea de color amarillo vivo que no se correspondía con ningún elemento conocido. Dos semanas después, independientemente de Janssen, el astrónomo británico Norman Lockyer vio la misma línea amarilla, y no dudó en anunciar el descubrimiento de un nuevo elemento, al que llamó helio, en referencia a Helios, dios griego del Sol. No era posible ningún otro análisis del elemento entonces, y fue el primer caso de un elemento químico encontrado en un cuerpo extraterrestre antes de hallarse en la Tierra.

Rayleigh y Ramsay

En 1892, el químico escocés William Ramsay, profesor del University College de Londres, supo de un hallazgo desconcertante de lord Ra-

William Ramsay

William Ramsay nació en Glasgow (Escocia) en 1852, hijo único de un ingeniero civil. Fue alumno de la Universidad de Glasgow, pero la dejó en 1870 sin haberse licenciado. En 1871 era alumno de doctorado del químico alemán Rudolf Fittig en la Universidad de Tubinga, desde donde, titulado en 1872, Ramsay volvió a Glasgow. En 1879 fue nombrado profesor de química en el University College de Bristol, cuya dirección asumió en 1881. Ocupó la cátedra de química en el University College de Londres (UCL) en 1887, puesto en el que realizó sus descubrimientos más notables.

El trabajo de Ramsay para aislar e identificar los gases nobles hizo necesario añadir una sección nueva a la tabla periódica. Fue galardonado con el Nobel de química en 1904, y en 1912 se jubiló de su puesto en el UCL. Ramsay murió en 1916.

Obra principal

1896 *The gases of the atmosphere.*

Véase también: Espectroscopia de llamas 122–125 ▪ La tabla periódica 130–137 ▪ Modelos atómicos mejorados 216–221 ▪ Enlaces químicos 238–245

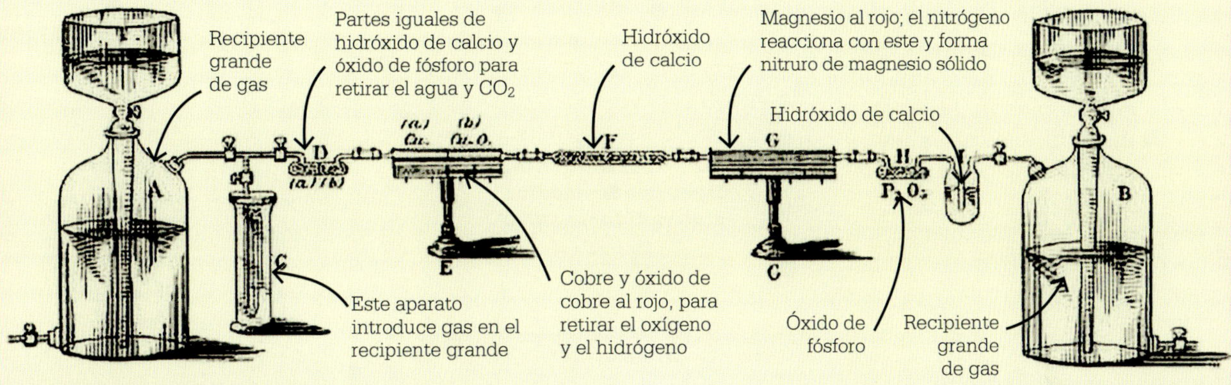

Ramsay empleó este aparato para aislar el argón, bombeando nitrógeno en uno y otro sentido hasta absorberse. Luego se recogía el residuo minúsculo de argón.

yleigh (John William Strutt), antes profesor de física en el Laboratorio Cavendish de Cambridge, e investigador independiente en aquel momento. Rayleigh había descubierto que el nitrógeno atmosférico era aproximadamente un 0,5% más denso que el nitrógeno obtenido de los compuestos químicos. Rayleigh supo que Cavendish –en cuyo honor se había nombrado el laboratorio– había obtenido un resultado similar muchos años antes, aunque sin poder explicarlo.

Ramsay propuso que la muestra podía contener un gas hasta entonces desconocido al que no afectaban los métodos empleados para extraer otros gases, y pudo aislarlo empleando magnesio al rojo para retirar el oxígeno y el nitrógeno del aire. Los experimentos mostraron que el gas misterioso tenía que ser, en palabras de Ramsay, «un cuerpo asombrosamente indiferente», pues no reaccionaba con sustancia alguna. Ni siquiera el muy reactivo flúor se combinaba con él.

En 1894, Rayleigh y Ramsay anunciaron el descubrimiento de un nuevo elemento en una reunión de la Asociación Británica para el Avance de la Ciencia, en Londres. Lo llamaron argón, del término griego para «inactivo» o «perezoso». Aunque el análisis espectroscópico del químico británico William Crookes confirmó que el nuevo gas tenía un patrón de líneas característico, algunos críticos, entre ellos Dmitri Mendeléiev, negaron que fuera un elemento, y propusieron que era una forma de nitrógeno triatómico, N_3.

> Quiero volver de la química a la física en cuanto pueda. En la física, los hombres de segunda parecen conocer mucho mejor su lugar.
> **Lord Rayleigh**
> **(1924)**

El motivo principal del rechazo era que el argón no encajaba bien en la tabla periódica de Mendeléiev. Ramsay había escrito a Rayleigh el 24 de mayo de 1894, con la pregunta: «¿Ha pensado que pueda haber espacio para elementos gaseosos al final de la tabla periódica?».

Helio en la Tierra

Unos años antes, en 1882, mientras analizaba lava del monte Vesubio, el físico italiano Luigi Palmieri vio la misma línea espectral amarilla que habían observado Janssen y Lockyer en el espectro del Sol, el primer indicio de la presencia de helio en la Tierra, pero no investigó más allá.

En 1895, el mineralogista británico Henry Miers informó a Ramsay de los hallazgos del químico estadounidense William Hillebrand en 1888. Hillebrand había descubierto que calentar con ácido sulfúrico cleveíta, mineral que contiene uranio, » generaba un gas no reactivo que creyó que era nitrógeno, pero que Miers sospechaba que era argón.

Ramsay repitió él mismo los experimentos y aisló el gas. El análisis espectroscópico mostró que no era nitrógeno ni argón, sino que aparecía como «un resplandor amarillo glorioso» en palabras de Lockyer, a quien Ramsay envió una muestra para verificar. El espectro se correspondía con el del helio.

Ese mismo año, en Upsala, por su cuenta, los químicos suecos Per Teodor Cleve y Nils Abraham Langlet también extrajeron helio de la cleveíta, y obtuvieron gas suficiente para medir su peso atómico.

La búsqueda continúa

Las propiedades físicas y químicas del helio y del argón eran tan similares que parecía que debían pertenecer al mismo grupo de elementos. Su distinto peso atómico (helio 4, y argón 40) convenció a Ramsay de la probabilidad de que hubiera al menos un elemento por descubrir entre ellos. Tras dos años de búsqueda infructuosa entre los minerales, decidió buscar en el aire.

> Como un noble que considera indigno tratar con el vulgo, los gases nobles tienden a no reaccionar con otros elementos.
>
> **Anne Helmenstine**
> **Científica biomédica estadounidense (2020)**

Para aislar otros gases atmosféricos, Ramsay necesitaba instalaciones de gran escala para el licuado y destilación fraccionada de aire, y se dirigió al ingeniero británico William Hampson, que había patentado un proceso innovador para licuar gases. En 1898, Hampson proporcionó a Ramsay unos 0,75 litros de aire líquido.

En junio de 1898, Ramsay y su asistente el químico Morris Travers, evaporaron y destilaron cuidadosamente la muestra de aire líquido. Una vez extraídos el nitrógeno, el oxígeno y el argón, quedaba un residuo minúsculo de gas. El análisis espectral confirmó que habían dado con otro elemento nuevo, pero con un peso atómico estimado de 80; en lugar de más ligero que el argón, era más pesado. Lo llamarón criptón, de «oculto» en griego.

Diez días después, Ramsay y Travers lograron aislar otro gas, obtenido de una muestra de argón. El peso atómico de este gas era 20, que sí lo situaba entre el helio y el argón, como había especulado Ramsay. El análisis espectral de este gas, al que llamaron neón (de «nuevo» en griego), reveló una luz rojo carmesí vivo. En septiembre de 1898, Ramsay y Travers separaron del criptón un tercer gas, y lo llamaron xenón (de «extraño»).

Identificación del radón

En 1899, el físico británico Ernest Rutherford y otros informaron de una sustancia radiactiva emitida por el torio, y los físicos franceses Pierre y Marie Curie observaron un gas radiactivo emitido por el radio. En 1900, el físico alemán Friedrich Ernst Dorn observó la acumulación de gas en recipientes que contenían radio. En los tres casos la sustancia resultó ser lo que luego recibiría el nombre de radón. En 1908, Ramsay reunió suficiente radón como para poder determinar sus propiedades, y constató que era el gas más pesado conocido hasta la fecha. Con ayuda del químico británico Robert Whytlaw-Gray, Ramsay midió la densidad del radón con precisión suficiente

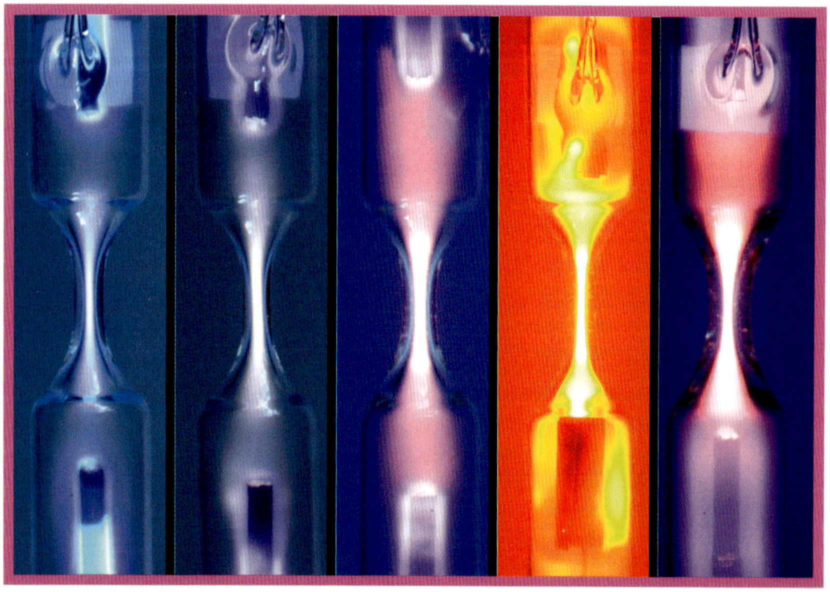

Estos tubos de descarga de gas (de vidrio sellado) muestran los colores vivos producidos por distintos gases nobles. De izda. a dcha.: xenón, criptón, argón, neón y helio.

como para establecer que la diferencia de su peso atómico con el de su elemento progenitor, el radio, era el peso de un átomo de helio.

Posición periódica

En cuanto a la cuestión de añadir estos gases a la tabla periódica, la secuencia de sus pesos atómicos parecía indicar un lugar entre los halógenos y los metales alcalinos, posiblemente en el grupo 8. Sin embargo, aún era un problema el hecho de que estos gases inertes –o nobles, como se acabaron llamando– no fueran reactivos y no formaran compuesto alguno. En 1898, William Crookes propuso situarlos en una columna única entre el grupo del hidrógeno y el del flúor. En 1900, Ramsay y Mendeléiev se reunieron para hablar de los nuevos gases y su posición en la tabla. Ramsay propuso un grupo nuevo entre los halógenos y los metales alcalinos; en 1902, y a propuesta del botánico belga Léo Errera, Mendeléiev situó los gases nobles helio, neón, argón, criptón y xenón en un nuevo grupo 0 (hoy grupo 18), en el extremo derecho de la tabla periódica.

En la actualidad, los gases nobles son de uso cotidiano en aspectos tan diversos como las soldaduras, la iluminación, el submarinismo e incluso la medicina. ■

Propiedades nobles

Los gases nobles son elementos singularmente estables, y solo intervienen en reacciones químicas en condiciones poco habituales. Esto ayuda a explicar el funcionamiento de los enlaces químicos. En 1913, el físico danés Niels Bohr propuso que, alrededor del núcleo atómico, los electrones ocupan niveles energéticos, cuya capacidad para contener electrones determina los números de los elementos en la tabla periódica. En los átomos de los gases nobles, la capa exterior contiene siempre ocho electrones. (El helio, con solo dos, es la excepción). El químico estadounidense Gilbert Lewis y el alemán Walther Kossel propusieron que este octeto de electrones era la disposición más estable para el nivel exterior de un átomo, y es a lo que tienden los átomos al ceder, tomar o compartir electrones con otros átomos en los enlaces químicos. Los gases nobles cuentan ya con un nivel exterior completo, y, por tanto, no hay necesidad de que reaccionen químicamente para lograr la estabilidad.

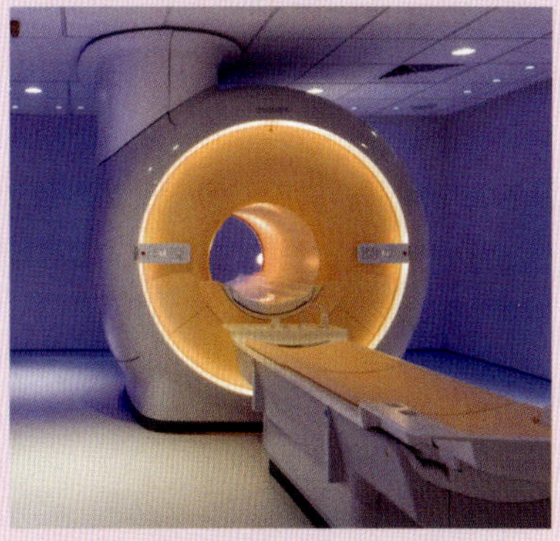

Los imanes superconductores en la IRM (imagen por resonancia magnética) se enfrían empleando grandes cantidades de helio líquido.

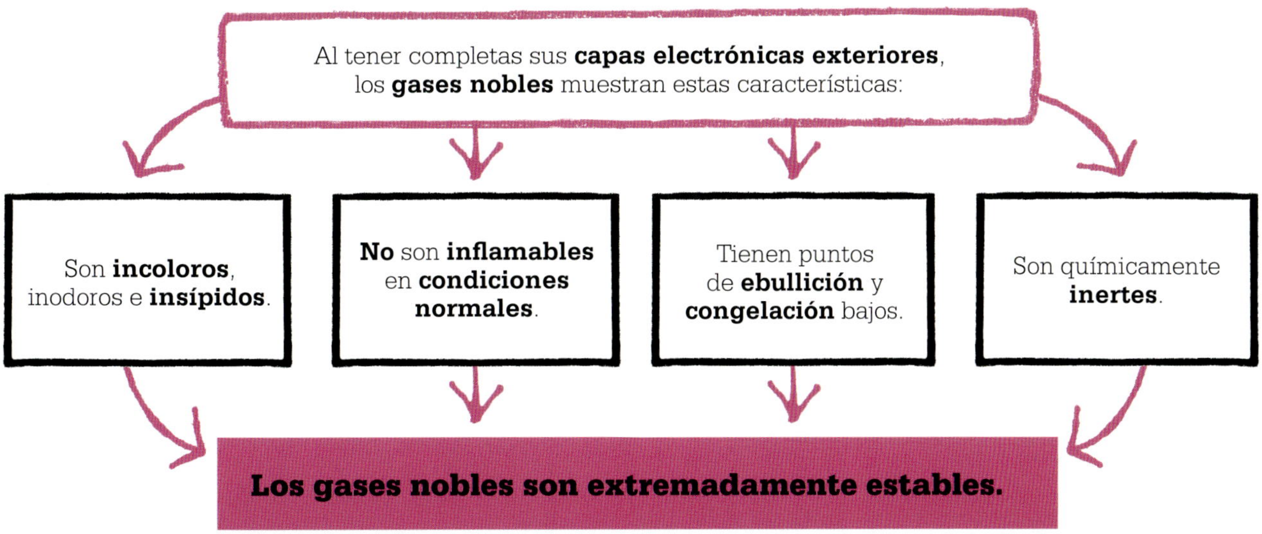

EN ADELANTE, EL PESO MOLECULAR SE LLAMARÁ MOL

EL MOL

EN CONTEXTO

FIGURA CLAVE
Wilhelm Ostwald
(1853–1932)

ANTES
1809 Joseph Gay-Lussac publica su ley de combinaciones gaseosas, por la que los volúmenes de gases reaccionan unos con otros en proporciones de números enteros pequeños.

1865 Josef Loschmidt calcula el número de partículas en 1 cm^3 de gas en condiciones normales, la constante de Loschmidt.

DESPUÉS
1971 La Conferencia General de Pesas y Medidas define un mol como el número de átomos de ^{12}C en 12 gramos de ^{12}C.

1991 El profesor de química jubilado estadounidense Maurice Oehler establece la Fundación del Día Nacional del Mol; los estudiantes de química lo celebran cada 23 de octubre.

El **número de moléculas** que interviene en los cálculos químicos es **enorme y poco manejable**.

En sus **cálculos**, los científicos usan una **unidad simple** para cada sustancia: **el mol**.

Un mol de una sustancia dada es su **peso molecular** expresado en **gramos**.

Los cálculos se simplifican al multiplicar o dividir los moles, en vez del número de átomos.

Los átomos y las moléculas están en la base de los cálculos químicos, pero son minúsculos, y hay un número descomunal en cualquier volumen de una sustancia. Manejarse con tales cantidades se volvió mucho más factible gracias al concepto de mol, introducido por el químico alemán Wilhelm Ostwald en 1894.

Los orígenes de la idea se remontan al trabajo del físico italiano Amedeo Avogadro con los gases a principios del siglo XIX. En 1811 propuso que dos volúmenes iguales de gas a la misma temperatura y presión contienen siempre el mismo número de partículas (que hoy sabemos que son átomos y moléculas). Los científicos tardaron más de medio siglo en comprender la llamada ley de Avogadro en toda su importancia. Fue en el Congreso de Karlsruhe, en Alemania, en 1860, cuando el químico italiano Stanislao Cannizzaro pudo explicar al fin las implicaciones de la hipótesis de Avogadro, al relacionar el peso de los átomos con el de las moléculas. Esto condujo a un conjunto internacionalmente acordado de pesos atómicos para los elementos.

Alrededor de la misma época, la teoría cinética de los gases en desarrollo de James Clerk Maxwell destacaba la importancia del número de moléculas. En 1865, el profesor de

Véase también: Las proporciones de los compuestos 68 ▪ La catálisis 69 ▪ Aislar elementos con electricidad 76–79 ▪ La teoría atómica de Dalton 80–81 ▪ La ley de los gases ideales 94–97 ▪ Pesos atómicos 121

Para hallar la masa de 1 mol de moléculas de cualquier elemento o compuesto, se suman las masas de 1 mol de cada átomo en cuestión: para el agua, como la masa de 1 mol de átomos de hidrógeno es 1 g y la de un mol de átomos de oxígeno es 16 g, la de 1 mol de moléculas de agua es 18 g, es decir, 1 + 1 + 16.

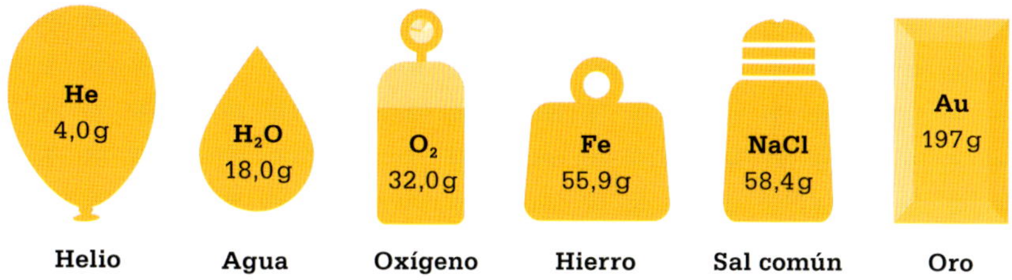

ciencias austriaco Josef Loschmidt estimó el número de partículas en 1 centímetro cúbico de gas en condiciones normales de presión y temperatura: 2,6867773 × 10^{25} m^{-3}. En 1909, el físico francés Jean Baptiste Perrin afinó la cifra a 6 × 10^{23}, y la llamó número de Avogadro.

El químico alemán August von Hoffman había introducido ya el término «molar» para describir cambios al nivel de partículas, demasiado minúsculo para ver a simple vista. En 1894, Ostwald se dio cuenta de que podía unir los pesos y números atómicos y moleculares en una unidad simple, a la que llamó mol, y propuso que cuando el peso atómico o molecular de una sustancia se expresa en gramos, su masa es de 1 mol. A la inversa, 1 mol es la cantidad de gas en 22 litros de aire a temperatura y presión ordinarias. Perrin relacionó más tarde el mol con el número de Avogadro, al atribuir a este el número de unidades en un mol.

El mol es una unidad básica empleada para contar partículas, que pueden ser átomos, moléculas, iones o electrones. Contarlas por veintenas o docenas no es práctico, dadas las cifras enormes con las que tienen que tratar los químicos: 1 mol excede ligeramente los 6 × 10^{23}, o seiscientos mil trillones de partículas.

Cálculos simplificados

Usar el mol simplificó los cálculos. Un mol de átomos de carbono, por ejemplo, pesa siempre 12 g, mientras que 12 g de carbono siempre contienen 1 mol de átomos de carbono. Como los átomos de magnesio pesan el doble que los de carbono, 1 mol de magnesio debe pesar 24 g, y con los compuestos funciona de manera análoga. Un mol de átomos de oxígeno pesa 16 g, y por tanto un mol de dióxido de carbono (CO_2) pesa 44 g (12 + 16 + 16).

El número 6 × 10^{23} sirve para las aproximaciones, pero los químicos lo han determinado con mayor precisión. En 1909, los científicos estadounidenses Robert Millikan y Harvey Fletcher calcularon experimentalmente la carga de un único electrón. Al dividir la carga de 1 mol de electrones por dicha carga, era posible obtener una cifra precisa para el número de Avogadro, que es 6,02214154 × 10^{23} partículas por mol. ■

Wilhelm Ostwald

Wilhelm Ostwald nació en Riga (Letonia, entonces en el Imperio ruso), en 1853. Estudió química en la Universidad de Dorpat (hoy Universidad de Tartu, en Estonia), antes de trabajar allí bajo los eminentes científicos Arthur von Oettingen y Carl Schmidt. En 1881 fue nombrado profesor en Riga, y más tarde se trasladó a Leipzig (Alemania), donde fue profesor de química física. Allí fue maestro de los futuros galardonados con el Nobel Jacobus van 't Hoff y Svante Arrhenius. El propio Ostwald fue premiado con el Nobel de química en 1909, por su trabajo sobre la catálisis. La afinidad química y las reacciones que formaban compuestos le fascinaban, y, además de ser un pionero de la química física y establecer el concepto de mol, aportó una ley de disociación en las disoluciones de electrolitos, y también un análisis innovador del color. Ostwald murió en 1932.

Obras principales

1884 «Libro de texto de química general».
1893 «Manual de medidas físico-químicas».

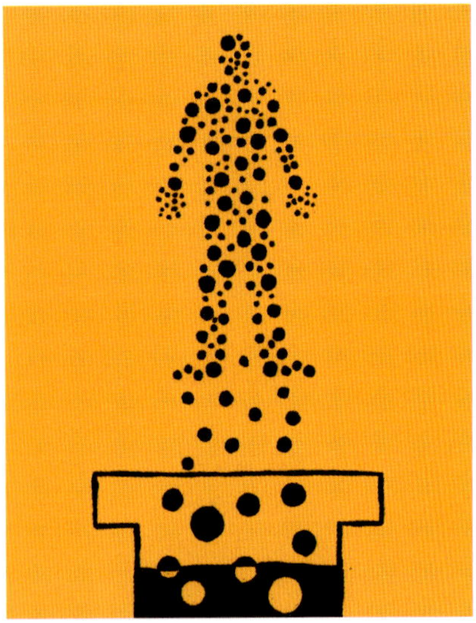

PROTEINAS RESPONSABLES DE LA QUIMICA DE LA VIDA

ENZIMAS

EN CONTEXTO

FIGURA CLAVE
Eduard Buchner (1860–1917)

ANTES
1833 Anselme Payen y Jean-François Persoz descubren la primera enzima conocida, la diastasa.

1878 El fisiólogo alemán Wilhelm Kühne acuña el término enzima, del griego *zýme* («fermento»).

DESPUÉS
1926 James B. Sumner cristaliza la ureasa, apuntando a pruebas de que las enzimas son proteínas.

1937 Hans Krebs descubre el ciclo del ácido cítrico –clave para la producción de energía en los seres vivos– y el papel de las enzimas en el mismo.

1968 Equipos de investigación en las universidades de Harvard y Johns Hopkins identifican las enzimas de restricción que reconocen y cortan segmentos de ADN.

Una sustancia química que acelera una reacción es un catalizador, el cual inicia o acelera reacciones sin participar directamente en ellas. En los seres vivos, los catalizadores se conocen como enzimas, y dependen de ellas para innumerables procesos, como la digestión. En la década 1890, los alemanes Eduard Buchner y Emil Fischer lograron avances en la comprensión de cómo funcionan las enzimas.

Identificar las enzimas

Las enzimas se empleaban desde hacía miles de años –caso del cuajo para hacer queso–, aunque sin comprender bien lo que eran. En 1833, mientras trabajaban en una fábrica de procesado de remolacha, los químicos franceses Anselme Payen y Jean-François Persoz identificaron una enzima nueva que convertía el almidón en malta. La llamaron diastasa, de «separación» en griego. Poco después, el médico alemán Theodor Schwann descubrió otra, la pepsina, que interviene en la digestión, y el químico alemán Eilhard Mitscherlich, la invertasa, que ayuda a descomponer los azúcares de las frutas en fructosa y glucosa.

En 1835, Jöns Jacob Berzelius identificó la catálisis en reacciones químicas inorgánicas, y luego propuso que las enzimas podían ser el equivalente orgánico. No estaba claro, sin embargo, si eran meros catalizadores químicos o si dependían de los seres vivos.

Incluso durante la década de 1850, cuando Louis Pasteur mostró que la fermentación del azúcar y la

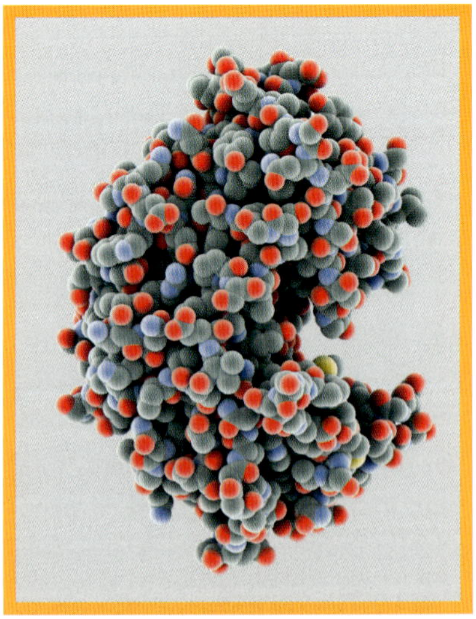

La pepsina es la enzima digestiva que descompone las proteínas. Su molécula, con los átomos de oxígeno en rojo en la imagen, la forman 5053 átomos. Las proteínas encajan en el sitio activo, el hueco a la derecha.

Véase también: La catálisis 69 ▪ La síntesis de la urea 88–89 ▪ Cristalografía de rayos X 192–193 ▪ Customizar enzimas 293

formación del alcohol por levaduras en la elaboración de la cerveza era catalizada por «fermentos», los científicos siguieron convencidos de que procesos como la fermentación, la descomposición y la putrefacción dependían de seres vivos minúsculos.

El principal avance llegó en 1897, cuando Buchner tomó líquido de células de levadura aplastadas y mostró que con él podía fermentar azúcar y obtener alcohol, sin levadura viva alguna. El zumo de frutas fermentaba con el mismo líquido. Buchner mantuvo que la fermentación la causaban sustancias disueltas, a las que llamó zimasas. Las enzimas, por tanto, aunque las producen seres vivos, pueden operar sin una célula viva.

El modelo llave-cerradura

Las enzimas solo parecen tener efecto sobre sustancias o sustratos particulares, y Fischer propuso una explicación en 1895; según él, las enzimas tienen un sitio activo, comparable a una cerradura, mientras que el sustrato afectado actúa como una llave. Solo el sustrato con la forma correcta se corresponde con el sitio activo de la enzima. La teoría se ha modificado desde entonces, pero aporta un buen punto de partida para comprender el fenómeno.

Se descubrieron muchas enzimas nuevas, y generalmente se nombraron añadiendo *-asa* al nombre del sustrato. La lactasa, por ejemplo, es la enzima que descompone la lactosa. Sin embargo, nadie sabía realmente qué eran las enzimas, hasta que en 1926 el estadounidense James B. Sumner logró cristalizar una, a la que llamó ureasa. El análisis indicaba que las enzimas son proteínas, lo cual no tardaron en verificar los bioquímicos estadounidenses John Howard Northrop y Wendell Meredith Stanley con la pepsina, la tripsina y la quimotripsina. Exámenes posteriores con cristalografía de rayos X mostraron que la mayoría de las enzimas son bolas de proteína, y solo unas pocas están emparentadas con el ácido ribonucleico (ARN). Los avances en la biología han permitido manipular y reforzar el poder de las enzimas en muchos ámbitos distintos, incluidos procesos médicos e industriales. ■

El modelo de llave-cerradura de Emil Fischer propone que enzimas y sustratos tienen formas geométrica complementarias que encajan.

Eduard Buchner

Buchner, de padre médico, nació en Múnich (Alemania) en 1860. Tenía solo 11 años cuando murió su padre, y más tarde tuvo que trabajar en una fábrica de conservas para pagar sus estudios en la Universidad de Múnich. Después de obtener el doctorado, le fascinó la química de la fermentación, y su trabajo le llevó a ser conocido como el padre de la bioquímica en tubo de ensayo. Buchner completó su estudio clave sobre las enzimas en la Universidad de Tubinga, donde ocupó la cátedra de química analítica y farmacéutica. Pasó gran parte de su vida académica entre 1898 y 1909 en la Real Academia de Agricultura en Berlín. Comandante del ejército durante la Primera Guerra Mundial, Buchner murió en combate en 1917.

Obras principales

1885 «La influencia del oxígeno en las fermentaciones».
1888 «Una nueva síntesis de los derivados del trimetileno».
1897 «Acerca de la fermentación alcohólica sin células de levadura».

PORTADORES DE ELECTRICIDAD NEGATIVA

EL ELECTRÓN

EN CONTEXTO

FIGURA CLAVE
J. J. Thomson (1856–1940)

ANTES
1803 John Dalton plantea su teoría atómica de elementos compuestos por partículas minúsculas.

1839 Michael Faraday cree que la estructura del átomo debe guardar alguna relación con la electricidad.

DESPUÉS
1909 Robert Millikan mide la carga de un electrón en un famoso experimento con gotas de aceite.

1911 El físico danés Niels Bohr propone que los electrones orbitan alrededor del núcleo central del átomo.

1916 Gilbert Lewis, químico físico estadounidense, comprende que los enlaces químicos los forman pares de electrones compartidos por los átomos.

Durante la década de 1820 proliferaron los estudios sobre el recientemente descubierto fenómeno electromagnético. El físico francés André-Marie Ampère propuso la existencia de una nueva partícula, responsable tanto de la electricidad como del magnetismo, a la que llamó «molécula electrodinámica»: lo que hoy conocemos como electrón, la partícula atómica responsable de la reactividad química.

Rayos misteriosos

En 1858, el físico alemán Julius Plücker experimentó con voltajes altos entre placas de metal en un tubo de vidrio del que se había retirado la mayor parte del aire. Comprobó que se generaba un resplandor fluorescente. El alumno de Plücker Johann Hittorf confirmó en 1869 que el cátodo era la fuente de los misteriosos rayos verdes. Una década más tarde, el físico y químico británico William Crookes descubrió que un campo magnético doblaba los rayos, aparentemente formados por partículas de carga negativa.

En 1883, el físico alemán Heinrich Hertz intentó detectar rayos catódicos usando un campo eléctrico, sin éxito, y concluyó (erróneamente) que los rayos no eran partículas cargadas, sino ondas que los campos magnéticos podían doblar.

El descubrimiento de Thomson

El físico británico J. J. Thomson puso en marcha en 1894 una serie

Los experimentos con tubos de vidrio demostraron que los rayos catódicos viajan en línea recta del cátodo (izda.) al ánodo, en el otro extremo.

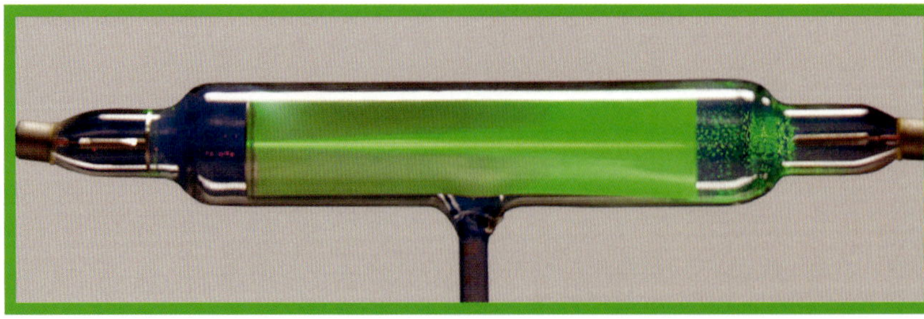

Véase también: Corpúsculos 47 ▪ La teoría atómica de Dalton 80–81 ▪ La radiactividad 176–181 ▪ Modelos atómicos mejorados 216–221

> Son cargas de electricidad negativa transportadas por partículas de materia.
> **J. J. Thomson**

de experimentos que dejarían sentada de una vez por todas la naturaleza de los rayos catódicos. Usando un tubo de rayos catódicos con las placas deflectoras dentro del tubo en lugar de fuera, confirmó que el campo eléctrico desvía los rayos.

La configuración experimental de Thomson le permitió también determinar la proporción entre la carga de la partícula misteriosa y su masa, y descubrió que permanecía igual sin importar qué metal se utilizara para los electrodos ni la composición del gas con el que se llenara el tubo. Dedujo que las partículas de las que están hechos los rayos catódicos son algo presente en todas las formas de la materia.

En 1897, Thomson determinó que las partículas de carga negativa del rayo catódico tenían una masa inferior a la milésima parte de la masa de un átomo de hidrógeno. Por tanto, no podía tratarse de átomos cargados ni de ninguna otra partícula conocida entonces en el campo de la física. Thomson las llamó «corpúsculos», pero pronto se adoptó el nombre *electrón*, propuesto por el físico irlandés George Stoney ya en 1891 para la unidad fundamental de carga eléctrica. En 1906, el descubrimiento de Thomson le fue reconocido con el premio Nobel de física.

El átomo divisible

La siguiente pregunta por responder era cómo encajaban exactamente los «corpúsculos» de Thomson en la estructura del átomo. Se sabía que los átomos son eléctricamente neutros, así que, para equilibrar la carga negativa de los electrones, Thomson propuso que se encontraban suspendidos sobre una nube de carga positiva, como pasas en una tarta, imagen que dio lugar al apelativo «modelo pudín de pasas». El modelo de Thomson fue importante en tanto que, por primera vez, describía el átomo como algo divisible y dotado de fuerzas electromagnéticas. Esto despejó el camino hacia un modelo nuevo en pocos años, al saberse que la carga positiva se concentraba en un volumen minúsculo en el centro del átomo. ■

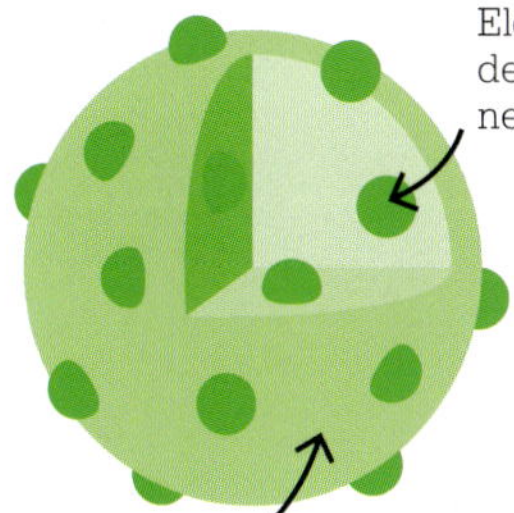

El modelo atómico de Thomson proponía que los electrones de carga negativa estaban incrustados en una nube de carga positiva.

J. J. Thomson

El hijo de librero Joseph John (J.J.) Thomson nació en un suburbio de Mánchester (Inglaterra) en 1856. Comenzó a estudiar en el Owens College (hoy día Universidad de Mánchester) con solo 14 años, y en 1876 obtuvo una beca para estudiar en la Universidad de Cambridge.

Thomson trabajó en Cambridge el resto de su vida, realizando estudios experimentales en el Laboratorio Cavendish, donde se produjo el innovador hallazgo del electrón en 1897.

Fue también un maestro extraordinario, de siete futuros ganadores del Nobel, entre ellos Ernest Rutherford. Aparte de la física, le interesaban mucho las plantas, y se dedicaba a buscar especímenes raros en los alrededores de Cambridge. En 1918 fue nombrado maestro del Trinity College, puesto que mantuvo hasta su muerte en 1940.

Obras principales

1893 «Notes on recent researches in electricity and magnetism».
1903 «Conduction of electricity through gases».

LA ERA DE LA MA

1900–1940

QUINA

1902

Marie y Pierre Curie aíslan el radio de mineral de uranio, demostrando que la **desintegración radiactiva** produce **elementos nuevos**.

1909

El químico danés **Søren Sørensen** crea la **escala de pH** para indicar la acidez o alcalinidad de una solución.

1909

Fritz Haber y **Carl Bosch** desarollan el **proceso Haber-Bosch** para producir amoniaco, vital para obtener fertilizantes y cultivar alimentos suficientes para una población mundial creciente.

1913

El químico británico **Frederick Soddy** aporta pruebas de la existencia de los **isótopos**, átomos del mismo elemento con distinto número de neutrones.

1915

Fritz Haber supervisa el primer **uso a gran escala de armas químicas** durante la Primera Guerra Mundial en Ypres, primer caso de guerra química letal.

La primera mitad del siglo xx fue un periodo marcado por el conflicto. Pero el telón de fondo de las dos guerras mundiales, lejos de ser un impedimento para el avance de la ciencia, fue a menudo un verdadero catalizador. Las innovaciones en el campo de la química ampliaron los límites de lo que se consideraba imposible tan solo unas décadas antes; algunas de ellas dieron lugar a nuevas áreas de la disciplina, y otras pondrían de relieve la ética de determinados procesos químicos.

Un salto cuántico

A principios del siglo xx proliferaron los modelos del átomo. Conocer aspectos nuevos de la composición atómica requirió modelos cada vez más complejos para explicar con precisión su estructura. El modelo sencillo propuesto por J. J. Thomson en 1904 quedó superado en 1911, al descubrir Ernest Rutherford que los átomos tienen un núcleo en el que está concentrada su masa. El modelo Rutherford-Bohr de 1913 fue superado a su vez por el modelo cuántico de Erwin Schrödinger en 1926, con regiones de probabilidad para las posiciones de los electrones, en lugar de puntos concretos.

Estos modelos aportaron una nueva claridad a la estructura atómica que fue útil para otras áreas de la química. La imagen más detallada de los enlaces que dan cohesión a las sustancias a nivel atómico culminó en 1939 con el trabajo de Linus Pauling. En la confluencia de la química y la física, los modelos revisados del átomo ayudaron a comprender la desintegración radiactiva.

La química en la guerra

El descubrimiento de la radiación en los albores del siglo xx reveló la posibilidad de que un elemento se transformara en otro. No se trataba de la brujería de la transmutación a la que habían aspirado los alquimistas; en la década de 1970, los químicos descubrieron que el plomo sí podía transformarse en oro, pero solo de manera fugaz, en aceleradores de partículas y a escala atómica. El éxito en cuanto a la transformación de elementos, sin embargo, alumbró la posibilidad de descubrir nuevos elementos efímeros, lo cual se convertiría en el dominio de los cazadores de elementos más entrado el siglo.

El potencial de la radiación para crear podía aplicarse también a la destrucción. El descubrimiento de la fisión nuclear poco antes de es-

1920

Al proponer que las reacciones de polimerización pueden crear macromoléculas, **Hermann Staudinger** establece la **ciencia de polímeros** y permite elaborar plásticos.

1928

Alexander Fleming descubre la **penicilina**, antibiótico natural cuyo empleo como fármaco transformaría el tratamiento de infecciones bacterianas y salvaría millones de vidas.

1934

Dorothy Hodgkin y **J.D. Bernal** registran la **primera imagen por difracción de rayos X** de una proteína cristalizada, permitiendo determinar su estructura.

1938

Se descubre la **fisión nuclear**, en la que se parten núcleos en reacciones en cadena y genera una cantidad enorme de energía, el principio en el que se basan reactores y armas nucleares.

tallar la Segunda Guerra Mundial reveló que determinados núcleos se podían romper, bombardeándolos con neutrones e iniciando una reacción en cadena que libera una cantidad inmensa de energía. Esta serviría más tarde para obtener energía nuclear, pero, durante el conflicto, los aliados la utilizaron en forma de armas nucleares que causaron una mortandad y destrucción sin precedentes. La química había tenido un papel bélico también en la Primera Guerra Mundial, y el químico alemán Fritz Haber encarnó como nadie estas contradicciones. Junto con su compatriota Carl Bosch, Haber pasó los años anteriores a la guerra desarrollando un proceso para fijar el nitrógeno del aire en forma de amoniaco. El amoniaco fue un precursor vital de los fertilizantes, y el proceso Haber-Bosch permitió a la industria producir gran cantidad de ellos en un momento en que la demanda se estaba disparando.

No es exagerado afirmar que hoy la agricultura convencional no se podría sostener sin el proceso Haber-Bosch. El logro valió a Haber el premio Nobel, y debería ser celebrado hoy como una de las grandes figuras de la química, pero su papel en el desarrollo de la guerra química durante la Primera Guerra Mundial envenenaría su legado.

Plástico fantástico

En 1907 se inventó el primer plástico sintético de producción masiva, la baquelita. La estructura de los plásticos –materiales compuestos de macromoléculas llamadas polímeros– era objeto de un debate intenso entonces, y los científicos no se ponían de acuerdo sobre la estructura de los polímeros. En 1920, Hermann Staudinger los definió como cadenas largas de unidades moleculares repetidas, y su trabajo formó la base de la ciencia de los polímeros como rama química por derecho propio.

Comprender los polímeros aceleró la búsqueda de nuevos materiales plásticos. El descubrimiento del nailon en 1935 condujo a la creación de toda una serie de tejidos artificiales, mientras que los polímeros fluorados, descubiertos de forma accidental, hallaron aplicaciones que van desde las sartenes antiadherentes hasta equipo médico. En la década de 1960 llegaron los plásticos de alto rendimiento. Como resultado de todos estos descubrimientos, los plásticos son omnipresentes en el mundo actual. ■

COMO RAYOS DE LUZ EN EL ESPECTRO, SE RESUELVEN LOS DISTINTOS COMPONENTES

LA CROMATOGRAFÍA

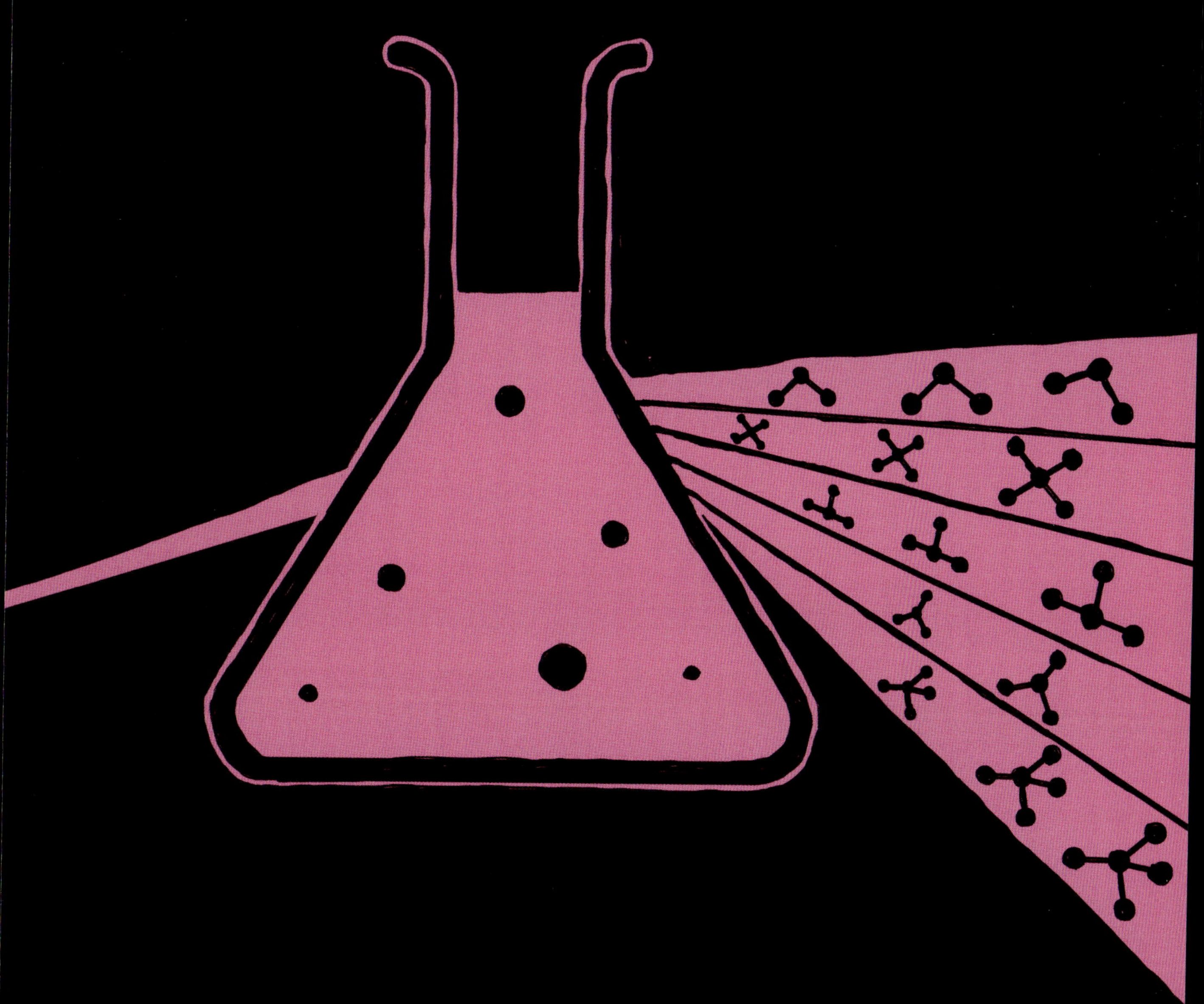

EN CONTEXTO

FIGURA CLAVE
Mijaíl Tsvet (1872–1919)

ANTES
1556 El alemán Georg Bauer publica *De re metallica*, que describe el análisis de minerales y métodos para extraer y separar metales.

1794 Joseph Proust demuestra la ley de las proporciones constantes al mostrar que el carbonato de cobre tiene la misma proporción de elementos venga de fuentes naturales o artificiales.

1814 El toxicólogo español Mathieu Orfila escribe su *Traité des poisons*, en el que insta al análisis químico rutinario en caso de muerte por causa desconocida.

DESPUÉS
1947 La química física alemana Erika Cremer construye el primer cromatógrafo de gases.

1953 Keene Dimick, saborista estadounidense, construye un cromatógrafo de gases para analizar la esencia de fresas y mejorar el sabor de los alimentos procesados.

Cromatografía en papel

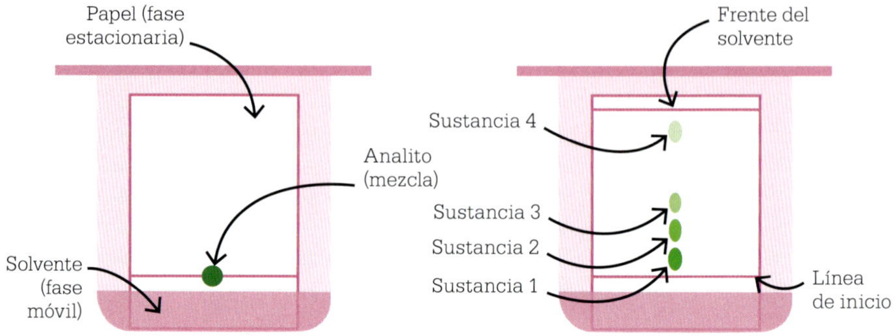

Una mancha de muestra de la mezcla a analizar –el analito– se pone cerca de un extremo de una tira de papel, o fase estacionaria. El papel se cuelga de modo que el borde inferior toca un solvente, la fase móvil.

El solvente asciende gradualmente por el papel, arrastrando consigo la mezcla. Los componentes de esta se separan en función de su atracción al papel, permitiendo analizar e identificar cada uno de modo individual.

El análisis químico es la ciencia de separar, identificar y cuantificar compuestos químicos. Desde el empleo de la piedra de toque de los antiguos metalúrgicos para comprobar la pureza de las aleaciones hasta los impresionantes laboratorios forenses actuales, la química analítica es la piedra angular sobre la que se asientan todas las disciplinas químicas.

Por lo general, los análisis químicos consisten en procesos de separación, seguidos de la identificación de las sustancias obtenidas. El reto consiste en separar los componentes de una mezcla sin destruir su identidad química. Los alquimistas medievales islámicos y europeos refinaron muchos métodos para ello, tales como el filtrado, la sublimación y la destilación; pero la herramienta por excelencia de las técnicas de separación no destructivas no se descubrió hasta comienzos del siglo XX, cuando el botánico y químico ruso Mijaíl Tsvet desarrolló la cromatografía (del griego *chroma*, «color», y *graphein*, «escribir»).

Cromatografía en papel

El principio fundamental de la cromatografía puede explicarse en términos cotidianos: cuando un papel absorbente entra en contacto con el agua, el agua asciende por el papel. Lo mismo pasa cuando el papel entra en contacto con aceite, pero no a la misma velocidad. Si un rotulador verde se moja y entra en contacto con el papel absorbente, el componente amarillo recorre una distancia mayor que los demás componentes. De esta manera, las tintas de color combinadas para obtener el verde se separan. Los materiales con mayor atracción intermolecular con el papel son los primeros extraídos de la mezcla y en adherirse al mismo, mientras que los de menor atracción in-

La cromatografía en papel cuantitativa puede determinar cuántos pigmentos contiene un color. La cantidad de cada uno se puede identificar con la cromatografía cuantitativa moderna.

Véase también: Isomería 84–87 ▪ Espectroscopia de llamas 122–125 ▪ Fuerzas intermoleculares 138–139 ▪ La escala de pH 184–189 ▪ Espectrometría de masas 202–203

> Separa la tierra del fuego, lo sutil de lo espeso dulcemente y con gran cuidado.
>
> **Hermes Trismegisto**
> ***La tabla de esmeralda***
> **(*c.* 800 d.C.)**

termolecular llegan más lejos que los demás componentes. Observaciones como estas aportaron la base de la técnica de separación cromatográfica de Mijaíl Tsvet.

A inicios del siglo xx, los físicos y químicos, entre los que se encontraba Tsvet, estaban encontrando terreno fértil en los procesos naturales. Habían descubierto que las plantas contienen pigmentos que realizan funciones biológicas importantes. El pigmento verde clorofila, por ejemplo, es clave para la fotosíntesis, al absorber luz y obtener de ella energía. La opinión aceptada en la época era que había solo dos pigmentos en las plantas –la clorofila verde y la xantófila amarilla–, pero Tsvet creía que había más. Empleando las técnicas de separación de la época, basadas en la solubilidad y la precipitación, Tsvet pudo separar la clorofila en dos partes, a las que llamó alfaclorofila y betaclorofila. Logró purificar la primera, pero la forma beta se resistía a la purificación.

Experimentos de Tsvet

Inspirado quizá por los métodos de los artesanos para separar pigmentos y crear pinturas y tintes, Tsvet decidió probar con la adsorción para separar los componentes de la betaclorofila. En este proceso, el analito –la mezcla a separar– se coloca como mancha sobre una fase estacionaria –un soporte sólido, como el papel absorbente–, y esta se pone en contacto con una fase móvil, como agua o aceite. La fase móvil entra en el soporte sólido y desplaza el analito. El componente del analito con la mayor atracción hacia el soporte sale de la mezcla primero, seguido de los demás componentes por orden de adsortividad.

Tras repetidas pruebas y errores, Tsvet escogió una columna de tiza como fase estacionaria, y aceites ligeros como fase móvil. Colocó materiales vegetales sobre la tiza, vertió los aceites sobre la parte superior de la columna, y observó la separación de los componentes de color a medida que el aceite bajaba por la columna. Luego, cortó el soporte en secciones y extrajo los pigmentos separados para su análisis, y halló que tanto la clorofila como la xantófila se separaban en compuestos hasta entonces desconocidos.

Tsvet presentó su método de separación ante el Congreso de Naturalistas y Médicos en 1901, pero no llamó «cromatografía» al proceso hasta 1906.

La cromatografía evoluciona

Tsvet empleó después la cromatografía para separar un grupo de pigmentos vegetales complejos, a los »

Mijaíl Tsvet

Hijo de un oficial ruso, Mijaíl Tsvet nació en Asti (Italia) en 1872. La madre, italiana, falleció tras el parto, y Mijaíl se crio en Ginebra (Suiza). Estudió química, física y botánica en la Universidad de Ginebra, por la que recibió el doctorado. Se trasladó a Rusia en 1896, pero no pudo optar a un puesto académico por no reconocerse sus titulaciones suizas. Tsvet regresó a los estudios, y se licenció en la Universidad de Kazán en 1901. En esa época, la química y la física apenas se empezaban a aplicar a los procesos naturales, aspecto que Tsvet investigó siempre que tuvo ocasión. Fue mientras trabajaba como asistente de laboratorio en San Petersburgo cuando desarrolló la cromatografía. La cromatografía no fue aclamada de inmediato como merecía, y Tsvet falleció en 1919, a los 47 años de edad, antes de que se comprendiera plenamente la importancia de su descubrimiento.

Obra principal

1903 «Una nueva categoría de fenómeno de adsorción y su aplicación para el análisis bioquímico».

que llamó carotenoides. Más tarde se descubrió que los compuestos de esta familia contienen vitaminas y antioxidantes, pero el trabajo de Tsvet, lamentablemente, se vio interrumpido varias veces por la Primera Guerra Mundial, y el resultado de los experimentos cromatográficos en otros laboratorios no fue siempre favorable. En la década de 1930, sin embargo, el bioquímico austriaco Richard Kuhn recuperó la técnica de Tsvet para estudiar los carotenoides y las vitaminas.

En la década de 1940, los británicos Archer Martin y Richard Synge, químico y bioquímico respectivamente, dedicaron también su atención a la cromatografía. Reconociendo el trabajo de Tsvet como punto de partida, desarrollaron un método en el que tanto la fase estacionaria como la móvil son líquidos. Demostraron, bajo condiciones estrictamente controladas, que la distancia del compuesto separado de la mezcla de inicio servía para identificar el compuesto: drogas como la heroína y la cocaína, por ejemplo, se podían identificar por cuánto ascendían por la columna cromatográfica. Esto suponía que la cromatografía podía usarse como herramienta analítica,

> Inventó la cromatografía, separando moléculas pero uniendo a las personas.
> **Epitafio de Mijaíl Tsvet**
> **(1919)**

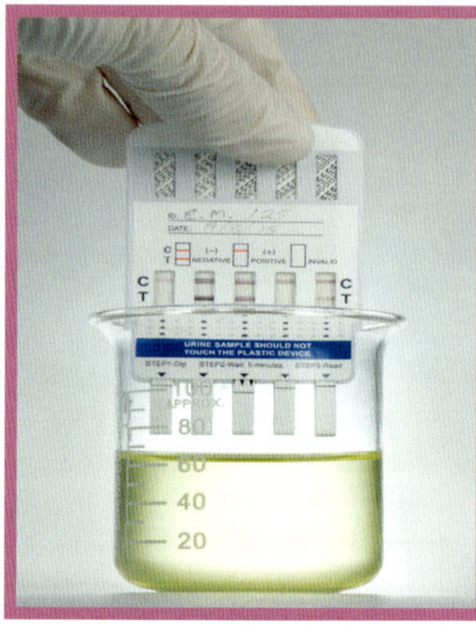

Los compuestos de la orina se separan al ascender por tiras que detectan distintas drogas. Anticuerpos para una droga objetivo en lo alto de cada tira desencadenan un cambio de color si esta está presente.

además de método de separación. Empleando los procesos descritos por Martin y Synge, el bioquímico británico Frederick Sanger consiguió desentrañar en 1955 la estructura de la insulina, que resultaría vital en la lucha contra la diabetes. Del trabajo de estos científicos derivaron múltiples técnicas cromatográficas.

Cromatografía en capa fina

En la cromatografía en capa fina (CCF, o TLC, en inglés), se coloca una capa fina de absorbente estacionario, como gel de sílice o celulosa, sobre un soporte de vidrio, aluminio o plástico. Esto resuelve el problema de los sangrados laterales entre líquidos que se dan en la cromatografía en papel, y tiene la ventaja añadida de permitir el análisis simultáneo de varias mezclas con mejor separación. Es una técnica especialmente útil en pruebas para detectar drogas y pruebas de pureza del agua.

Cromatografía de intercambio iónico

Empleada en las industrias farmacéutica y biotecnológica, la cromatografía de intercambio iónico es un método que permite separar partículas con carga eléctrica. Muchos compuestos biológicamente activos, como los nucleótidos, aminoácidos y proteínas, son portadores de carga eléctrica en condiciones de pH normales del organismo. Se sitúan partículas de carga opuesta en soportes sólidos de intercambio iónico, y estas atraen y fijan los compuestos separados. Las partículas cargadas pueden retirarse selectivamente del soporte sólido cambiando el pH de la fase móvil.

Cromatografía líquida de alta eficiencia

En la cromatografía líquida de alta eficiencia (CLAE, o HPLC, en inglés), la columna está repleta de partículas absorbentes, que incrementan la superficie del soporte sólido e impulsan a través suyo la fase móvil. De este modo, las separaciones se pueden llevar a cabo de manera rápida y eficiente. La CLAE sirve, por ejemplo, para determinar los niveles de hemoglobina A1C en la sangre en el diagnóstico de la diabetes y prediabetes.

Cromatografía de gases-espectrometría de masas

En la química analítica, una vez se ha separado el compuesto, es necesario identificar los componentes. Técnicas tales como la espectrometría –la luz como medio para estudiar sustancias químicas– y el análisis de llamas sirven para valorar los componentes separados que se desprenden de un soporte cromatográfico, pero suele preferirse la espectrometría de masas, que separa las partículas por masa. Cuando se combina este método con la cromatografía de gases –en la que un gas, el helio por lo general, es la fase móvil– se conoce como cromatografía de gases-espectrometría de masas (CG-EM, o GC-MS, en inglés), una técnica que se emplea en prácticamente todos los laboratorios analíticos y de investigación.

En la CG-EM, se inyecta un compuesto de muestra en una columna cromatográfica, y la recorre con ayuda de un gas. La muestra debe estar en estado gaseoso, o fácilmente volatilizable, pero muchas mezclas cumplen este criterio. La columna de cromatografía de gases contiene gran cantidad de granos de soporte sólido, que de nuevo producen una superficie mayor. La columna puede medir varios metros, lo cual mejora la resolución (separación de los compuestos). Si la resolución es pobre, la señal de los compuestos separados puede solaparse, dificultando el conocer la cantidad de cada componente. La columna se enrosca dentro de una cámara a temperatura constante para garantizar que los materiales permanecen en estado gaseoso. En cuanto las sustancias separadas abandonan la columna, las analiza de inmediato un espectrómetro de masas, y, en cuestión de segundos, un ordenador puede cotejar el espectrograma resultante con compuestos conocidos.

Además de en la investigación química, la CG-EM la emplean los especialistas forenses para detectar acelerantes y comprobar si un incendio fue provocado. También sirve para detectar aditivos y contaminantes en los alimentos, así como para analizar los compuestos que les dan sabor y aroma. Las empresas farmacéuticas usan la CG-EM para el control de calidad y la síntesis de fármacos nuevos. ■

> Seguro que no es casualidad que [...] grandes avances [...] han coincidido con la aparición de la cromatografía.
>
> **Lord Alexander Todd**
> **Discurso del Nobel (1957)**

Detección de mercurio por cromatografía en capa fina

El mercurio en el agua y los alimentos puede causar cáncer, daños cerebrales y defectos de nacimiento. Puede perturbar e incluso destruir también sistemas ecológicos, y es por tanto imprescindible identificar sus fuentes y detectar su presencia en el medio hasta en los niveles más bajos. En 2007, los toxicólogos indios Rakhi Agarwal y Jai Raj Behari usaron la prueba de recuento total de leucocitos para crear un método que detecta niveles de mercurio de 0,00002 g por litro de analito. Podían detectarlo en muestras de sistemas naturales o complejos, incluidos fluidos corporales, hábitats acuáticos y vías de aguas residuales, también en presencia de otros metales pesados, como plomo o cadmio.

Las pruebas de Agarwal y Behari son baratas, fácilmente transportables y –gracias al cambio de color que provoca la presencia de mercurio–, utilizables por técnicos con formación básica.

LA NUEVA SUSTANCIA RADIACTIVA CONTIENE UN ELEMENTO NUEVO

LA RADIACTIVIDAD

EN CONTEXTO

FIGURAS CLAVE
Marie y Pierre Curie
(1867–1934, 1859–1906)

ANTES
1858 El alemán Julius Plücker descubre los rayos catódicos, visibles como un resplandor verde al hacer pasar una corriente eléctrica por placas de metal en un tubo de vidrio.

1895 Wilhelm Röntgen descubre los rayos X mientras estudia los rayos catódicos.

DESPUÉS
1909 El británico Ernest Marsden y Hans Geiger, trabajando con Ernest Rutherford, realizan un experimento que ofrece el primer indicio del núcleo atómico.

1919 El neozelandés Ernest Rutherford «parte» el átomo, convirtiendo nitrógeno en oxígeno al bombardearlo con partículas alfa.

Los elementos radiactivos se desintegran liberando partículas **alfa (α)** o **beta (β)**, además de rayos **gamma (γ)**.

La **desintegración alfa** es la emisión de **dos protones y dos neutrones** (un núcleo de helio).

La **desintegración beta** es la emisión de un **electrón**.

La **radiación gamma** es una **onda electromagnética** de alta energía.

La desintegración radiactiva produce un nuevo elemento.

> Revelé las placas fotográficas [...] esperando obtener imágenes muy débiles, pero las siluetas aparecieron con gran intensidad.
> **Henri Becquerel**

Alrededor de la misma época en que J. J. Thomson descubrió el electrón, el físico francés Henri Becquerel estaba haciendo descubrimientos propios. En 1896 estaba estudiando las propiedades de los rayos X, descubiertas el año anterior por el ingeniero y físico alemán Wilhelm Röntgen. Trabajando con un tubo de rayos catódicos en su laboratorio, Röntgen observó que una pantalla fluorescente cercana resplandecía. Concluyó que el tubo emitía un rayo desconocido. Experimentos posteriores determinaron que esta «radiación X», tal y como la llamó, atravesaba muchas sustancias, incluidos los tejidos blandos humanos, pero no otros más densos, como el hueso o el metal. El descubrimiento le valió el primer premio Nobel de física, concedido en 1901.

Radiación del uranio

Becquerel creía que el uranio absorbía la energía del sol, la cual reemitía después como rayos X, y decidió exponer un compuesto con contenido en uranio a la luz solar y, luego, colocarlo sobre placas fotográficas envuelto en papel negro. Predijo que al revelarlas se vería una imagen del compuesto de uranio. El experimento se vio frustrado por el tiempo nublado, pero Becquerel decidió revelar las placas de todas formas, esperando encontrar una imagen débil, si es que se veía alguna. Para su sorpresa, los contornos del compuesto eran nítidos, lo cual demostraba que el uranio emitía radiación sin nece-

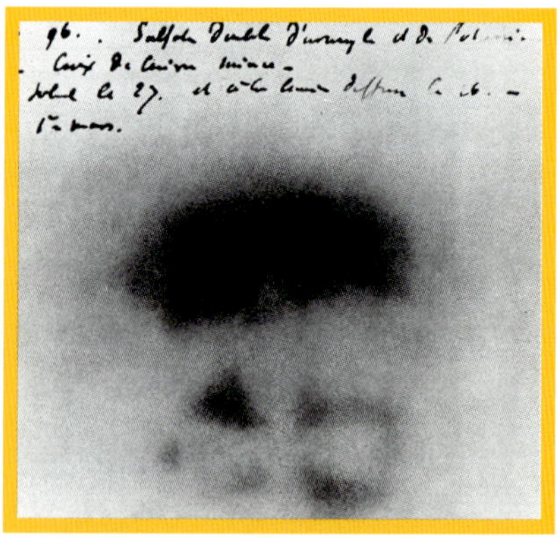

La silueta de la cruz en la mitad inferior de esta placa fotográfica es el resultado de una cruz de Malta colocada entre el uranio y la placa durante el experimento de Becquerel en 1896.

Véase también: Pesos atómicos 121 ▪ El electrón 164–165 ▪ Isótopos 200–201 ▪ Modelos atómicos mejorados 216–221 ▪ Elementos sintéticos 230–231 ▪ La fisión nuclear 234–237

sidad de una fuente de energía externa como la luz del sol. La energía emitida por el compuesto de uranio parecía no disminuir con el tiempo, incluso a lo largo de varios meses, y el uranio metálico puro daba aún mejores resultados.

Los descubrimientos de los Curie

Becquerel había descubierto la radiactividad, pero no tenía idea de la naturaleza de lo que había descubierto. El término fue acuñado por la física polaca nacionalizada francesa Marie Curie en 1898. Investigaciones posteriores de Becquerel, Marie Curie, su marido Pierre y otros establecieron que la cantidad de radiactividad emitida por el mineral de uranio es proporcional a la cantidad de uranio que contiene.

Se descubrió que otras sustancias también tenían propiedades radiactivas. Por ejemplo, los Curie comprobaron que muestras de pechblenda, mineral que contiene uranio, parecían producir más radiactividad que el uranio puro. Dedujeron que debía haber otra sustancia radiactiva presente en la muestra, y acabaron aislando otro elemento químico más de 300 veces más radiactivo que el uranio; lo llamaron polonio. También descubrieron que los desechos restantes una vez extraído el polonio seguían siendo altamente radiactivos.

Después de unos años de arduo trabajo moliendo, filtrando y disolviendo muestras de 20 kg de pechblenda de la que ya se había extraído el uranio, en 1902, Marie Curie aisló una pequeña cantidad de otro elemento presente en el mineral, al que llamó radio.

Curie calculó que 28 g de radio radiactivo producen 4000 calorías por hora, de forma aparentemente indefinida, y se preguntó de dónde procedía esta energía. La respuesta tendría que esperar unos años más, hasta que Albert Einstein publicara la teoría de la relatividad especial, en 1905. Según Einstein, masa y energía son equivalentes, como expresa la icónica ecuación $E = mc^2$. El radio irradiaba calor, y por tanto debía perder también masa. Por desgracia, el equipo disponible en la época no era lo bastante preciso como para medir la cantidad minúscula de masa que se estaba convirtiendo en energía, así que no había forma de verificar experimentalmente la explicación de Einstein.

> [Marie Curie tenía] una devoción y tenacidad en la ejecución bajo las condiciones más duras imaginables.
> **Albert Einstein**

En 1903 se concedió el premio Nobel de física a Marie Curie y su marido Pierre conjuntamente con Henri Becquerel por su trabajo sobre la radiactividad. En 1910, Marie Curie fue galardonada también con el premio Nobel de química por el »

Marie Curie

Nacida Maria Skłodowska en 1867 en Varsovia (Polonia, entonces en el Imperio ruso). Marie recibió formación científica de su padre, profesor de secundaria. Después de participar en una organización revolucionaria estudiantil tuvo que trasladarse a Cracovia, por entonces bajo dominio austriaco. En 1891 fue a París a continuar sus estudios en la Sorbona, y en 1894 conoció a Pierre Curie, profesor de la Facultad de Ciencias, y al año siguiente se casaron. Sus investigaciones, muchas realizadas juntos y en condiciones difíciles, les llevaron a aislar los elementos polonio (1898) y radio (1902).

Tras la muerte de Pierre en 1906, Marie ocupó su lugar como profesora de física general, la primera mujer en el puesto. Promovió el uso terapéutico del radio durante la Primera Guerra Mundial, y desarrolló unidades móviles de rayos X para servir en el frente. Marie murió en 1934 de leucemia, probablemente a causa de la exposición a la radiación. En 1935, su hija Irène fue reconocida con el premio Nobel de química por su trabajo con los elementos radiactivos.

descubrimiento del radio y el polonio, siendo la primera persona en recibir dos premios Nobel.

Distintos tipos de radiación

En 1898, con una instalación experimental sencilla en Cambridge (Inglaterra), el físico de origen neozelandés Ernest Rutherford descubrió que había tres tipos diferentes de radiactividad. Usando un electroscopio (dispositivo que detecta la presencia de carga eléctrica en un cuerpo) y una muestra de uranio como fuente de radiación, colocó entre uno y otro grosores crecientes de papel de aluminio, y midió la intensidad de la radiación, tomando nota del tiempo necesario para descargar el electroscopio.

Rutherford descubrió que había al menos dos tipos de radiación, a los que llamó alfa (α) y beta (β), y determinó que los rayos beta eran unas 100 veces más penetrantes que los rayos alfa. Estudios posteriores mostraron que un campo magnético desviaba los rayos beta, lo cual indicaba que consistían en partículas de carga negativa, como los rayos catódicos.

En 1903, Rutherford descubrió que los rayos alfa se desviaban ligeramente en sentido opuesto, hecho que indicaba que estaban formados por partículas masivas de carga positiva. Más tarde, en 1908, demostró que los rayos alfa son los núcleos de átomos de helio, al detectar la acumulación de helio en un tubo de vacío que había captado rayos alfa durante días. Unos años antes, en 1900, el químico francés Paul Villard había identificado un tercer tipo de radiación. Llamada radiación gamma, era aún más penetrante que la radiación alfa. Luego se demostró que los rayos gamma eran un tipo de radiación electromagnética de alta energía, semejante a los rayos X, aunque de longitud de onda mucho menor.

Cadenas de desintegración

Mientras estudiaba la radiactividad del elemento metálico torio en 1902, Rutherford, con la ayuda del químico inglés Frederick Soddy, halló que la desintegración puede convertir un elemento radiactivo en otro. Rutherford recibió el premio Nobel de química por ello en 1908.

El interés en la radiactividad creció con el descubrimiento de los hasta entonces desconocidos radio y polonio por los Curie. Muchas otras sustancias aisladas del

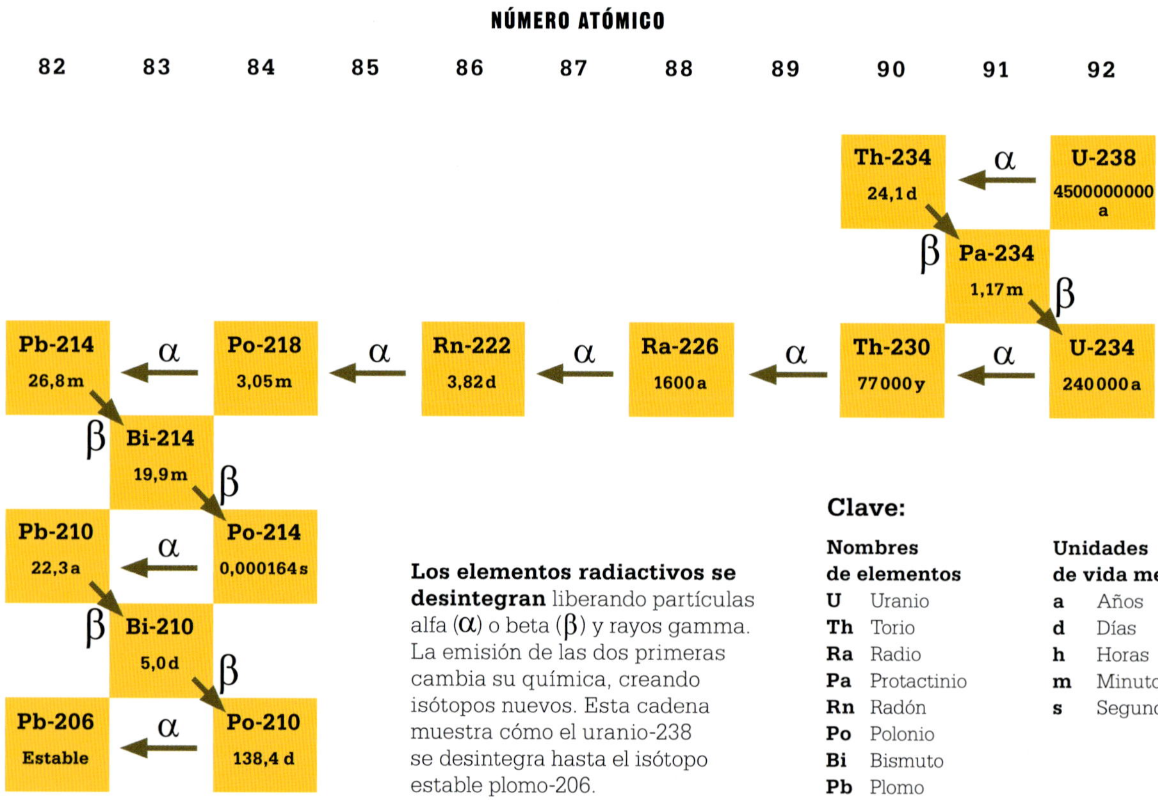

Los elementos radiactivos se desintegran liberando partículas alfa (α) o beta (β) y rayos gamma. La emisión de las dos primeras cambia su química, creando isótopos nuevos. Esta cadena muestra cómo el uranio-238 se desintegra hasta el isótopo estable plomo-206.

Clave:

Nombres de elementos
- **U** Uranio
- **Th** Torio
- **Ra** Radio
- **Pa** Protactinio
- **Rn** Radón
- **Po** Polonio
- **Bi** Bismuto
- **Pb** Plomo

Unidades de vida media
- **a** Años
- **d** Días
- **h** Horas
- **m** Minutos
- **s** Segundos

Desintegración radiactiva

Los elementos de la tabla periódica pueden darse en más de una forma, algunas más estables que otras. No resulta sorprendente que la forma más estable de un elemento suela ser la más común en la naturaleza. Los elementos tienen un forma inestable, que es radiactiva y emite radiación ionizante. Algunos, como el uranio, no tienen forma estable y son siempre radiactivos. Estos se desintegran o decaen, se transforman en elementos diferentes, llamados productos de decaimiento, y emiten radiación como partículas alfa, beta y rayos gamma durante el proceso. Si el producto es también inestable, el proceso continúa hasta alcanzar una forma estable y no radiactiva.

Solo 28 de los 38 elementos radiactivos se dan de forma natural, y los demás se han creado en laboratorios. Uno de ellos, el oganesón, se sintetizó en 2002 por primera vez, y se cree que su vida media es inferior a un milisegundo.

uranio y del torio parecían ser elementos nuevos. Varios investigadores habían observado que la radiactividad de las sales de torio parecía variar al azar y que, de modo extraño, esta variación parecía guardar relación con la fuerza de corrientes de aire en el laboratorio. Parecía evidente que había alguna «emanación de torio» que una brisa podía desplazar de la superficie del torio. Rutherford especuló que era vapor de torio, y midió repetidamente su capacidad para ionizar el aire a fin de estimar su radiactividad. Le sorprendió descubrir que la radiactividad disminuía de modo exponencial con el tiempo.

Rutherford también notó que los recipientes que estaba usando se volvían radiactivos. Esta actividad excitada disminuía regularmente con el tiempo, quedando en la mitad transcurridas once horas. Rutherford no lo sabía, pero estaba siendo testigo de una «cadena de desintegración», y estaba midiendo la desintegración de una forma radiactiva de plomo, resultado de la del isótopo radón-220.

Rutherford y Soddy propusieron que estos elementos estaban experimentando una «transformación espontánea», expresión que vacilaron en emplear por sus resonancias alquímicas. Parecía evidente que la radiactividad era el resultado de cambios a nivel subatómico, aunque una explicación plena de estos cambios tendría que esperar al advenimiento de la mecánica cuántica. Según Rutherford y Soddy, un elemento radiactivo se transforma en otro elemento en el sentido de que cambia de un elemento progenitor a otro distinto. Los átomos mismos de la sustancia cambian al azar, pero a una tasa que depende del elemento en cuestión. Este proceso de cambio en un elemento radiactivo se llamó vida media: el tiempo que tarda la mitad de una muestra radiactiva en desintegrarse. Rutherford había estimado la vida media de la «emanación de torio» que había descubierto en 60 segundos, extraordinariamente próxima a la vida media de 55,6 segundos del radón-220 que se descubrió posteriormente. ■

> Los mejores velocistas en esta vía de investigación son Becquerel y los Curie.
> **Ernest Rutherford**
> **Carta a su madre (1902)**

Ernest Rutherford (dcha.), tras sus descubrimientos sobre desintegración radiactiva, trabajó con el físico alemán Hans Geiger (izda.) para crear un detector eléctrico de partículas ionizadas.

LAS MOLECULAS, COMO CUERDAS DE GUITARRA, VIBRAN EN FRECUENCIAS ESPECIFICAS

ESPECTROSCOPIA INFRARROJA

EN CONTEXTO

FIGURA CLAVE
William Coblentz
(1873–1962)

ANTES
1800 William Herschel detecta luz fuera del espectro visible, que llama luz infrarroja.

***C.*1814** El alemán Joseph von Fraunhofer construye un espectrómetro y observa líneas oscuras en el espectro visible.

1822 El francés Joseph Fourier ingenia una herramienta matemática para obtener información de los espectros.

DESPUÉS
1969 Un equipo de ingenieros en Digilab (Reino Unido) construye el primer espectrofotómetro infrarrojo con transformada de Fourier (IRTF).

1995 La Agencia Espacial Europea crea el Observatorio Espacial Infrarrojo, que detecta agua en la atmósfera de planetas del sistema solar y la nebulosa de Orión.

La espectroscopia infrarroja –que analiza la absorción, emisión o reflexión de la luz infrarroja por las moléculas, principalmente orgánicas– seguía en su infancia cuando el alumno investigador William Coblentz comenzó su exploración en la Universidad Cornell en 1903. Para estudiar la absorción de la luz infrarroja por compuestos orgánicos, construyó un espectrómetro infrarrojo con una fuente de luz sobre un brazo móvil, que iluminaba el compuesto en una celda transparente. La luz pasaba por el brazo hasta un prisma, que separaba la luz en distintas longitudes de onda. Según la posición del brazo, longitudes de onda específicas se enfocaban sobre un fotómetro, que informaba de la cantidad de luz absorbida por longitud de onda.

Los datos de Coblentz, publicados en 1905, revelaron que ciertos grupos funcionales absorben luz infrarroja en longitudes de onda características. Esto aportó un método para identificar compuestos conocidos y determinar la estructura de otros nuevos.

Con la llegada de los ordenadores fue posible la espectrometría infrarroja con transformada de Fourier (IRTF, o FTIR), cuyos instrumentos muestran al instante una serie completa de longitudes de onda infrarrojas de una muestra, con sus grados de absorción correspondientes. Así se obtienen espectros en cuestión de segundos. Hoy, los laboratorios forenses usan IRTF para identificar billetes y documentos falsos. ■

> La cuestión de si los mismos elementos químicos de nuestra Tierra están presentes en todo el universo tuvo una respuesta afirmativa muy satisfactoria.
>
> **William Huggins**
> **Astrónomo británico (1824–1910)**

Véase también: Grupos funcionales 100–105 ▪ Espectroscopia de llamas 122–125

ESTE MATERIAL DE LOS MIL USOS

PLÁSTICO SINTÉTICO

EN CONTEXTO

FIGURA CLAVE
Leo Baekeland (1863–1944)

ANTES
1872 El químico alemán Adolf von Baeyer mezcla fenol y formaldehído, y obtiene un sólido insoluble semejante al alquitrán.

1899 Tras descubrir que el formaldehído transforma la leche en un sólido, el químico bávaro Adolf Spitteler patenta el plástico lácteo para fabricar botones y hebillas.

DESPUÉS
1926 Se patenta otra resina de formaldehído, el Catalin. A diferencia de la baquelita, es incolora y transparente, y por tanto puede producirse en colores vivos.

Década de 1940 Otros plásticos sintéticos, como el polietileno y el policloruro de vinilo (PVC), sustituyen a la baquelita en la mayoría de aplicaciones.

A comienzos del siglo xx, los plásticos moldeables eran poco más que una ambición. Los químicos estudiaron varias combinaciones de fenol y formaldehído, pero invariablemente producían masas negras, duras e insolubles. Uno de ellos fue el belga Leo Baekeland. Al principio se centró en buscar un sustituto más barato y duradero para la goma laca, usada entonces para aislar cables eléctricos. Creó una goma laca soluble llamada Novolak, pero no tuvo éxito en el mercado.

Baekeland no se desanimó, y se dedicó a reforzar madera con resina sintética. Calentando fenol y formaldehído con un catalizador y controlando la presión y la temperatura, en 1907 produjo un plástico termoestable, duro, pero moldeable. Lo llamó baquelita, derivado de su apellido.

Material de los mil usos

Ya existían plásticos hechos con materiales existentes –como el celuloide–, pero la baquelita fue el primero completamente sintético. Una ventaja clave es que era resistente al calor y se podía moldear en formas útiles. Baekeland registró más de 400 patentes relativas a su invento, que se volvió rápidamente ubicuo. No obstante, era caro y complejo producir baquelita, material, además, bastante quebradizo. Tras dos décadas de gran éxito, la baquelita empezó a verse superada por plásticos nuevos con propiedades ventajosas, como el polietileno o el policloruro de vinilo (PVC). Actualmente, la baquelita conserva algunas aplicaciones automotrices y eléctricas. ■

La baquelita se utilizó en artículos cotidianos y bienes de consumo muy diversos, desde relojes y teléfonos hasta lámparas y utensilios de cocina.

Véase también: La polimerización 204–211 ▪ Polímeros antiadherentes 232–233 ▪ Polímeros superresistentes 267 ▪ Plásticos renovables 296–297

EL PARAMETRO QUIMICO MAS MEDIDO

LA ESCALA DE PH

EN CONTEXTO

FIGURA CLAVE
Søren Sørensen
(1868–1939)

ANTES
***C.* 1300** Arnaldo de Vilanova usa tornasol para estudiar los ácidos y álcalis.

1852 El químico británico Robert Angus Smith emplea la expresión «lluvia ácida» por primera vez en un informe sobre la química de la lluvia en el área de Mánchester.

1883 Svante Arrhenius propone que los ácidos producen iones de hidrógeno y los álcalis producen iones de hidróxido en solución.

DESPUÉS
1923 G. N. Lewis, químico estadounidense, teoriza que un ácido es todo compuesto que se enlaza con un par de electrones no compartido en una reacción química.

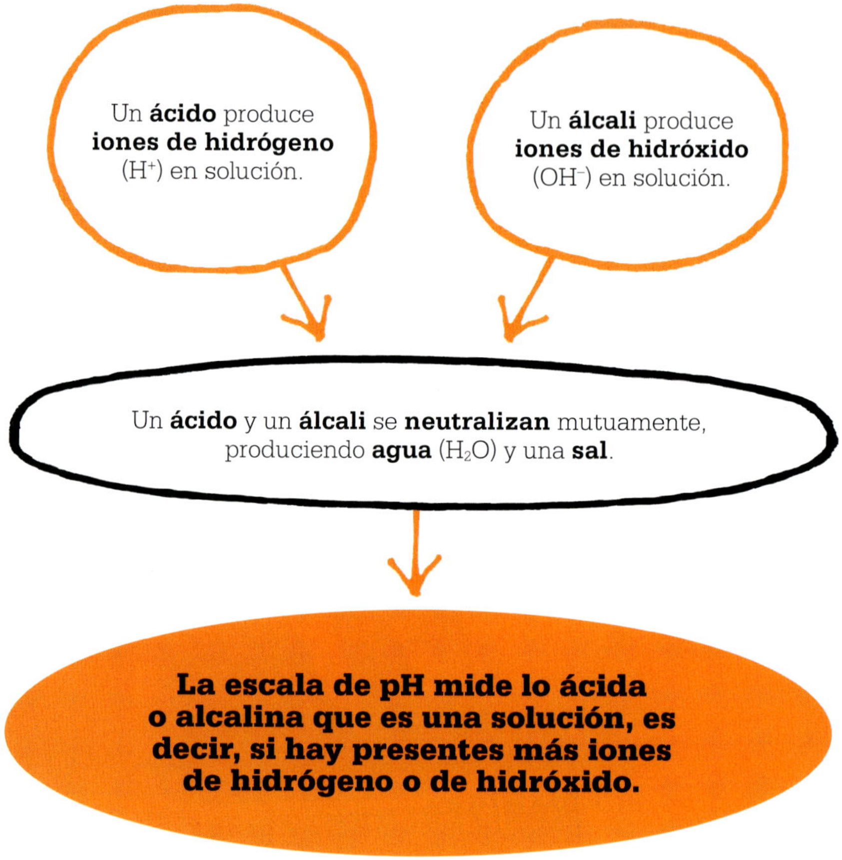

> Medir el pH es a menudo engañosamente fácil [...], medir el pH puede ser también exasperantemente difícil.
> **G. Mattock**
> **«pH measurement and titration» (1963)**

Ácidos y álcalis son sustancias bien comprendidas y conocidas, tanto en el laboratorio como en el ámbito doméstico. La escala de pH –conocida para químicos, jardineros y fabricantes de cerveza, y muy empleada en la industria alimentaria y manufactura de fertilizantes– es el medio para medir la acidez o alcalinidad. Esta escala fue desarrollada por un químico que experimentaba con la producción de cerveza en 1909.

La prueba ácida

Hace siglos, los alquimistas usaban pruebas para ácidos y álcalis. Hacia 1300, el alquimista de la Corona de Aragón Arnaldo de Vilanova descubrió que un tinte morado extraído de los líquenes se volvía rojo al combinarlo con un ácido, y que cuanto más fuerte era el ácido, más oscuro se volvía. El tornasol, como se llamó, se volvía azul en contacto con un álcali, y fue por tanto el primer indicador de acidez y alcalinidad. En el siglo XVII, Robert Boyle descubrió que los ácidos y álcalis hacían cambiar de color también otras sustancias de origen vegetal. Estos compuestos abrieron una vía a los químicos para determinar la fuerza relativa de ácidos y álcalis comparando las proporciones de unos que neutralizarían a los otros.

Aislar la esencia

A finales del siglo XVIII, los químicos solían aceptar la definición de los álcalis como sustancias capaces de neutralizar los ácidos. En 1776, Antoine Lavoisier intentó aislar la «esen-

Véase también: La fermentación 18–19 ▪ Aire inflamable 56–57 ▪ Electroquímica 92–93 ▪ Ácidos y bases 148–149 ▪ Representación de los mecanismos de reacción 214–215

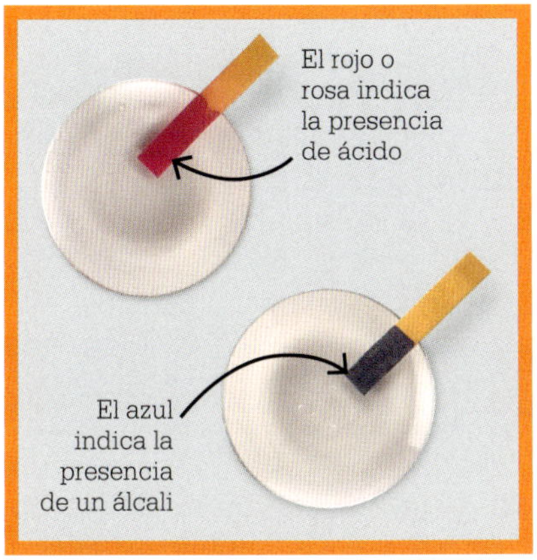

El papel de tornasol fue el primer indicador para distinguir si una solución es ácida o alcalina. Se prepara con un tinte obtenido de líquenes.

cia» que confería a los ácidos sus propiedades únicas, y concluyó erróneamente que era el oxígeno. Alrededor de 1838, Justus von Liebig descubrió que los ácidos reaccionaban con los metales y producían hidrógeno, y razonó que el hidrógeno era común a todos los ácidos. En 1883, 45 años después, Svante Arrhenius propuso que las propiedades de los ácidos y álcalis eran el resultado de la actividad de los iones en solución. Los ácidos, afirmó, son simplemente sustancias que liberan iones de hidrógeno (H^+) en solución; los álcalis, en cambio, liberan iones hidroxilos (OH^-). Ácidos y álcalis se neutralizan mutuamente por combinarse los iones H^+ y OH^- para formar agua.

En 1923, los químicos Thomas Lowry (británico) y Johannes Brønsted (danés) propusieron independientemente una forma modificada de las definiciones de Arrhenius. Ambos concurrían en que los ácidos liberan protones (iones de hidrógeno), pero definieron los álcalis simplemente como sustancias capaces de captar protones. Esto reforzó la idea de que la fuerza de un ácido se podía determinar por la cantidad de iones de hidrógeno que libera en solución.

La mejora de la cerveza

En 1893, el alemán Hermann Walther Nernst formuló una teoría para explicar cómo se descomponen los compuestos iónicos en el agua. Propuso que los iones positivos y negativos del compuesto pierden contacto unos con otros, permitiendo que se muevan por el agua y conduzcan la corriente eléctrica. En la misma década, el letón Wilhelm Ostwald inventó equipo conductivo eléctrico capaz de determinar la cantidad de iones de hidrógeno en una solución midiendo la corriente generada por la migración de los iones a electrodos de carga opuesta. No había, sin embargo, ningún modo universalmente aceptado de expresar las concentraciones de iones de hidrógeno.

En 1909, el químico danés Søren Sørensen, director del departamento químico del Laboratorio Carlsberg, en Copenhague –creado por el fabricante de cerveza del mismo nombre–, estaba estudiando la fermentación y el efecto de la concentración de iones. Descubrió que el contenido en iones de hidrógeno desempeñaba un papel clave en las reacciones enzimáticas vitales para la elaboración de la cerveza, una de las industrias químicas más antiguas del mundo.

Sørensen necesitaba un método que le permitiera medir concentraciones extremadamente bajas de H^+ sin afectar químicamente a las enzimas que estaba estudiando. Desde »

Søren Sørensen

Søren Sørensen nació en 1868 en Havrebjerg (Dinamarca), hijo de un agricultor. A los 18 años empezó a estudiar química en la Universidad de Copenhague, aunque en un primer momento quiso estudiar medicina. Se formó principalmente en química inorgánica, y, mientras trabajaba en su doctorado, tomó parte en un estudio geológico de Dinamarca, fue químico asistente en el laboratorio del Instituto Politécnico de Dinamarca y sirvió también como asesor en los muelles navales.

En 1901 fue nombrado director del departamento de química del Laboratorio Carlsberg, en Copenhague, puesto en el que continuó el resto de su vida. Allí se ocupó en problemas bioquímicos, y fue en Carlsberg, en 1909, donde creó la escala de pH. Su esposa Margrethe Høyrup Sørensen le asistió en gran parte de su trabajo. Después de un periodo de mala salud, Sørensen se jubiló en 1938, y murió al año siguiente.

el siglo XVIII, los químicos conocían la técnica de valoración o titración para determinar la acidez de una solución –consistente en añadir gradualmente una solución de un álcali de concentración conocida hasta neutralizar el ácido–, pero era inadecuada para los propósitos de Sørensen. Así que decidió realizar sus mediciones con electrodos en lugar de hacerlo químicamente, y empleó los métodos desarrollados por Nernst y Ostwald como base de su enfoque.

El montaje original de Sørensen para medir valores de pH suponía un proceso largo y tedioso. Requería una fuente de gas hidrógeno y varios aparatos, entre ellos un potenciómetro de resistencia y un galvanómetro altamente sensible. Calcular el contenido en iones de hidrógeno a partir de los resultados requería tiempo, y debía emplear una ecuación bastante compleja desarrollada por Nernst.

Sørensen introdujo el término pH en su trabajo de 1909, en el que trató el efecto de los iones H^+ sobre las enzimas. Definió pH como $-\log[H^+]$, o el logaritmo negativo del contenido de iones de hidrógeno. (El logaritmo de un número es la potencia a la que hay que elevar 10 para obtener dicho número.) La genialidad de este enfoque es que el uso de la escala logarítmica hacía que el engorro de expresar cantidades muy pequeñas de iones de hidrógeno que exhiben una variación muy amplia se convirtiera en algo rápido y fácil de comprender. Así, en vez de decir que para el agua pura la concentración de iones de hidrógeno es igual a $1{,}0 \times 10^{-7}$ M (moles por litro), Sørensen tomaba simplemente el negativo del logaritmo (en este caso –7) para dar un pH de 7. Una solución con un contenido de iones de hidrógeno de $1{,}0 \times 10^{-4}$ M, una concentración mil veces mayor que la del agua pura, tiene un pH de 4. Cada paso ascendente (o descendente) en la escala de pH supone un incremento (o reducción) de la concentración de iones de hidrógeno por un factor de 10.

> La cerveza y la ciencia, sobre todo química, han estado entrelazadas a lo largo de la historia.
>
> **Maria Filomena Camões**
> **«A century of pH measurements» (2010)**

Cálculos del pH

En 1921, la empresa Leeds & Northrup de Filadelfia (EE UU) produjo una calculadora especializada –de aspecto semejante a una regla de cálculo circular– para calcular el pH. Desde finales de la década de 1920, electrodos de vidrio sensibles al H^+ sustituyeron gradualmente a los electrodos de hidrógeno de Sørensen, eliminando la necesidad de una fuente de gas hidrógeno. A finales de la década de 1930, era posible cargar todos los componentes electrónicos necesarios en un medidor compacto que ofrecía lecturas inmediatas de pH. Hoy, los medidores de pH son la forma más habitual para las mediciones en el laboratorio.

La escala de valores del pH suele darse de 0 a 14, siendo 0 el valor del ácido clorhídrico concentrado, 7 el valor del agua pura (pH neutro) y 14 el valor del hidróxido de sodio concentrado. Con concentraciones muy altas, es posible obtener un valor de

La respiración eficiente mantiene los niveles de ácido carbónico de los corredores, al espirar el CO_2 de desecho de la actividad muscular.

Tampones biológicos

La mayoría de las enzimas de las que dependen las células del cuerpo humano para funcionar operan en una gama estrecha de valores de pH, típicamente entre 7,2 y 7,6. (Una excepción es la proteasa del estómago, enzima digestiva que opera entre 1,5 y 2,0). Salirse de este margen sería muy dañino, fatal incluso.

El cuerpo humano mantiene un pH seguro con un sistema de tampones, siendo el principal el del bicarbonato. Al reaccionar el bicarbonato de sodio con un ácido fuerte, forma ácido carbónico (un ácido débil) y sal. Al reaccionar el ácido carbónico con un álcali fuerte, se forma bicarbonato y agua. En condiciones normales, los iones de bicarbonato y ácido carbónico están presentes en la sangre en una proporción de 20:1, y por tanto el sistema es más eficiente ante el exceso de ácido. La mayoría de los desechos del organismo son ácidos, como el ácido láctico y las cetonas. El nivel de ácido carbónico en sangre se controla espirando CO_2; el de bicarbonato en la sangre lo controla el sistema renal.

La escala de pH muestra que diversas sustancias de uso cotidiano tienen una gama amplia de niveles ácidos y alcalinos. El pH es una propiedad de las soluciones, y, por tanto, diferentes concentraciones producen valores distintos.

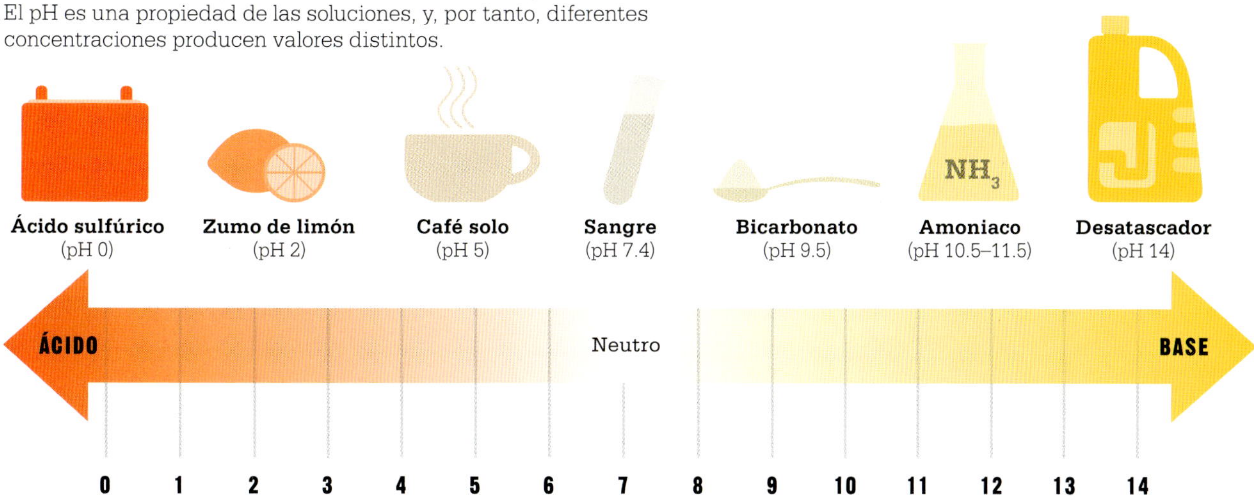

–1, que parece ser el límite de la acidez, y uno de 15, el límite de la alcalinidad. En el agua pura, la concentración de iones de H^+, 10^{-7} M, queda equilibrada por la concentración de iones de OH^-, también 10^{-7} M.

Los jardineros y otros que no necesitan resultados tan precisos como los que ofrece un medidor de pH emplean papel de tornasol, o tintes indicadores. Estos son ácidos débiles que cambian de color según la cantidad de iones de hidrógeno que producen. Los indicadores suelen ser específicos para una gama determinada de valores de pH. La fenolftaleína, por ejemplo, reacciona en una gama del 8 al 10, mientras que el rojo de metilo reacciona entre 4,5 y 6.

Potencia, *potenz*, potencial

Nunca ha habido certeza acerca de qué representa la «p» en pH. El propio Sørensen nunca fue claro al respecto. Algunas fuentes, como la Fundación Carlsberg, mantienen que representa la potencia del hidrógeno. Las fuentes alemanas la atribuyen a *potenz*, y los químicos franceses consideran que se trata de *puissance* (también «potencia»), y no faltan quienes lo consideran la inicial del latín *potentia hidrogenii* (potencia de hidrógeno). En sus notas de laboratorio, Sørensen empleó *p* y *q* suscritos para distinguir los dos electrodos de su sistema; *q* era un electrodo de referencia, y *p*, el electrodo positivo de hidrógeno. Por tanto, es posible que se estuviera refiriendo simplemente a la concentración de iones de hidrógeno en el electrodo *p*.

La escala de pH ha traído al mundo avances muy diversos. En la agricultura, es vital para indicar si los cultivos se darán en determinado suelo; en medicina, los médicos la utilizan para diagnosticar trastornos renales, entre otros; y en la industria alimentaria asiste en todas las fases de procesado. ■

Un medidor de pH mide la acidez del suelo para plantas que requieren condiciones particulares. La acidez del suelo puede compensarse añadiendo compost, mantillo o fertilizante.

PAN DEL AIRE

FERTILIZANTES

EN CONTEXTO

FIGURAS CLAVE
Fritz Haber (1868–1934),
Carl Bosch (1874–1940)

ANTES
1861 Se fabrican abonos de potasio en Alemania.

1902 Wilhelm Ostwald idea un proceso para producir ácido nítrico con reacciones que comienzan por oxidar amoniaco a alta temperatura.

DESPUÉS
1913 Comienza la producción a gran escala de abono de nitrato de amonio en Oppau (Alemania).

Década de 1920 Fabricantes de Francia, Reino Unido y EE UU comienzan a producir amoniaco.

1968 William Gaud, de la Agencia de EE UU para el Desarrollo Internacional (USAID), acuña la expresión «revolución verde» para describir la mayor producción de alimentos debida en parte a los abonos sintéticos.

Además de agua, dióxido de carbono del aire y sol, las plantas necesitan nutrientes minerales del suelo, sobre todo nitrógeno (N), fósforo (P) y potasio (K). Los fertilizantes aportan estos para que los cultivos crezcan más en menos tiempo y para mejorar el rendimiento. Las raíces de las plantas absorben nutrientes del agua en el suelo, y los compuestos químicos de los fertilizantes deben ser hidrosolubles. Los abonos naturales tienen una historia tan antigua como la propia humanidad, y ya los pueblos neolíticos probablemente usaban estiércol animal.

Hasta inicios del siglo XIX, los agricultores solo podían disponer de abono en forma de estiércol (que contiene N, P, K y trazas de Mg [magnesio]), harina de huesos (N, P y Ca [calcio]) y ceniza (P, K y Mg). En la década de 1830, las empresas empezaron a explotar los grandes depósitos de guano –excrementos de aves– ricos en nitrato de las islas costeras de Perú para suministrar a los agricultores de América del Norte. Más tarde, los agricultores europeos lo obtuvieron de la costa de Namibia, en el suroeste de África.

Los primeros abonos sintéticos se fabricaron a principios del siglo XIX tratando huesos con ácido sulfúrico, que aumenta el nivel de fósforo hidrosoluble. Más tarde, en 1861, el químico alemán Adolph Frank obtuvo la patente para crear fertilizantes basados en el potasio a partir de potasa, un tipo de sal mineral.

> La civilización como hoy se conoce no habría surgido, ni puede sobrevivir, sin un suministro adecuado de alimentos.
> **Norman Borlaug**
> **Discurso del Nobel (1970)**

Con las poblaciones en aumento de América del Norte y Europa, la demanda de fertilizantes era incesante. En 1908, al estudiar cómo afectan a las reacciones químicas las altas temperaturas y presiones, el químico alemán Fritz Haber logró fijar nitrógeno del aire al amoniaco, compuesto del nitrógeno que absorben las plantas. En 1909, su compa-

Véase también: El ácido sulfúrico 90–91 ▪ Química explosiva 120 ▪ El principio de Le Chatelier 150 ▪ La guerra química 196–199

triota Carl Bosch adaptó el proceso a escala industrial.

El proceso Haber-Bosch produce rápidamente gran cantidad de amoniaco usando nitrógeno del aire e hidrógeno de gas natural. La reacción tiene lugar a entre 400 y 550 °C y una presión de entre 150 y 300 atm, con hierro como catalizador. Luego, por el proceso de Ostwald, el amoniaco (NH_3) y el oxígeno (O_2) pasan sobre un catalizador de platino y producen óxido nítrico (NO) y dióxido de nitrógeno (NO_2). El NO_2 se disuelve luego en agua (H_2O) y produce ácido nítrico (HNO_3), el componente clave del fertilizante nitrato de amonio (NH_4NO_3), fácil de almacenar y transportar como un sólido blanco a temperatura ambiente.

La manufactura despega

La empresa alemana BASF comenzó a fabricar fertilizantes por el proceso Haber-Bosch en 1913, pero, debido a la Primera Guerra Mundial, cambió temporalmente la producción en 1915 al ácido nítrico, principal reactivo de inicio para explosivos nitrogenados.

La producción de fertilizantes sintéticos aumentó a partir de finales de la década de 1940, y fue un componente fundamental de la llamada «revolución verde». Los fertilizantes nitrogenados continúan siendo los más ampliamente utilizados, y la demanda sigue creciendo, pero también crece la producción de los de fosfato y potasio.

Los minerales fluorapatita e hidroxiapatita se tratan con ácido sulfúrico o fosfórico para crear fosfatos solubles; minerales como la silvita son la materia prima de los fertilizantes potásicos.

La producción de abono nitrogenado contamina las aguas subterráneas, contribuye al efecto invernadero y consume mucha energía, el 5% de la producción mundial de gas natural. Gracias a los fertilizantes se pudo alimentar a millones de personas a finales del siglo XX, pero, en 2015, científicos de la ONU advirtieron de la insostenibilidad de tales prácticas agrícolas, y proyectaron la erosión del suelo y la infertilidad de la tierra en cuestión de décadas. ▪

La producción de abono nitrogenado sintético creció desde los 13 millones de toneladas hasta los 113 millones de toneladas entre 1961 y 2014. En el mismo periodo, la población mundial pasó de 3000 millones a 7200 millones. En 2020, los fertilizantes aportaban sustento al 48 % de la humanidad.

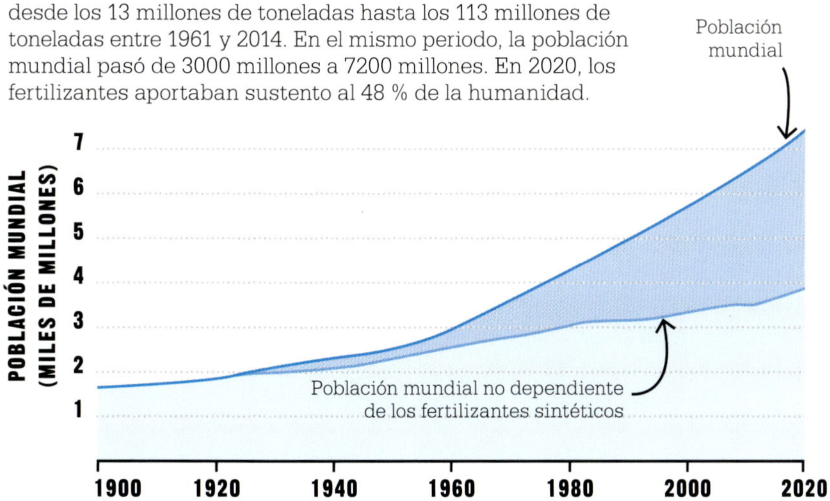

Carl Bosch

Carl Bosch nació en Colonia (Alemania) en 1874. Estudió química en la Universidad de Leipzig, y mientras trabajaba en la empresa química BASF desarrolló el proceso Haber-Bosch. Durante la Primera Guerra Mundial ayudó a crear una técnica para producir ácido nítrico en masa, usado sobre todo para municiones. En 1923 inventó un proceso para convertir monóxido de carbono e hidrógeno en metanol para emplearlo en la producción de formaldehído. Dos años más tarde cofundó I. G. Farben, que llegaría a convertirse en una de las mayores empresas químicas del mundo.

Bosch compartió el premio Nobel de química de 1931 con el alemán Friedrich Bergius por su trabajo en la química de alta presión. Aunque su empresa ayudó a financiar a los nazis, Bosch criticó sus políticas antisemitas y cayó en desgracia. Sumido en la depresión, murió en 1940.

Obra principal

1932 «El desarrollo del método de química de alta presión durante el establecimiento de la nueva industria del amoniaco».

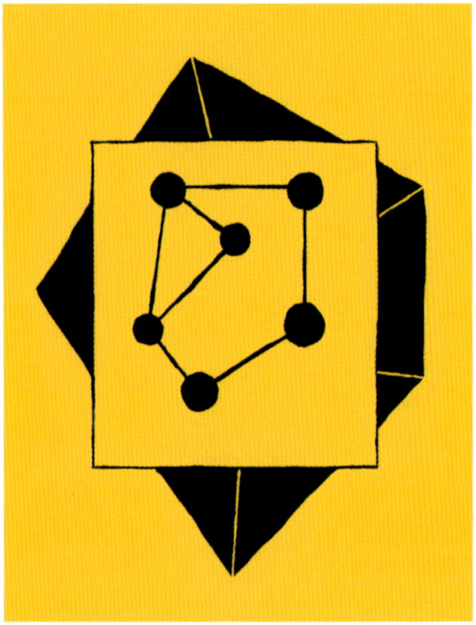

EL PODER DE MOSTRAR ESTRUCTURAS INESPERADAS Y SORPRENDENTES

CRISTALOGRAFÍA DE RAYOS X

EN CONTEXTO

FIGURAS CLAVE
William Bragg (1862–1942), **Lawrence Bragg** (1890–1971)

ANTES
1669 Nicolás Steno muestra que los ángulos entre las caras de un cristal son constantes en cada tipo de cristal.

1895 Wilhelm Röntgen descubre los rayos X.

DESPUÉS
1934 J. D. Bernal obtiene la primera imagen por difracción de rayos X de una proteína cristalizada.

1945 Dorothy Hodgkin cartografía la estructura molecular de la penicilina, lo cual facilita su manufactura.

1952 Rosalind Franklin toma la «Fotografía 51», la imagen CRX luego usada para determinar la estructura 3D del ADN.

2012 El astromóvil Curiosity de la NASA analiza el suelo de Marte por difracción de rayos X.

En 1912, por sugerencia de Max von Laue, físico alemán que estudiaba la física de los cristales, los investigadores alemanes Walter Friedrich y Paul Knipping dirigieron un haz fino de rayos X sobre un cristal de sulfato de zinc, y obtuvieron un patrón regular de puntos sobre una placa fotográfica. Esto demostró la difracción de los rayos X al pasar por un cristal, pero tenía también implicaciones de mayor alcance.

Ese mismo año, más adelante, el químico británico William Bragg debatió sobre el llamado «efecto Von Laue» con su hijo Lawrence. Creían que los patrones reflejaban la estructura cristalina subyacente, pero se preguntaban por qué solo aparecía un número limitado de puntos en la placa fotográfica –cuando había tantas direcciones en las que podía difractarse el haz de rayos X. Lawrence lo creía producto de las propiedades del cristal, y experimentó con diversas sales de roca, calcita, fluorita, piritas de hierro y esfalerita. Halló distintos patrones de difracción, y propuso que correspondían a disposiciones distintas de los átomos.

Los rayos X proyectados sobre un cristal se difractan, y por el patrón de difracción resultante se interpreta su estructura atómica.

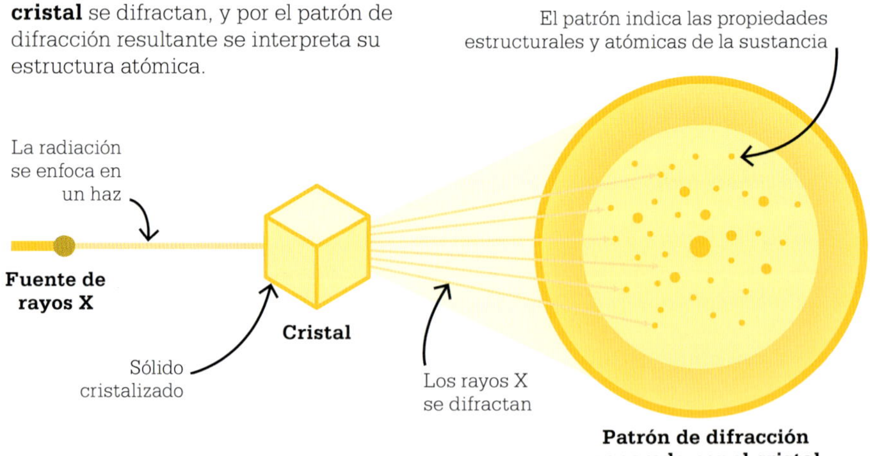

Véase también: El electrón 164–165 ▪ Espectrometría de masas 202–203 ▪ Modelos atómicos mejorados 216–221 ▪ Enlaces químicos 238–245 ▪ La estructura del ADN 258–261 ▪ Cristalografía de proteínas 268–269

“No quiero dar a entender que el análisis de rayos X resuelva todos los problemas estructurales, ni que todas las estructuras cristalinas sean fáciles de resolver.”

Dorothy Hodgkin
Discurso del Nobel (1964)

La ecuación de Bragg

En 1913, Lawrence Bragg formuló una ecuación (luego conocida como ley de Bragg) para predecir los ángulos de difracción de los rayos X por un cristal cuando se conoce la longitud de onda y la distancia entre los átomos del cristal. En otras palabras, si se conocen la longitud de onda y el ángulo de difracción, puede calcularse la distancia entre los átomos. Fue el fundamento de la nueva disciplina de la cristalografía de rayos X (CRX), basada en el fenómeno de la difracción de rayos X para determinar la estructura atómica y molecular de los cristales.

Muchos materiales, entre ellos sales, metales y minerales, forman cristales. En todos los átomos se disponen de forma regular, y cada uno tiene una geometría única. Cuando los rayos X alcanzan un cristal, se desperdigan al interactuar con los electrones de los átomos. El impacto de un rayo X sobre un electrón produce una onda secundaria esférica que se propaga en todas direcciones desde el electrón. La disposición regular de átomos y electrones del cristal produce una disposición regular de ondas secundarias de los rayos X, con un esquema complejo de patrones de interferencia constructivos y destructivos. En los patrones destructivos, las ondas se cancelan mutuamente; en los constructivos, se refuerzan. Una imagen de estos últimos queda registrada sobre película fotográfica. Hoy, los ordenadores convierten una serie de imágenes 2D en un modelo 3D que muestra la densidad de los electrones en el cristal. A partir de este, un cristalógrafo puede determinar la posición de los átomos y la naturaleza de sus enlaces químicos.

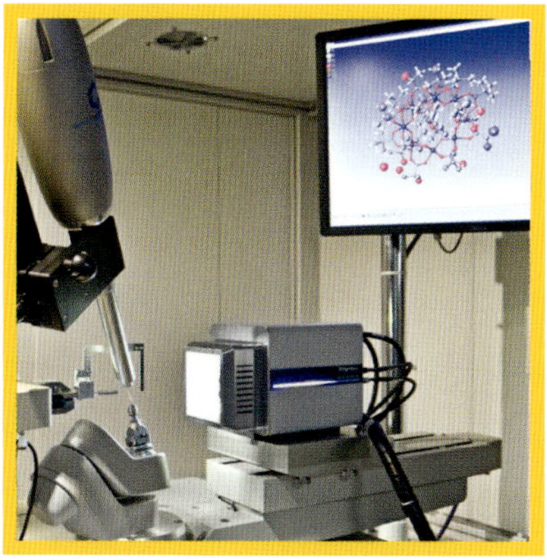

Este equipo moderno de CRX incluye un difractómetro, que comprende una fuente de radiación, un monocromador para seleccionar la longitud de onda, una muestra y un monitor.

Mayor complejidad

En 1929, el químico irlandés J. D. Bernal propuso que la CRX debía servir para interpretar la organización estructural regular de macromoléculas biológicas como las proteínas. Más tarde, en 1934, mientras trabajaba con su alumna de la Universidad de Cambridge Dorothy Hodgkin, registró la primera imagen de difracción de rayos X de una proteína cristalizada. Hodgkin realizó luego una serie de descubrimientos innovadores con la CRX, entre ellos desentrañar la estructura de la vitamina B_{12}. Esta técnica no se había aplicado nunca antes con éxito a una sustancia tan compleja, pero Hodgkin consiguió revelar sus secretos en 1954.

El hallazgo en 1953 de la estructura helicoidal doble del ADN (ácido desoxirribonucleico) fue posible gracias a la imagen de CRX del ADN obtenida por la química británica Rosalind Franklin. Fue una pista vital para comprender que el ADN producía copias exactas de sí mismo y contenía información genética. ■

Diamante y grafito

La composición química del diamante y del grafito es idéntica –carbono puro–, pero su aspecto es muy distinto. Mientras que el diamante es la sustancia natural más dura, el grafito cede con facilidad en planos paralelos. En 1924, Bernal reveló la explicación de ello usando la cristalografía de rayos X: a diferencia del grafito, los átomos del diamante forman una estructura tetraédrica unida por enlaces covalentes (donde los átomos comparten electrones), que le confieren gran resistencia. Los átomos del grafito se disponen en láminas apiladas con enlaces covalentes entre los átomos de cada una, pero no entre una lámina y otra. Por tanto, entre las láminas del grafito hay líneas débiles que lo hacen quebradizo.

GASOLINA A LA VENTA

EL CRAQUEO DEL CRUDO

EN CONTEXTO

FIGURA CLAVE
Eugène Houdry (1892–1962)

ANTES
1856 Ignacy Łukasiewicz, farmacéutico e ingeniero polaco, construye la primera refinería de petróleo moderna en Ulaszowice (Polonia).

1891 Vladímir Shújov patenta el primer método de craqueo térmico.

1908 Henry Ford crea el automóvil Model T (llamado «Tin Lizzie»), cuyo éxito estimula la búsqueda de combustible.

DESPUÉS
1915 El estadounidense Almer M. McAfee desarrolla el primer proceso de craqueo catalítico, pero el coste del catalizador impide su uso generalizado.

1942 La primera planta comercial de craqueo catalítico comienza a operar en la refinería de la Standard Oil Company en Baton Rouge (Luisiana, EE UU).

En 1913 se patentó un proceso químico que cambiaría el curso de los combates aéreos, pero no en la Primera Guerra Mundial, sino casi un cuarto de siglo después, durante la Segunda Guerra Mundial. El proceso, llamado *cracking* (craqueo), permitió a los Aliados producir suficiente combustible de aviación de calidad superior para dotar a sus aviones de una ventaja clara sobre los del Eje.

Destilación fraccionada

A mediados del siglo XIX, las primeras refinerías de petróleo aumentaron la cantidad de productos útiles del crudo gracias a la destilación fraccionada. Al calentar el crudo hasta el punto de ebullición, y condensar los vapores resultantes a temperaturas diversas para separar productos con puntos de ebullición distintos, se obtienen fracciones (grupos) de hidrocarburos con aplicaciones específicas. Al principio, lo más demandado fue el queroseno para lámparas, pero la invención del automóvil a fines del siglo XIX hizo crecer la necesidad de fracciones distintas, como la gasolina y el gasóleo (gasoil), consideradas residuos hasta entonces. La deman-

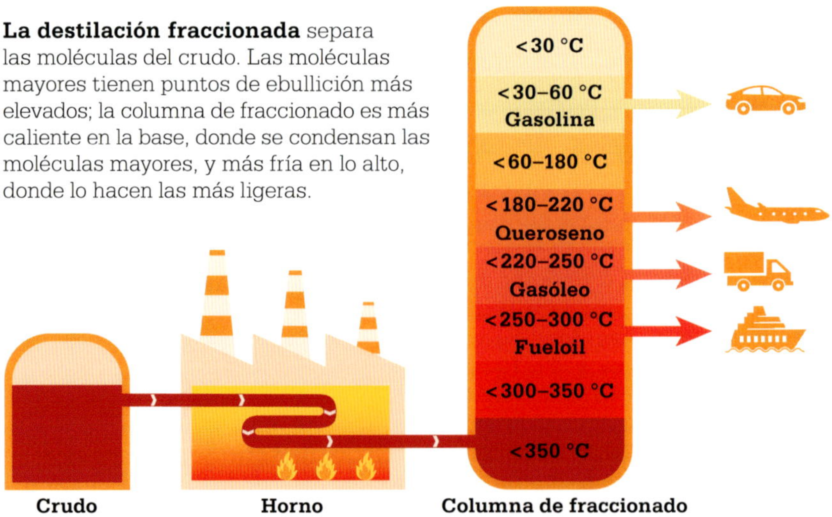

La destilación fraccionada separa las moléculas del crudo. Las moléculas mayores tienen puntos de ebullición más elevados; la columna de fraccionado es más caliente en la base, donde se condensan las moléculas mayores, y más fría en lo alto, donde lo hacen las más ligeras.

Véase también: La catálisis 69 ▪ El efecto invernadero 112–115 ▪ La polimerización 204–211 ▪ Gasolina con plomo 212–213 ▪ Captura de carbono 294–295

da superó rápidamente a la oferta, e hicieron falta métodos para obtener tales fracciones en mayor cantidad.

Craqueo térmico

Cracking («craqueo», en el sentido de «partir») alude al proceso de descomponer hidrocarburos mayores de cadena larga en otros menores y más útiles, de cadena corta. Para ello se usó calor, de donde la expresión «craqueo térmico». La primera patente del mismo la realizó el ingeniero ruso Vladímir Shújov en 1891, pero su uso comercial no despegó hasta 1913, cuando patentaron un proceso similar en EE UU los químicos William Burton y Robert E. Humphreys.

El craqueo térmico presentaba problemas que limitaban su aplicación. Dada la enorme cantidad de energía necesaria para alcanzar las elevadas temperaturas requeridas, y los muchos hidrocarburos de cadena larga menos útiles sobrantes, los químicos siguieron buscando un procedimiento mejor. A principios de la década de 1920, el ingeniero francés Eugène Houdry introdujo catalizadores en el proceso.

Tres unidades de craqueo catalítico de la primera planta de craqueo catalítico fluidizado en la refinería de Baton Rouge, en Luisiana (EE UU), en 1944.

Craqueo catalítico

Los catalizadores incrementan la tasa de reacciones químicas, sin consumirse ellos mismos en el proceso. Houdry trabajó en un proceso para convertir lignito en gasolina de alta calidad, pero después, al fallar esto, recurrió al crudo. Identificó un catalizador aluminosilicatado, eficaz incluso con fracciones difíciles de separar. Gracias a la colaboración con empresas petroleras en la década de 1930, en 1937 empezó a operar una planta capaz de producir 15 000 barriles diarios de gasolina en Marcus Hook, en Pensilvania (EE UU). El momento fue de lo más oportuno, pues la Segunda Guerra Mundial estalló dos años después, y el combustible de aviación producido por el proceso de Houdry era ventajoso por sus propiedades preventivas del picado de bielas. El picado es un problema que sufren los motores cuando la combustión no está sincronizada con el ciclo del motor. El octanaje es un indicador del grado en que un combustible evita este problema, utilizándose como referencia los compuestos de n-heptano (0, propenso al picado) e isooctano (100, resistente al picado). El combustible de aviación de Houdry tenía un octanaje de 100, comparado con los entre 87 y 90 del empleado por las fuerzas aéreas del Eje.

Hoy, en vez del proceso de Houdry, se utiliza el más económico craqueo catalítico fluidizado, pero este se basa en los principios establecidos por Houdry, y sigue empleando catalizadores aluminosilicatados. ▪

Impacto ambiental

El suministro más fiable de combustibles gracias al proceso de Houdry no carece de inconvenientes. Las emisiones adicionales de CO_2 generadas llevaron al calentamiento global antropogénico y al cambio climático. En 2016, los transportes representaban en torno a la quinta parte de las emisiones globales de CO_2, solo superadas por la producción energética y la industria. Houdry era consciente del problema de la contaminación del aire, y en 1950 formó la empresa Oxy-Catalyst para buscar soluciones para prevenir el declive de la calidad del aire y los problemas de salud derivados. Inventó el primer convertidor catalítico, del que obtuvo la patente en 1956. Su uso no se difundió mucho, debido a la intoxicación del catalizador por el tetraetilo de plomo añadido a la gasolina, pero precedió a los convertidores catalíticos de triple vía llegados al mercado en 1973, que incorporan hoy en día todos los automóviles de gasolina para reducir la emisión de óxidos de nitrógeno y monóxido de carbono.

> Pocos tenemos la visión de anticiparnos a las necesidades industriales y buscar con determinación su satisfacción como hizo Eugène Houdry.
>
> **Heinz Heinemann**
> **Discurso del premio Houdry (1975)**

LA GARGANTA AFERRADA COMO POR UN ESTRANGULADOR

LA GUERRA QUÍMICA

EN CONTEXTO

FIGURA CLAVE
Fritz Haber (1868–1934)

ANTES
1812 John Davy descubre el fosgeno, usado en tintes.

1854 Se rechaza la propuesta de Lyon Playfair de utilizar obuses de cianuro de cacodilo en la Guerra de Crimea.

1907 La Convención de La Haya prohíbe el uso bélico de «veneno o armas envenenadas».

DESPUÉS
1925 En el Protocolo de Ginebra, dieciséis países se comprometen a no usar agentes químicos en la guerra.

1993 La Convención sobre armas químicas de la ONU, firmada por 130 países, prohíbe fabricar muchas de las armas químicas existentes.

2003 EE UU invade Iraq en busca de «armas de destrucción masiva», pero no las había.

En la primavera de 1915, la Primera Guerra Mundial estaba en un punto muerto en el Frente Occidental. Cerca de Ypres, en Bélgica, se hallaban atrincheradas tropas canadienses, belgas y francoargelinas, frente a las trincheras del ejército alemán. El 22 de abril, los alemanes abrieron las espitas de más de 5000 depósitos presurizados, liberando 150 toneladas de gas cloro tóxico, y rápidamente se formó una nube verde amarillenta. Más pesado que el aire, el cloro se propagaba próximo al suelo, impulsado por la brisa hasta las líneas aliadas. El gas cloro (Cl_2) inhalado reacciona con el agua en los pulmones y produce ácido clorhídrico (HCl), oprime el pecho y la garganta, y

Véase también: La pólvora 42–43 ▪ Gases 46 ▪ Por qué ocurren las reacciones 144–147 ▪ El principio de Le Chatelier 150 ▪ Fertilizantes 190–191

Hay muchas **sustancias químicas tóxicas**.

Para emplear una en un arma, debe estar en una forma que **no dañe al atacante**.

La **sustancia tóxica** debe ser transportable con seguridad, capaz de cubrir un área extensa en dirección al enemigo, y **neutralizarse** con relativa rapidez.

Los gases tóxicos sirven para crear tales armas.

causa asfixia. Una parte por mil en el aire puede matar en pocos minutos, y muchos soldados inhalaron concentraciones mayores. Algunos murieron en el acto; muchos más huyeron presa del pánico. Pocos escaparon ilesos: hubo unas 15 000 bajas, incluidos unos 1 100 muertos. Fue el comienzo de una nueva era bélica.

Sustancias letales

Ya en 1914, los franceses habían lanzado proyectiles con gas lacrimógeno (bromacetato de etilo, $C_4H_7BrO_2$) contra las líneas alemanas, pero con escasos resultados. El ataque de Ypres fue el primer despliegue bélico a gran escala de gas tóxico con resultado de muerte, y le siguieron muchos más. Más tarde se equipó a las tropas con máscaras de gas protectoras, pero en los ataques por sorpresa no daba tiempo a distribuirlas.

> Oíamos bramar a las vacas y gritar a los caballos.
> **Willi Siebert**
> **Soldado alemán, en Ypres (1915)**

En 1916, todos los principales países combatientes estaban usando gas venenoso, y habían desarrollado armas químicas aún más mortíferas. Se estima que se produjeron 120 000 toneladas de gas venenoso durante la guerra, que causaron al menos 91 000 muertes y 1,3 millones de bajas. Su uso dependía por lo general del viento, por lo que era imposible controlar la trayectoria del gas; este alcanzó a menudo poblaciones, con el resultado de hasta 260 000 bajas civiles.

El autor intelectual del ataque de cloro de Ypres era Fritz Haber, quien en 1908 había desarrollado un proceso que permitía fijar el nitrógeno atmosférico en un fertilizante basado en el amoniaco. El proceso para acelerar la producción de fertilizantes »

Fritz Haber

Fritz Haber nació en Breslau (Prusia) –actual Wrocław, en Polonia– en 1868, hijo de un importador de tintes judío. Se doctoró en química por la Universidad de Berlín en 1891, y aplicó altas temperaturas y presiones a reacciones químicas para producir fertilizantes en masa. Trabajó en el Instituto Kaiser Wilhelm de Química Física y Electroquímica (hoy llamado Instituto Fritz Haber), en Berlín, durante la Primera Guerra Mundial. El ejército alemán le encargó desarrollar armas químicas, como director de la Sección Química del Ministerio de Guerra.

Reconocido con un polémico Nobel de química en 1918 por la síntesis del amoniaco a partir de sus elementos, científicos bajo su dirección desarrollaron luego el Zyklon-B. Los nazis atacaron a Haber, pese a su conversión al cristianismo, y al Instituto por emplear a científicos judíos. Haber huyó de Alemania en 1933, y murió un año después.

Obras principales

1913 *«La producción de amoniaco sintético».*
1922 *«La química en la guerra».*

El químico Fritz Haber (segundo por la izda.) dirige el ataque alemán con gas cloro en el frente occidental en Ypres (Bélgica) el 22 de abril de 1915.

era aplicable también a los explosivos. Durante la guerra, Haber instó a políticos, líderes de la industria, generales y científicos a unir fuerzas en el desarrollo de procesos nuevos para la producción en masa de armamento tradicional y armas químicas, y así lograr la ventaja sobre el enemigo.

Tras el ataque con gas cloro, Haber trabajó en armas químicas aún más letales, y desarrolló la ley de Haber: la gravedad de un efecto tóxico depende de la exposición total, consistente en la concentración *(c)* multiplicada por la duración *(t)*, por tanto, $c \xi t$. Una exposición más larga a una concentración menor puede tener el mismo efecto que otra más breve a una concentración mayor.

Otros gases venenosos

En diciembre de 1915, los alemanes usaron gas fosgeno en Ypres. Este gas incoloro, difícil de detectar y con olor a heno se produce por la reacción del monóxido de carbono (CO) y cloro (Cl) para formar $COCl_2$. El fosgeno se podía usar en cantidades menores y concentradas en proyectiles de artillería, para no depender del viento. Era difícil para los soldados detectarlo en concentraciones bajas, y los síntomas graves a menudo tardaban horas en manifestarse. El gas reacciona con proteínas de los alveolos pulmonares y perturba el intercambio de oxígeno de la sangre, de modo que se acumula fluido en los pulmones, con la asfixia como resultado. Se ha estimado que hasta el 85% de las 91 000 muertes por gas venenoso durante la Primera Guerra Mundial se debieron al fosgeno.

El gas mostaza ($C_4H_8Cl_2S$) se sintetizó por primera vez en 1860, y fue el arma química más utilizada durante la Primera Guerra Mundial. Como el fosgeno, se empleó por lo general en proyectiles de artillería. El gas mostaza se diferencia del cloro y del fosgeno en que es un aerosol, no un gas, pero a los aerosoles tóxicos se les llama también a menudo gases tóxicos. De olor a ajo y del color de la mostaza, causa quemaduras químicas. Sus tasas de letalidad, del 2–3%, eran muy inferiores a las del cloro o fosgeno, pero las víctimas permanecían largo tiempo hospitalizadas.

Pese a los horrores de la Primera Guerra Mundial, algunos signatarios del Protocolo de Ginebra siguieron desarrollando armas químicas en secreto, mientras que otros países simplemente lo ignoraron. El Ejército Imperial Japonés desplegó armas químicas –entre ellas, fosgeno, gas mostaza y lewisita– contra soldados y civiles chinos durante la segunda guerra chino-japonesa (1937–1945). La lewisita se desarrolló en 1918, pero no a tiempo para su uso en la Primera Guerra Mundial. Este líquido, dispersado a menudo en forma de gas pesado e incoloro, se produce haciendo reaccionar tricloruro de arsénico ($AsCl_3$) con acetileno (C_2H_2). La lewisita ($C_2H_2AsCl_3$) ataca la piel, los ojos y el aparato respiratorio.

En 1916, los franceses emplearon gas cianuro de hidrógeno (HCN), antes usado por agricultores estadounidenses para fumigar cítricos contra plagas de insectos. Tras la Gran Guerra, fue comercializado como Zyklon-B para fumigar prendas de ropa y vagones de carga. Desde principios de 1942, después de usarlo para asesinar a miles de prisioneros de guerra rusos, los nazis desplegaron Zyklon-B a escala industrial en los campos de concentración como arma clave del Holocausto, el genocidio de seis millones de judíos, y de millones de personas de otros grupos étnicos.

> Simplemente no hay lugar para las armas químicas en el siglo XXI.
>
> **Ban Ki-moon**
>
> **Secretario general de la ONU (2007–2016)**

Más de un millón de personas fueron ejecutadas usando Zyklon-B.

Agentes nerviosos

En 1938, mientras trataban de desarrollar pesticidas más potentes, los químicos alemanes produjeron un compuesto líquido incoloro e insípido muy tóxico. Lo llamaron sarín, y vieron que se evapora fácilmente como un gas igualmente tóxico, y más pesado que el aire. Aunque sus aplicaciones militares se reconocieron pronto, los nazis nunca lo usaron.

El sarín ($C_4H_{10}FO_2P$) es un agente nervioso, una toxina que deshabilita la enzima acetilcolinesterasa (AChE), encargada de activar el «apagado» de músculos y glándulas, de tal modo que estos son estimulados constantemente. Una pequeña gota de sarín líquido sobre la piel humana causa sudor y espasmos musculares. La exposición al aerosol o vapor produce pérdida de conciencia, convulsiones, parálisis y fallo respiratorio. En su forma pura, el sarín es 500 veces más letal que el cloro, y mucho más potente que el fosgeno o el Zyklon-B.

En 1988, la Fuerza Aérea Iraquí atacó la ciudad kurda de Halabja con bombas químicas, de sarín, entre otras, matando a hasta 5000 civiles. En 1995 se produjo un ataque terrorista en el metro de Tokio con bolsas de sarín líquido, que mataron a 12 personas e hirieron a más de 5000. La Fuerza Aérea Siria lo empleó en varios ataques entre 2013 y 2018 –de nuevo con consecuencias mortales para civiles– en la guerra civil siria.

En la Unión Soviética y Rusia se desarrollaron varios gases nerviosos novichok desde la década de 1970. Uno de ellos fue el usado en el intento de asesinato de un antiguo espía ruso y su hija en el Reino Unido en 2018.

Gas lacrimógeno

Los halógenos son un grupo de elementos altamente reactivos que no se dan en forma pura en la naturaleza. Algunos se emplean para fabricar dos tipos de gas lacrimógeno: los halógenos orgánicos sintéticos cloroacetofenona (C_8H_7ClO) y clorobenzilideno malononitrilo ($C_{10}H_5ClN_2$), también llamados gas pimienta. No son gases, sino líquidos o sólidos finos, dispensados en forma de aerosol o en granadas por las fuerzas de seguridad para controlar manifestaciones y disturbios. El gas lacrimógeno causa irritación temporal y ardor en el tracto respiratorio, y se usa casi a diario en alguna parte del mundo. ■

Clases de armas químicas

Las armas químicas se suelen emplear en forma de gas (como el aire, ni sólido ni líquido) o aerosol (partículas líquidas finas propagadas por el aire), pero algunas se dispersan en forma líquida, o como polvo. Se clasifican en varios grupos.

Agentes pulmonares
Absorbidos por: pulmones
Afección principal: tejido pulmonar
Efectos: edema pulmonar –el exceso de fluido encharca los pulmones y ahoga a la víctima
Ejemplos: cloro, fosgeno
Toxicidad: mortalidad alta

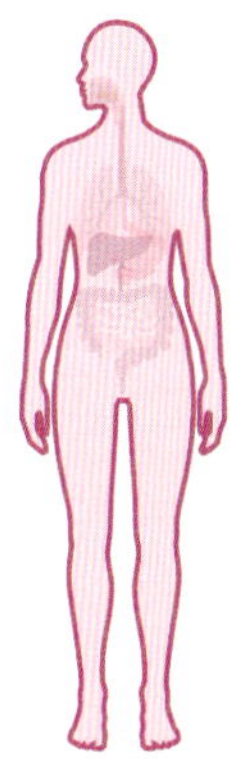

Agentes vesicantes
Absorbidos por: pulmones, piel
Afección principal: piel, ojos, membranas mucosas, pulmones
Efectos: quemaduras y ampollas que pueden provocar ceguera o daños respiratorios
Ejemplos: gas mostaza, lewisita
Toxicidad: muerte solo en exposiciones elevadas

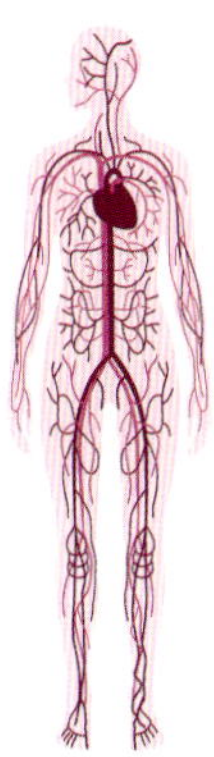

Asfixiantes sistémicos
Absorbidos por: pulmones
Afección principal: a todos los órganos vitales
Efectos: interfiere con la capacidad de las células, sanguíneas, entre otras, para absorber oxígeno, causando asfixia y dañando órganos vitales
Ejemplos: cianuro de hidrógeno, como el Zyklon-B
Toxicidad: muerte rápida

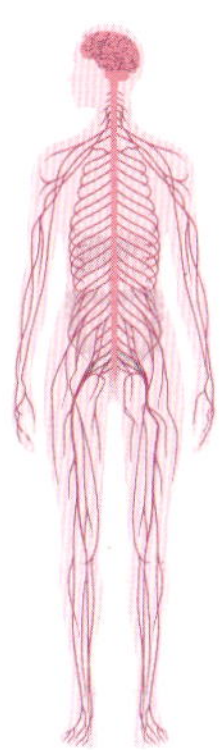

Agentes nerviosos
Absorbidos por: pulmones, piel
Afección principal: sistema nervioso
Efectos: hiperestimulación de músculos, glándulas y nervios que causa convulsiones, parálisis y fallo respiratorio
Ejemplos: sarín, novichok
Toxicidad: alta probabilidad de muerte

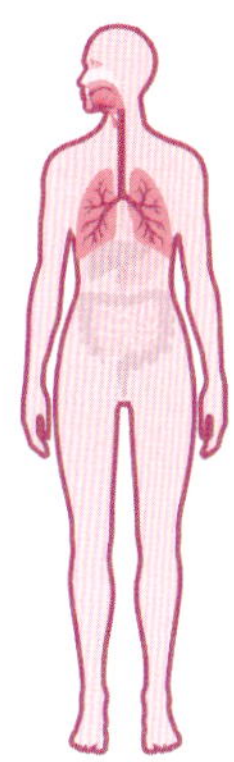

Lacrimógenos
Absorbidos por: pulmones, piel, ojos
Afección principal: ojos, boca, garganta, pulmones, piel
Efectos: efectos temporales como ceguera, picor de ojos y dificultad para respirar
Ejemplos: gas lacrimógeno, gas pimienta
Toxicidad: muy raramente fatal

SUS ATOMOS SON IDENTICOS POR FUERA PERO DIFERENTES POR DENTRO

ISÓTOPOS

EN CONTEXTO

FIGURA CLAVE
Frederick Soddy (1877–1956)

ANTES
1896 El físico francés Henri Becquerel observa por primera vez la radiactividad natural.

1899 Ernest Rutherford descubre que hay al menos dos tipos de radiactividad: los rayos alfa y beta.

DESPUÉS
1919 Rutherford bombardea gas nitrógeno con partículas alfa, y obtiene protones y átomos de un isótopo del oxígeno. Esta es la primera reacción nuclear inducida artificialmente.

1931 Harold Urey, químico estadounidense, descubre el deuterio, isótopo del hidrógeno de masa atómica 2, que más adelante se descubrirá que corresponde a un protón y un neutrón.

Todos los elementos tienen **isótopos**.

→ Los isótopos de un elemento **no se distinguen** químicamente.

→ **Los isótopos de un elemento** tienen el mismo número de **protones** pero distinto de **neutrones**.

→ **Los isótopos pueden ser estables o inestables (radiactivos).**

A inicios del siglo xx, el físico británico Ernest Rutherford y el químico británico Frederick Soddy descubrieron que la radiactividad consiste en la desintegración de un elemento radiactivo en otro. Esto supuso un gran paso adelante, pero planteaba también nuevos problemas. Rutherford, Soddy y otros, como el químico alemán Otto Hahn y la física austriaca Lise Meitner, registraron casi 40 elementos nuevos en las primeras dos décadas del siglo XX, e identificaron los eslabones de tres cadenas de desintegración: la serie del radio que empezaba por el uranio, la del torio y la del actinio. Estos nuevos elementos se daban a menudo como trazas demasiado minúsculas como para poder medirlas, y solo se identificaban por su distinta vida media (el tiempo que tarda la mitad de la muestra en desintegrarse).

¿Dónde en la tabla?

Decidir dónde encajaban estos elementos en la tabla periódica era un reto. Solo había 11 posiciones en la tabla periódica entre el uranio y el plomo en las que situar casi 40 radioelementos nuevos. Estos recibieron nombres como radiotorio, uranio X y radio A, B, C, D, E y F, cada uno de vida media distinta. Los químicos que trataron de separar el radiotorio del torio no lograron dar con una técnica química para ello. En otro caso análogo, el mesotorio no parecía químicamente distinguible del radio.

Véase también: La tabla periódica 130–137 ▪ El electrón 164–165 ▪ La radiactividad 176–181 ▪ Modelos atómicos mejorados 216–221

En 1910, Soddy observó que era imposible separar químicamente los nuevos elementos, pues muchos de ellos, pese a su masa atómica ligeramente distinta, eran en realidad el mismo elemento. El radio D y el torio C, por ejemplo, eran dos formas diferentes del plomo, y químicamente se comportaban igual que este; por tanto, les correspondía la misma posición en la tabla periódica. La médica británica Margaret Todd propuso denominar a estos elementos similares con la expresión griega que significa «mismo lugar» *–iso-topos–*, y Soddy estuvo de acuerdo. Lo que había sido una característica definitoria de un elemento –su masa atómica– sería considerada en adelante una cantidad variable. Más tarde, en 1932, el físico británico James Chadwick descubrió el neutrón, el responsable de dichas masas atómicas variables.

Las leyes de Soddy-Fajans

En 1913, Soddy estableció las leyes de la transmutación, a la vez que las descubrían el químico polaco-estadounidense Kasimir Fajans y el químico británico Alexander Russell, cada uno por su cuenta. Cuando un átomo emite una partícula alfa, retrocede dos posiciones en la tabla periódica (así, el uranio-238 se convierte en torio); cuando un átomo emite una partícula beta, se adelanta una posición (el carbono-14 se convierte en nitrógeno). Estas leyes, también llamadas de los desplazamientos radiactivos, determinaban la progresión de las cadenas de desintegración hasta su término como plomo estable.

> El descubrimiento [del neutrón] es del mayor interés e importancia.
> **Ernest Rutherford**

Stefanie Horovitz realizó la labor minuciosa de separación y purificación y las mediciones precisas del plomo para su análisis, el cual permitió confirmar la existencia de los isótopos.

Una de las predicciones de estas leyes era que el plomo resultante de la desintegración del uranio tendría un peso atómico distinto del plomo que se da en la naturaleza, y Fajans y Soddy pidieron al químico austrohúngaro de origen bohemio Otto Hönigschmid que hiciera el trabajo para demostrarlo. Este encargó a la química polaca Stefanie Horovitz obtener una muestra no contaminada de cloruro de plomo ($PbCl_2$) de la pechblenda, mineral rico en uranio. El análisis de la muestra demostró que el plomo resultante de la desintegración radiactiva tenía una masa atómica inferior que la del plomo al uso. Fue la primera demostración física de la existencia de los isótopos. ■

El neutrón

El número atómico de un elemento –es decir, el número de protones en su núcleo– lo define. Así, un átomo con seis protones es siempre carbono, pero el descubrimiento de los isótopos mostró que la masa atómica de un elemento puede variar. Parecía que debía haber otra cosa, además de protones, en el núcleo.

Ernest Rutherford sugirió que podía haber una partícula consistente en un protón y electrón emparejados, a la que llamó neutrón, que tenía una masa similar a la del protón, pero ninguna carga. Mientras tanto, los químicos franceses Frédéric e Irène Joliot-Curie habían estado estudiando la radiación de partículas emitida por el berilio, y creían que consistía en fotones de alta energía. Los experimentos de James Chadwick en 1932 establecieron que esa radiación era en realidad una partícula neutra similar en masa al protón. Chadwick fue galardonado con el Nobel de física en 1935 por demostrar la existencia de los neutrones.

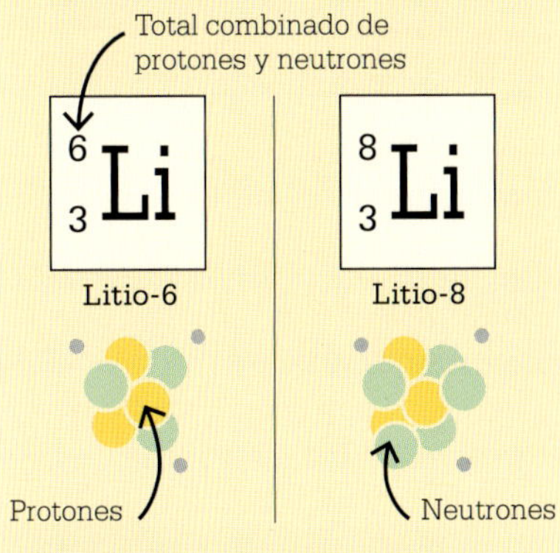

El litio tiene siempre el número atómico 3, que indica cuántos protones tiene. El número de neutrones puede variar: el isótopo litio-6 tiene tres neutrones, mientras que el litio-8 tiene cinco.

CADA LINEA CORRESPONDE A UN PESO ATOMICO DETERMINADO

ESPECTROMETRÍA DE MASAS

EN CONTEXTO

FIGURA CLAVE
Francis Aston (1877–1945)

ANTES
1820 El químico danés Hans Christian Ørsted descubre que los campos magnéticos y eléctricos interactúan.

1898 El físico alemán Wilhelm Wien descubre que pueden detectarse haces de partículas de carga positiva con campos magnéticos y eléctricos.

1913 Frederick Soddy descubre formas radiactivas del mismo elemento (isótopos), químicamente idénticos pero con distinta masa atómica.

DESPUÉS
Década de 1930 Ernest Lawrence usa la espectrometría de masas para identificar nuevos isótopos y elementos.

1940 El físico estadounidense Alfred Nier separa por espectrometría de masas el uranio-238 del uranio-235.

A inicios del siglo XIX, la propuesta de John Dalton de que todos los átomos de un mismo elemento tienen igual masa fue un paso de gigante en la comprensión de la materia. En 1897, J. J. Thomson halló pruebas de la existencia de los electrones, partículas de carga negativa que parecían formar parte de los átomos, lo cual abría la posibilidad de que hubiera otras partes del átomo. Thomson se centró en desarrollar su modelo del átomo y otros estudios, pero, después, al unirse Francis Aston al grupo de investigación de Thomson en 1910, despegaron los estudios para desarrollar la espectrometría de masas, técnica empleada hoy en el análisis cualitativo para determinar los compuestos presentes en una mezcla.

> Hacer más, más y aún más mediciones.
> **Francis Aston**

Espectrómetros e isótopos

En 1912, Thomson y Aston construyeron su primer espectrómetro de masas, instrumento que formaba iones en un tubo de descarga de gas y los proyectaba a través de campos paralelos magnético y eléctrico. Los campos daban lugar a haces parabólicos, cuya forma dependía de la masa, carga y velocidad. Al principio, Aston esperaba que el espectrómetro de masas apoyara la teoría de Dalton de que todos los átomos de un elemento tienen la misma masa, pero, al utilizarlo para medir la masa del neón, dieron con dos parábolas distintas: 22 unidades de masa y 20 unidades de masa. La masa del neón reflejada en la tabla periódica era de 20,2 unidades.

Thomson planteó la hipótesis de un nuevo tipo de neón, y comenzó a estudiarla. A Aston se le asignaron las opciones menos probables de un nuevo compuesto del neón, o bien de que el neón estuviera compuesto por dos partículas de distinta masa, o isótopos.

Aston construyó una balanza capaz de medir masas minúsculas, y halló que todas las muestras de

Véase también: La teoría atómica de Dalton 80–81 ▪ Pesos atómicos 121 ▪ La tabla periódica 130–137 ▪ El electrón 164–165 ▪ La radiactividad 176–181

neón de origen natural que media daban la misma masa: 20,2. La Primera Guerra Mundial apartó a Aston, destinado al Consejo de Invención e Investigación del Almirantazgo, pero no perdió de vista sus investigaciones. Volvió al laboratorio de Thomson acabada la guerra, y en 1919 construyó un nuevo espectrómetro de masas, cuyo campo magnético dispersaba las partículas ionizadas de modo análogo a cómo un prisma dispersa la luz. La posición de los iones en una placa fotográfica depende de su masa: cuanto menor sea esta, o mayor carga eléctrica tenga, más se desvía, de modo que puede enfocarse cambiando la fuerza del campo magnético. Este diseño eliminaba la dependencia de la velocidad, y permitía medir también las intensidades.

Aston midió la intensidad de dos haces de iones, de 20 y 22 unidades de masa respectivamente. Halló que la proporción de sus intensidades, y por tanto la de su abundancia, era de 10:1. Esto significaba que la masa media del neón, compensada con la abundancia, sería de 20,2 unidades de masa, como recoge la tabla periódica. Aston había dado con pruebas de la existencia de isótopos en elementos estables, e identificó otros 212, propiciando la era atómica.

Patrones de fragmentación

Hacia 1935, los químicos habían identificado los principales isótopos y sus abundancias relativas para la mayoría de los elementos. Especularon sobre otras aplicaciones del espectrómetro de masas en la química analítica, pero parecía un instrumento tan delicado que pocos veían la posibilidad de analizar moléculas grandes en solución. Tales moléculas tendrían que llevarse a la fase gaseosa, y se fragmentarían en muchas partes al alcanzarlas un haz de electrones.

En la década de 1950, varios químicos, como William Stahl en EE UU, lograron volatilizar moléculas del sabor de frutas, y las identificaron por su correspondencia con los patrones de fragmentación conocidos de moléculas individuales. Con ello quedaba despejado el camino para la aplicación de la espectrometría de masas a la química analítica. ■

En un espectrómetro de masas, la muestra se inyecta en un medio gaseoso no reactivo, como el helio. Las partículas ionizadas se separan por masa, y el detector registra la intensidad de cada fragmento iónico como función de la proporción entre masa y carga.

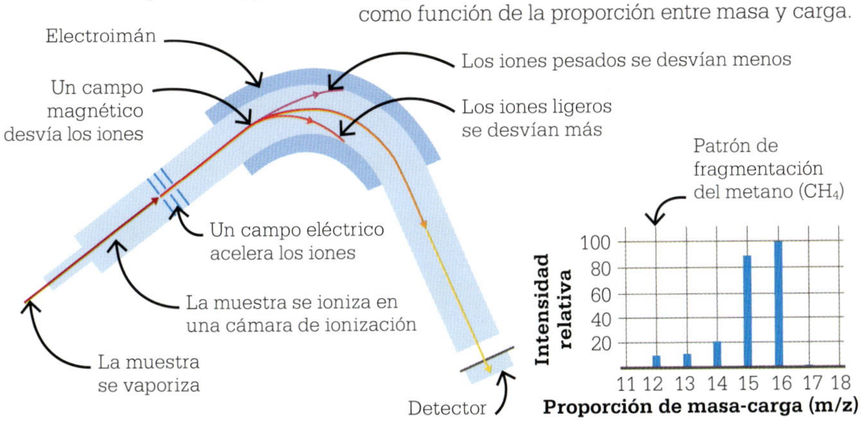

Francis William Aston

Nacido en Birmingham (Inglaterra) en 1877, William Aston se interesó desde joven por la química. Estudió los compuestos orgánicos en el hogar familiar, y también el ácido tartárico, supervisado por un mentor. También estudió la fermentación, trabajó durante tres años en una fábrica de cerveza –que dejó en 1903 por un puesto de investigación en la Universidad de Birmingham– y se interesó por la física. Trabajando con el británico John Poynting, construyó un equipo para estudiar el espacio oscuro entre cátodo y ánodo en los tubos de descarga. En 1910 se trasladó a Cambridge a trabajar con J. J. Thomson en el Laboratorio Cavendish. Vio interrumpidos sus estudios por la Primera Guerra Mundial, pero en 1922 fue premiado con el Nobel de química, en parte por su hallazgo de los isótopos en un gran número de elementos no radiactivos. Murió en 1945.

Obras principales

1919 «A positive ray spectrograph».
1922 *Isotopes.*
1933 *Mass-spectra and isotopes.*

LO MAS GRANDE QUE HA HECHO LA QUIMICA

LA POLIMERIZACIÓN

EN CONTEXTO

FIGURA CLAVE
Hermann Staudinger
(1881–1965)

ANTES
1832 Jöns Jacob Berzelius usa el término «polímero», aunque no en el sentido moderno.

1861 Thomas Graham propone que los almidones y la celulosa se forman a partir de moléculas pequeñas agregadas.

1862 Alexander Parkes crea la parkesina, luego llamada celuloide, a partir de celulosa.

DESPUÉS
1934 Wallace Carothers inventa el nailon.

1935 El canadiense Michael Perrin desarrolla la primera síntesis a escala industrial del polietileno.

1938 El estadounidense Roy Plunkett inventa el teflón, el primer fluoropolímero.

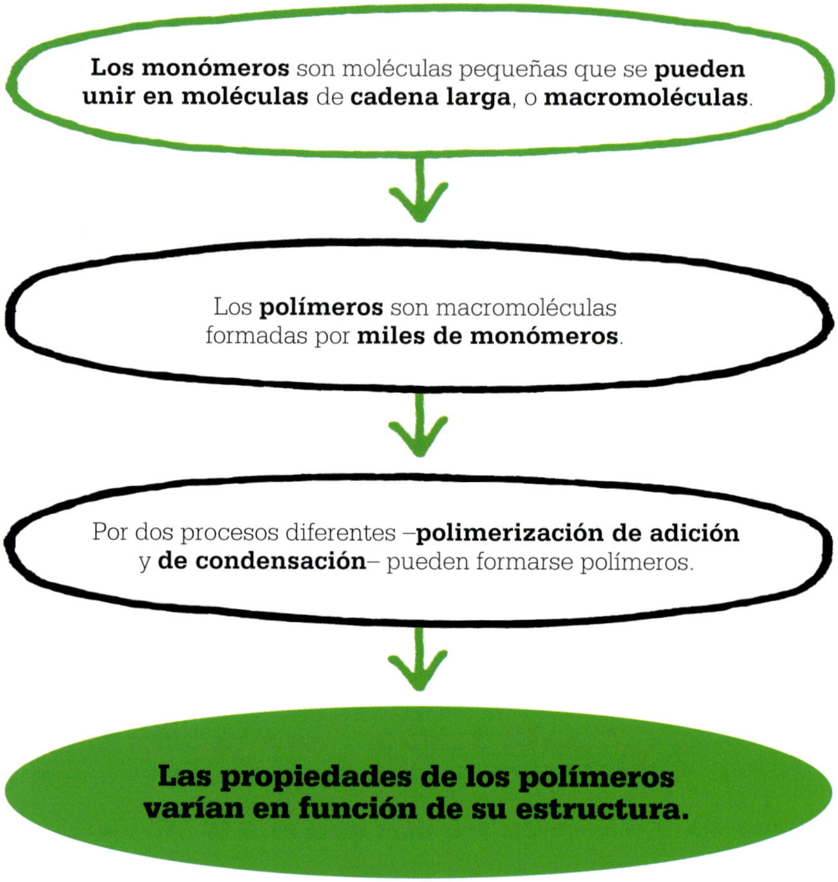

Los compuestos macromoleculares incluyen las sustancias más importantes que se dan en la naturaleza.
Hermann Staudinger
Discurso del Nobel (1953)

Los plásticos son una realidad de la vida moderna. Vestimos ropa hecha de fibras plásticas, compramos alimentos y otros bienes empaquetados en plástico, pagamos la compra con tarjetas de plástico, y la llevamos a casa en bolsas de plástico. Hoy, debido a un descubrimiento clave de la década de 1920, sabemos que todos los plásticos son polímeros: moléculas largas en forma de cadena, compuestas por unidades menores repetidas, o monómeros.

Los polímeros suelen explicarse con la analogía de una cadena de clips sujetapapeles: cada uno de los estos representa un monómero, mientras que la cadena unida de un gran número de ellos representa el polímero. Los plásticos son polímeros sintéticos o semisintéticos, pero los polímeros abundan también en el medio natural, como, por ejemplo: el látex (o caucho), de plantas como el árbol del caucho *(Hevea brasiliensis)*; la celulosa, principal fibra estructural de las plantas; el ADN, en el que se encuentra codificado el material genético de todos los seres vivos; y las proteínas, cuyas instrucciones para ser construidos contiene el ADN.

A comienzos del siglo XX, la palabra «polímero» llevaba usándose casi 70 años, pero no en el sentido que hoy se le atribuye. Cuando Jöns Jacob Berzelius introdujo el término en 1832, se refería a compuestos orgánicos que tenían los mismos átomos en las mismas proporciones, pero con fórmula molecular distinta.

Véase también: Grupos funcionales 100–105 ▪ Fuerzas intermoleculares 138–139 ▪ Espectroscopia infrarroja 183 ▪ El craqueo del crudo 194–195 ▪ Polímeros antiadherentes 232–233 ▪ Polímeros superresistentes 267

Actualmente, estos se consideran parte de la misma serie homóloga de compuestos. Por ejemplo, el etano (C_2H_6) y el butano (C_4H_{10}) son ambos miembros de la serie homóloga de los alcanos: tienen la misma fórmula general –el número de sus átomos de hidrógeno es el doble que el de los de carbono, más dos–, pero distinta fórmula molecular.

Producción de polímeros

A mediados del siglo XIX se habían descubierto, sintetizado y comercializado algunos polímeros. En 1839, el ingeniero estadounidense Charles Goodyear descubrió que el caucho natural se podía endurecer con azufre, y servir así para aplicaciones que iban desde la maquinaria a ruedas de bicicleta. Un año antes, el químico francés Anselme Payen había identificado y aislado la celulosa de la madera; después, en 1862, el químico británico Alexander Parkes usó nitrato de celulosa para crear un material plástico, llamado parkesina.

Muchos consideran la creación de Parkes como el nacimiento de la industria moderna de los plásticos.

La baquelita, una resina dura hecha de fenol y formaldehído, fue el primer plástico totalmente sintético producido para el mercado. Hoy los objetos de baquelita tienen un atractivo retro.

Aunque Parkes no tuvo éxito comercial con el invento –el material era caro, y no muy resistente–, otros lo mejoraron, lo rebautizaron como celulosa y lo emplearon en productos tan diversos como película fotográfica o bolas de billar. Décadas más tarde, en 1907, Leo Baekeland inventó la baquelita, el primer plástico plenamente sintético y producido en masa. Sin embargo, a pesar del uso generalizado de productos hechos de polímeros, los químicos no se ponían de acuerdo acerca de la estructura exacta de estos materiales.

La mayoría de los químicos más destacados se inclinaba por la teoría de asociación, propuesta por el químico escocés Thomas Graham en 1861. Según esta, sustancias como el caucho y la celulosa estaban hechas de cúmulos de moléculas pequeñas, unidos por fuerzas intermoleculares. La idea de que pudieran estar compuestas por moléculas mayores fue desdeñada, y la mayoría de los químicos creía imposible tal cosa: las moléculas extremadamente grandes no podían ser de ningún modo estables.

Macromoléculas

Fue el alemán Hermann Staudinger quien desafió la ortodoxia en cuestión de polímeros. Muy respetado en el campo de la química de las moléculas menores, Staudinger sintió curiosidad por el isopreno, el principal polímero componente del caucho. En 1920 publicó un trabajo en el que »

Hermann Staudinger

Nació en Worms (Alemania) en 1881. Estudió botánica en la Universidad de Halle e hizo cursos de química para profundizar en la botánica, pero la química pasó a ser su interés principal. Uno de sus primeros descubrimientos fueron las cetenas, compuestos altamente reactivos, con varias aplicaciones en la síntesis orgánica.

El trabajo de Staudinger en la química macromolecular le llevó a fundar el primer instituto de investigación de Europa centrado en polímeros, en 1940, y también la primera revista dedicada a la química de polímeros. En 1953 le fue concedido el premio Nobel de química. Murió en 1965.

Fue un defensor de la paz: en la década de 1930 cuestionó públicamente la autoridad de los nazis, y por ello fueron rechazadas todas sus solicitudes de viajar al extranjero. En 1999, su trabajo en la química de polímeros fue designado Hito Histórico Internacional de la Química.

Obras principales

1920 «Sobre la polimerización».
1922 «Sobre el isopreno y el caucho».

proponía que sustancias naturales como el caucho tenían moléculas mucho mayores de lo que entonces se creía, con pesos moleculares que se miden por millones. Staudinger esbozó cómo se forman estas moléculas enormes a base de reacciones de polimerización, que conectan un gran número de moléculas pequeñas. Más tarde las llamaría «macromoléculas». Su trabajo de 1920 «Über Polymerisation» («Sobre la polimerización») se considera el punto de arranque del campo de la ciencia macromolecular.

Los defensores de la teoría de asociación seguían sin estar convencidos de las propuestas de Staudinger, y mantuvieron que las propiedades del caucho que Staudinger atribuía a sus macromoléculas se podían explicar en términos de interacciones moleculares débiles. Para demostrar que esto era erróneo, Staudinger necesitaba pruebas experimentales que lo contradijeran directamente.

El alemán Carl Harries y el austriaco Rudolf Pummerer habían afirmado que el caucho se compone de agregados de muchas moléculas de isopreno, y que era esto lo que confería al material sus propiedades coloidales. Entre tales propiedades estaba el formar una suspensión en lugar de una solución en los solventes, pues las partículas de un coloide son grandes y no se disuelven. Harries y Pummerer creían que estas propiedades se explicaban por una «valencia parcial» de los enlaces dobles carbono-carbono, es decir, una fuerza débil que mantenía las moléculas unidas en agregados.

> Las moléculas orgánicas de peso molecular superior a 5000 no existen.
>
> **Heinrich Wieland**
> **Químico alemán (1877–1957)**

Para desacreditar esta teoría, Staudinger decidió añadir hidrógeno a los enlaces dobles carbono-carbono del caucho, es decir, hidrogenarlos. El resultado sería un átomo de hidrógeno unido a cada átomo de carbono, que dejaba un único enlace entre uno y otro átomos de carbono. Si la teoría de Harries y Pummerer era correcta, esto descompondría los agregados del caucho y cambiaría sus propiedades. Staudinger no observó nada parecido: el caucho hidrogenado no se comportaba de modo distinto a como lo hacía el caucho natural.

El triunfo de la teoría

Aunque los experimentos de Staudinger parecían aclarar que su teoría de las macromoléculas era correcta, otros químicos seguían sin estar convencidos, y entonces Staudinger recurrió a tratar de crear directamente macromoléculas. Usando moléculas pequeñas como el estireno como punto de partida, creó diferentes polímeros en colaboración con sus colegas, e identificaron una relación entre los pesos moleculares de estos polímeros y su viscosidad (resistencia al cambio de forma), una prueba más del modelo macromolecular.

La resistencia ante las ideas de Staudinger continuó por un tiempo, pero, a medida que se acumulaban las pruebas y otros científicos pudieron determinar con mayor precisión las grandes masas de las moléculas de los polímeros, la teoría macromolecular fue siendo aceptada. Stau-

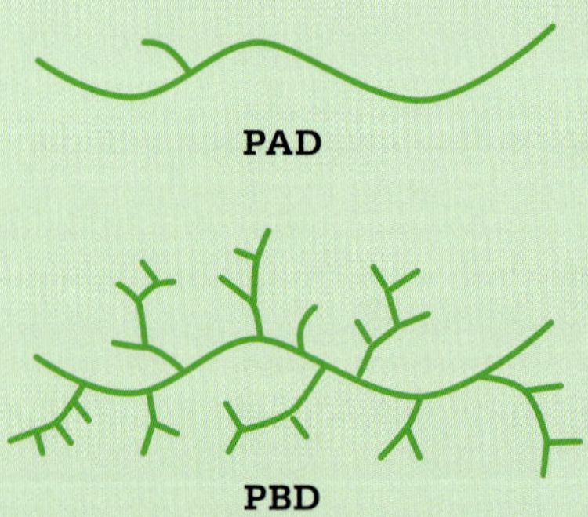

El PAD y el PBD son el mismo polímero, pero tienen distinta estructura. La estructura ramificada del PBD lo hace menos denso que el PAD.

Propiedades de los polímeros

Dado el tamaño considerable de las moléculas de los polímeros, el mismo polímero puede tener propiedades distintas según su estructura, caso del polietileno, que puede ser de alta densidad (PAD) o baja densidad (PBD).

La estructura del PAD es como una cadena larga con muy pocas ramas. Esto permite que las moléculas queden muy juntas, con fuerzas intermoleculares firmes. El PAD es un plástico rígido y duro, usado para botellas y tuberías. El PBD tiene una estructura más ramificada, de moléculas más separadas. Las fuerzas moleculares más débiles producen un plástico más blando, usado para fabricar bolsas.

El comportamiento de los polímeros varía también con la temperatura: cuando se calientan, llegan a alcanzar la temperatura de transición vítrea (T_g) y se vuelven blandos y flexibles. Los polímeros de T_g superior a la temperatura ambiente son duros y quebradizos; si es inferior, son flexibles.

Wallace Carothers, conocido sobre todo como inventor del nailon, descubrió cómo se forman los polímeros y sintetizó otros nuevos de gran peso molecular.

dinger quedó reivindicado años después por la concesión del Nobel de química en 1953, en reconocimiento a sus hallazgos en el campo de la química macromolecular.

El trabajo de Staudinger fue un triunfo teórico, en tanto que tuvo un papel escaso en el desarrollo de proceso industrial alguno, pero inspiró a otros químicos a estudiar los aspectos prácticos de la polimerización, y abrió un mundo nuevo de posibilidades químicas. Los tamaños grandes de las macromoléculas suponían que el número y variedad potenciales de distintas moléculas era enorme. Incluso para la misma molécula, las propiedades podían variar mucho según las diferencias de estructura y las condiciones en que se empleara.

Construir superpolímeros

Uno de los inspirados por las teorías de Staudinger fue el químico orgánico estadounidense Wallace Carothers; que desde 1928 dirigía un grupo en las instalaciones de investigación de la empresa química DuPont en Delaware (EEUU). Mientras que Staudinger se había centrado en el análisis de polímeros naturales, Carothers adoptó un enfoque más práctico al estudio de las macromoléculas, y fue un pionero de nuevas formas de producir polímeros.

Carothers fue el primer químico en definir las dos categorías principales de polimerización vigentes hoy en día: de adición y de condensación. Los polímeros de adición son los más fácilmente comprensibles, y, como sugiere su nombre, se forman simplemente ligando muchas moléculas menores (monómeros). Los monómeros deben contener un enlace doble de carbono-carbono, que se convierte en un enlace único al unirse los monómeros en una reacción en cadena.

Los polímeros de condensación, por contraste, se forman a partir de monómeros con dos grupos funcionales distintos. Si los monómeros son idénticos, tienen un grupo en cada extremo. Estos grupos funcionales »

Métodos de polimerización

En la polimerización de adición, una iniciación desencadena la reacción. Después, en la propagación, los monómeros se encadenan uno detrás de otro, hasta la terminación. Esta se da al azar y en puntos diferentes para distintas cadenas, y por tanto, la longitud de estas varía.

Los monómeros usados para polímeros de adición pueden ser idénticos, como en el caso del polietileno, que crea un homopolímero, pero pueden usarse también monómeros de más de un tipo, que producen copolímeros. Al margen del tipo de monómeros, el polímero es el único producto de la polimerización de adición.

En la polimerización de condensación, los monómeros se encadenan en una reacción en la que se elimina una molécula pequeña. Este producto secundario es a menudo agua –por tanto, «condensación». En este tipo de polimerización, se suelen usar dos monómeros distintos.

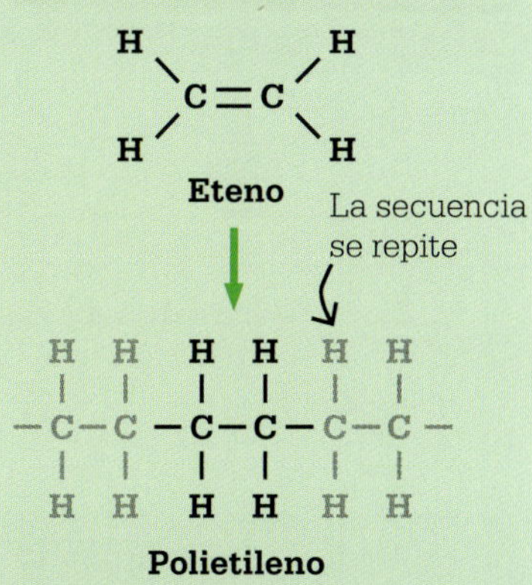

El polietileno es un polímero de adición, hecho de monómeros de eteno. El enlace doble carbono-carbono se sustituye por enlaces simples.

reaccionan unos con otros para formar la cadena del polímero, y se pierde una de las moléculas pequeñas como resultado. Era en este tipo de polimerización en el que quería trabajar Carothers.

Comenzando con compuestos de bajo peso molecular, Carothers se propuso usar reacciones establecidas de química orgánica para unirlos de uno en uno y obtener macromoléculas. Infirió que, conociendo la estructura de las moléculas originales y la naturaleza de las reacciones, sería posible predecir la estructura de la macromolécula que se obtendría. Su otra meta era hacer una molécula lo mayor posible, superando lo que se tenía por el límite del peso molecular.

En marzo de 1930, el equipo de Carothers creó un polímero de cloropreno, que se comportaba como el caucho y fue llamado más tarde neopreno. En abril de ese año, el grupo logró producir poliésteres con pesos moleculares tan altos como 25 000. También observaron que estos «superpolímeros» podían estirarse en fibras filamentosas para extenderlas aún más, lo cual hacía aumentar su resistencia y elasticidad.

Textiles sintéticos

Parecía obvio que los nuevos poliésteres podían tener aplicaciones en la confección de tejidos, pero era difícil de lograr en la práctica. Se produjeron varios polímeros de poliéster candidatos, pero todos tenían inconvenientes que los hacían inadecuados para el mercado: se fundían a una temperatura demasiado baja, o se disolvían con excesiva facilidad.

Tras un parón en la investigación en polímeros, el equipo de Carothers cambió de rumbo y se dedicó a las fibras de poliamida. En 1934, usando un ácido dicarboxílico y una diamina, ambos con seis átomos de carbono, obtuvieron una fibra resistente y elástica que no se disolvía en la mayoría de solventes, y que tenía un punto de fusión elevado. En 1935, esta «fibra 66» fue escogida por DuPont para la producción a gran escala de lo que luego se conocería como nailon.

DuPont tardó otros tres años en ingeniar modos de producir los dos reactivos. El nailon salió finalmente a la venta en 1940, y tuvo un éxito inmediato: el primer año se vendieron 64 millones de pares de medias de nailon, y este fue empleado en aplicaciones diversas durante la Segunda Guerra Mundial, entre ellas, tiendas de campaña y paracaídas.

> Tenemos no solo un caucho sintético, sino algo teóricamente más original: una seda sintética. [...] eso será suficiente para una vida.
>
> **Wallace Carothers**
> **(1931)**

Lamentablemente, Carothers no vivió para ver el éxito del polímero que había creado con su equipo. Durante años había sufrido periodos depresivos, y en abril de 1937 se quitó la vida. De haber seguido vivo, parece probable que hubiera compartido con Staudinger el premio Nobel de 1953, dada su propia aportación al conocimiento de las macromoléculas.

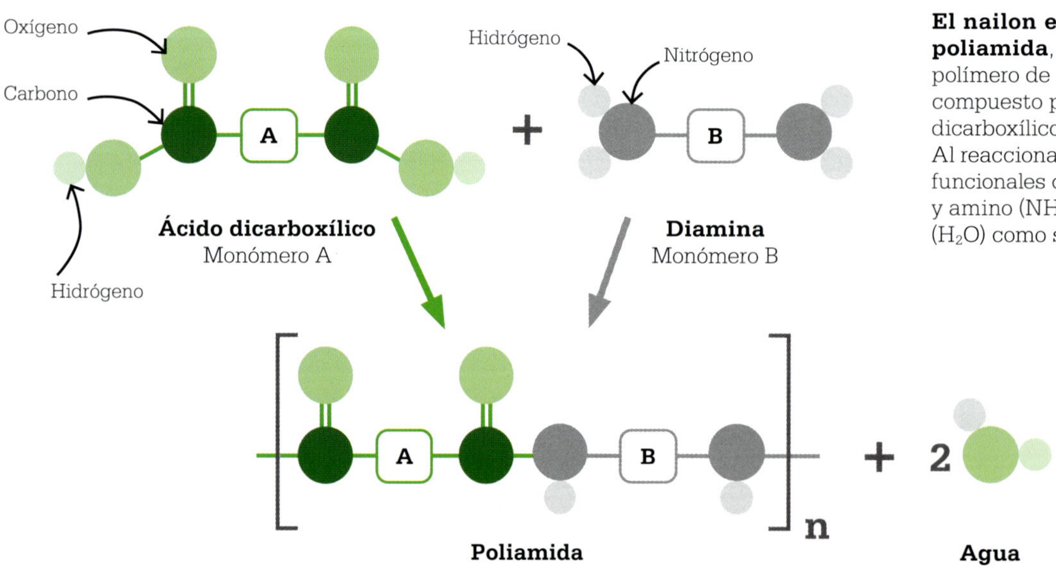

El nailon es una poliamida, un tipo de polímero de condensación, compuesto por un ácido dicarboxílico y una diamina. Al reaccionar, los grupos funcionales carboxilo (COOH) y amino (NH_2) forman agua (H_2O) como subproducto.

Las medias de seda salieron a la venta en mayo de 1940. En los primeros cuatro días se vendieron 4 millones de pares. La seda de Asia no estaba disponible durante la guerra, y el nailon fue un símbolo de la época.

Contaminación por plástico

En las décadas siguientes al trabajo de pioneros como Staudinger y Carothers, los plásticos se convirtieron en parte de la vida cotidiana. En 2020 se producían 367 millones de toneladas de plástico en todo el mundo. En muchos sentidos, estos materiales tan prácticos han vuelto posible lo imposible; sin embargo, desde la década de 1960, la preocupación por el impacto del plástico sobre nuestro planeta ha ido también en aumento.

El primer problema es que las moléculas que requiere la fabricación de plásticos proceden de combustibles fósiles, y el proceso de extraerlas genera varios contaminantes. Si los gobiernos del mundo se plantean seriamente eliminar de manera gradual el uso de combustibles fósiles, es necesario desarrollar maneras de fabricar plásticos no vinculadas a ellos como fuente.

Los plásticos tienen también efectos dañinos cuando se desechan. Debido a lo inadecuado de la práctica y la cultura del reciclaje, los desechos plásticos se están acumulando en todo el mundo, y se estima que habrán alcanzado las 12 000 millones de toneladas en 2050. El plástico existe desde hace demasiado poco tiempo como para saber si alguna vez se descompondrá por completo. Los desechos plásticos matan a millones de animales marinos cada año al quedar enredados en ellos o ingerirlos. Además, con el paso del tiempo, el plástico se desmenuza en partículas minúsculas, denominadas microplásticos. Estos han aparecido hasta en los lugares más remotos del planeta. Su impacto es un campo de estudio emergente, pero son preocupantes sus efectos adversos para la salud humana, además de para el medio ambiente.

Plásticos sostenibles

El reto para los químicos consiste en encontrar modos de mitigar el daño causado por el plástico, y se han logrado algunos progresos. Cuando el plástico se recicla mecánicamente, se funde para su reutilización como plástico de inferior calidad. Es posible que se logre desarrollar métodos para descomponer los polímeros en monómeros que sirvan para fabricar distintos tipos de plástico, y los estudios actuales tienen como objetivo crear polímeros que sea más fácil deconstruir de este modo.

Para que haya alguna posibilidad de lidiar con el problema de la contaminación plástica, tendrán que comprometerse en implementar las soluciones tanto productores como consumidores. Los bioplásticos hechos de materiales vegetales y los plásticos plenamente biodegradables existen ya, pero representan solo una fracción minúscula de la producción total de plásticos. ■

El plástico puede tardar hasta mil años en descomponerse, y menos del 20% se recicla. Esto consiste en fundirlo para reutilizarlo, lo cual solo puede hacerse un número limitado de veces.

EL DESARROLLO DE COMBUSTIBLE DE MOTOR ES ESENCIAL

GASOLINA CON PLOMO

EN CONTEXTO

FIGURAS CLAVE
Thomas Midgley (1889–1944), **Clair Cameron Patterson** (1922–1995)

ANTES
Siglo I a.C. El ingeniero civil romano Vitruvio advierte del peligro de envenenamiento por tuberías de plomo.

1853 El alemán Carl Jacob Löwig sintetiza el tetraetilo de plomo.

1885 Los ingenieros alemanes Karl Benz y Gottlieb Daimler inventan ambos vehículos a motor de gasolina.

DESPUÉS
1979 Herbert Needleman, pediatra estadounidense, informa del vínculo entre los niveles altos de plomo en los niños y su mal rendimiento académico y sus problemas de conducta.

2000 Reino Unido prohíbe la venta de gasolina con plomo, reducida gradualmente desde la década de 1980.

Tras la Gran Guerra, la demanda de automóviles se disparó: en 1924 había quince millones de vehículos registrados en EE UU. Sus motores de combustión interna funcionaban quemando gasolina mezclada con aire para producir energía –además de CO_2 y agua como productos residuales–, pero el picado de bielas por la ignición prematura generaba ruido, además de dañar el motor y reducir su eficiencia.

En 1921, Thomas Midgley, de la General Motors Corporation (GM), dio con la solución: añadir tetraetilo de plomo (TEL) a la gasolina. En la combustión, el TEL produce CO_2, agua y plomo. Las partículas de plomo impiden el picado de bielas gracias a que elevan la temperatura y presión

Picado de bielas en un motor de gasolina

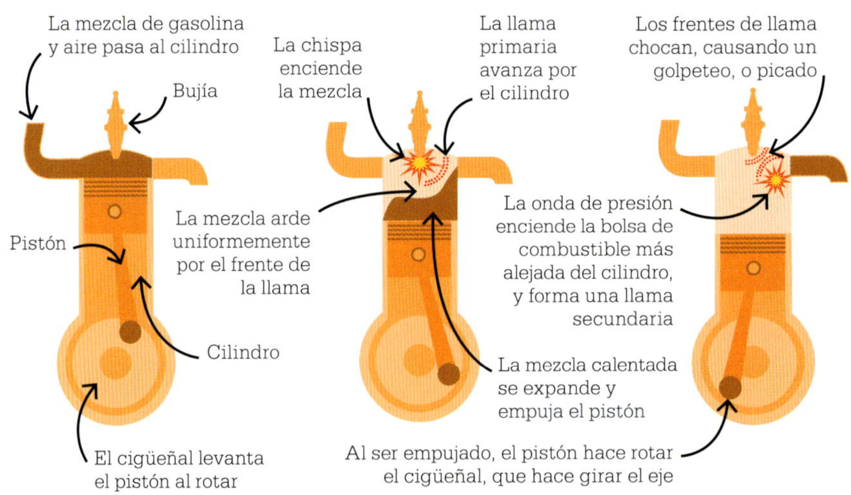

1. Una nueva mezcla de aire y combustible pasa al cilindro y es comprimida por el pistón.

2. La bujía enciende la mezcla de aire y combustible comprimida y genera una llama primaria.

3. Si se produce una llama secundaria incontrolada, los frentes de ambas llamas chocan.

Véase también: La nueva medicina química 44–45 ▪ Gases 46 ▪ El craqueo del crudo 194–195 ▪ El agujero de la capa de ozono 272–273

> Donde hay plomo, surge algún caso de intoxicación por plomo antes o después.
> **Alice Hamilton**
> **Experta estadounidense en medicina industrial (1869–1970)**

a las que se da la ignición prematura. También reaccionan con el oxígeno formando óxido de plomo.

Un veneno conocido

Aunque la toxicidad del TEL era conocida, GM y la Standard Oil Company de Nueva Jersey crearon la Ethyl Gasoline Corporation en 1921 para producir y comercializar gasolina con plomo. Cinco trabajadores murieron, otros 35 padecieron intoxicaciones y otros sufrieron alucinaciones. Con todo, y pese a la advertencia de las autoridades sanitarias sobre el peligro del plomo en la atmósfera, en 1923 se vendió el primer depósito. Hubo medidas para volver más segura la producción, pero se siguieron denunciando los peligros del plomo emitido por los tubos de escape.

En 1964, al analizar núcleos de hielo de Groenlandia, el geoquímico estadounidense Clair Cameron Patterson detectó que el plomo depositado era 200 veces mayor que en el siglo XVIII; la mayor parte del aumento correspondía a las tres décadas precedentes. Núcleos de la Antártida dieron resultados similares en 1965. Patterson estaba seguro de que la mayor parte del plomo procedía de la gasolina, y entendió el peligro de tener niveles tan altos. En 1966 presentó pruebas a un subcomité del Congreso de EEUU para estudiar la contaminación del aire y el agua. La Ley de aire limpio de 1970 encargó a la recién creada Agencia de Protección Ambiental regular el TEL en la gasolina. Limitado a 0,1 g/galón en 1986, fue prohibido del todo en 1996.

En 1997, el Centro para el Control y Prevención de Enfermedades de EEUU halló que el nivel medio de plomo en la sangre de niños y adultos había caído en más del 80% en los 20 años anteriores. En 2002 solo se permitía vender gasolina con plomo en 82 países. Un informe de 2011 del Programa de Naciones Unidas para el Medio Ambiente (PNUMA) estimó que la reducción global había evitado más de 1,2 millones de muertes prematuras. En 2021, Argelia fue el último país del mundo que prohibió el combustible tóxico. ■

Pese a conocer su toxicidad, la Ethyl Gasoline Corporation promovió los beneficios de la gasolina con plomo entre las familias de EEUU en la década de 1950.

Thomas Midgley

Hijo de un inventor, Midgley nació en Pensilvania in 1889. Se licenció en ingeniería mecánica por la Universidad Cornell, y en 1919 comenzó a trabajar para la General Motors Corporation. Pionero de la gasolina con plomo tras descubrir el aditivo TEL en 1921, enfermó gravemente con una intoxicación por plomo; no obstante, Midgley siguió promoviéndolo ante los reguladores y el público.

En 1928, un equipo de investigación dirigido por Midgley desarrolló el diclorofluorometano –un clorofluorocarbono (CFC) conocido por la marca Freon 12– como alternativa no inflamable a los refrigerantes usados entonces. Los efectos dañinos de los CFC en la capa de ozono no se descubrieron hasta la década de 1980. Midgley, que recibió varios premios de prestigio por su hallazgo, contrajo la polio en 1940 y quedó gravemente incapacitado. Murió en 1944.

Obras principales

1926 «Prevention of fuel knock».
1930 «Organic fluorides as refrigerants».

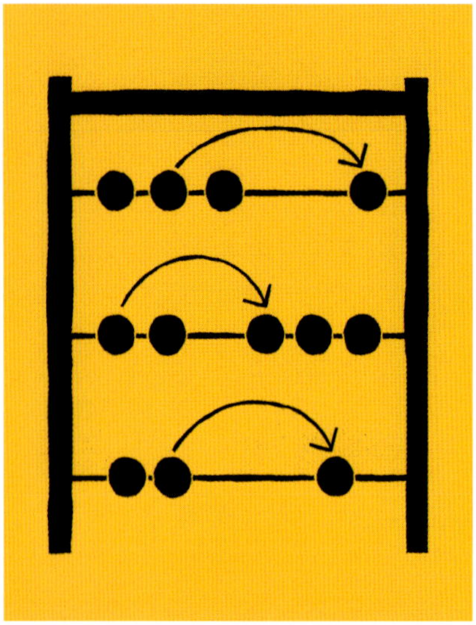

LAS FLECHAS CURVAS SON UTILES PARA DAR CUENTA DE LOS ELECTRONES

REPRESENTACIÓN DE LOS MECANISMOS DE REACCIÓN

EN CONTEXTO

FIGURA CLAVE
Robert Robinson
(1886–1975)

ANTES
1857–1858 La teoría de la estructura química de August Kekulé ayuda a determinar el orden de los enlaces en las moléculas.

1885 El alemán Adolf von Baeyer aporta a la química orgánica la teoría de la tensión en enlaces triples y anillos de carbono.

DESPUÉS
1928 Linus Pauling propone la resonancia como modelo para la aparente oscilación de los enlaces de simples a múltiples.

1934 El químico británico Christopher Ingold presenta las reacciones como secuencias de pasos, o mecanismos de reacción.

1940 Louis Hammett identifica un nuevo campo de estudio: la química orgánica física.

Desde que el químico alemán Friedrich Wöhler sintetizó la urea en 1828, demostrando que no solo los seres vivos podían fabricar materiales orgánicos, el objetivo de muchos químicos orgánicos ha sido hallar métodos de síntesis de materiales para fármacos, plásticos y combustibles, así como para la investigación. Los enlaces químicos se forman o rompen por el desplazamiento de los electrones, y, por tanto, resulta importante saber dónde están, o bien dónde faltan, para comprender y predecir reacciones químicas.

> Apenas pasa un día sin que un químico orgánico use flechas curvas para explicar un mecanismo de reacción o planear una ruta sintética.
> **Thomas M. Zydowsky**
> ***Chemistry explained* (2021)**

Los mecanismos de reacción –expresados en diagramas esquemáticos teóricos– son vitales para el éxito de una síntesis, y su formulación ganó claridad en 1922, cuando el químico británico Robert Robinson adoptó el símbolo de la flecha curva.

Flechas curvas

En 1897, el físico británico J. J. Thomson estableció el electrón como parte del átomo, y los químicos comprendieron que el desplazamiento de los electrones era probablemente parte integral de los mecanismos para producir compuestos nuevos a partir de la reacción de otras sustancias. Sin embargo, la descripción de tales movimientos era difícil de comprender sin una visualización; así, en un trabajo de 1922 coescrito con el químico británico William Ogilvy Kermack, Robinson introdujo las flechas curvas para mostrar cómo se desplazan los electrones –representados por puntos– en una reacción de compuestos orgánicos, así como las estructuras moleculares resultantes.

Véase también: La síntesis de la urea 88–89 ▪ Fórmulas estructurales 126–127 ▪ El benceno 128–129 ▪ Fuerzas intermoleculares 138–139 ▪ Por qué ocurren las reacciones 144–147 ▪ Modelos atómicos mejorados 216–221

Cómo funcionan las flechas curvas

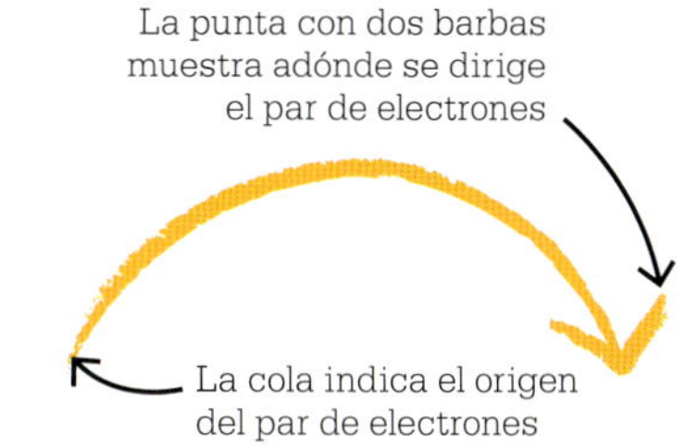

La flecha de punta doble indica el sentido en que se desplaza un par de electrones en una reacción química.

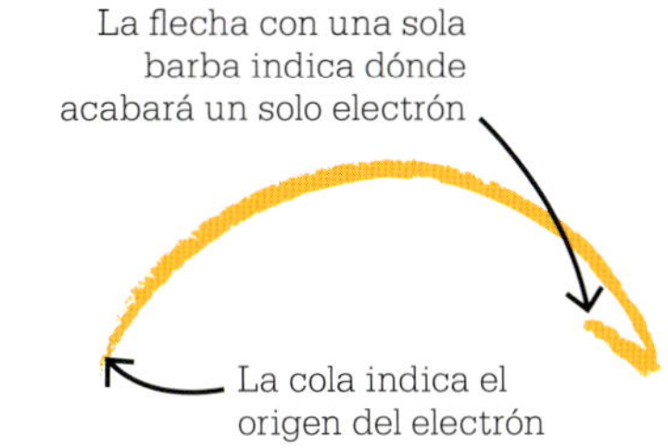

La flecha de punta simple se usa para indicar el movimiento de un solo electrón en una reacción.

Este método para visualizar el movimiento de los electrones ayudó a los químicos a comprender los mecanismos de reacción y a diseñar otros nuevos potencialmente útiles basados en la reactividad previa de los compuestos.

Al principio, sin embargo, las flechas curvas confundieron más que ayudaron a los químicos. Parte del problema era que la teoría electrónica de la química orgánica –el papel de los electrones en los enlaces químicos– era muy nueva, y estaba aún en desarrollo. Además, los primeros trabajos de Robinson no siempre aclaraban si la flecha representaba el movimiento de un electrón, o de dos.

Los pioneros del nuevo campo de la química orgánica física, como los estadounidenses Linus Pauling y Gilbert N. Lewis, resolvieron muchos de los problemas conceptuales del uso de las flechas curvas, al mostrar que todos los enlaces químicos consisten en dos electrones. Desde 1924, Robinson refinó su método para reflejarlo, y usó una flecha para el movimiento de dos electrones, como se muestra abajo.

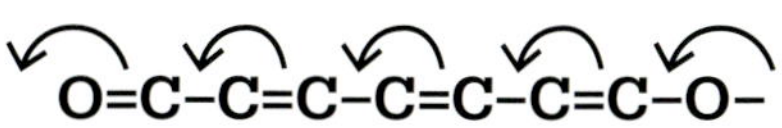

Aunque hoy se comprende que las reacciones químicas no se dan necesariamente como pasos separados, las flechas curvas se usan y enseñan a los alumnos de química como recurso visual para comprender las fuerzas que impulsan la síntesis química. Su validez fue puesta en entredicho desde el campo de la mecánica cuántica, que representa las estructuras moleculares en términos de la teoría de ondas. Sin embargo, en 2018, en la Universidad de Nueva Gales del Sur, los químicos australianos Timothy Schmidt y Terry Frankcombe conectaron ambas, por medio de una serie de cálculos químicos cuánticos inspirados. ■

> Antes, sabíamos que las flechas curvas funcionan, pero no por qué.
> **Timothy Schmidt**

Las flechas curvas representan pares de electrones que se desplazan de un enlace a otro en un mecanismo de reacción que emplea etileno (C_2H_4) y ácido bromhídrico (HBr) y forma bromuro de etilo (C_2H_5Br).

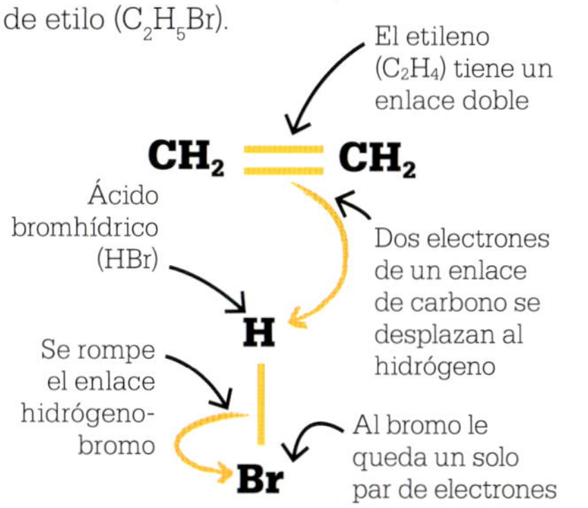

1. Un par de electrones en el enlace doble de carbono se desplazan al hidrógeno. Esto rompe el enlace entre el hidrógeno y el bromo, y da carga positiva al carbono no reactivo.

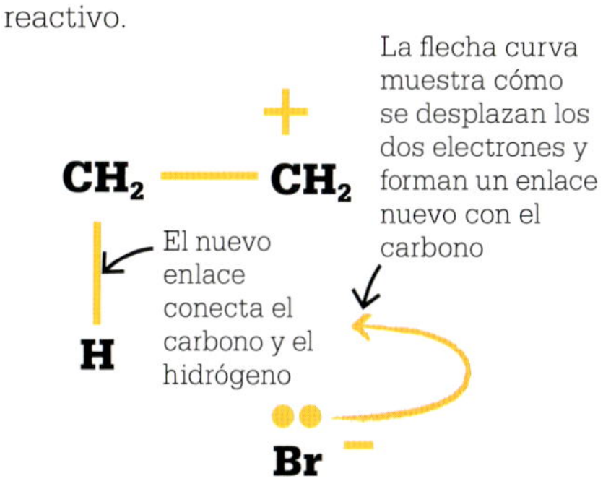

2. Los dos electrones restantes del ion de bromo –representados por puntos– son atraídos por la carga positiva del carbono. Esto crea un enlace nuevo carbono-bromo.

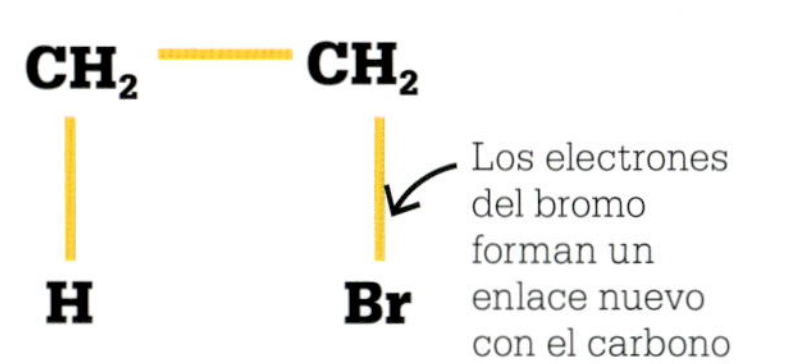

3. La estructura del bromuro de etilo (C_2H_5Br) es el producto final del mecanismo de reacción.

FORMAS Y VARIACIONES EN LA ESTRUCTURA DEL ESPACIO

MODELOS ATÓMICOS MEJORADOS

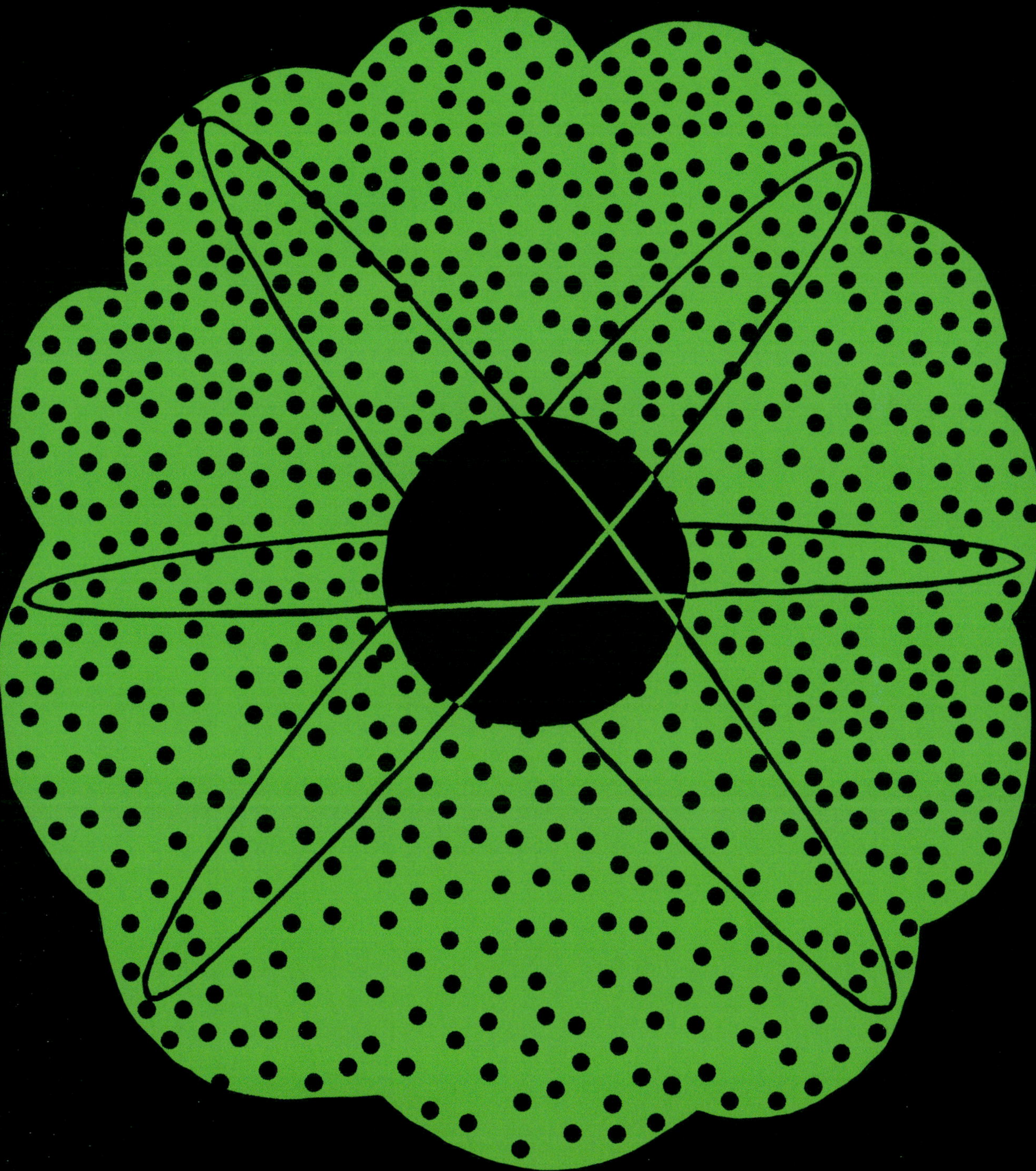

EN CONTEXTO

FIGURA CLAVE
Erwin Schrödinger
(1887–1961)

ANTES

1803 La teoría atómica de la materia de John Dalton vincula procesos químicos y realidad física y le permite calcular pesos atómicos.

1896 El físico francés Henri Becquerel descubre la radiación nuclear, que fuerza un cambio en las ideas sobre estructura atómica.

1900 Max Planck modela con precisión la distribución de la radiación de un cuerpo negro al suponer propiedades de partícula a la luz.

DESPUÉS

1927 Niels Bohr y Werner Heisenberg, entre otros, desarrollan la interpretación de Copenhague de la mecánica de ondas, que modela las ondas de Schrödinger como ondas de probabilidad.

1932 James Chadwick, físico británico, descubre el neutrón, partícula del núcleo con masa, pero sin carga.

1938 Los químicos alemanes Otto Hahn, Fritz Strassman y Lise Meitner parten el núcleo atómico.

En las postrimerías del siglo XIX, los investigadores vislumbraron que el átomo podía estar formado por fragmentos menores, lo cual revolucionó la concepción de la estructura atómica. La subsiguiente sucesión de modelos atómicos conduciría al modelo cuántico elaborado por Erwin Schrödinger en 1926, el cual es aceptado aún hoy.

En 1897, cuando Joseph John Thomson identificó por primera vez los electrones, la cuestión era dónde situarlos en la estructura del átomo. En 1904, Thomson propuso que los electrones –que tienen carga negativa– podían estar incrustados en el núcleo, de carga positiva, idea popularizada como «modelo del pudín de pasas». La idea no tardó en ser descartada.

En 1911, el físico y químico británico de origen neozelandés Ernest Rutherford propuso que los electrones se encuentran en el exterior de un núcleo denso y compacto, y que la mayor parte del volumen del átomo era espacio vacío. Basó la idea en los resultados de los experimentos de los físicos Hans Geiger (alemán) y Ernest Marsden (británico) en 1909 en la Universidad de Manchester, en los cuales dispararon partículas alfa sobre una lámina muy delgada de pan de oro. La mayoría de estas partículas pesadas atravesaba la lámina sin más, o bien se desviaban en ángulos inferiores a los 90°, pero algunos rebotaban de vuelta a la fuente. A la vista de este fenómeno, Rutherford propuso que el átomo contenía un núcleo pequeño y denso de carga positiva, a cuyo alrededor orbitan los electrones.

La interpretación de Rutherford no fue bien recibida hasta 1913, cuando el joven estudiante danés Niels Bohr aplicó una compleja y poco conocida fórmula matemática al concepto cuántico del físico Max Planck,

El experimento de la lámina de pan de oro para poner a prueba el modelo atómico de Thomson llevó a concluir que los átomos son en gran parte espacio vacío, con núcleos pequeños y densos de carga positiva.

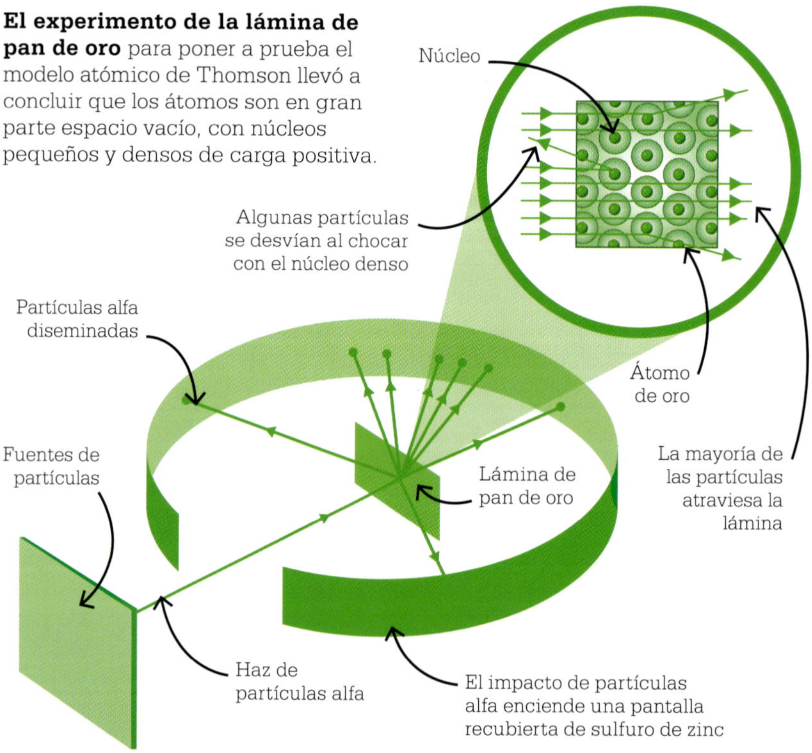

Véase también: El universo atómico 28–29 ■ La teoría atómica de Dalton 80–81 ■ Química de coordinación 152–153 ■ El electrón 164–165 ■ Enlaces químicos 238–245

haciendo que las piezas del rompecabezas subatómico encajaran.

Órbitas fijas

La fórmula en cuestión era obra del alemán Johann Balmer, profesor en la Universidad de Basilea en Suiza. En 1885, Balmer ingenió una fórmula que predecía las posiciones de cuatro líneas visibles en el espectro de emisión del átomo de hidrógeno. Las líneas aparecían a intervalos específicos, no de forma continua; sin embargo, la razón por la que el modelo matemático funcionaba restaba sin explicación.

En 1900, Planck creó un modelo para explicar la distribución de la luz desde un cuerpo negro calentado. Para ello, sin embargo, debía suponer que la energía lumínica llegaba en «paquetes», hoy llamados cuantos, o fotones. Hasta entonces, la luz se había considerado un fenómeno continuo, pero Planck proponía un modelo de onda para la luz en determinadas circunstancias, y en otras, un modelo de partícula. También el sonido se comporta como onda o como partícula: cuando es de una frecuencia e intensidad determinadas, puede actuar como una bala que hace añicos el vidrio; pero se comporta como onda cuando llega a una esquina o pasa desde una habitación a otra.

> Creemos incluso tener un conocimiento íntimo de los constituyentes de los átomos individuales.
> **Niels Bohr**
> **Discurso del Nobel (1922)**

En este ejemplo de dualidad onda-partícula, se disparan electrones a una barrera con dos ranuras. Con el tiempo, se forman patrones de interferencia de franjas claras y oscuras, tal y como ocurre con las ondas de luz. Es una muestra de propiedades y comportamiento de onda en las partículas.

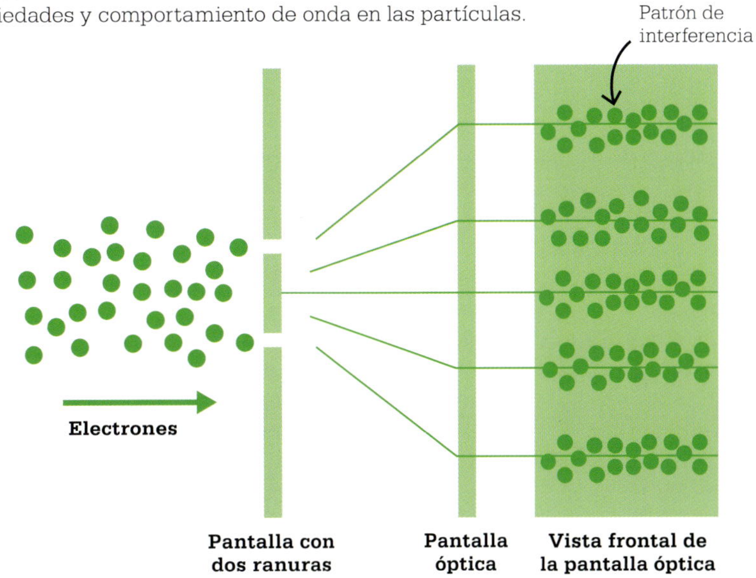

En manos de Niels Bohr, la idea cuántica mostró cómo un modelo atómico en que los electrones solo podían orbitar a ciertas distancias fijas alrededor del núcleo encajaba con la ecuación de Balmer para predecir la posición de las líneas espectrales del hidrógeno. Al absorber un cuanto de luz de la energía exacta, un electrón podía «saltar» de una órbita energética más baja a otra más alta; o bien, al caer de una órbita más alta a otra más baja, podía liberar la misma cantidad de energía lumínica. Estos cambios energéticos casaban con el patrón que Balmer predijo en su fórmula.

El modelo de Bohr explicaba muchas mediciones, pero había varios problemas, el mayor de los cuales era quizá que los electrones del modelo se movían, y que un electrón en movimiento debería ir perdiendo energía y descender en espiral hacia el núcleo positivo. Además, el modelo de Bohr no podía predecir las líneas espectrales de ningún átomo neutro –de igual número de electrones y protones– que no fuera el hidrógeno, ni las intensidades de las líneas del hidrógeno, ni servía para hacer predicciones sobre molécula alguna, incluida la más simple, la de hidrógeno, H_2.

La dualidad onda-partícula

En 1923, el físico francés Louis de Broglie propuso que la materia se comporta como partículas y también como ondas. La dualidad onda-partícula ya fue difícil de aceptar, y aplicar la noción a la materia era demasiado para muchos científicos, pero no así para Schrödinger. En una rápida serie de trabajos en 1926, llamados colectivamente «Quantisierung » als Eigenwertproblem», postuló una teoría de ondas de la mecánica cuántica. Este es un sistema de mecánica que describe el comportamiento físico de partículas de escala atómica, como electrones, átomos y moléculas, al igual que la mecánica clásica describe el comportamiento de objetos macroscópicos, como balones de fútbol, automóviles y planetas. La diferencia reside en que las propiedades de las partículas de escala cuántica solo se pueden inferir, pero no medir directamente.

En el primer trabajo, Schrödinger presentó lo que se conocería como ecuación de Schrödinger para describir el comportamiento de un sistema mecánico cuántico:

$$i\hbar \frac{\partial}{\partial t}\Psi = \hat{H}\Psi$$

En lo fundamental, la ecuación de Schrödinger describe el comportamiento de las funciones de onda (Ψ). Aplicada a la forma de la función de onda que mejor describe un sistema, dará energías medibles para dicho sistema. Schrödinger usó la ecuación para analizar un sistema como el del hidrógeno, y reprodujo los niveles energéticos de este. El año anterior, los físicos alemanes Werner Heisenberg, Max Born y Pascual Jordan habían desarrollado un sistema para describir la estructura electrónica de un átomo, basado en matrices matemáticas bastante complicadas; pero la teoría de ondas de Schrödinger era más intuitiva y más fácil de representar visualmente.

Ondas de probabilidad

Apenas se había empezado a digerir el concepto de Schrödinger cuando, en 1927, Heisenberg propuso el principio de indeterminación. En términos generales, este establece que no pueden conocerse a la vez tanto la posición como el momento lineal de un electrón.

Dicha conclusión guarda relación con el tamaño del instrumento de medición comparado con el del objeto a medir. Por ejemplo, con dispositivos láser o de radar puede medirse la velocidad de un automóvil, enviando haces luminosos que se reflejan de regreso al instrumento. Cuando se emplea la luz para medir la velocidad de un electrón, en cambio, la luz desvía el electrón de su trayectoria. Sería como intentar medir la velocidad de un automóvil con una bala de cañón. Para resolver este problema, Heisenberg vino a rechazar la posibilidad de situar los electrones en el espacio y el tiempo como si fueran objetos macroscópicos.

Así, la cuestión pasó a ser esta: si el electrón no se podía localizar físicamente, ¿qué eran las ondas de la mecánica de ondas de Schrödinger? En 1926, Max Born había ofrecido una explicación: que había ondas de probabilidad. Las ondas mostraban dónde la probabilidad de hallar un electrón en una posición determinada era alta, baja o inexistente. El

> El fenómeno onda forma el verdadero «cuerpo» del átomo.
> **Erwin Schrödinger**
> **(1926)**

Erwin Schrödinger

Schrödinger, de ascendencia austriaca y británica, nació en 1887 en Viena, en cuya universidad estudió física teórica, y se apasionó también por la poesía y la filosofía. Tras servir en la Gran Guerra se mudó a Alemania, y después a la Universidad de Zúrich, en Suiza.

En 1927 se trasladó a Berlín, entonces centro destacado de la física. En protesta contra el régimen nazi, se marchó de Alemania en 1933, y asumió un puesto en la Universidad de Oxford (Inglaterra). Ese año le fue concedido el premio Nobel de física, juntamente con el físico teórico británico Paul Dirac.

Regresó a Austria, pero tuvo que huir de los nazis de nuevo en 1938. Sus amistades le ayudaron a llegar a Irlanda, donde pasó 17 años como director de la Escuela de Física Teórica del Instituto de Estudios Avanzados de Dublín. Se retiró a Austria en 1956, y murió en 1961.

Obras principales

1926 «La cuantización como problema de autovalores».
1926 «Una teoría ondulatoria de la mecánica de átomos y moléculas».

principio de incertidumbre de Heisenberg resultó ser una herramienta esencial para explicar y predecir muchos fenómenos cuánticos. Las órbitas de los electrones pasaron a conocerse como «orbitales», como modo de reflejar su carácter nebuloso. En contraste con las órbitas bien definidas del modelo de Bohr, los orbitales se concebían como «nubes» electrónicas, en las que la probabilidad de que el electrón exista en un área dada es mayor donde la nube es más densa. El concepto de ondas de probabilidad de Born no fue del gusto de Schrödinger, y fue con ánimo de ridiculizarlo que se le ocurrió el famoso experimento mental del gato de Schrödinger, que explicó a su buen amigo Albert Einstein. Imaginó un gato encerrado en una caja, con un vial de veneno de una fuente radiactiva. Si la fuente decae y emite una partícula de radiación, un mecanismo libera un martillo que rompe el vial y libera el veneno, matando al gato. Hay una probabilidad igual de que el átomo decaiga y emita una partícula o no, y no hay otro modo de saber si el gato está vivo o muerto que abrir la caja y mirar. Schrödinger concluyó que, mientras no se observe el sistema, el gato está vivo y muerto a la vez. Irónicamente, esta analogía se emplea hoy para explicar las ondas de probabilidad de Born, y no para desacreditarlas.

El modelo mecánico cuántico del átomo devino rápidamente un arma poderosa para explicar los fenómenos atómicos. En 1926, la física alemana Lucy Mensing pudo modelar moléculas diatómicas, como la del hidrógeno, empleando la mecánica cuántica, hazaña imposible con el modelo de Bohr. En 1927, entró en el proceso la química, cuando el físico alemán Walter Heitler consiguió mostrar cómo un enlace covalente, formado al compartir dos átomos un par de electrones, sería un resultado de las ecuaciones de onda de Schrödinger. Actualmente, prácticamente todos los estudiantes de química aprenden mecánica en los términos de la ecuación de onda de Schrödinger. ■

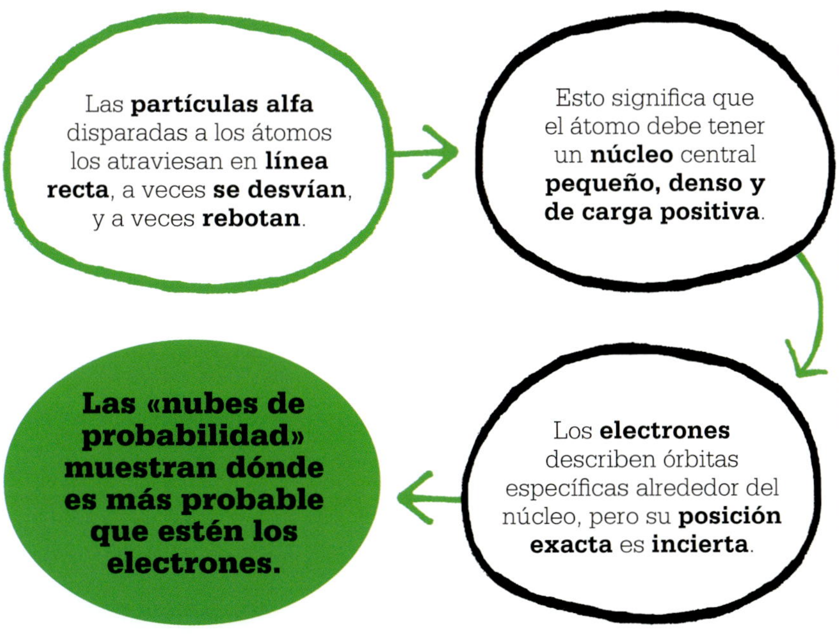

Evolución de los modelos atómicos

El modelo nuclear de Rutherford
El modelo de 1911 de Rutherford situaba los electrones fuera de un núcleo denso de carga positiva en el centro del átomo, pero no en órbitas específicas.

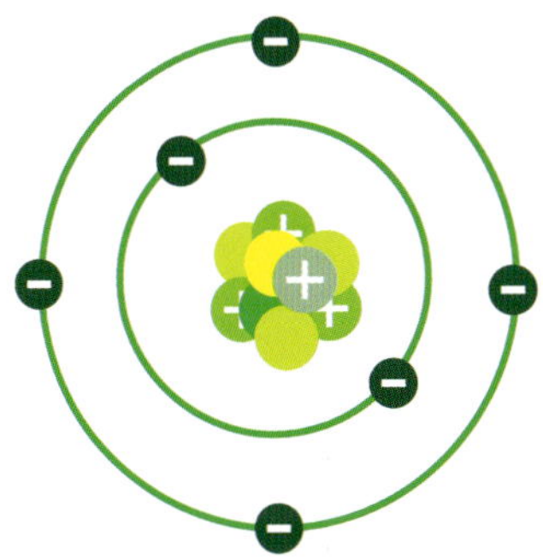

El modelo planetario de Bohr
En 1913, Bohr modificó el modelo de Rutherford situando los electrones en órbitas fijas alrededor del núcleo de carga positiva.

El modelo cuántico de Schrödinger
En 1926, Schrödinger describió las órbitas electrónicas como ondas 3D, y no trayectorias fijas alrededor del núcleo.

LA PENICILINA COMENZO COMO UNA OBSERVACION CASUAL

LOS ANTIBIÓTICOS

EN CONTEXTO

FIGURA CLAVE
Alexander Fleming
(1881–1955)

ANTES
Década de 1670 Antonie van Leeuwenhoek, microbiólogo neerlandés, ve «animálculos» (bacterias) al microscopio.

1877 Louis Pasteur observa que bacterias del aire vuelven inofensiva la bacteria del suelo ántrax.

1909 Paul Ehrlich desarrolla el Salvarsan, primer tratamiento antibacteriano sintético.

DESPUÉS
1943 Comienza la producción en masa de penicilina.

1960 En Reino Unido, la farmacéutica Beecham lanza la meticilina para patógenos resistentes a la penicilina.

2020 La OMS advierte de muertes por infecciones comunes debidas al mal uso de los antibióticos.

El bacteriólogo Alexander Fleming estaba estudiando las bacterias del género *Staphylococcus* en el Hospital de Santa María, en Londres, en 1928, cuando descubrió el primer antibiótico natural, más tarde producido para uso terapéutico, y que transformaría el tratamiento de las infecciones. Los estafilococos viven de forma inofensiva en la piel humana, pero son patógenos si acceden al torrente sanguíneo, los pulmones, el corazón o los huesos.

Las bacterias son las causantes de un conjunto de enfermedades, algunas graves, o incluso fatales. Los trastornos que producen van de relativamente leves forúnculos, irritaciones de la piel y dolores de garganta a las más graves inflamaciones e intoxicaciones alimentarias, las potencialmente fatales septicemia (envenenamiento de la sangre) e infección de órganos internos. A inicios del siglo XX, variedades bacterianas de los géneros *Staphylococcus* y *Streptococcus* causaban millones de muertes al año. Incluso un arañazo leve podía ser fatal en caso de infección, y la neumonía y la diarrea –hoy trastornos relativamente sencillos de tratar– eran las mayores causas de muerte en el mundo desarrollado.

> No desdeñé la observación y [...] estudié el asunto como bacteriólogo.
> **Alexander Fleming**
> **Discurso del Nobel (1945)**

Un descubrimiento casual

A su regreso de unas vacaciones en 1928, Fleming notó que un hongo había invadido el cultivo de estafilococos en una de sus placas: en el área en torno al moho invasor no había bacterias. Aisló el moho y lo identificó como *Penicillium notatum* (hoy llamado *Penicillium chrysogenum*). Fleming estaba empeñado en la búsqueda del antiséptico perfecto, pero tenía motivos para suponer que la penicilina no funcionaría como antibiótico, y la usó para un fin distinto.

Fleming publicó sus hallazgos al año siguiente, pero fracasaron sus

Alexander Fleming

Alexander Fleming nació en 1881, en Ayrshire, en la Escocia rural. Con 14 años se trasladó a vivir con su hermano a Londres, donde estudiaría medicina en la escuela médica del Hospital de Santa María, y se interesó en la inmunología. En el Cuerpo Médico del Ejército, durante la Primera Guerra Mundial, comprendió que los antisépticos usados para combatir infecciones hacían más daño que bien, al perjudicar al sistema inmunitario.

De nuevo en el Santa María, fue profesor de bacteriología desde 1928, año en que descubrió la penicilina. Recibió el premio Nobel de fisiología o medicina en 1945, conjuntamente con Howard Florey y Ernst Chain. En 1946 se puso al frente del departamento de inoculación del Santa María. Fue reconocido con títulos honorarios de varias universidades. Murió de un ataque cardiaco en 1955.

Obra principal

1929 «On the antibacterial action of cultures of a penicillium».

Véase también: La anestesia 106–107 ▪ Tintes y pigmentos sintéticos 116–119 ▪ Enzimas 162–163 ▪ La polimerización 204–211 ▪ Diseño racional de fármacos 270–271 ▪ Nuevas tecnologías para vacunas 312–315

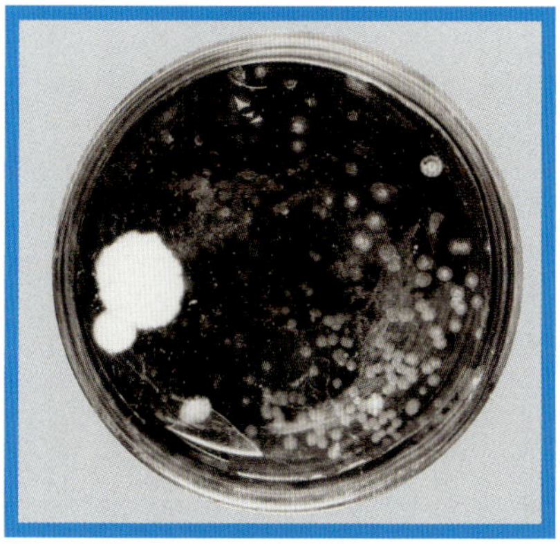

La placa de cultivo original en la que Alexander Fleming vio crecer por primera vez el hongo *Penicillium notatum* en 1928 tiene la colonia de penicilina visible a la izquierda.

intentos de aislar y purificar el compuesto del «zumo de moho» responsable del efecto antiséptico. Envió el moho a otros bacteriólogos con la esperanza de que tuvieran mejor fortuna, pero pasaron diez años hasta el siguiente avance, que permitiría producir en masa la penicilina.

Bacterias grampositivas

Trastornos potencialmente letales como la neumonía, la meningitis y la difteria se deben a las bacterias grampositivas, descubiertas por el bacteriólogo danés Hans Christian Gram en 1884. Estas bacterias tienen una membrana de peptidoglucano en el exterior de la pared celular. El peptidoglucano es un polímero (una molécula compleja) de aminoácidos y azúcares, y forma una estructura como una malla en torno a la membrana de plasma de la célula bacteriana, que refuerza la pared celular e impide la entrada de fluidos y partículas externas.

En las bacterias gramnegativas causantes de enfermedades como la fiebre tifoidea y paratifoidea, la capa de peptidoglucano se encuentra por debajo de la membrana protectora exterior. A principios de 1929, Fleming demostró que la penicilina podía matar bacterias grampositivas, pero no las de las especies gramnegativas. La diferencia estructural entre unas y otras era determinante para la eficacia de la penicilina.

Antiguos y sintéticos

Se conocían antibióticos naturales desde hace milenios, desde la época del antiguo Egipto, donde se aplicaba pan mohoso a las heridas para prevenir las infecciones. El tratamiento a menudo funcionaba, aunque nadie pudiera explicar cómo. Los médicos antiguos de otros lugares emplearon una gama de remedios naturales, cuya eficacia era bastante azarosa. No fue posible progreso importante alguno hasta los avances de la microscopía en la década de 1830.

A inicios de la década de 1880, Gram descubrió que ciertos tintes químicos coloreaban algunas células bacterianas, pero no otras. El científico médico alemán Paul Ehrlich concluyó que debía ser posible atacar bacterias de forma selectiva. En 1909 desarrolló un fármaco sintético basado en el arsénico, el Salvarsan, para matar a la bacteria *Treponema pallidum*, causante de la sífilis. »

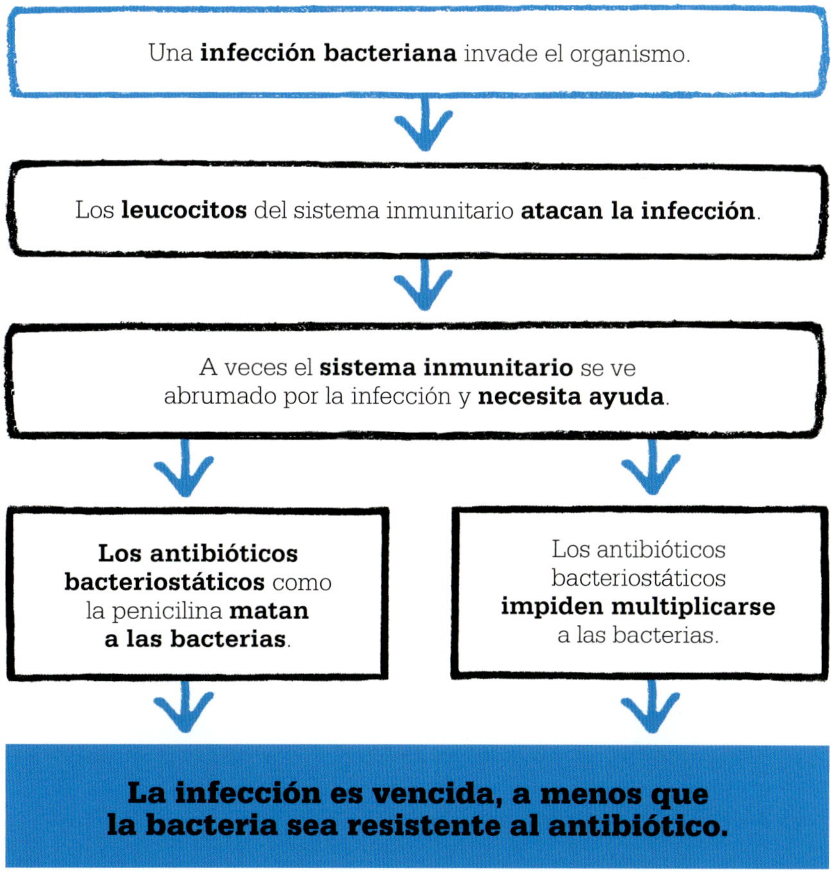

A principios de la década de 1930, el químico alemán Gerhard Domagk y su equipo estaban investigando el potencial para combatir infecciones de compuestos emparentados con los tintes sintéticos, y pronto hicieron un hallazgo que fue un hito en el control de las infecciones bacterianas. Domagk probó cientos de compuestos, y en 1931 dio con uno –el KL 730– de potentes efectos antibacterianos en ratones de laboratorio enfermos. El compuesto era una sulfa, o sulfonamida ($C_6H_8N_2O_2S$), y al año siguiente una empresa farmacéutica alemana patentó el compuesto sintético como Prontosil. Los médicos lo usaron para tratar a pacientes con infecciones de estafilococos y estreptococos. Domagk trató con éxito a su propia hija, que tenía una infección grave en el brazo, que de otro modo habría habido que amputar. Recibió el Nobel de fisiología o medicina en 1939.

De Oxford a EE UU

En 1939, un equipo de bioquímicos de la Universidad de Oxford (Inglaterra) se propuso convertir la penicilina en un fármaco capaz de salvar vidas, algo que hasta entonces no había logrado nadie. Dirigidos por el patólogo australiano Howard Florey y el bioquímico británico Ernst Chain, tenían que aislar y purificar la sustancia y procesar unos 500 litros de filtrado de moho a la semana. Estaban faltos de espacio y recipientes, y se vieron obligados a usar latas de alimentos, lecheras, bañeras y hasta bacinillas. Procesaron el filtrado en un compuesto químico derivado de un ácido –el éster acetato de amilo– y agua, y luego lo purificaron antes de las pruebas clínicas. Florey pudo demostrar que la penicilina protegía a los ratones de la infección; el reto siguiente era el ensayo en humanos.

La ocasión de una prueba experimental llegó por el caso de Albert Alexander, agente de policía británico de 43 años, con grandes abscesos potencialmente fatales en el rostro y los pulmones, que le habían salido tras rascarse la boca mientras podaba rosas. En 1941, fue el primer paciente tratado con penicilina. Alexander se recuperaba bien después de recibir la inyección, pero el fármaco escaseaba; no hubo suficiente para continuar con el tratamiento, y acabó muriendo.

Con el sector químico británico plenamente volcado en la producción bélica, Florey buscó ayuda en EE UU para producir penicilina en masa. El Laboratorio de Investigación Regional del Norte (del Departamento de Agricultura), en Peoria (Illinois), asumió el reto. Allí, los químicos descubrieron que emplear el disacárido lactosa en lugar de la sacarosa empleada por el equipo de Oxford en el medio de cultivo incrementaba la tasa de producción. Luego, el microbiólogo estadounidense Andrew Moyer descubrió que añadir al cultivo un derivado de la solución sobrante del re-

> Fleming publicó su trabajo clásico […] en 1929, pero no fue hasta 1939 cuando Florey siguió la pista.
>
> **Waldemar Kaempffert**
> **Autor científico estadounidense (1877–1956)**

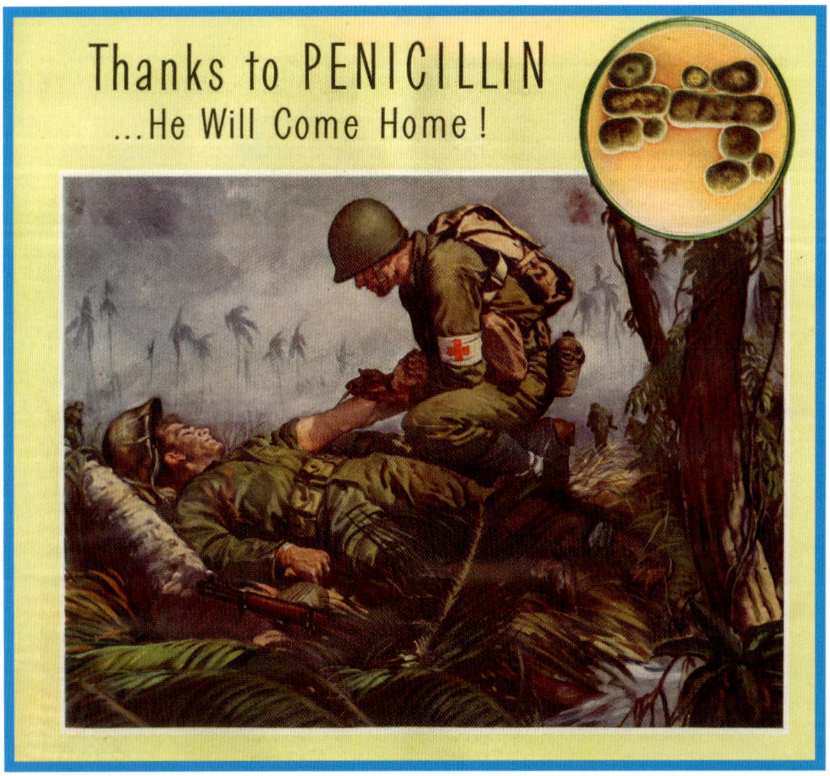

Durante la Segunda Guerra Mundial se inyectó penicilina a los soldados heridos, equipados también con Prontosil en polvo para infecciones bacterianas como la sepsis.

La penicilina ataca la capa de peptidoglucano de las bacterias. En las grampositivas esta forma parte de la pared celular, y es vulnerable al ataque. En las gramnegativas, la capa es interna y de difícil acceso.

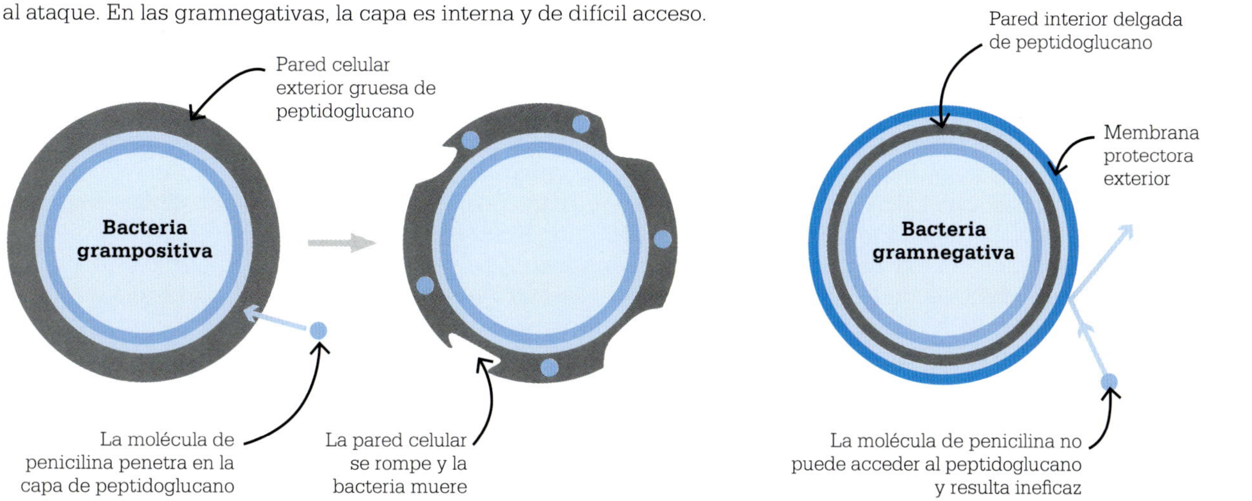

mojo en el procesado del maíz (una mezcla viscosa de aminoácidos, vitaminas y minerales) multiplicaba el rendimiento por diez.

Tras una serie de reuniones, Florey convenció a la industria farmacéutica estadounidense de que respaldara el proyecto de la penicilina. En marzo de 1942, una mujer estadounidense, Anne Miller, contrajo una infección grave tras un aborto espontáneo, y estaba próxima a la muerte. Se le inyectó penicilina, y fue la primera persona en recuperarse plenamente gracias al tratamiento.

La producción en masa de penicilina comenzó en 1943, y se fue acelerando de modo exponencial. Para entonces, el fármaco había demostrado su eficacia contra la sífilis, común entre los soldados. El objetivo inmediato era aumentar drásticamente la producción antes del desembarco en Francia, el Día D, en junio de 1944, que de manera inevitable acarrearía un gran número de bajas. En 1943 se fabricaron unos 21 000 millones de unidades, llegándose a los 6,8 billones en 1945, y los 133 billones en 1949. A lo largo de dicho periodo, el coste por cada 100 000 unidades cayó de los 20 dólares a los 10 centavos de dólar. En 1946, la penicilina empezó a estar disponible exclusivamente con receta por primera vez en Reino Unido.

Cómo funciona la penicilina

Hoy se comprende que los fármacos a base de penicilina funcionan haciendo reventar la pared celular de las bacterias. Las moléculas de penicilina atacan directamente la pared celular exterior de peptidoglucano de las bacterias grampositivas. Las células bacterianas son como burbujas saladas en un medio menos salino, de modo que si un fluido llega a atravesar la pared celular, por ósmosis –el movimiento de un fluido a través de una membrana– pasará al interior de la célula, y se equilibrará la salinidad entre la célula y el entorno. En tal caso, la entrada de fluido hará reventar la célula, matándola.

> La penicilina producida hoy salvará la vida de alguien en unos días o curará [...] a alguien ahora incapacitado.
>
> **Albert Elder**
> **Director del programa de penicilina de EEUU (1943)**

El peptidoglucano previene esto, al reforzar la pared celular e impedir la entrada de fluidos externos. Cuando una bacteria se divide, sin embargo, se abren pequeños agujeros en la pared celular. La bacteria produce peptidoglucano nuevo para llenarlos, pero si hay presentes moléculas de penicilina, estas bloquean la síntesis de las proteínas del peptidoglucano. Esto impide que los agujeros se cierren, y deja entrar agua que hace reventar la célula.

En las células gramnegativas, la capa de peptidoglucano está protegida por una membrana exterior, lo cual dificulta la acción de la penicilina. La penicilina no ataca las células humanas sanas, pues no tienen » una capa exterior de peptidoglucano. Al matar a un patógeno específico, la penicilina se considera un antibiótico bactericida.

Una edad dorada

En 1945, la química británica Dorothy Hodgkin reveló la estructura química de la penicilina, y publicó sus hallazgos cuatro años después. En contra de lo que creían muchos científicos contemporáneos, Hodgkin mostró que la estructura molecular contiene un anillo betalactámico. El descubrimiento permitió a los científicos modificar la estructura molecular del compuesto y crear toda una familia de antibióticos bactericidas derivados. Fue el amanecer de una edad de oro en el desarrollo de antibióticos durante las décadas de 1950 y 1960.

Los bioquímicos desarrollaron una serie de compuestos basados en hongos, algunos derivados de la penicilina, además de otros como el ácido fusídico y la cefalosporina. El bioquímico ruso-estadounidense Selman Waksman, quien definió antibiótico como «un compuesto fabricado por un microbio para destruir otros microbios», fue un pionero de la investigación en el potencial antibiótico de las actinobacterias anaerobias, sobre todo del género *Actinomyces*. Las tetraciclinas, los glucopéptidos y las estreptograminas son todos antibióticos derivados de tales bacterias.

Las tetraciclinas se emplean para tratar la neumonía, algunas intoxicaciones alimentarias, el acné y algunas infecciones oculares. Funcionan de modo distinto a la penicilina, inhibiendo el crecimiento bacteriano al impedir la síntesis de proteína dentro de la célula bacteriana patógena. Este proceso tiene lugar sobre estructuras internas de la célula, los ribosomas. Las tetraciclinas atraviesan la pared celular, se acumulan en el citoplasma celular y se unen a una parte del ribosoma donde impiden que se prolonguen las cadenas de proteína. Al impedir que los patógenos se multipliquen (en lugar de matarlos), estos antibióticos se conocen como bacteriostáticos. .

Los químicos crearon también muchos antibióticos sintéticos, entre ellos nuevas sulfonamidas, quinolonas y tioamidas. El primero de estos grupos inhibe la enzima dihidropteroato sintasa. A diferencia de las células humanas, las bacterianas necesitan esta enzima para producir ácido fólico, necesario para el crecimiento y división de todas las células.

Supermicrobios

Los antibióticos no pueden matar virus –como los responsables del resfriado, la varicela y la COVID-19–, ya que su estructura es diferente a la de las bacterias, y lo es también la forma de replicarse. Con todo, los expertos estiman que los antibióticos han salvado más de 200 millones de vidas, al derrotar a una vasta gama de patógenos bacterianos y curar incontables infecciones.

La adopción generalizada de los antibióticos ha generado problemas propios: los científicos observaron por primera vez la resistencia a la penicilina en *Staphylococcus aureus* ya en 1942. Esta bacteria grampositiva causa algunas infecciones cutáneas, sinusitis e intoxicaciones alimentarias. Debido a dicha resistencia, el antibiótico no siempre resultaba eficaz. Los bioquímicos notaron una tendencia creciente a la resistencia a medida que se iban introduciendo antibióticos nuevos. La vancomicina, un antibiótico derivado de actinomicetos, se introdujo en 1958, pero luego se descubrió una forma resistente de *Enterococcus faecium*, causante de meningitis neonatal, y otra de *Staphylococcus aureus*. El resultado fue una especie de carrera armamentista. Cuando en 1960 se in-

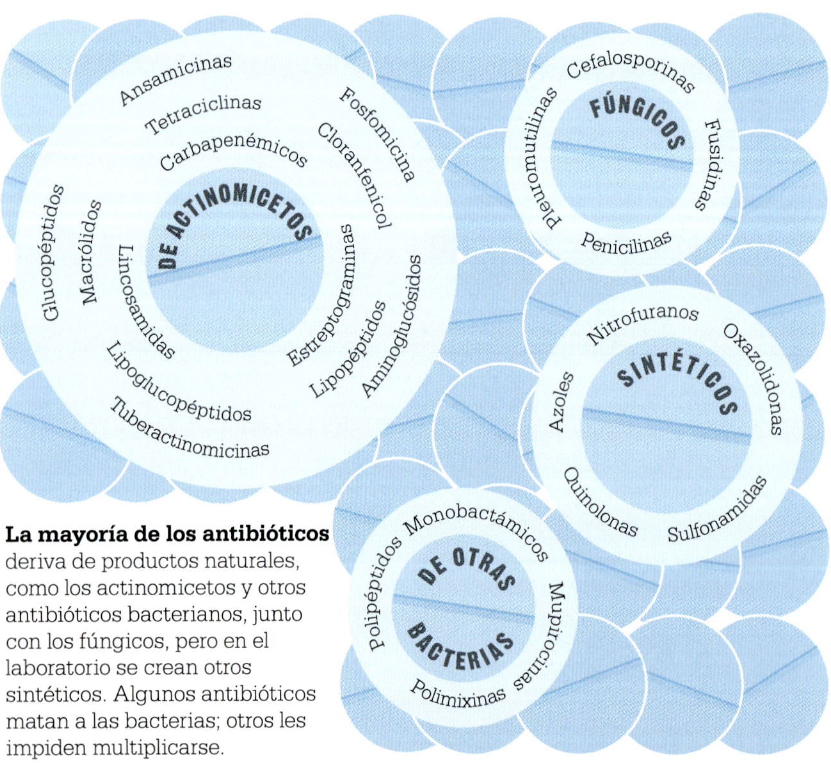

La mayoría de los antibióticos deriva de productos naturales, como los actinomicetos y otros antibióticos bacterianos, junto con los fúngicos, pero en el laboratorio se crean otros sintéticos. Algunos antibióticos matan a las bacterias; otros les impiden multiplicarse.

trodujo un derivado de la penicilina, la meticilina, para sortear el problema de la resistencia a la primera, no tardó mucho en aparecer la bacteria *Staphylococcus aureus* resistente a la meticilina (SARM). La meticilina quedó inutilizada para el uso clínico, y el «supermicrobio» SARM se convirtió en un problema grave que se propagaba rápidamente en los hospitales. En 2004, el 60% de las infecciones por estafilococos en EE UU, miles de ellas fatales, las causaba el SARM. Los epidemiólogos sospechan que decenas de millones de personas en todo el mundo son portadoras.

Causas de la resistencia a los antibióticos

Sobrerrecetado: cuantos más antibióticos se administran, más se adaptan las bacterias para sobrevivir.

Pacientes que no acaban el tratamiento: permite sobrevivir a algunas de las bacterias causantes de la infección.

Abuso de los antibióticos en la ganadería y la acuicultura: aumenta el riesgo de transmisión a humanos de cepas resistentes.

Control deficiente de la infección en hospitales: las bacterias se propagan si los infectados y el personal no mantienen limpios los espacios.

Higiene y saneamiento deficientes: la mala higiene favorece la propagación de infecciones y el mayor uso de antibióticos.

Escasez de antibióticos nuevos: desarrollar antibióticos nuevos es caro y, por tanto, no siempre resulta rentable.

Frente a los antibióticos

Las bacterias evolucionan para defenderse del ataque de los antibióticos de varias maneras. Una vez que se vuelven resistentes, se multiplican, y la eficacia de los antibióticos se reduce. Las bacterias pueden restringir el acceso a los antibióticos adquiriendo una vaina de peptidoglucano más eficaz. Algunas adquieren la capacidad de expulsar el antibiótico de sus células, como ha ocurrido con compuestos betalactámicos como la penicilina. Otras alteran la química del antibiótico. *Klebsiella pneumoniae*, por ejemplo, una de las bacterias responsables de la neumonía, produce betalactamasas, enzimas que descomponen las β-lactamas. Para superar esta resistencia, los bioquímicos manufacturaron antibióticos betalactámicos con inhibidores de las betalactamasas, como el ácido clavulánico. Un número aún mayor de bacterias se reproducen invadiendo otras células, y desarrollan nuevos procesos celulares de modo que no les afectan los sitios que atacan los antibióticos. *Escheria coli (E. coli)*, causante de intoxicaciones alimentarias crónicas, puede añadir un compuesto al exterior de la pared celular que impide que se le adhiera la colistina del antibiótico.

Investigación futura

La OMS informó en 2019 de que 750 000 personas al año mueren debido a infecciones resistentes a los fármacos, y se proyecta que la cifra alcance los 10 millones en 2050. Por tanto, no es suficiente depender de los antibióticos ya desarrollados: la búsqueda de otros nuevos debe continuar, pese a los grandes costes que implica. Los químicos estudian constantemente nuevos fármacos sintéticos, y, como la mayor parte de los antibióticos hoy empleados derivan de organismos vivos, los bioquímicos siguen examinando bacterias, hongos, plantas y animales en busca de «zumos de moho» que puedan llegar a usarse para desarrollar la siguiente generación de fármacos en el combate contra los patógenos. ■

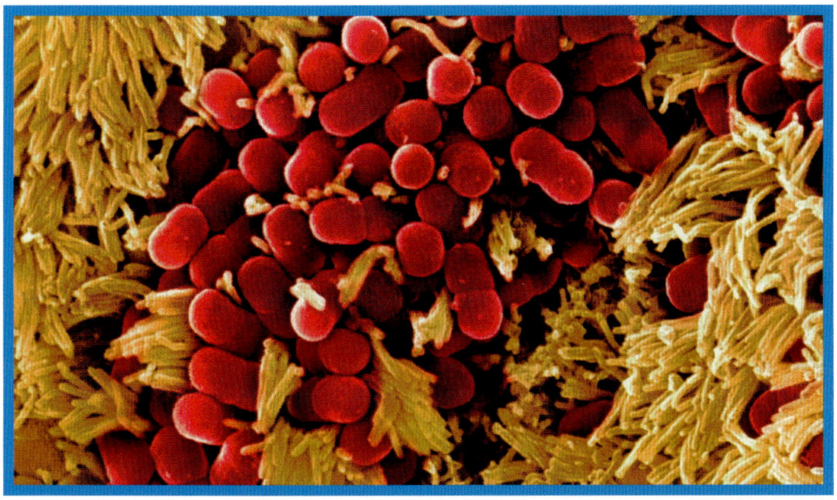

La bacteria *E. coli* (en rojo) vive en el intestino de animales y humanos. La mayoría de sus cepas son inofensivas, pero las hay patógenas, y no se aconseja tratarlas con antibióticos.

FRUTO DEL COLISIONADOR

ELEMENTOS SINTÉTICOS

EN CONTEXTO

FIGURA CLAVE
Emilio Segrè (1905–1989)

ANTES
1869 La tabla periódica de Mendeléiev predice varios elementos no descubiertos.

1875 Paul-Émile Lecoq de Boisbaudran aísla el elemento predicho 68 (luego llamado galio) en el mineral de zinc.

1909 Masataka Ogawa afirma haber descubierto el elemento 43, pero sus hallazgos no pueden replicarse.

1925 Walter Noddack, Otto Berg e Ida Tacke anuncian que han descubierto el elemento 43, y lo llaman masurio.

DESPUÉS
1940 Emilio Segrè y Carlo Perrier crean el segundo elemento sintético, el astato.

2009 Rusia y EE UU colaboran para crear el elemento sintético 117, el teneso.

La tabla periódica de 1869 de Mendeléiev es conocida por los huecos dejados para elementos predichos pero aún no descubiertos. El hallazgo de algunos –entre ellos el germanio, el galio y el escandio– durante las dos décadas siguientes demostró su acierto. Al morir Mendeléiev en 1907, sin embargo, uno de dichos huecos, llamado eka-manganeso, no se había aislado aún.

El camino hacia su hallazgo estuvo plagado de salidas en falso. En 1909, el químico japonés Masataka Ogawa descubrió un elemento desconocido en un mineral raro de óxido de torio. Creyó que era el elemento 43, y lo llamó niponio, pero nadie más pudo replicar el descubrimiento. Los estudios posteriores apuntan a que Ogawa había encontrado en realidad otro elemento pendiente, el número 75 (renio), pero al no comprenderlo, perdió la ocasión de nombrarlo.

> Para mí, la complicación experimental es más un mal inevitable que hay que tolerar para obtener los resultados que un desafío estimulante.
> **Emilio Segrè**

En 1925 pareció que los químicos alemanes Walter Noddack, Otto Berg e Ida Tacke lo habían logrado. Mientras analizaban minerales de platino y columbita, anunciaron haber obtenido pruebas de espectroscopia de rayos X de dos elementos aún no descubiertos, el 43 y el 75. Confirmaron el descubrimiento del elemento 75 –hallado antes por Ogawa sin darse cuenta– aislando cantidades mayores de un mineral de molibdenita, y lo llamaron renio. Aunque trataron de aislar el elemento 43, al que llamaron masurio, no tuvieron éxito en el empeño.

Esfuerzo colaborativo

En 1936, el profesor de física italiano Emilio Segrè visitó EE UU, donde pasó un tiempo en el laboratorio de Ernest Lawrence, en Berkeley (California). Allí vio de primera mano el ciclotrón, un acelerador de partícu-

Véase también: Isomería 84–87 ▪ La tabla periódica 130–137 ▪ Isótopos 200–201 ▪ Los elementos transuránicos 250–253 ▪ ¿Completar la tabla periódica? 304–311

las usado para bombardear átomos de elementos diversos con partículas a alta velocidad, creando así distintos isótopos de elementos ligeros.

Un hallazgo muy disputado

Intrigado por la gama posible de productos radiactivos generados, Segrè convenció a Lawrence para que enviara partes descartadas del ciclotrón a su laboratorio en Palermo (Italia). En 1937, Segrè y el mineralogista italiano Carlo Perrier analizaron una lámina de molibdeno del ciclotrón, y aislaron dos isótopos. Tras descartar el niobio y el tántalo como posibles fuentes de la radiación, concluyeron que parte de esta procedía del elemento 43, pero no pudieron aislarlo.

Poco tiempo más tarde, Segrè regresó a Berkeley, donde trabajó con el químico estadounidense Glenn Seaborg. Segrè descubrió otro isótopo de lo que pensaba era el elemento 43 y uno de sus isómeros nucleares (átomos con el mismo número de protones y neutrones, pero distinta energía y desintegración radiactiva). Fue la corroboración final necesaria para anunciar el descubrimiento del elemento 43. Al igual que Noddack, Berg y Tacke no renunciaron a la autoría del descubrimiento, Segrè y Perrier retrasaron la propuesta de un nombre para el elemento. En 1947, propusieron finalmente el nombre de tecnecio.

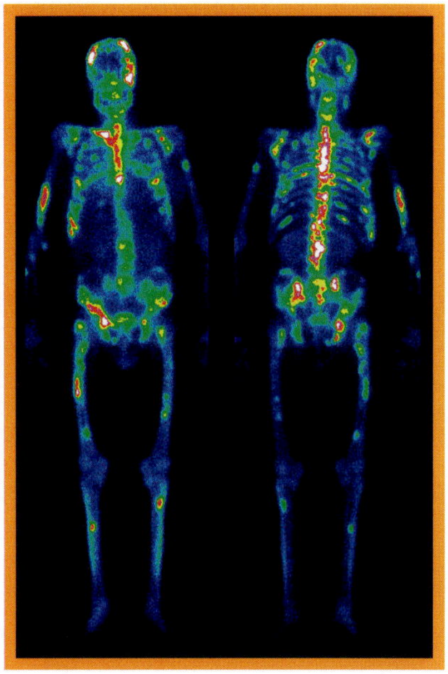

El cáncer de huesos –en rojo en la imagen– se puede detectar inyectando el isótopo radiactivo tecnecio-99m. Como material marcador, se concentra en los tejidos cancerosos.

En 1961 se pudo aislar un solo nanogramo de tecnecio de la pechblenda, mineral de uranio obtenido en lo que hoy es la República Democrática del Congo. La muestra minúscula se produjo a partir de la fisión del uranio-238 del mineral. El descubrimiento mostraba que el tecnecio no era un elemento completamente artificial, aunque fuera el primero por descubrir producido en el laboratorio.

En la actualidad, el tecnecio no es una mera curiosidad. El isómero nuclear que descubrieron Segrè y Seaborg, el tecnecio-99m, se utiliza como marcador radiactivo en medicina nuclear al obtener imágenes del cuerpo. El hallazgo del tecnecio fue el comienzo de la era de los descubrimientos de elementos sintéticos: en los años siguientes se crearían e identificarían en el laboratorio muchos más. ■

Emilio Segrè

Emilio Segrè nació en Tívoli (Italia) en 1905, de familia judía. Se matriculó en la Universidad de Roma como alumno de ingeniería, pero la dejó por la física. Como director del laboratorio físico de la Universidad de Palermo, descubrió el tecnecio con su colega Carlo Perrier. En 1938, de visita en Berkeley (California) para trabajar sobre el tecnecio, se aprobaron en Italia leyes antisemitas que le obligaron a residir de manera estable en EEUU. Luego descubrió otro elemento pendiente de la tabla periódica, el astato. También trabajó en el Proyecto Manhattan, y aportó pruebas concluyentes de la existencia de los antiprotones, lo cual le valió el premio Nobel de física de 1959, junto con el físico estadounidense Owen Chamberlain. Segrè falleció en 1989.

Obras principales

1937 «Alcune proprietà chimiche dell'elemento 43».
1947 «Astatine: the element of atomic number 85».
1955 «Observation of antiprotons».

EL TEFLON NOS TOCA A TODOS CASI TODOS LOS DIAS

POLÍMEROS ANTIADHERENTES

EN CONTEXTO

FIGURA CLAVE
Roy Plunkett (1910–1994)

ANTES
1920 Hermann Staudinger propone que sustancias como el caucho tienen moléculas grandes formadas en reacciones de polimerización, lo cual estimula la búsqueda de polímeros artificiales.

Década de 1930 Wallace Carothers inventa los polímeros nailon y neopreno.

DESPUÉS
1967 Después del incendio fatal en la plataforma de lanzamiento del Apolo 1, la NASA incorpora tejido con PTFE a los trajes espaciales para hacerlos más duraderos e ignífugos.

2015 Se elimina por fases el uso de ácido perfluorooctanoico (PFOA) en EE UU debido a la persistencia en el medio de los fluoroquímicos de cadena larga.

La ciencia de polímeros y el descubrimiento del politetrafluoroetileno (PTFE) debió mucho a la casualidad. En 1938, el químico estadounidense Roy Plunkett trabajaba en nuevos refrigerantes de clorofluorocarbono en la empresa química DuPont, haciendo reaccionar tetrafluoroetileno (TFE) gaseoso con ácido clorhídrico. Plunkett y su investigador asistente, Jack Rebok, guardaron el TFE en pequeños cilindros con válvulas, para liberarlo cuando fuera necesario, y cuando Rebok abrió la válvula de uno de los cilindros, no salió gas alguno. Tras pesar el cilindro y confirmar que no estaba vacío, Plunkett y Rebok lo agitaron, y cayeron escamas de una sustancia blanca cerosa. Perplejos, cortaron el cilindro, y vieron que un sólido blanco recubría el interior. Plunkett comprendió que el tetrafluoroetileno se había polimerizado –es decir, las moléculas habían reaccionado juntas para formar cadenas largas–, y que el sólido blanco era el polímero resultante. Plunkett practicó una serie de pruebas con la sustancia para determinar sus propiedades, y determinó que tenía un punto de fusión elevado (327 °C) y que era resistente a la reacción con casi cualquier cosa, además de ser increíblemente resbaladizo. Plunkett obtuvo la patente de los polímeros de TFE en 1941, pero no participó más allá en su desarrollo. No era químico de polímeros, y se ocupó de otros proyectos de DuPont.

En un primer momento, el coste de fabricar PTFE hacía prohibitiva cualquier aplicación potencial, pero eso cambió con la Segunda Guerra Mundial. El Proyecto Manhattan lanzado en EE UU en 1942 reclutó a

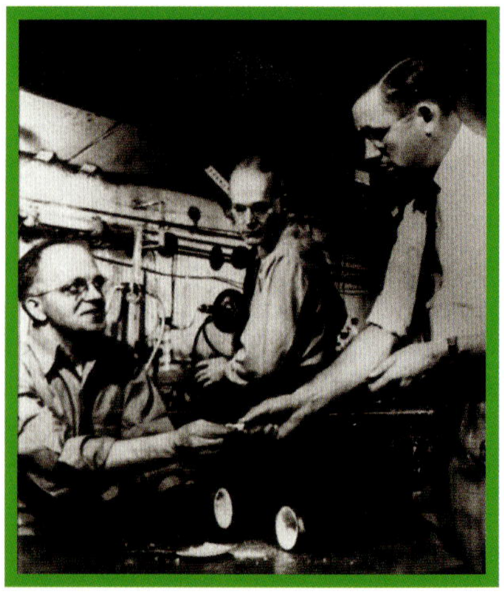

El hallazgo accidental del teflón en 1938, recreado por (de izda. a dcha.) Jack Rebok, Robert McHarness y Roy Plunkett.

Véase también: Fuerzas intermoleculares 138–139 ▪ La polimerización 204–211 ▪ Polímeros superresistentes 267 ▪ El agujero de la capa de ozono 272–273

Al polimerizarse el tetrafluoroetileno, los enlaces dobles carbono-carbono se rompen y forman politetrafluoroetileno (PTFE). La modificación química permite unirlo a superficies metálicas para volverlas antiadherentes.

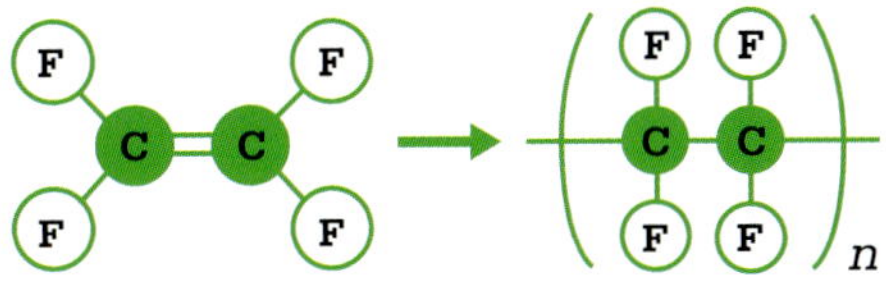

Tetrafluoroetileno **Politetrafluoroetileno**

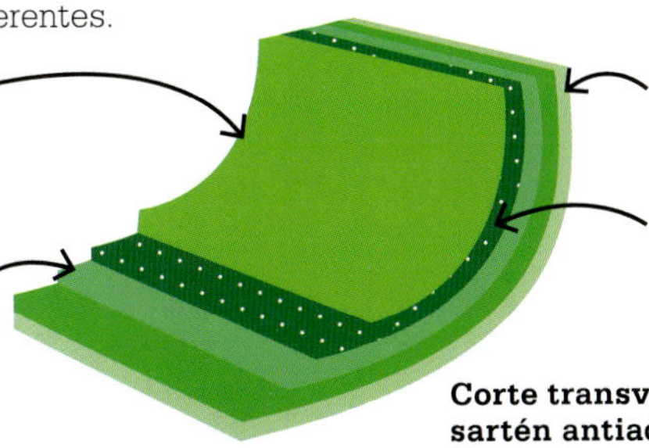

Corte transversal de una sartén antiadherente

miles de científicos para competir con la Alemania nazi en la carrera para producir la primera arma nuclear funcional. El enriquecimiento del uranio era clave, pero el proceso empleaba hexafluoruro de uranio, que corroía los sellados y juntas de prácticamente cualquier material. El PTFE podía servir para resistir este ataque químico.

En la cocina y más allá

Acabada la Segunda Guerra Mundial, en 1946, el PTFE inició la transición del ámbito bélico al culinario, bajo la patente de DuPont, y con el más conocido nombre de teflón. El reto consistía en lograr adherir a algo la sustancia antiadherente. Se intentó por varios medios, como aplicar temperaturas altas y resinas y tratar la superficie con chorros de arena o grabado para volverla más rugosa. Hoy en día, el teflón se modifica químicamente para desprender algunos átomos de flúor de su estructura, permitiendo que se adhiera fácilmente a las superficies metálicas.

DuPont empleó ácido perfluorooctanoico (PFOA) para polimerizar el TFE; estudios presentados como prueba en un juicio colectivo concluyeron que había un vínculo entre la exposición al PFOA y efectos sobre la salud como el cáncer, entre otros. DuPont vaciló en usar el teflón en utensilios de cocina, pero una pareja francesa, Marc y Colette Grégoire, tomó la iniciativa. En 1956, iniciaron su propio negocio, Tefal, marca que ha vendido millones de sartenes con teflón en todo el mundo.

Hoy día, el PTFE está presente en tejidos impermeables, lubricantes, cosméticos, el empaquetado de alimentos, el aislamiento eléctrico y otros ámbitos. Su descubrimiento abrió la puerta a la creación de otros fluoropolímeros con propiedades útiles, para aplicaciones diversas a la hora de hacer materiales a prueba de agua, calor y manchas. Las mismas propiedades químicas que hacen útiles los fluoropolímeros plantean problemas: son tan inertes que tardan miles de años en descomponerse en el medio ambiente, y preocupa cómo puedan acumularse en este y en el organismo. Por ello, se están eliminando gradualmente del uso no esencial las sustancias fluoroquímicas de cadena larga. ■

¿Qué vuelve antiadherente el teflón?

La antiadherencia del teflón se debe en parte a la fuerza de los enlaces entre el carbono y el flúor, los más fuertes que puede tener un átomo de carbono. El resultado es que fluoropolímeros como el teflón son extraordinariamente no reactivos. A las moléculas de los alimentos les es imposible formar enlaces con los átomos de carbono de las cadenas del teflón. Ni siquiera el gas flúor, altamente reactivo, reacciona con él. También favorece esto la alta electronegatividad del flúor, que repele fácilmente las moléculas. Ni los gecos, lagartijas con almohadillas en las plantas con las que se aferran a cualquier superficie, pueden adherirse al teflón, pues las fuerzas de Van der Waals de las que se sirven para ello no funcionan en ese material. Aunque el teflón es en sí inerte, a temperaturas por encima de las utilizadas habitualmente para cocinar puede degradarse, y al descomponerse, liberar compuestos tóxicos de flúor.

“Fue obvio de inmediato para mí que el tetrafluoroetileno se había polimerizado, y el polvo blanco era un polímero de tetrafluoroetileno.

Roy Plunkett”

¡NO TENDRE NADA QUE VER CON UNA BOMBA!

LA FISIÓN NUCLEAR

EN CONTEXTO

FIGURA CLAVE
Lise Meitner (1878–1968)

ANTES
1919 Ernest Rutherford inventa una técnica para bombardear núcleos atómicos con partículas menores.

DESPUÉS
1945 El 16 de julio tiene lugar la primera explosión atómica en el desierto de Nuevo México (EE UU). Tres semanas más tarde, el 6 de agosto, se lanza la bomba atómica sobre Hiroshima en Japón.

1954 Obninsk, en la URSS, es la primera central nuclear que genera electricidad para la red eléctrica.

1997 Se nombra el meitnerio –el elemento más pesado conocido, de número atómico 109– en honor de Lise Meitner.

Cuando el físico británico James Chadwick descubrió la existencia de los neutrones en 1932, no podía anticipar el enorme impacto social que iban a tener.

El físico italiano Enrico Fermi comprendió que los neutrones eran nuevas herramientas poderosas para su propia investigación de la estructura atómica, y dedujo que, como no tienen carga, podían entrar en los núcleos atómicos sin resistencia (a diferencia de los protones de carga positiva). Fermi y su equipo bombardearon 63 elementos estables con neutrones, y obtuvieron 37 elementos radiactivos: elementos cuyos núcleos eran inestables y disipaban el exceso de energía en forma de radiación. Sin darse cuenta, Fermi había descubierto la fisión nuclear. Creyó, de

Véase también: Pesos atómicos 121 ■ La radiactividad 176–181 ■ Modelos atómicos mejorados 216–121 ■ Los elementos transuránicos 250–253

La **fisión** se inicia **bombardeando un núcleo de uranio-235** con **neutrones**.

↓

El **núcleo se parte** en núcleos menores, o **productos de la fisión**.

↓

La **fisión** produce una cantidad enorme de **energía**.

↓

La **fisión libera** también **más neutrones**, que parten **núcleos adicionales**.

↓

Se inicia una reacción en cadena que produce más energía y más neutrones.

hecho, que con el bombardeo con neutrones del metal uranio (entonces el elemento más pesado conocido, con número atómico 92) pudo haber producido los primeros elementos transuránicos, los de números atómicos mayores que 92. Sin embargo, la química alemana Ida Noddack (de soltera, Ida Tacke) propuso una explicación alternativa que hoy se sabe que es la correcta: el uranio se había partido en elementos más ligeros.

En Berlín, los radioquímicos alemanes Otto Hahn y Fritz Strassmann realizaron experimentos similares, disparando neutrones sobre los núcleos de elementos diversos. A finales de 1938, al bombardear el uranio, descubrieron trazas del elemento bario (número atómico 56), más ligero. Los núcleos de uranio se habían partido en dos mitades aproximadamente iguales, y, cosa importante, ambas tenían menos de la mitad de la masa del núcleo original.

Trabajo de equipo

Hahn decidió pedir consejo a su antigua colega Lise Meitner. Durante las Navidades de 1938, la visitó el sobrino de Meitner, Otto Frisch, también físico nuclear, y ponderaron los hallazgos de Hahn y Strassmann. Frisch propuso que consideraran el núcleo como una gota de líquido, idea propuesta antes por el físico ucraniano George Gamow y el danés Niels Bohr: después de un »

Lise Meitner

Lise Meitner, nacida en Viena (entonces en el Imperio austrohúngaro) en 1878, se interesó en la ciencia a una edad temprana. Estudió en la universidad de la ciudad, en la que en 1905 fue una de las primeras mujeres del mundo que obtuvo el doctorado en física.

Meitner se trasladó a Berlín, donde investigó la radiactividad junto con el físico Max Planck y Otto Hahn en el Instituto de Química Kaiser Wilhelm. En 1938, como judía, se vio obligada a huir de Alemania. Continuó trabajando desde Estocolmo (Suecia), mientras en secreto mantenía contacto con Hahn para planear los experimentos de la fisión nuclear. Sin embargo, quedó relegada cuando concedieron el premio Nobel de química a Hahn y Strassmann por su trabajo. Meitner se retiró a Cambridge (Inglaterra), donde murió en 1968.

Obras principales

1939 «Disintegration of uranium by neutrons: a new type of nuclear reaction».
1939 «Pruebas físicas de la división de núcleos pesados por bombardeo de neutrones».

bombardeo de neutrones, el núcleo objetivo se estira, se estrecha por el centro y se parte en dos gotas, a las que acaba de separar la fuerza de repulsión eléctrica. Cómo se sabía que los dos núcleos resultantes sumaban una masa menor que el núcleo original de uranio, Frisch y Meitner hicieron algunos cálculos.

Según la famosa ecuación de Albert Einstein $E = mc^2$ (donde E es energía, m es masa, y c es la velocidad de la luz), la pérdida de masa resultante de la partición del núcleo debía haberse convertido en energía cinética, que podía convertirse a su vez en calor. Este, creían Meitner y Frisch, era el proceso que habían recreado Hahn y Strassmann –Frisch acuñó el término fisión para describirlo–, y comprendieron las implicaciones enormes que tenía para la producción de energía. Hahn y Strassmann habían descubierto el fenómeno, pero fueron Meitner y Frisch quienes aportaron la explicación teórica.

Potencial explosivo

La fisión nuclear tenía el potencial de liberar cantidades inmensas de energía –y de liberar más neutrones al dividirse los dos fragmentos principales del átomo de uranio. Los científicos comenzaron a investigar cómo dichos neutrones secundarios podrían iniciar una reacción en cadena que, si se podía contener, podría suministrar energía en abundancia en forma de electricidad y calor. Con el mundo al borde de la Segunda Guerra Mundial, sin embargo, la relevancia del descubrimiento no terminaba ahí: la reacción en cadena tenía el potencial de generar las explosiones más potentes nunca conocidas.

La noticia de los experimentos de Hahn y Strassmann y de los cálculos de Meitner y Frisch se difundió rápidamente. Los científicos interesados en explotar la fisión nuclear necesitaban saber más sobre la estructura atómica del uranio. Se trata de un metal muy pesado, 18,7 veces más denso que el agua, y se da en tres isótopos: U-238 (con 92 protones y 146 neutrones en el núcleo), U-235 (92 protones y 143 neutrones) y U-234 (92 protones y 142 neutrones).

El físico estadounidense John Dunning y su equipo en la Universidad de Columbia en Nueva York descubrieron que la fisión solo es posible con el U-235. Cuando el núcleo de un átomo de U-235 captura un neutrón en movimiento, se parte en dos –o se fisiona– y libera energía en forma de calor; y se liberan dos o tres neutrones adicionales. El reto para los científicos residía en que el uranio consiste en un 99,3% de U-238, solo un 0,7% de U-235 y meras trazas de U-234. Había que separar de alguna manera el U-235 del U-238 para lograr la masa crítica necesaria para producir una reacción en cadena. La separación química no era posible, pues los isótopos son químicamente idénticos, y la separación física sería extremadamente difícil, al diferir su masa menos del 1%.

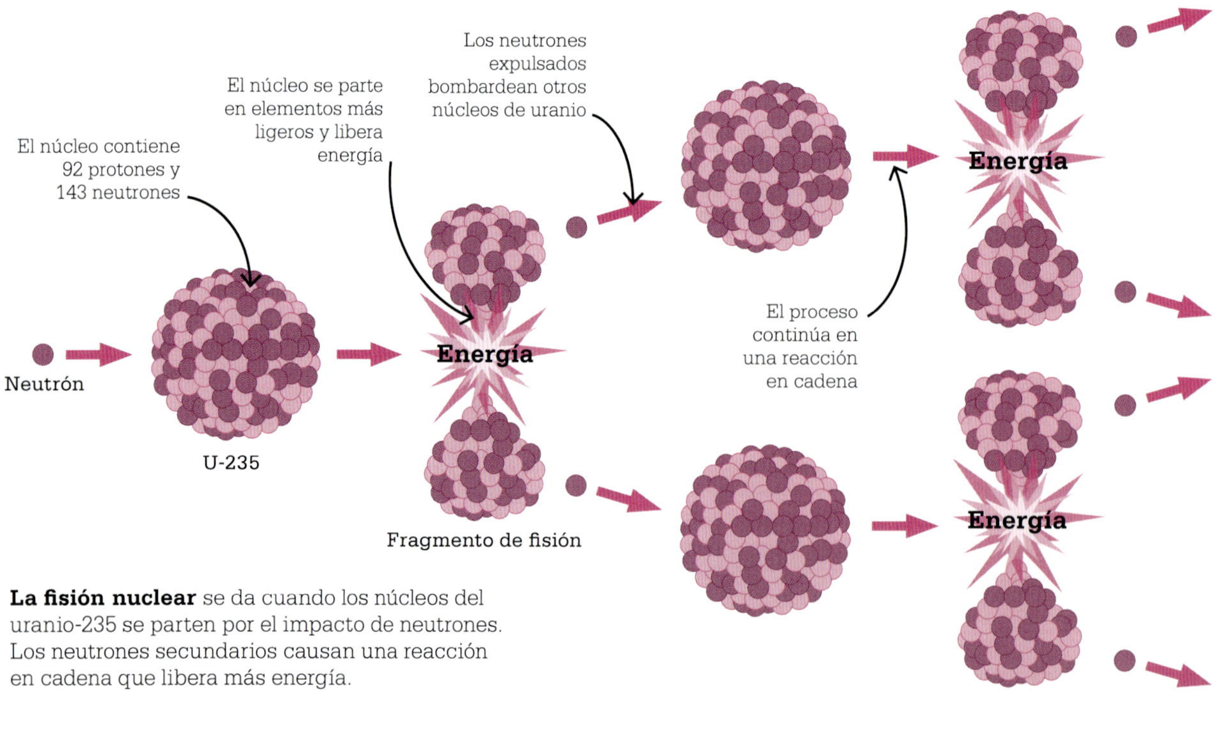

La fisión nuclear se da cuando los núcleos del uranio-235 se parten por el impacto de neutrones. Los neutrones secundarios causan una reacción en cadena que libera más energía.

El Proyecto Manhattan

Ya en agosto de 1939, Einstein escribió al presidente de EEUU Franklin D. Roosevelt para advertirle sobre los planes de la Alemania nazi para desarrollar una bomba atómica. Einstein no participó de manera directa en ningún aspecto de la respuesta estadounidense; sin embargo, la advertencia no cayó en saco roto. Con el objetivo de crear una bomba de fisión viable, Roosevelt estableció el Proyecto Manhattan en 1942. Miles de científicos fueron contratados para encontrar la manera de enriquecer el uranio para aumentar el porcentaje de U-235 en su composición. Tres equipos diferentes inventaron tres procesos: la difusión gaseosa, la difusión térmica (utilizando líquido) y la separación electromagnética. Los tres se emplearon para enriquecer uranio para la bomba atómica que, después de varios años de desarrollo, se lanzó sobre Hiroshima en 1945.

Las bombas atómicas lanzadas sobre las ciudades japonesas de Hiroshima y Nagasaki en 1945 mataron a un número de personas estimado entre 129 000 y 226 000.

Aplicación pacífica

Aunque varios países construyeron bombas atómicas después de la Segunda Guerra Mundial, no se utilizaron en ningún conflicto, y la investigación se centró en el desarrollo de la fisión nuclear para fines no exclusivamente bélicos. Para enriquecer el uranio destinado a una central nuclear, los ingenieros suelen emplear un proceso de difusión gaseosa muy similar al usado para producir el U-235 de las primeras bombas atómicas.

El proceso consiste en convertir óxido de uranio (U_3O_8) en hexafluoruro de uranio gaseoso (UF_6). Este pasa luego a una centrifugadora con miles de cilindros en rápida rotación, para separar los isótopos de U-235 y U-238. El resultado son dos corrientes separadas –una de uranio enriquecido y otra de uranio empobrecido–, y el proceso incrementa la proporción de U-235 desde su nivel natural del 0,7% al 4–5% del total. En el núcleo del reactor, el U-238 es «fértil», es decir, puede capturar los neutrones liberados por los núcleos de U-235. El proceso convierte este en plutonio-239, que (al igual que el U-235) es fisible y capaz de producir energía. La energía atómica sigue siendo controvertida debido a los peligros de la fisión y las dificultades de la gestión de residuos radiactivos, pero en 2020 aportó aproximadamente un 10% de la electricidad global. Como la energía nuclear es una de las varias alternativas a los combustibles fósiles, su papel podría crecer como parte del empeño por descarbonizar la producción energética ante la amenaza del cambio climático. ■

> Siempre que desaparece masa se crea energía [...] así que era esta la fuente de esa energía; ¡todo encajaba!
>
> **Otto Frisch**
>
> **(1979)**

LA QUIMICA DEPENDE DE PRINCIPIOS CUANTICOS

ENLACES QUÍMICOS

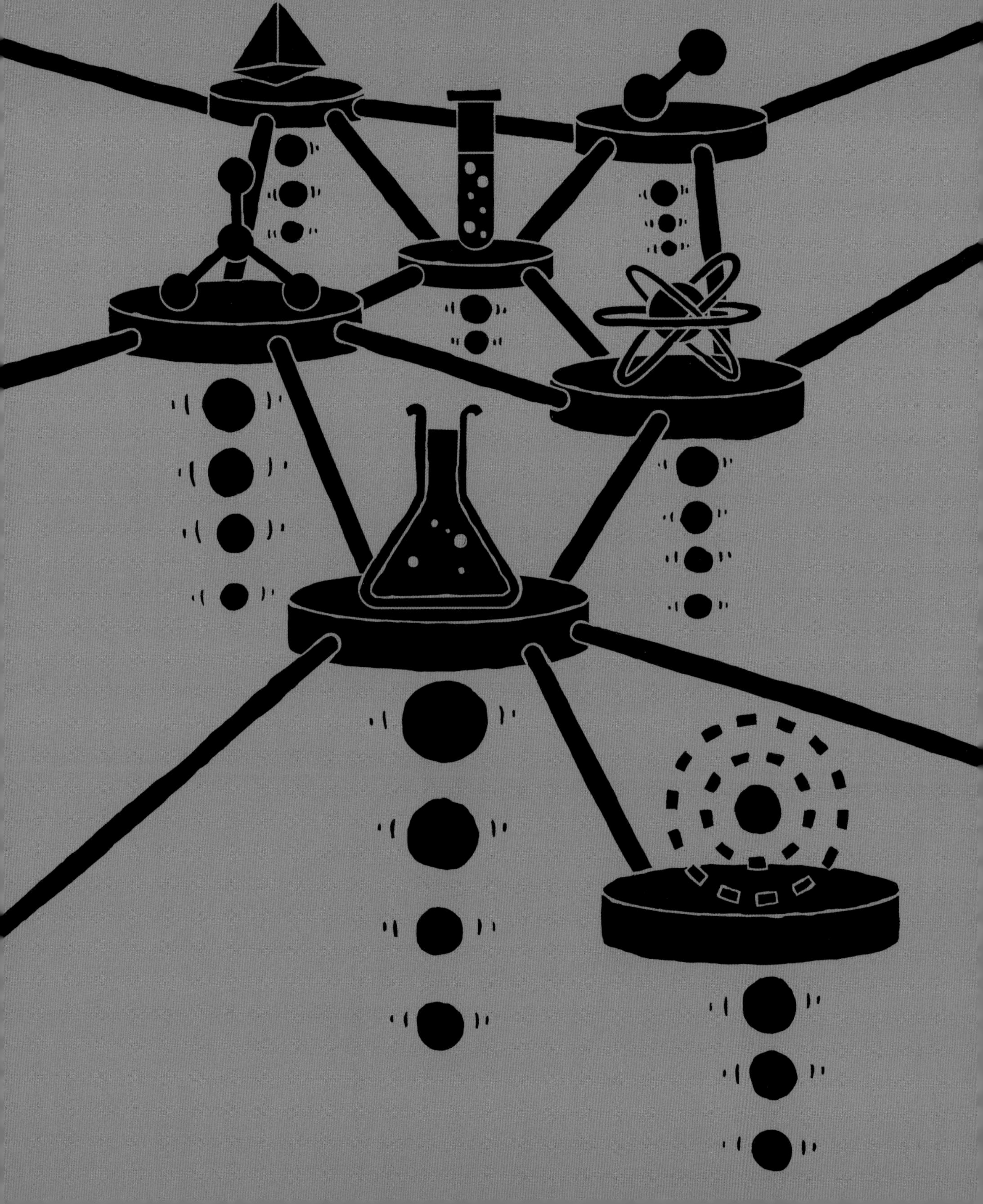

EN CONTEXTO

FIGURA CLAVE
Linus Pauling (1901–1994)

ANTES
1794 Joseph Proust muestra las proporciones fijas en que se combinan los elementos en los compuestos, y sugiere que el proceso sigue reglas.

1808 John Dalton plantea propiedades de los átomos que dictan cómo se combinan en compuestos.

DESPUÉS
1964 Los físicos teóricos Walter Kohn y Pierre Hohenberg desarrollan la teoría del funcional de la densidad para resolver ecuaciones de mecánica cuántica para los enlaces de sustancias complejas.

2021 Los químicos Artem Oganov (ruso) y Christian Tantardini (italiano) modifican la fórmula de Pauling para la electronegatividad y mejoran así su rendimiento.

Los **átomos** comparten electrones y se conectan por **enlaces covalentes**.

Los **electrones** se mueven entre átomos con enlace covalente, por lo que las moléculas pueden **resonar** entre diferentes estructuras, lo cual **las hace más estables**.

Al compartir electrones de forma desigual, los enlaces de los **átomos** se refuerzan por la atracción de tipo magnético y la **covalencia**.

La resonancia permite a los electrones mezclarse y formar orbitales híbridos que determinan la forma de las moléculas.

Una de las metas de la química es determinar de qué están compuestas las sustancias. A inicios del siglo XIX había quedado claro que los átomos eran los componentes clave, y, una vez establecido esto, la cuestión era averiguar cómo se conectan para formar estructuras químicas. Tras cien años de lento progreso, en 1939, el trabajo del químico estadounidense Linus Pauling sobre la naturaleza de los enlaces químicos supuso un logro decisivo. Previamente, en 1852, el químico británico Edward Frankland aportó un avance al proponer que el átomo de un elemento dado solo puede conectarse a un número concreto de átomos de otros elementos. Frankland llamó valencia al número de posibles conexiones de un elemento.

Para comprender los enlaces químicos fue necesario el hallazgo realizado en 1897 por J.J. Thomson de partículas minúsculas con carga eléctrica, que llamó electrones. En 1900, el físico teórico alemán Max Planck propuso tratar la energía como si se diera solo en forma de segmentos o paquetes de tamaño constante, llamados cuantos. Los cuantos explicaban la cantidad de energía producida por objetos que emiten radiación ultravioleta, algo que no habían podido hacer los físicos hasta entonces.

> La mayor importancia que ha tenido mi trabajo sobre el enlace químico es probablemente la de cambiar las actividades de los químicos de todo el mundo.
> **Linus Pauling**

Momento dipolar

En 1911, el físico y químico físico estadounidense de origen neerlandés Peter Debye comenzó a trabajar en la Universidad de Zúrich, y pronto hizo el descubrimiento que le ocuparía durante 40 años y por el que fue reconocido con el premio Nobel de química, en 1936. Debye desarrolló descubrimientos anteriores acerca de las

Véase también: Las proporciones de los compuestos 68 ▪ La teoría atómica de Dalton 80–81 ▪ Grupos funcionales 100–105 ▪ Fórmulas estructurales 126–127 ▪ Química de coordinación 152–153 ▪ Modelos atómicos mejorados 216–221

moléculas, que se comportan como imanes en un campo magnético formado por el flujo de los electrones por cables. En 1905, el físico francés Paul Langevin había propuesto que esto se debe a que el campo magnético desplaza temporalmente, o polariza, los electrones de las moléculas. Al generarse un desequilibrio de carga eléctrica, las moléculas se comportan como imanes, llamados dipolos eléctricos. En 1912, Debye propuso que se daban polarizaciones permanentes en la distribución de los electrones alrededor de las moléculas, conocidas como momento dipolar.

Los enlaces en el modelo atómico cúbico de Lewis

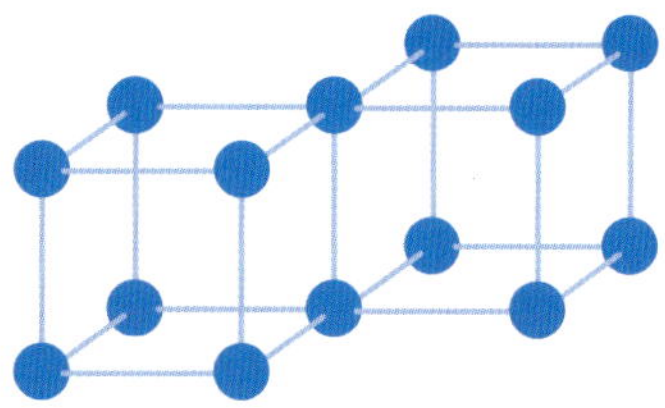

Enlaces simples: se forman al compartir dos átomos un borde. Esto hace que se compartan dos electrones en un enlace covalente.

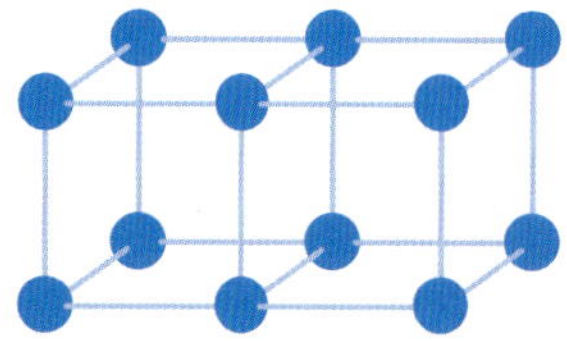

Enlaces dobles: se forman al compartir dos átomos cúbicos una cara. Esto hace que se compartan cuatro electrones en un enlace covalente.

Compartir ideas

Mientras tanto, en la Universidad de California, el químico estadounidense Gilbert Lewis proponía que los enlaces químicos consisten en pares de electrones compartidos por átomos. Tómese como ejemplo el enlace simple entre dos átomos de carbono, o bien uno de carbono y otro de hidrógeno, representados por una sola línea en las fórmulas estructurales. Lo que proponía Lewis era que el enlace consiste en un par de electrones que corresponden conjuntamente a los dos átomos enlazados.

Los átomos enlazados por electrones compartidos son más estables de lo que serían al darse de modo individual. En un trabajo de 1916, Lewis caracterizó los átomos como cubos con electrones en las esquinas, argumentando que acumulan un electrón en cada esquina al compartir bordes con otros átomos. El químico estadounidense Irving Langmuir ayudó a popularizar la idea, y llamó «covalente» a este tipo de enlace. Lo que proponía Lewis era un cambio drástico con respecto a la idea prevaleciente de que los enlaces químicos se debían a atracciones electromagnéticas entre iones de carga opuesta. La palabra ion designa un átomo cargado, al haber ganado o perdido uno o más electrones. La idea de enlaces covalentes en lugar de iónicos no agradó a todos, pero fascinó al estudiante de química estadounidense Linus Pauling.

Las aportaciones de Pauling

A lo largo de las dos décadas siguientes, Pauling mostró cómo los »

Linus Pauling

Linus Pauling nació en Portland (Oregón, EEUU) en 1901, y se crio en la pobreza debido a la muerte de su padre en 1910. Se licenció en ingeniería química por la Universidad Estatal de Oregón en 1922, y fue tutor y alumno de posgrado en el Instituto Tecnológico de California (Caltech). Hasta 1925 trabajó con Roscoe G. Dickinson, químico estadounidense, para determinar estructuras cristalinas y desarrollar teorías acerca de la naturaleza de los enlaces químicos. Siguió investigando en la década de 1930, y resumió sus descubrimientos en su famosa publicación de 1939. Laureado con el premio Nobel de química en 1954 por su trabajo sobre los enlaces químicos, su posterior activismo por la paz le valió el Nobel de la paz en 1962. Pauling murió en 1994.

Obras principales

1928 «The shared-electron chemical bond».
1939 *The nature of the chemical bond and the structure of molecules and crystals.*
1947 *Química general.*

electrones compartidos se podían explicar en términos de la teoría cuántica, lo cual suponía dar al esquema de Lewis un lugar central en la teoría química moderna de los enlaces. Pauling emprendió su proyecto poco después de empezar a trabajar como alumno de posgrado en el Instituto Tecnológico de California (Caltech), en 1922. Desde 1929, el puesto le permitió pasar varias semanas al año en Berkeley (California) como profesor visitante de física y química, y pudo así conversar en profundidad con Lewis.

Para entonces, los científicos habían hecho avances en la teoría cuántica de Planck. En 1913, el físico danés Nils Bohr propuso que los electrones orbitaban alrededor del núcleo central del átomo, con energías determinadas por niveles cuánticos específicos. Solo podía haber un número dado de electrones en cada nivel, pero nadie sabía aún por qué no podían estar todos en el mismo nivel.

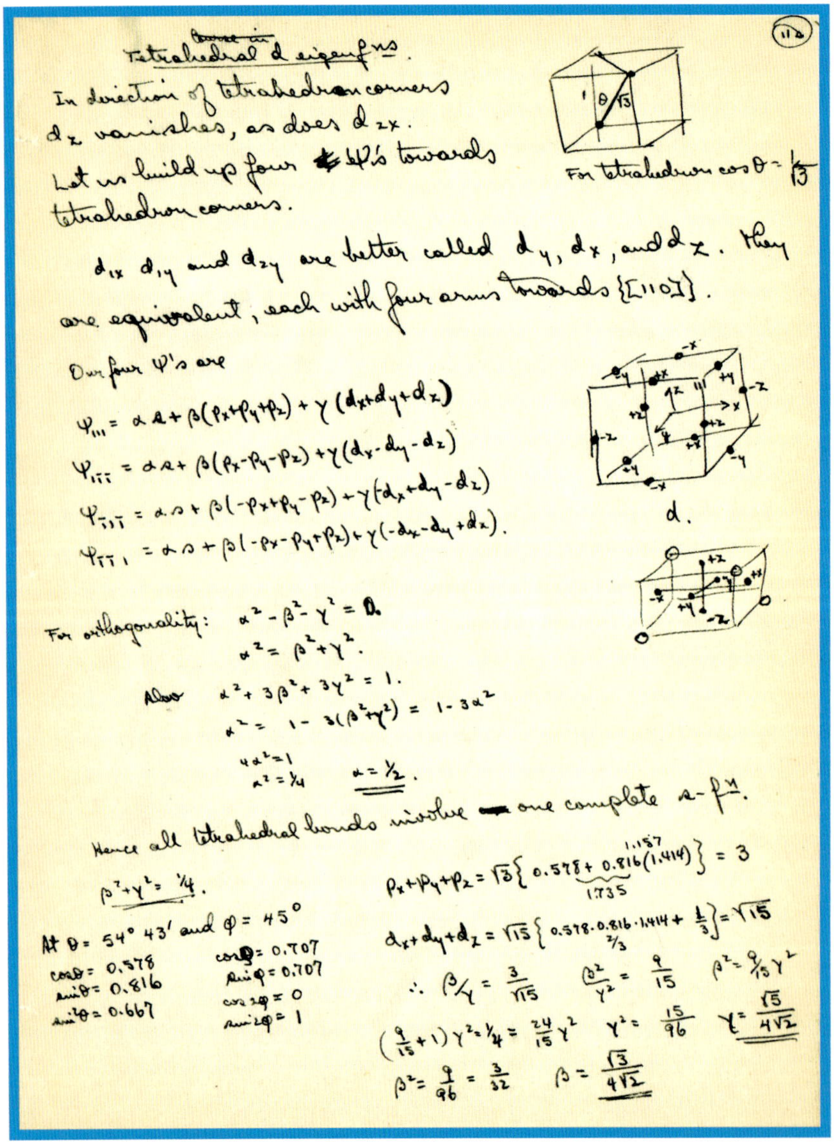

Las notas de Pauling indican cómo obtuvo un tetraedro de orbitales híbridos usando las funciones *s*, *p* y *d*. Las letras guardan relación con el comportamiento de los electrones en cada orbital.

Pares de electrones

En 1924, el físico teórico austriaco Wolfgang Pauli planteó una hasta entonces desconocida propiedad cuántica de los electrones que explicaba esta separación en distintos niveles. Como la nueva propiedad tenía algunos aspectos en común con el momento angular de los objetos cotidianos al rotar alrededor de un eje, dio en llamarse *spin* («giro»), castellanizado como espín. Los electrones podían adoptar uno de solo dos valores opuestos de espín. Podían existir como pares de electrones con valores de espín opuestos, pero una vez emparejados, no podían sumarse más electrones al par. Este fue uno de los descubrimientos importantes que en 1925 dio lugar a la mecánica cuántica, en particular la ecuación de onda introducida por el físico austriaco Erwin Schrödinger, cuya ecuación incluía una función de onda que describe matemáticamente las propiedades cuánticas de las partículas.

Pronto quedó claro que la ecuación de Schrödinger era aplicable a los átomos y que, por tanto, la mecánica cuántica podía ser un fundamento fiable para la teoría de la estructura molecular. En 1927, el físico alemán Walter Heitler mostró cómo se combinaban dos funciones de onda del átomo de hidrógeno para formar un enlace covalente. Sin embargo, pronto resultó obvio que la ecuación de onda de Schrödinger era demasiado complicada para describir fácilmente moléculas más complejas.

Como resultado, químicos como Pauling tuvieron que crear teorías de la estructura molecular y los enlaces químicos basadas en sus propias observaciones experimentales

Pauling comprendió que si una molécula puede dibujarse con los enlaces en disposiciones distintas, como el benceno, entonces puede cambiar continuamente, o resonar, entre una y otra disposición.

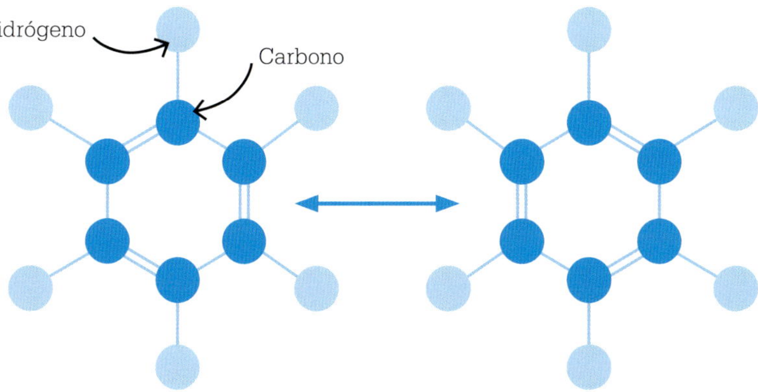

y acordes con principios mecánicos cuánticos. Estos explicaban cómo un enlace covalente requiere más de solo dos átomos con un electrón cada uno que compartir; los electrones deben tener espín opuesto, y cada uno de los átomos, un nivel energético estable, llamado orbital electrónico, para que lo ocupen los electrones.

La teoría del enlace de valencia

Pauling usó la idea de enlaces pares de Lewis y la mecánica cuántica para desarrollar otros tres conceptos clave, en lo que luego se llamaría teoría del enlace de valencia. Para el primero, en 1928, introdujo la idea de que los electrones en los enlaces podían pasar de uno a otro átomo de una molécula. Esto fue importante al haber dos modos posibles de dibujar los enlaces de una estructura, y permitió hacer cálculos para predecir cómo se comportarían las moléculas. Un ejemplo clave es el del benceno, que tiene seis átomos de carbono dispuestos en un anillo hexagonal. La estructura consiste en tres enlaces covalentes simples y tres enlaces covalentes dobles. En cada enlace doble, dos átomos de carbono comparten cuatro electrones. Los enlaces simples y dobles son alternos, y hay dos maneras de dibujar la estructura: si los electrones se mueven, se puede concebir que el benceno existe como ambas estructuras, que resuenan de una a otra y de vuelta a la primera. Por ello, Pauling llamó resonancia al efecto. Compartir electrones de forma general supone que los enlaces en que la resonancia es posible son más estables que los mismos enlaces sin resonancia.

Orbitales híbridos

Para el segundo concepto, a lo largo de una noche en diciembre de 1930, Pauling dio con la explicación a algunos de los problemas químicos más desconcertantes de la época. Las ideas de Bohr de electrones orbitando en torno a átomos en niveles específicos no concordaba con que los átomos compartieran tantos electrones como de hecho compartían. Quizá el más importante de los problemas era por qué los átomos de carbono forman a menudo cuatro enlaces covalentes simples, igualmente espaciados y en forma de tetraedro. Si un átomo de carbono central se enlaza con cuatro átomos iguales, los enlaces son todos equivalentes, y esto no encajaba con las ideas de la época. »

El espectro de los enlaces químicos

Un enlace entre dos átomos del mismo elemento es covalente, primariamente. Cada átomo comparte uno o más electrones con su vecino, y los dos electrones compartidos se unen en un orbital que fortalece la unión entre átomos.

Cuando los átomos de dos elementos diferentes se enlazan, sus electronegatividades relativas determinan el grado en que compartirán electrones: un átomo de un elemento con muy baja electronegatividad tiende a ceder uno o más electrones a átomos de electronegatividad muy elevada. Los dos átomos acaban con cargas eléctricas opuestas, que se atraen y mantienen unidos a los átomos. Esto ocurre con el sodio y el cloro, de electronegatividad baja y electronegatividad alta, respectivamente.

Cuando tienen electronegatividad similar, los átomos de elementos diferentes pueden formar enlaces en parte covalentes y en parte iónicos. Esto se da en los enlaces entre hidrógeno y cloro, por ejemplo. A veces, contar con ambas formas de atracción interactiva refuerza los enlaces aún más.

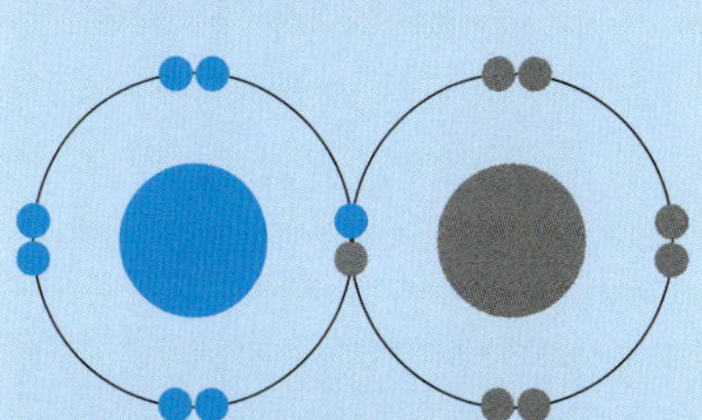

Este enlace covalente ilustra que los electrones de los enlaces se comparten por igual entre dos átomos, y que en estos no hay carga.

El problema surgía de cómo habían desarrollado los científicos la idea de los orbitales electrónicos, que distinguían en función de tres propiedades: carga, espín y momento angular orbital. Los niveles energéticos orbitales iban en aumento desde el valor más bajo, uno. Los valores del momento angular se representan por las letras *s*, *p*, *d* y *f*. Estas se refieren a líneas observadas cuando un prisma descompone la luz producida por algunos metales, y son las iniciales en inglés de los adjetivos nítido *(sharp)*, principal, difuso y fundamental. Las líneas guardan relación con cómo se comportan los electrones en cada orbital. Los átomos de carbono deberían tener dos electrones en el orbital 2*s*, ya emparejados y no disponibles para formar enlaces, y dos electrones solitarios en orbitales 2*p*. Estos indicarían que el carbono tiene capacidad para formar dos enlaces, y los químicos se preguntaban de dónde venían los otros dos enlaces del carbono.

En diciembre de 1930, Pauling comprendió que la resonancia implicaba que el carbono podía compartir sus dos electrones 2*s* con sus orbitales 2*p*, y elaboró un modo matemático de tratar los orbitales como si se hubieran mezclado todos y formado cuatro orbitales nuevos, equivalentes y en disposición tetraédrica. Pauling llamó híbridos a los nuevos orbitales, y al proceso de mezcla, hibridación. Otros orbitales híbridos podían explicar otras formas igualmente desconcertantes, como cuadrados y octaedros, que se dan en otros átomos.

> La electronegatividad es probablemente la propiedad química más importante de los elementos.
>
> **Artem Oganov**
> **Químico ruso (2021)**

Escala de electronegatividad

En 1932, Pauling reveló el tercer concepto, el del vínculo entre el enlace iónico y el covalente, que ayudó a explicar el momento dipolar de Debye, al observar que los enlaces entre elementos semejantes no eran tan fuertes como entre elementos más disímiles. Pauling propuso que esto se debe a que los enlaces son en parte covalentes y en parte iónicos. La fuerza de los enlaces dependería de cuánta atracción ejercen los átomos de un elemento sobre los electrones del entorno. En 1811, como parte de su teoría electroquímica, Jöns Jacob Berzelius había llamado electronegatividad a esta cualidad.

Aunque químicos como Berzelius habían estudiado la electronegatividad, sus ideas al respecto eran limitadas. Parte del problema era que no existe un valor constante medible para la electronegatividad, y por tanto es difícil comparar unos elementos con otros. En un trabajo de 1932, Pauling basó valores relativos para la electronegatividad en la energía liberada al formar y consumirse moléculas, lo cual guarda relación a su vez con la fuerza de sus enlaces. Determinó que el enlace entre el litio y el flúor era en casi un 100% iónico, y por tanto situó el litio en el extremo menos electronegativo de la escala, y el flúor en el extremo opuesto de mayor electronegatividad. Al refinar más tarde sus métodos, Pauling estimó cada valor de electronegatividad como la aportación covalente al enlace de un elemento restada de la energía medida del enlace. Muchos han intentado mejorarla, pero la escala de 1932 de Pauling sigue siendo la más ampliamente utilizada.

La escala de electronegatividad de Pauling tenía mucho menos apoyo teórico que la resonancia o los orbitales híbridos, pero fue una de sus ideas más influyentes. Con la electronegatividad, los químicos pueden hacer predicciones interesantes sobre enlaces y moléculas sin referencia a la compleja ecuación de onda del enlace. Pauling predijo, por ejemplo, que el flúor era tan electronegativo que podía formar compuestos con

Pauling descubrió que combinar un orbital *s* y tres orbitales *p* da cuatro orbitales híbridos, los orbitales llamados *sp*³. Todos se encuentran en el mismo nivel energético y deben distribuirse lo más simétricamente posible en torno al átomo, y por tanto adquieren forma tetraédrica, en el proceso llamado de hibridación.

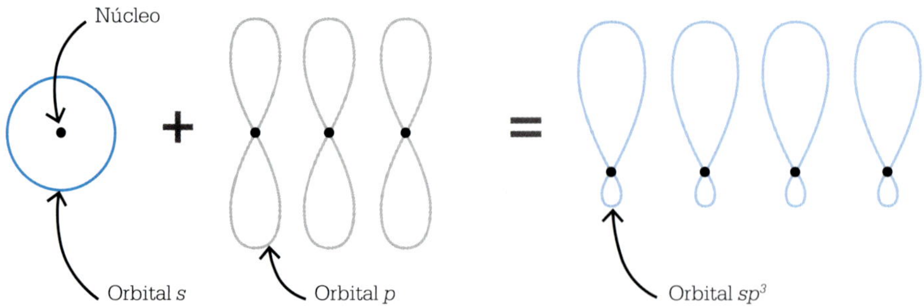

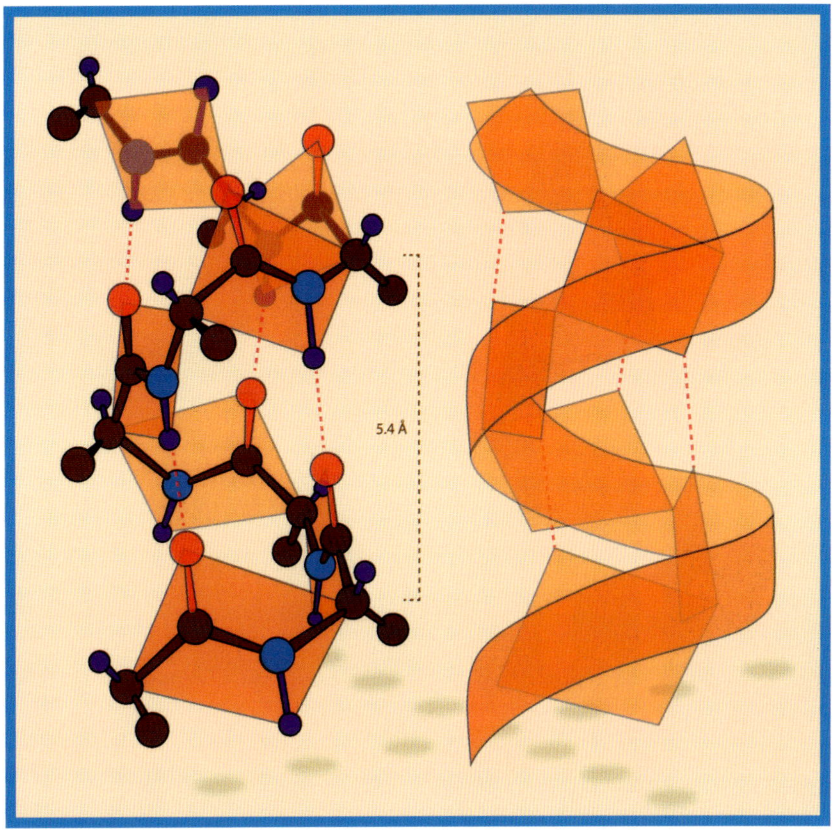

Linus Pauling fue el primero en usar modelos físicos de estructuras químicas, como las hojas de papel para representar la estructura de hélice alfa de las moléculas de proteína.

el gas xenón, que no es reactivo por lo demás. En 1933, uno de los colegas de Pauling se propuso poner a prueba la predicción, pero no tuvo éxito. No se demostró que era correcta hasta 1962, cuando equipos separados de científicos estadounidenses y alemanes, con pocos meses de diferencia, obtuvieron difluoruro de xenón.

Ilustrar los átomos

Los tres conceptos de resonancia, orbitales híbridos y escala de electronegatividad de Pauling –junto con sus muchas otras ideas– transformaron la forma en que los químicos concebían la estructura molecular. Pauling continuó relacionando estas ideas, y su libro de texto de química de 1947 *Química general* fue un éxito de ventas. Era una manera nueva de enseñar química a los alumnos universitarios de química, al combinar física cuántica, teoría atómica y ejemplos del mundo real para explicar principios químicos básicos. El libro incluía también las imágenes más claras de átomos y enlaces moleculares hasta la fecha, representaciones directas de tales objetos invisibles. Un gran número de las ilustraciones fueron obra del pintor, inventor y arquitecto estadounidense Roger Hayward.

Crear modelos

El uso de ilustraciones y maquetas para visualizar las moléculas fue otro paso transformador, para Pauling y la química en general. Mientras trabajaba como profesor visitante en Oxford en 1948, tuvo una intuición repentina acerca de un problema cuya solución le era esquiva desde hacía más de una década. Las proteínas son las moléculas de cadena larga que aportan estructura a las células y que, dentro de ellas, dan forma a la maquinaria que mantiene la vida. Los químicos sabían que las proteínas estaban formadas por moléculas encadenadas, los aminoácidos, pero nadie había desentrañado aún los detalles de su estructura. Una noche, Pauling enrolló una hoja de papel a la que dio forma de cadena de proteínas, doblándola en función de las pruebas experimentales y los principios de enlazamiento que había contribuido a establecer. Llamó a la forma resultante del modelo de papel hélice alfa, y nuevos experimentos no tardaron en mostrar que las proteínas, en efecto, se enrollaban exactamente de ese modo.

Pauling desarrolló sus métodos para crear modelos junto con su colega de Caltech, el bioquímico Robert Corey. En 1952 publicaron detalles sobre cómo preparar conjuntos de piezas de madera para crear maquetas tridimensionales. Tales métodos fueron pronto influyentes, y en 1953 ayudaron al químico estadounidense James Watson y al biólogo molecular británico Francis Crick en el descubrimiento revolucionario de la hélice doble de la molécula del ADN, portadora de la información genética.

Pauling no solo había profundizado en la física más compleja de lo que conecta unos átomos a otros, sino que, además, había presentado la información de forma más clara y accesible que nunca antes, empleando imágenes y modelos impactantes. Científicos posteriores mejoraron sus hallazgos y técnicas, pero fue Pauling quien abrió el vasto panorama de posibilidades que, gracias a su trabajo, otros pudieron explorar. ■

LA ERA NUCLEAR 1940–1990

1940

Científicos de EE UU descubren el **primer elemento transuránico**, el neptunio, el primero de una serie de elementos sintéticos que amplían la tabla periódica.

1953

Rosalind Franklin, Maurice Wilkins, James Watson y Francis Crick determinan la **estructura química del ADN**.

1957

Elias James Corey revoluciona la síntesis orgánica con el concepto de **retrosíntesis**, con el que deconstruye paso a paso una molécula dada para deducir cómo construirla.

1960

Se aprueba en EE UU el uso del primer **anticonceptivo oral**, que da a las mujeres el control de su fertilidad por medio de hormonas sintéticas.

1966

Richard Ernst desarrolla la **espectroscopia de resonancia magnética nuclear (RMN)**, herramienta analítica clave para determinar la estructura de las moléculas orgánicas.

En 1900, la esperanza media de vida era de solo 32 años. En 1990 se había doblado a 64. Si bien no fue el único factor, los avances de la medicina, con el desarrollo de fármacos nuevos para tratar enfermedades antes incurables, tuvieron un papel determinante. Sin embargo, aunque los medicamentos prolongaban la vida gracias a nuevas técnicas químicas, en las décadas siguientes se daría también una creciente vigilancia de las consecuencias para la salud y el medio ambiente de otros avances químicos.

Fármacos de diseño

El descubrimiento de los antibióticos en la década de 1920 marca para muchos el inicio de la medicina química moderna, pero fue durante la segunda mitad del siglo xx cuando los avances de la química orgánica revolucionarían realmente el modo en que se tratan numerosas enfermedades.

En 1957, el desarrollo de la retrosíntesis –el proceso inverso que parte de una molécula objetivo con el fin de identificar rutas potenciales para formarla– cambió el enfoque de la síntesis molecular e hizo posible crear versiones sintéticas de moléculas naturales complejas a partir de reactivos abundantes y baratos.

La creación de análogos sintéticos de hormonas naturales del cuerpo humano traería cambios aún mayores. En 1960, la aprobación por la Administración de Alimentos y Medicamentos (FDA) de EE UU de la primera píldora anticonceptiva ofreció por primera vez a las mujeres la autonomía reproductiva. Actualmente, se estima que la emplean 151 millones de mujeres en todo el mundo.

Otro avance se produjo en el análisis de sustancias naturales para facilitar su uso y manufactura. Dorothy Crowfoot Hodgkin fue responsable por sí sola de varios de estos desarrollos, al aplicar la difracción de rayos X para cartografiar la estructura molecular de la penicilina, la vitamina B_{12} y la insulina.

Reforzado el arsenal de los químicos orgánicos, el diseño racional de fármacos fue el paso siguiente para disponer de medicamentos mejores. Si hasta entonces el desarrollo de fármacos había consistido en poco más que ensayos de prueba y error, en la década en 1960, los químicos comenzaron a plantearse cómo actuar selectivamente sobre mecanismos bioquímicos de las células, logrando un diseño de fármacos más eficiente para muchas enfermedades.

1969

Dorothy Crowfoot Hodgkin determina la estructura 3D de la insulina por **cristalografía de rayos X**, lo cual permite conocer mejor las causas de la diabetes y el desarrollo de la insulina sintética.

1974

El químico mexicano **Mario Molina** revela que los propelentes y refrigerantes de clorofluorocarbono reaccionan con el ozono en la estratosfera y dañan la capa de ozono.

1978

Se aprueba para tratar el cáncer el primer **fármaco quimioterapéutico con platino**, el cisplatino, hoy clave en los regímenes de quimioterapia combinados.

1980

John Goodenough desarrolla las **primeras baterías recargables** de óxido de litio y cobalto como electrodo. Sus descendientes alimentan muchos de nuestros dispositivos electrónicos actuales.

1983

Kary Mullis inventa la reacción en cadena de la polimerasa (PCR), que copia rápidamente el **ADN** y tendría aplicaciones forenses y diagnósticas.

Consecuencias químicas

Ante la proliferación de aplicaciones de la química, no era fácil ver más allá de los beneficios que aportaban, pero el escrutinio de algunas sustancias de uso común empezó a revelar diversos problemas, sanitarios y ambientales.

Algunos de estos problemas eran conocidos, pero se habían ocultado. Los efectos adversos potenciales del tetraetilo de plomo –aditivo para la gasolina que mejoraba la eficiencia de los automotores– se plantearon poco después de su introducción en la década de 1920, pero no fue hasta la de 1960 cuando los estudios mostraron de forma concluyente su toxicidad en humanos, lo cual condujo a su gradual eliminación a partir de la década siguiente. En 2021, Argelia fue el último país en prohibir la venta de gasolina con plomo tras agotar sus reservas, aunque el nivel de plomo en el aire de poblaciones de todo el mundo sigue siendo mayor que el esperado.

Otros problemas se afrontaron con mayor urgencia. En 1974, los investigadores informaron de que los clorofluorocarbonos (CFC) presentes en propelentes y neveras estaban destruyendo la capa de ozono de la atmósfera. La alarma por el peligro de un agujero permanente en ambos polos de la Tierra precipitó un acuerdo en 1987 para eliminar su uso a escala mundial, y la capa de ozono se está recuperando actualmente.

Tras el desarrollo de los fertilizantes a principios del siglo XX, los siguientes avances para mejorar el rendimiento agrícola fueron los pesticidas y herbicidas sintéticos, compuestos que también trajeron controversias. El herbicida más vendido, el glifosato, aprobado en 1974, es objeto de una batalla judicial desde 2019 acerca de su presunto potencial cancerígeno, y estudios de 2017 apuntan a que los pesticidas neonicotinoides son tóxicos para las abejas melíferas.

Mejores baterías

Mejor publicidad han gozado algunos avances de finales del siglo XX. El desarrollo de las baterías recargables –que culminó en la precursora de la batería de iones de litio de John Goodenough– definió el curso del desarrollo tecnológico en el siglo actual: casi todos los dispositivos que se utilizan en la actualidad, desde automóviles eléctricos hasta teléfonos inteligentes, derivan de esa batería de Goodenough, y el mundo moderno sería muy difícil de imaginar sin ellas. ■

CREAMOS ISOTOPOS QUE NO EXISTIAN EL DIA ANTERIOR

LOS ELEMENTOS TRANSURÁNICOS

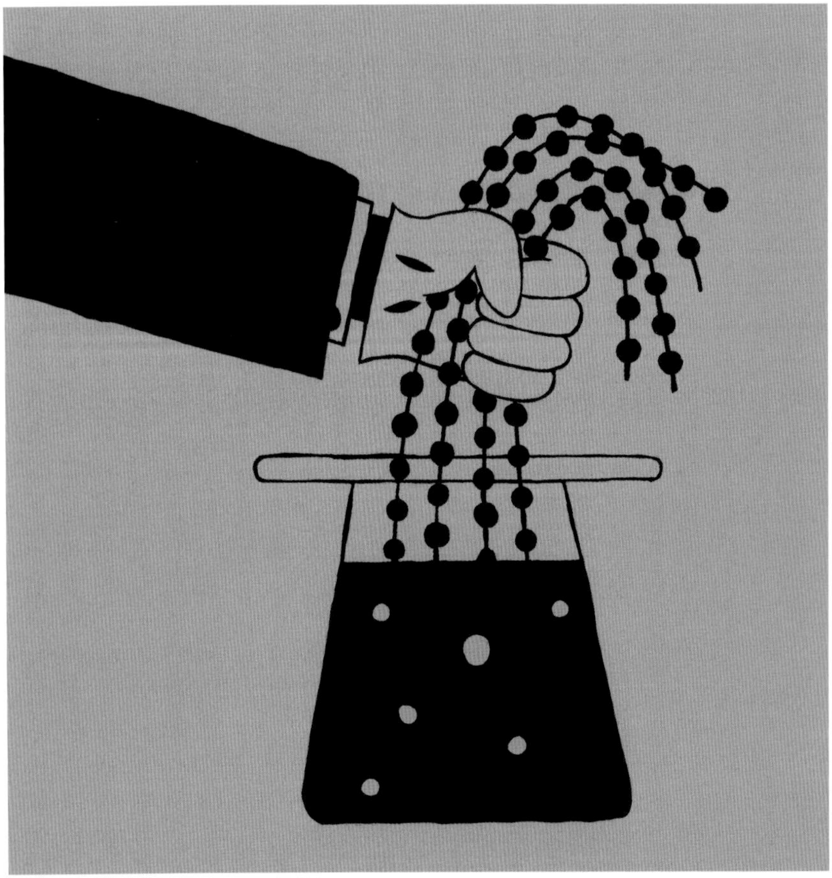

EN CONTEXTO

FIGURA CLAVE
Glenn Seaborg (1912–1999)

ANTES
1913 Frederick Soddy y otros comprenden que los elementos pueden tener distintas formas, o isótopos, algunos tomados antes por elementos nuevos.

1937 Emilio Segrè descubre en molibdeno descartado de un ciclotrón el elemento 43, el tecnecio, primer elemento creado de este modo.

DESPUÉS
1977 Las sondas *Voyager 1* y *Voyager 2* parten hacia Júpiter, Saturno, Urano y Neptuno, alimentadas por la desintegración radiactiva del plutonio.

1981–2015 Equipos en EEUU, Rusia, Alemania y Japón crean los elementos del 107 al 118, con métodos estrenados por Seaborg y Albert Ghiorso.

El 9 de agosto de 1945, un bombardero estadounidense lanzó la bomba atómica «Fat Man» sobre Nagasaki (Japón). Mató al instante a 22 000 personas, y la radiación mató a cuatro veces ese número antes de acabar el año. Este espantoso acontecimiento fue también un hito científico, pues la bomba contenía unos 6 kg de plutonio enriquecido, elemento cuya existencia se había mantenido en secreto hasta entonces. La bomba fue lanzada para precipitar la rendición de Japón y poner fin a la Segunda Guerra Mundial.

La huella del plutonio quedó impresa en la historia, y conformaría la política de las décadas siguientes, principalmente por obra de los

Véase también: Elementos de tierras raras 64–67 ▪ La tabla periódica 130–137 ▪ La radiactividad 176–181 ▪ Isótopos 200–201 ▪ Elementos sintéticos 230–231

Los **elementos** tienen siempre el mismo número de protones, pero pueden darse como **isótopos**, con distinto número de neutrones.

La **invención del ciclotrón** permite a los científicos crear isótopos nuevos, por la **colisión** de unos **átomos** con otros.

La colisión de átomos en un ciclotrón puede formar también **elementos nuevos**.

Los nuevos elementos sintéticos encajan en la tabla periódica después del uranio.

químicos empleados en el Laboratorio Metalúrgico del Proyecto Manhattan en Chicago (EEUU), dirigido por Glenn Seaborg. Seaborg había creado el plutonio por primera vez en 1940, y después descubriría otros nueve elementos transuránicos (de número atómico superior al del uranio). Sus descubrimientos le valieron el premio Nobel de química en 1951, conjuntamente con el físico de Berkeley Edwin McMillan.

Separación de isótopos

El trabajo de Seaborg con los isótopos radiactivos comenzó en la Universidad de California en Berkeley. En 1937, el físico ítalo-estadounidense Emilio Segrè aisló un elemento nuevo, el tecnecio, a partir de molibdeno expuesto a radiación de alta energía en un ciclotrón, un tipo de acelerador de partículas. El año anterior, el físico de Berkeley Jack Livingood había pedido a Seaborg ayuda para separar e identificar los isótopos de los distintos elementos que generaba el ciclotrón. En ese momento, simplemente intentaban descubrir nuevos isótopos de elementos existentes; y muchos de ellos seguirían siendo útiles para diagnósticos y tratamientos médicos. Como diría más adelante Seaborg: «Demostré la utilidad de un químico en esta área dominada por físicos». Y añadió que la colaboración fue lo que lo encaminó hacia el trabajo de su vida.

Fisión nuclear

Investigaciones en curso en 1938 en Berlín (Alemania) contribuirían también a orientar a Seaborg hacia el trabajo de su vida. Los químicos alemanes Otto Hahn y Fritz Strassmann estaban, por primera vez, midiendo la radiactividad generada al partirse los núcleos de uranio en otros »

Glenn Seaborg

Seaborg nació en Míchigan (EEUU) en 1912. Completó la licenciatura de química en la Universidad de California en Los Ángeles (UCLA) en 1933, y el doctorado en la UC en Berkeley en 1937. El decano de química de Berkeley Gilbert Lewis le ofreció ser su asistente de laboratorio personal, y juntos publicaron numerosos trabajos.

Conocido sobre todo por descubrir los elementos transuránicos y por su papel en el Proyecto Manhattan, Seaborg contribuyó también al descubrimiento de más de cien isótopos de elementos, algunos luego esenciales en medicina. En 1980 transmutó en oro una cantidad minúscula de bismuto-209, el antiguo sueño de los alquimistas.

Seaborg fue autor o coautor de más de 500 trabajos científicos, y asesor científico de diez presidentes de EEUU. Murió en 1999.

Obras principales

1949 «A new element: radioactive element 94 from deuterons on uranium».
1949 «Nuclear Properties of $^{238}94$ and $^{238}93$».

menores: el proceso de la fisión nuclear. Sin embargo, habían descartado la fisión como explicación. A inicios de 1939, la antigua colega de Hahn, la física austriaca Lise Meitner, junto con su sobrino Otto Frisch, reunieron las pruebas que indicaban que tal resultado increíble se había producido en realidad. Gradualmente, los científicos del mundo fueron adquiriendo conciencia del potencial de la fisión, que libera vastas cantidades de energía, aprovechables para fines tanto pacíficos como bélicos.

El plutonio para la bomba atómica se produjo durante la Segunda Guerra Mundial en Hanford Site (arriba), en el estado de Washington (EE UU).

Carrera armamentista nuclear

Al principio, los científicos sentían ante todo curiosidad por conocer cómo funcionaba la fisión. Edwin McMillan, colega de Seaborg, comenzó a experimentar con uranio en el ciclotrón de Berkeley. En 1940, al bombardear con neutrones uranio-238 (su isótopo más común), McMillan descubrió el primer elemento transuránico, el neptunio. Poco tiempo después comenzó a trabajar en estudios militares del radar, y dejó a Seaborg, de solo 28 años, al frente del equipo de investigación.

Con sus colegas químicos Arthur Wahl y Joseph Kennedy, Seaborg adoptó un enfoque distinto, y bombardeó el uranio-238 con partículas de deuterón, que contienen un protón y un neutrón. En 1940 descubrieron cantidades minúsculas de otro elemento nuevo, al que llamaron plutonio. Pese a dicha escasez, determinaron que, si se usaba en una bomba, el plutonio explotaría con una fuerza inconcebible. Iniciada ya la Segunda Guerra Mundial, decidieron mantener en secreto el descubrimiento.

En 1941, en respuesta al ataque japonés a Pearl Harbor, EE UU entró en la guerra, y, en la primavera de 1942, Seaborg fue enviado a la Universidad de Chicago a desarrollar una bomba atómica para el Proyecto Manhattan. Seaborg invitó al científico nuclear Albert Ghiorso, con quien había trabajado en Berkeley, a unírsele en Chicago. Ghiorso fue clave para la investigación de los elementos transuránicos, e inventó maneras de aislar e identificar elementos pesados átomo por átomo, escala a la que Seaborg llamó «ultramicroquímica». Para desarrollar armas, sin embargo, las cantidades minús-

El ciclotrón de Berkeley creaba, con dos enormes imanes, una fuerza electromagnética que hacía girar las partículas en una trayectoria circular.

El ciclotrón

Cuando Ernest Rutherford partió por primera vez núcleos de nitrógeno en 1919, se abrió una puerta a un campo nuevo; pero, para poder partir otros átomos, los físicos necesitaban aplicarles mayor energía. Se construyeron muchas máquinas para acelerar partículas con carga, siendo la más famosa el ciclotrón, obra de Ernest Lawrence, de la Universidad de California en Berkeley. Este comprendió que con un diseño circular se podían acelerar las partículas más de una vez: en el ciclotrón se inyectaban en el espacio formado por dos piezas metálicas huecas semicirculares, separadas por un hueco. Encima y debajo de esta había dos imanes potentes.

Las piezas de metal estaban conectadas a una corriente eléctrica alterna de alta frecuencia que energizaba las partículas cada vez que atravesaban el hueco. Cada aporte de energía ampliaba la espiral de la partícula, que acaba saliendo disparada e impactaba en un objetivo, combinándose con un átomo en este, y formando un nuevo isótopo o elemento.

> Creamos isótopos que no existían el día anterior, con usos aún por descubrir.
> **Glenn Seaborg**

culas no eran ni de lejos suficiente. Para obtener plutonio suficiente para un arma, los científicos del Proyecto Manhattan emplearon una reacción en cadena de fisión del isótopo uranio-235 productora de neutrones. Además de desencadenar la fisión en otros átomos de uranio-235, los neutrones convertían el uranio-238 en plutonio-239 a mayor escala.

El equipo de Seaborg se volvió experto en aislar elementos en su forma pura, oxidándolos como sales, aplicando luego otras técnicas para separarlos del muy radiactivo uranio y otros productos de la fisión. Para el plutonio, por ejemplo, añadían fosfato de bismuto ($BiPO_4$). De ello resultaba un precipitado con una de las formas de la sal de plutonio. Una vez aislado el precipitado, los científicos podían seguir oxidando el plutonio y separarlo del precipitado. En 1943 se construyó una fábrica para producir plutonio de esta manera en EE UU.

Ampliar la tabla periódica

Después del éxito con el plutonio, Seaborg, Ghiorso y sus colegas buscaron más elementos transuránicos, manteniendo el enfoque ultramicroquímico asociado al ciclotrón, pero comprobaron que los nuevos elementos no eran tan fácilmente oxidables como el plutonio. Tardaron casi un año en separar los dos elementos siguientes: el americio, obtenido bombardeando plutonio-239 con neutrones, y el curio, obtenido por el bombardeo del plutonio con iones de helio. Luego, Seaborg y sus colegas repetirían el éxito con el berkelio, californio, einstenio, fermio, mendelevio y nobelio.

Seaborg propuso que el uranio y los elementos transuránicos formaran una fila nueva en la tabla periódica, junto con el actinio, torio y protactinio. La familia fue denominada actínidos (del griego *aktis*, «haz»), en referencia al modo en que el ciclotrón hace chocar haces de átomos.

Elementos superpesados

En 1961, empleando el método del ciclotrón independientemente de Seaborg, Ghiorso y otros estudiosos de Berkeley descubrieron el lawrencio, el último y más pesado de los 15 actínidos. En 1969, el grupo de Ghiorso –que incluía entonces a James Harris, primer afroestadounidense al que se le reconoció el hallazgo de un elemento nuevo– descubrió el rutherfordio, el primer transactínido, o elemento superpesado. A este le siguió el dubnio en 1970. Seaborg volvió a unirse luego al equipo, que en 1974 descubrió el elemento 106, y lo llamó seaborgio en su honor. El hallazgo fue confirmado por otra química de Berkeley, Darleane Hoffman.

Hoffman hizo también otro descubrimiento extraordinario: en 1971 extrajo una cantidad minúscula de plutonio-244 de muestras de roca de varios miles de millones de antigüedad. Este isótopo tiene una vida media de 80 millones de años, y, por tanto, el plutonio tiene que haber sido primordial, anterior a la formación de la Tierra misma, producido por reacciones de fusión nuclear en la explosión de supernovas. Así pues, al parecer, el elemento más pesado que se da en la naturaleza no era el uranio, sino el plutonio. ■

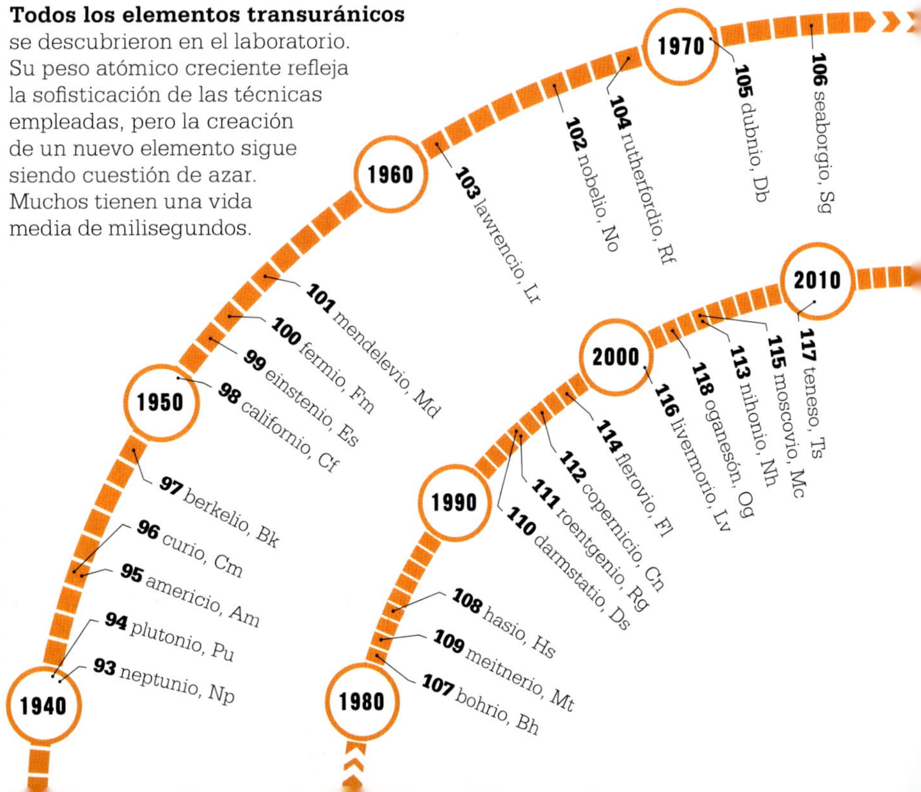

Todos los elementos transuránicos se descubrieron en el laboratorio. Su peso atómico creciente refleja la sofisticación de las técnicas empleadas, pero la creación de un nuevo elemento sigue siendo cuestión de azar. Muchos tienen una vida media de milisegundos.

MOVIMIENTO DELICADO QUE RESIDE EN LOS OBJETOS COTIDIANOS

ESPECTROSCOPIA DE RESONANCIA MAGNÉTICA NUCLEAR

EN CONTEXTO

FIGURA CLAVE
Richard Ernst (1933–2021)

ANTES
1919 Francis Aston publica su espectrógrafo de masas para identificar elementos químicos.

1924 El físico cuántico austriaco Wolfgang Pauli propone que los núcleos atómicos se comportan como imanes giratorios.

DESPUÉS
1971 Paul Lauterbur inventa la imagen por resonancia magnética nuclear (IRMN), ampliamente utilizada para ver el interior del cuerpo humano.

1989 El científico suizo Kurt Wüthrich ingenia un método de RMN para estudiar estructuras complejas de proteínas disueltas.

Dar con la fórmula estructural de un compuesto orgánico ha sido siempre vital en química, pues aporta información sobre sus propiedades y sobre cómo reacciona con otros compuestos. Sin embargo, fue algo muy difícil, hasta que el químico Richard Ernst desarrolló una técnica de espectroscopia de resonancia magnética nuclear (RMN) de alta resolución en 1966.

Determinar estructuras

Para conocer la estructura de una molécula, los químicos la descomponían en partes menores por medio de reacciones químicas, y luego aislaban e identificaban dichas partes observando cómo reaccionaban, para determinar, por ejemplo, el punto de fusión. Una vez identificadas las moléculas menores, había que deducir cómo estaban conectadas originalmente. En 1913 se inventó un método para ello –la espectrometría de masas–, pero este no se generalizó hasta la década de 1960.

En 1945 emergió una técnica nueva. El suizo-estadounidense Felix Bloch dirigía un equipo en la Universidad de Stanford, y el estadounidense Edward Purcell, otro en Harvard. Independientemente, realizaron los primeros experimentos de RMN con éxito. En la RMN, «nuclear» (N) se refiere a las propiedades de los núcleos atómicos del centro de los átomos, y «magnética» (M), a cómo los científicos preparaban el núcleo para su análisis, colocando muestras químicas en campos magnéticos potentes. El término «resonancia» (R) surgió por situarse las muestras en ondas electromagnéticas débiles e ir cambiando sus frecuencias gradualmente. Muchos objetos tienen frecuencias naturales, y resuenan al quedar expuestas a una fuerza externa a la misma frecuencia. Puede hacerse sonar, por ejemplo, una copa pasando el dedo humedecido por el borde.

> No se trata de una mera herramienta nueva, sino de una nueva materia, a la que he llamado simplemente magnetismo nuclear.
> **Edward Purcell**

Véase también: Fórmulas estructurales 126–127 ▪ Espectroscopia infrarroja 182 ▪ Cristalografía de rayos X 192–193 ▪ Espectrometría de masas 202–203

Los científicos usaron este principio para detectar cuándo la frecuencia de la onda de radio se correspondía con la frecuencia de resonancia característica de los núcleos. Registrar la potencia de la señal electromagnética en distintas frecuencias ofrece un espectro de RMN.

Un avance decisivo

En 1966, Ernst logró un gran avance que convirtió la RMN en técnica de uso cotidiano para los químicos. Mientras trabajaba para un fabricante líder de instrumentos de RMN, sustituyó el barrido de frecuencia de radio por pulsos de radio breves e intensos. Luego midió la señal durante un tiempo tras cada pulso, con unos segundos de separación entre pulsos. Ernst analizó las frecuencias de la resonancia en las señales y las convirtió en espectros de RMN, empleando ordenadores para la operación matemática conocida como transformada de Fourier. Este multiplicaba la sensibilidad de la RMN por entre 10 y 100. Semejante mejora permitía estudiar cantidades pequeñas de material e isótopos químicamente interesantes que no se dan en gran cantidad, como el carbono-13. Hoy, toda la espectroscopia química rutinaria por RMN se basa en transformadas de Fourier. Ernst y sus colegas las emplearon también para desarrollar la técnica, de tal modo que, en medicina, puede detectar núcleos de hidrógeno en un cuerpo vivo para la imagen por resonancia magnética (IRM).

Hoy, los instrumentos de la RMN son aún más sensibles, pues usan cables superconductores sin resistencia eléctrica y corrientes muy potentes. Estos pueden producir campos magnéticos casi 600 000 veces más potentes que el formado naturalmente entre los polos de la Tierra, lo cual permite estudiar moléculas móviles grandes y complejas. La RMN de alta sensibilidad ha mostrado cómo una enzima relacionada con la leucemia y otros tipos de cáncer cambia del estado activo al inactivo. ■

Hacer resonar los átomos

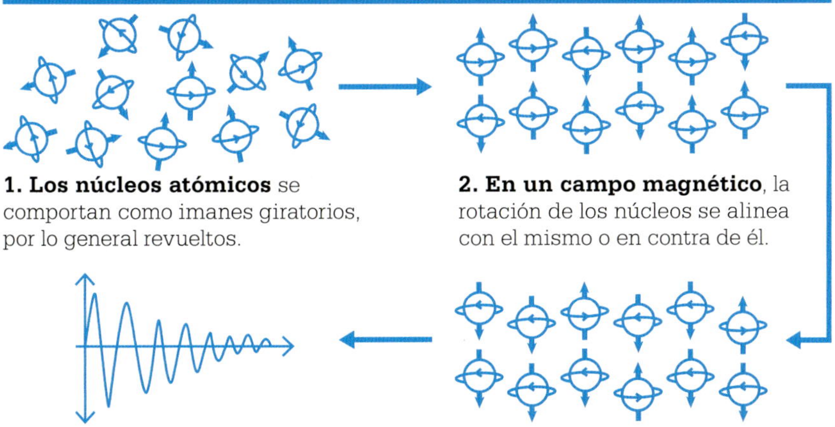

1. Los núcleos atómicos se comportan como imanes giratorios, por lo general revueltos.

2. En un campo magnético, la rotación de los núcleos se alinea con el mismo o en contra de él.

3. Cuando ondas de radio de la frecuencia adecuada alcanzan los núcleos alineados con el campo, algunos invierten su alineación.

4. Al detenerse las ondas, la rotación de los núcleos se realinea con el campo magnético, y al hacerlo emiten señales de radio que aportan la información estructural.

Richard Ernst

Richard Ernst nació en 1933 en Winterthur (Suiza), y ya a los 13 años se interesó en la química, tras encontrar en el ático una caja de sustancias químicas de un tío suyo fallecido. Estudió química en la ETH de Zúrich, donde estudió también el pionero de la RMN Felix Bloch, y se licenció en 1957. Ernst siguió en la institución para obtener el doctorado, época en la que construyó componentes importantes para dos espectrómetros de RMN. Titulado en 1962, se mudó a California a trabajar para el fabricante de instrumentos de RMN Varian, donde desarrolló la técnica de transformada de Fourier. Después volvió a Suiza a encabezar el grupo de investigación de RMN de la ETH en Zúrich, puesto que mantuvo el resto de su carrera. En 1991 recibió el premio Nobel de química. Ernst murió en 2021.

Obras principales

1966 «Application of Fourier transform spectroscopy to magnetic resonance».
1976 «Two-dimensional spectroscopy: application to nuclear magnetic resonance».

EL ORIGEN DE LA VIDA ES UN ASUNTO RELATIVAMENTE SENCILLO

LA QUÍMICA DE LA VIDA

Por reacción, las **sustancias inorgánicas** pueden formar otras orgánicas como las que fabrican los seres vivos.

La Tierra primitiva tenía agua en los océanos y **amoniaco, hidrógeno y metano** en la atmósfera.

Las sustancias presentes en la Tierra **crearon** las condiciones para la aparición de los **constituyentes de la vida**.

Tales constituyentes pudieron dar lugar de modo natural al surgimiento de los seres vivos.

EN CONTEXTO

FIGURAS CLAVE
Stanley Miller (1930–2007), **Harold Urey** (1893–1981)

ANTES
1828 Friedrich Wöhler fabrica urea a partir de cianato de amonio.

1871 Charles Darwin propone que la vida comenzó en agua rica en sustancias químicas.

DESPUÉS
1962 Alexander Rich propone el concepto del mundo de ARN, en el que moléculas de ácido ribonucleico se copiaban antes de evolucionar el ADN (ácido desoxirribonucleico) o las proteínas.

1971 Los aminoácidos del meteorito de Murchison demuestran que estos se forman antes de existir la vida.

2009 John Sutherland y su equipo muestran cómo los constituyentes del ARN pudieron formarse en las condiciones de la Tierra primitiva.

En 1924, el bioquímico ruso Aleksandr Oparin planteó la teoría de la abiogénesis: la vida en la Tierra habría surgido en una sopa primordial, en la que sustancias químicas simples reaccionaron y formaron los compuestos basados en el carbono de los que depende la vida. Su compatriota Dmitri Mendeléiev propuso que, al enfriarse la atmósfera de la Tierra primitiva, primero se solidificaron los metales, y después otros elementos, como el carbono, y quedó una atmósfera de gases ligeros, entre ellos, el hidrógeno. Oparin propuso que el carbono reaccionó con vapor supercalentado para formar hidrocarburos. ¿Pudieron formarse a partir de estos después los aminoácidos, constituyentes básicos de la vida?

Formar aminoácidos

En 1952, el químico estadounidense Harold Urey y su alumno de doctorado Stanley Miller hicieron un experimento para poner a prueba la teoría. Miller trató de reproducir las condi-

Véase también: Aislar elementos con electricidad 76–79 ▪ La síntesis de la urea 88–89 ▪ Enzimas 162–163 ▪ La retrosíntesis 262–263

> La verdadera cuestión es si hay o no elementos muy azarosos en la formación de la vida.
> **Stanley Miller**

ciones de la Tierra primitiva en un aparato sellado, con dos esferas huecas de vidrio conectadas por tubos. Una contenía agua, como la de los océanos, y la otra, hidrógeno, amoniaco y metano, los gases que creían había en la atmósfera. Miller aportó repetidamente energía a la mezcla para lograr una reacción, simulando rayos con chispas eléctricas. Pasado un día, el agua se volvió rosada y, tras varios días, dejó un depósito amarillo. El análisis de Miller reveló cinco aminoácidos, tres de ellos esenciales para la vida en la Tierra.

Escépticos conversos

Al publicarlo Miller y Urey en 1953, muchos colegas no les creyeron, pero el experimento era tan sencillo que los escépticos lo reprodujeron, y confirmaron los resultados.

Estos apoyaban la teoría de que las condiciones de la Tierra primitiva proporcionaban las sustancias necesarias para que surgiera la vida orgánica. El experimento no fue un éxito completo, pues no producía otras moléculas biológicas importantes que permitían evolucionar a los organismos vivos, tales como los ácidos nucleicos ARN y ADN, portadores de la información genética.

A lo largo de su carrera, Miller siguió tratando de avanzar e innovar en este campo, pero reconoció que explicar plenamente los orígenes de la vida era más complejo de lo que pudo parecer a la luz del experimento de 1952. Uno de los problemas es que los científicos no conocerán nunca con certeza las condiciones de la Tierra cuando apareció la vida. Incluso si se lograra crear vida simple simulando las condiciones supuestas, no se podrá demostrar que ha sido por el mismo proceso que condujo a las primeras formas de vida de la Tierra. ■

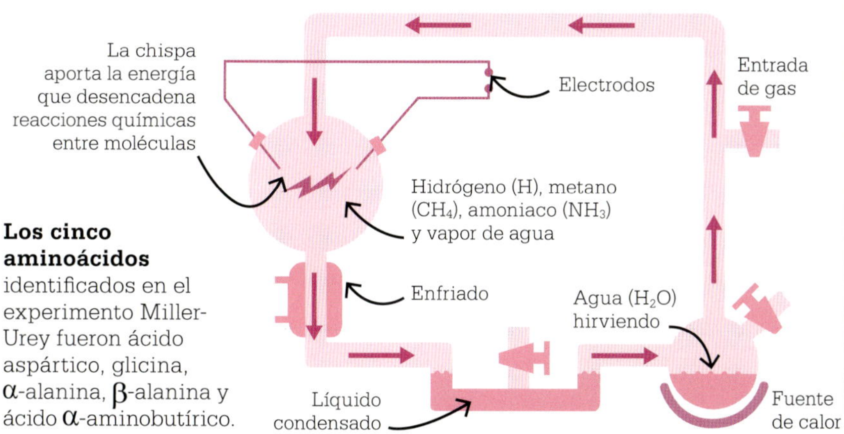

Los cinco aminoácidos identificados en el experimento Miller-Urey fueron ácido aspártico, glicina, α-alanina, β-alanina y ácido α-aminobutírico.

Stanley Miller

Nacido en Oakland (California) en 1930, Stanley Miller estudió química en la Universidad de California en Berkeley, y se trasladó a la de Chicago en 1951, donde se doctoró bajo la supervisión de Urey. Miller prefería en un principio la teoría a la experimentación, que encontraba larga y engorrosa, pero sería famoso más tarde por sus experimentos innovadores sobre el origen de la vida. Tras una beca de posdoctorado en el Instituto Tecnológico de California en 1954, se trasladó a la Universidad de Columbia en 1955.

En 1960, Urey le reclutó para el nuevo campus de San Diego de la Universidad de California, donde pasaría el resto de su carrera, hasta su muerte en 2007. Aunque el origen de la vida continuó siendo el asunto principal al que se dedicó, Miller también contribuyó a otros campos, como el de la anestesia y otros.

Obras principales

1953 «A production of amino acids under possible primitive earth conditions».
1972 «Prebiotic synthesis of hydrophobic and protein amino acids».

EL LENGUAJE DE LOS GENES TIENE UN ALFABETO SIMPLE

LA ESTRUCTURA DEL ADN

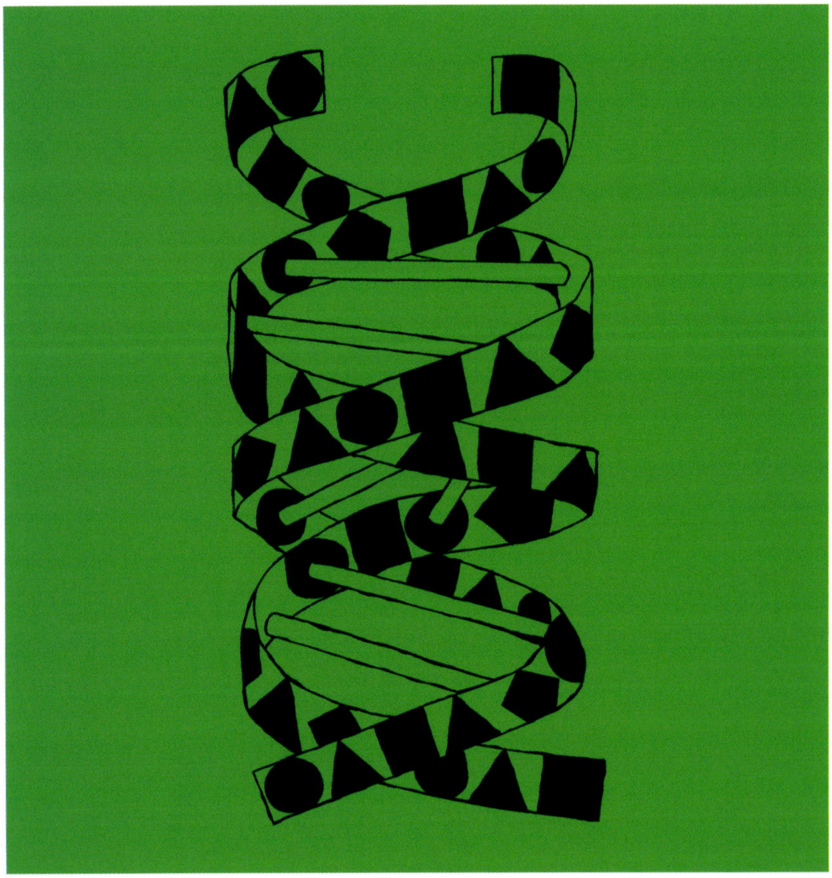

EN CONTEXTO

FIGURAS CLAVE
Francis Crick (1916–2004), **Rosalind Franklin** (1920–1958), **James Watson** (n. en 1928), **Maurice Wilkins** (1916–2004)

ANTES
1869 Friedrich Miescher extrae sustancias ácidas ricas en fósforo de leucocitos, entre ellas, ácidos nucleicos.

1885–1901 Albrecht Kossel aísla cinco componentes esenciales de los ácidos nucleicos: adenina (A), guanina (G), citosina (C), timina (T) y uracilo (U).

DESPUÉS
2000 El Proyecto Genoma Humano y Celera Genomics anuncian por separado el primer borrador funcional de toda la información del ADN humano.

2012 Jennifer Doudna y Emmanuelle Charpentier desarrollan el sistema CRISPR-Cas9 para la edición de ADN.

El modo en que los seres vivos transmiten las instrucciones para desarrollarse, sobrevivir y reproducirse es de lo más asombroso de la naturaleza. La respuesta a cómo esto ocurre tomó forma, literalmente, en 1953, como doble hélice de ácido desoxirribonucleico (ADN).

Larga búsqueda

El ADN lo descubrió el médico suizo Friedrich Miescher y le dio nombre el bioquímico alemán Albrecht Kossel en el siglo XIX, pero se creía que eran moléculas de proteína las portadoras de las instrucciones para la vida. En 1928, Fred Griffith, bacteriólogo empleado en el Ministerio

Véase también: Fuerzas intermoleculares 138–139 ▪ Estereoisomería 140–143 ▪ Cristalografía de rayos X 192–193 ▪ La polimerización 204–211 ▪ Enlaces químicos 238–245 ▪ La reacción en cadena de la polimerasa 284–285

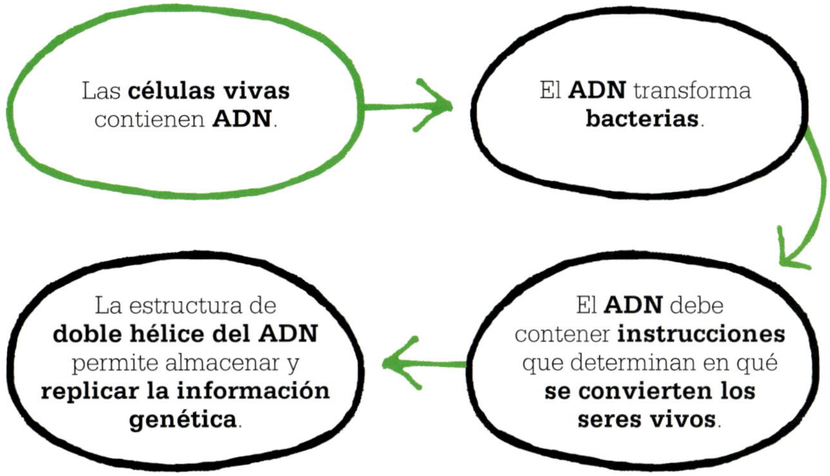

de Salud británico, mezcló bacterias vivas inofensivas con bacterias muertas causantes de enfermedad. Inyectó la mezcla en ratones, que quedaron infectados con bacterias vivas causantes de enfermedad, hoy llamadas patógenas. Griffith señaló a un «principio transformador» como responsable del cambio en las bacterias, alguna sustancia química desconocida que pasaba de las bacterias muertas a las vivas.

Otros pensaron que Griffith tenía que haber cometido algún error, pero, en 1944, los canadienses-estadounidenses Oswald Avery y Colin MacLeod y el estadounidense Maclyn McCarty repitieron el experimento con éxito en el Instituto Rockefeller para la Investigación Médica en Nueva York, e hicieron pruebas bioquímicas a la sustancia portadora de las instrucciones causantes del cambio. Descartadas todas las demás posibles sustancias, concluyeron que el principio transformador era el ADN.

También en el Instituto Rockefeller, el bioquímico ruso-estadounidense Phoebus Levene, que había trabajado con Kossel, estudió el ADN de 1905 a 1939, y reveló que sus moléculas son cadenas largas compuestas principalmente por un azúcar, la desoxirribosa. Cada desoxirribosa se une a la siguiente por átomos de fósforo y oxígeno en un grupo fosfato. También halló que cada desoxirribosa se une a uno de cuatro ácidos nucleicos constituyentes, adenina (A), guanina (G), citosina (C) y timina (T), hoy llamados nucleobases, o bases. Pero nadie sabía cómo se organizaban las moléculas en los seres vivos.

Un registro ideal de información

Sería la difracción de rayos X –técnica que permitía hallar las posiciones de los átomos a partir del efecto de los cristales de una sustancia sobre los haces de rayos X– la que revelaría la estructura del ADN a inicios de la década de 1950. El bioquímico estadounidense Linus Pauling, del Instituto Tecnológico de California (CalTech), parecía el mejor situado para resolver el rompecabezas: »

Rosalind Franklin

Rosalind Franklin nació en Londres el 25 de julio de 1920. Gracias a una beca de investigación, en 1945 se doctoró en química física en Cambridge. Tras estudiar la difracción de rayos X en el Centro Nacional para la Investigación Científica en París, entre los años 1947 y 1951, se trasladó al King's College de Londres. En parte por su relación tensa con Maurice Wilkins, y en parte por el trato a las mujeres del King's, cambió al Birkbeck College de Londres en 1953. También abandonó el campo de estudio del ADN, y publicó 17 trabajos sobre la estructura de virus helicoidales y esféricos, cuyo impacto ayudaría más tarde en la lucha contra la pandemia de la COVID-19. En 1956 diagnosticaron a Franklin un cáncer de ovario, y falleció dos años después, a la edad de 37 años.

Obras principales

1953 «Molecular configuration in sodium thymonucleate».
1953 «Evidence for 2-chain helix in crystalline structure of sodium deoxyribonucleate».

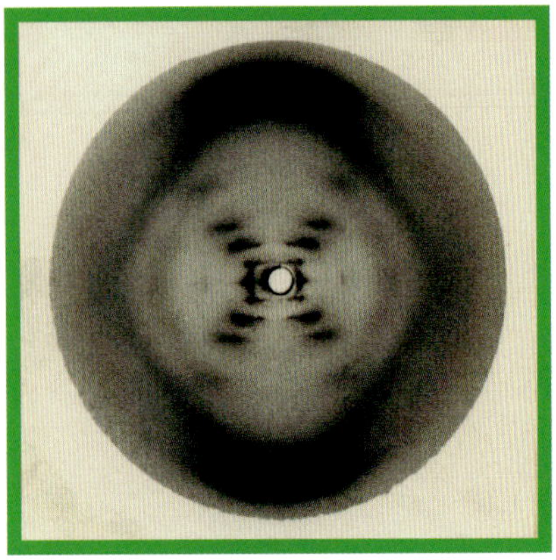

La «Fotografía 51», imagen por difracción de rayos X tomada en 1952 por Franklin, fue una prueba clave de la estructura de doble hélice del ADN.

estaba en la vanguardia de la química física, y había descifrado la estructura de muchas moléculas biológicas, aplicando datos de la difracción de rayos X a la construcción de modelos físicos. La solución, sin embargo, empezó a emerger en el King's College de Londres en mayo de 1950, al recibir el biofísico británico Maurice Wilkins cristales de ADN de alta calidad del químico suizo Rudolf Signer. Wilkins y su alumno de doctorado Raymond Gosling estudiaron los cristales, y mostraron que la estructura organizada de las moléculas de ADN era idónea para almacenar y transferir información.

La química británica Rosalind Franklin, experta en obtener y analizar patrones de difracción de rayos X, llegó al King's College en enero de 1951, y tomó el lugar de Wilkins en el trabajo de rayos X sobre la muestra de ADN de Signer y la supervisión doctoral de Gosling. Wilkins trabajó en el ADN con una muestra diferente, y, en mayo de 1951, presentó los resultados en una conferencia en Nápoles.

Llegan los forasteros

En Nápoles, el estadounidense James Watson fue uno de los pocos en comprender la importancia de los resultados de Wilkins. Ese año, Watson comenzó a trabajar en la Universidad de Cambridge, donde conoció al biólogo molecular británico Francis Crick, y ambos unieron fuerzas para descifrar la estructura del ADN. En noviembre de 1951, Watson acudió a un seminario en el que Franklin mostró que el ADN se enrollaba en una espiral de al menos dos cadenas, con grupos fosfato en el exterior.

Watson no comprendió la conferencia, y recordaba mal los detalles de la estructura, pero construyó junto con Crick un modelo de cartón y alambre como los que habían visto hacer a Pauling con otras moléculas. Su estructura tenía tres cadenas de ADN retorcidas en una espiral, con un soporte de fosfatos en el interior y con las bases apuntando hacia afuera. Invitaron a verlo a Wilkins, quien llegó acompañado de Rosalind Franklin, la cual dijo que el modelo

Los constituyentes del ADN

El modelo de Crick y Watson mostraba el ADN como hélice de dos filamentos. Estos consisten en cadenas de azúcares y moléculas de fosfato. Cada molécula de azúcar está conectada también a una de cuatro nucleobases: adenina, timina, guanina y citosina. Cada unidad de un grupo fosfato, un azúcar y una nucleobase es un nucleótido.

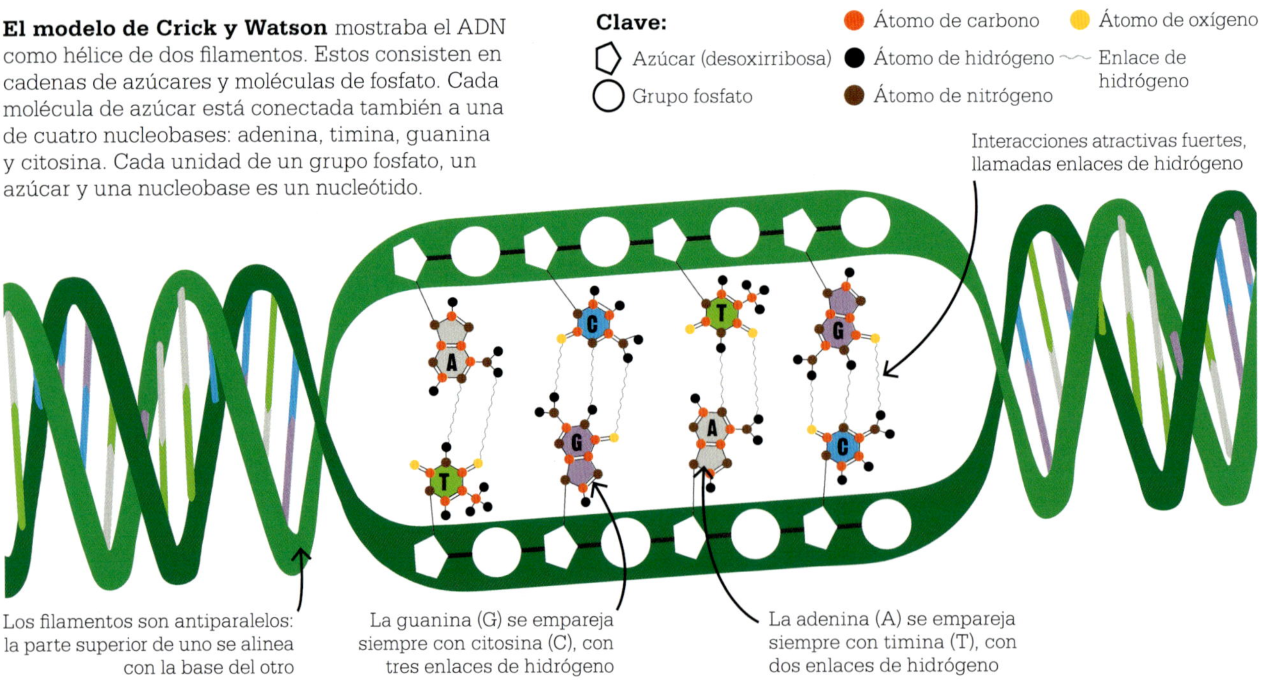

no encajaba con sus datos, que mostraban que los grupos fosfato debían estar en el exterior.

En mayo de 1952, Franklin y Gosling captaron una foto clave por difracción de rayos X, la «Fotografía 51», que mostraba dos cadenas enrolladas en espiral en la hoy famosa estructura de doble hélice. Poco después, Crick y Watson conocieron al bioquímico estadounidense de origen austriaco Erwin Chargaff. Este se había percatado de que las cantidades de adenina y timina son siempre iguales, como lo son las de guanina y citosina. Las cantidades relativas de cada par de bases varían de una a otra especie, de modo que el ADN de unas difiere del de otras, pero debía haber una regla subyacente que definía la relación entre las bases.

La doble hélice

Al concluir 1952, en Cambridge, Crick y Watson oyeron que Pauling había desentrañado la estructura del ADN. Pero, cuando vieron el modelo, comprobaron que era erróneo: era una hélice de tres cadenas con los fosfatos por dentro, y tenía también otros fallos. Watson acudió al King's a proponer que ambos grupos colaboraran para descifrar la estructura del ADN. Franklin rechazó la oferta, pero Wilkins accedió a ayudarle, y mostró a Watson la «Fotografía 51», sin permiso de Franklin.

Watson comprendió cómo encajaban las dos espirales complementarias del ADN con los hallazgos de Chargaff en febrero de 1953. Las adeninas en el interior de una de las cadenas del ADN podían emparejarse con moléculas de timina en la otra, y lo mismo podía ocurrir con la guanina y la citosina. De este modo, las bases podían interactuar, conectadas a lo largo de la hélice por enlaces de hidrógeno. Otras moléculas, como las que copian el ADN y leen las instrucciones que contiene para fabricar proteínas, también podían interactuar fácilmente con el ADN por medio de enlaces de hidrógeno.

Crick y Watson construyeron otro modelo tridimensional. Una hélice doble podía formar espirales en dos sentidos, hacia la derecha o la izquierda, pero, en el modelo nuevo, la doble hélice se orientaba solo a la derecha. También mostraba que las cadenas del ADN no son simétricas: una se podía considerar la parte superior, y la otra, la base. La doble hélice era antiparalela: la parte superior de un filamento se alineaba con la parte inferior del otro. Esta vez, Wilkins y Franklin hallaron convincente la estructura.

Los investigadores de Cambridge publicaron un trabajo explicando la estructura de doble hélice en la revista *Nature* en abril, junto con otro documento separado como apoyo de los investigadores del King's. Además, Franklin estaba cerca de resolver la estructura del ADN por sí sola, como indica un borrador para *Nature* fechado el 17 de marzo de 1953, un día antes de haber visto la estructura de Watson y Crick.

Wilkins, Crick y Watson recibieron el Nobel de fisiología o medicina en 1962. Debido a una muerte prematura que le costó el reconocimiento debido, Franklin no fue candidata, aunque Crick escribiera en una carta de 1961 que los datos cruciales «los obtuvo principalmente Rosalind Franklin». El libro de 1968 de James Watson, *La doble hélice: relato personal del descubrimiento de la estructura del ADN*, desdeñó el papel de Franklin. Fue necesaria la publicación del libro de Anne Sayre *Rosalind Franklin y el ADN*, de 1975, para asentar el crédito debido a Franklin. Dicho libro ensombrece a veces el descubrimiento de la doble hélice, pero el secreto del código genético no es por ello menos asombroso. ■

> “Los ácidos nucleicos son simples, básicamente. Están en la raíz de procesos biológicos muy fundamentales, el crecimiento y la herencia.”
>
> **Maurice Wilkins**
> **Discurso del Nobel (1962)**

La copia del ADN

En 1953, Crick y Watson apuntaron a la relación de la estructura del ADN con la copia de material genético en los seres vivos, y luego otros revelaron cómo ocurre. Por el emparejado singular A-G y C-T en la doble hélice del ADN, cada filamento se une a una sola secuencia posible de nucleobases, como una cremallera en la que cada diente requiere otro con una forma específica. Al desenrollarse el ADN, enzimas atrapan nucleobases flotantes –«dientes» sueltos– y construyen una copia nueva del filamento que falta sobre cada filamento desenrollado, o lado de la cremallera. Así, de dos filamentos separados de una hélice resultan dos hélices nuevas. Crick explicó también que las secuencias de bases del ADN forman un código, instrucciones de montaje bioquímicas para el orden en que se forman los aminoácidos para fabricar proteínas, y que las instrucciones pueden traducirse vía ARN.

QUIMICA AL REVES

LA RETROSÍNTESIS

EN CONTEXTO

FIGURA CLAVE
E. J. Corey (n. en 1928)

ANTES
1845 El químico alemán Hermann Kolbe fabrica ácido acético y muestra por primera vez que es posible que reacciones químicas formen enlaces entre átomos de carbono.

1957 John Sheehan descubre un método para sintetizar la penicilina.

DESPUÉS
1994 El químico chipriota-estadounidense Kyriacos Nicolaou y su equipo elaboran un fármaco altamente complejo para el cáncer, con un método retrosintético de 51 pasos.

2012 El químico polaco-estadounidense Bartosz Grzybowski y unos colegas suyos crean Chematica, un *software* que usa algoritmos para predecir caminos para la síntesis de moléculas.

Desde finales de la década de 1940, los químicos lograron grandes avances en la síntesis de moléculas. A finales de la de 1950, los químicos habían encontrado muchas maneras de construir moléculas orgánicas complejas, para su empleo en agroquímica, plásticos, textiles y fármacos. Sin embargo, decidir qué reacción química usar para sintetizar las sustancias deseadas era en gran medida cuestión de intuición, prueba y error. Como material de partida, los químicos escogían una molécula disponible en el mercado y que estructuralmente fuera similar al objetivo; luego, buscaban entre las miles de reacciones posibles las transformaciones que deseaban.

> Las sustancias orgánicas [...] constituyen la materia de toda la vida en la Tierra, y su ciencia a nivel molecular define un lenguaje fundamental de dicha vida.
> **E. J. Corey**
> **(1990)**

Trabajar al revés

En 1957, E. J. Corey, profesor de química en la Universidad de Illinois en Urbana-Champaign, tuvo una idea sencilla que transformaría por completo el proceso de la síntesis orgánica. Corey decidió desarrollar un método de deconstrucción teórica de las moléculas objetivo, en el que se iría trabajando hacia atrás con un material de partida como meta. Llamó al método análisis retrosintético, o retrosíntesis.

Corey sometía las moléculas objetivo a una serie de transformaciones hipotéticas, cada una de ellas la inversa de una reacción sintética. Cada una de estas transformaciones separaba el objetivo en estructuras precursoras, es decir, en partes menores y menos complejas. La técnica señala enlaces químicos estratégicos, a menudo entre dos átomos de carbono, y (teóricamente) los rompe. El mismo proceso se aplica luego a las estructuras precursoras. De forma gradual, se va construyendo un árbol de estructuras moleculares y de las reacciones entre ellas, y se representan posibles rutas sin-

Véase también: Grupos funcionales 100–105 ▪ Fórmulas estructurales 126–127 ▪ Por qué ocurren las reacciones 144–147 ▪ Representación de los mecanismos de reacción 214–215 ▪ Enlaces químicos 238–245

téticas hacia la molécula objetivo. El árbol finaliza con sustancias relativamente baratas de comprar o de fácil elaboración. El enfoque de Corey seguía reglas estrictas, de modo que cada paso en la deconstrucción debía ser la inversa exacta de una reacción química dada. Así podía estar seguro de que el paso hacia adelante tendría éxito en el laboratorio. La retrosíntesis podía ayudar también a identificar reacciones del todo nuevas para unir átomos.

Impacto duradero

Una de las primeras moléculas a la que Corey aplicó este enfoque, en 1957, fue el longifoleno, presente en la resina de pino. Aunque no particularmente útil en sí mismo, era un reto importante para la investigación química, por formar sus átomos de carbono anillos de síntesis difícil. Con la retrosíntesis, Corey identificó un enlace que se podía formar sintéticamente para conectar correctamente los anillos.

En 1959, Corey se trasladó a la Universidad de Harvard, donde, con su equipo, aplicó la retrosíntesis a más de cien productos naturales. En 1967, por ejemplo, los científicos aislaron las estructuras moleculares de varios tipos de hormona juvenil (HJ) de insectos, y estudiaron el uso de una de ellas, HJ I, como insecticida. Era imposible obtener suficiente HJ I de los propios insectos, pero, en 1968, el equipo de Corey ya había deducido cómo sintetizarla. Durante el proceso inventaron cuatro reacciones químicas enteramente nuevas, tres de las cuales serían luego de uso común entre los químicos.

Varios antibióticos importantes, entre ellos la familia de la eritromicina, tienen una estructura consistente en un gran anillo de moléculas. En 1978, el equipo de Corey logró la síntesis histórica del eritronólido B, precursor de los antibióticos de eritromicina. La nueva ruta sintética descubierta permitió fabricar fácilmente estos fármacos.

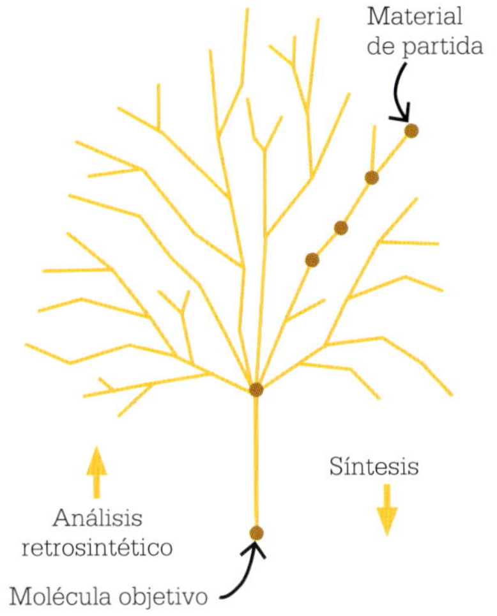

La retrosíntesis se compara a trepar a un árbol: desde la molécula objetivo –la raíz–, se trata de hallar la ruta más simple, rápida y fiable hasta los mejores materiales de partida para la síntesis.

Metodología moderna

El método retrosintético sigue siendo la aportación más importante de Corey a la ciencia. Es una herramienta enormemente poderosa a disposición de los químicos para determinar cómo construir las moléculas que deseen. Hoy, la retrosíntesis emplea ordenadores, que proponen opciones de entre una multitud de distintas reacciones químicas posibles, pero el camino elegido depende de la experiencia del químico. ■

E. J. Corey

Nacido de padres libaneses en Methuen (Massachusetts, EEUU), en 1928, William Corey fue rebautizado Elias en honor a su padre, fallecido 18 meses después de su nacimiento. A los 16 años Corey ingresó en el Instituto Tecnológico de Massachusetts (MIT), donde le cautivó la «belleza intrínseca» de la química orgánica. Al acabar la tesis doctoral sobre penicilinas sintéticas, Corey entró en la Universidad de Illinois en Urbana-Champaign, de la que fue profesor desde 1956. En 1959 asumió una cátedra en Harvard, donde permaneció el resto de su carrera. Se hizo famoso por averiguar cómo construir las moléculas naturales más endemoniadamente complejas. Escribió más de 1 100 trabajos científicos, y recibió más de 40 premios. Su trabajo en la retrosíntesis le valió el premio Nobel de química en 1990.

Obras principales

1967 «General methods for the construction of complex molecules».
1995 *The logic of chemical synthesis.*

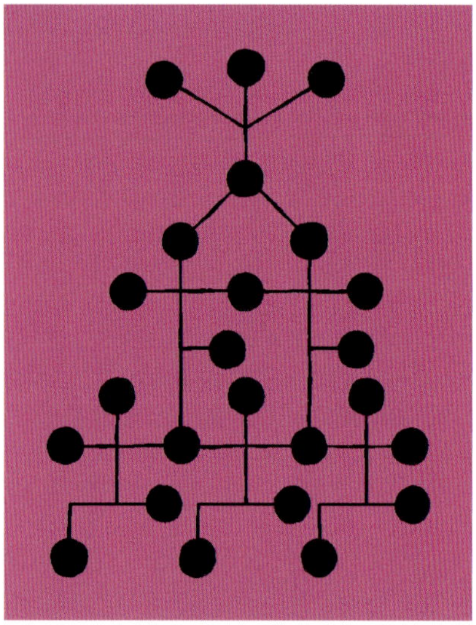

COMPUESTOS NUEVOS FRUTO DE LA ACROBACIA MOLECULAR

LA PÍLDORA ANTICONCEPTIVA

EN CONTEXTO

FIGURAS CLAVE
Gregory Pincus (1903–1967),
Min Chueh Chang (1908–1991)

ANTES
***C.* 1850 a.C.** Primera noticia de control de la natalidad, en el antiguo Egipto.

1905 El médico británico Ernest Starling emplea el término «hormona».

1929 Willard M. Allen y George W. Corner aíslan la progesterona y observan su efecto en los ovarios.

DESPUÉS
1971 El farmacólogo sueco Lars Terenius muestra que los fármacos que bloquean los estrógenos combaten el cáncer de mama en ratas.

1980 El francés Georges Teutsch crea la mifepristona, anticonceptivo de emergencia que bloquea los receptores de progesterona del útero.

2019 151 millones de mujeres en el mundo usan la píldora.

Fabricar, o sintetizar, hormonas que las mujeres puedan tomar como píldora anticonceptiva oral para prevenir el embarazo es uno de los modos más radicales en que la química ha afectado a la humanidad. Activistas por el control de las mujeres sobre su fertilidad se unieron a científicos capaces para desarrollar la píldora.

La feminista estadounidense Margaret Sanger estuvo al corriente, y a veces financió, la investigación científica en el control de la natalidad en las décadas de 1940 y 1950. Como enfermera, conocía el daño que la pobreza y el tener familias numerosas causaba en la salud de las mujeres. Su aliada la sufragista Katherine McCormick heredó una gran fortuna en 1950, y aportó dos millones de dólares a la investigación en la píldora, equivalentes hoy a más de 18 millones de dólares.

En 1953, Sanger y McCormick formaron equipo con el biólogo estadounidense Gregory Pincus, que había creado la Fundación Worces-

La **progesterona** previene la ovulación durante el **embarazo** e impide que se engrose el **endometrio**, o mucosa del útero.

¿Podrían usar las mujeres un fármaco hormonal **progesterónico** como **anticonceptivo**?

Extraer hormonas de fuentes naturales es **difícil**, y no se absorben por el estómago y los intestinos.

Las hormonas sintéticas resultan mucho más baratas, y se absorben más fácilmente como píldora anticonceptiva.

Véase también: Fórmulas estructurales 126–127 ■ Los antibióticos 222–229 ■ La retrosíntesis 262–263 ■ Diseño racional de fármacos 270–271 ■ La quimioterapia 276–277

ter para la Biología Experimental. Allí, junto con el biólogo chino-estadounidense Min Chueh Chang, había empleado en animales la hormona progesterona, que ayuda a preparar el organismo para la concepción, a regular el ciclo menstrual y a mantener el embarazo. Esperaban poder usarla para producir señales del embarazo en hembras de animales, a fin de detener la ovulación.

Las hormonas sintéticas

Hasta la década de 1940, las hormonas se extraían laboriosamente de los órganos de animales, pero el químico estadounidense Russell Marker descubrió que la diosgenina de una variedad mexicana de ñame tenía una estructura semejante. En 1942 ya podía convertirla en progesterona, y en 1944 cofundó la empresa Syntex para fabricarla. Al marcharse Marker en 1945, Syntex contrató al químico mexicano George Rosenkranz, y luego al búlgaro-estadounidense Carl Djerassi. Otro químico mexicano, Luis Ernesto Miramontes Cárdenas, fue parte vital del equipo.

Syntex superó un desafío al que se enfrentaba Pincus: la progesterona no funcionaba como anticonceptivo por sí misma en forma oral, pues no pasaba del sistema digestivo al circulatorio. Después de modificar las hormonas, en 1951, los investigadores de Syntex crearon la noretisterona (o noretindrona), que funcionaba por vía oral.

> El control de la natalidad y las áreas relacionadas de la fisiología y el comportamiento sexuales son desde hace tiempo campos de batalla para los opinadores.
>
> **Gregory Pincus**
> ***The control of fertility* (1965)**

Pincus y Chang utilizaron tanto la noretisterona como el noretinodrel –una modificación similar de la progesterona, obra de G. D. Searle and Company en 1952– en pruebas clínicas de la píldora en Puerto Rico. De forma no intencionada, la píldora incluía otra hormona, el mestranol, producto de la síntesis del noretinodrel, que parecía reforzar el efecto anticonceptivo.

Tras resultados prometedores, Pincus, Chang, Sanger y McCormick recurrieron a Searle para fabricar la píldora. En 1960 se aprobó en EE UU el Enovid, la píldora anticonceptiva de Searle, que contenía noretinodrel y mestranol. En 1964, Syntex lanzó la píldora oral de dosis baja Norinyl, que contenía noretisterona y mestranol, formulación empleada por muchas mujeres.

Un legado polémico

La píldora resultó controvertida, y no solo por la oposición ideológica a la contracepción: debido al uso generalizado, muchas mujeres sufrían efectos secundarios relativamente raros, como los coágulos. Las pruebas de Pincus en Puerto Rico se realizaron de forma explotadora, y Sanger fue acusada de racismo. Con todo, allí donde está disponible y es barata, la píldora anticonceptiva ha cambiado verdaderamente el mundo. ■

Fabricar hormonas

A lo largo de miles de millones de años, en los seres vivos han evolucionado modos elegantes de fabricar hormonas. Por comparación, a la hora de replicarlas, para la química sintética de la década de 1940 fueron un gran desafío sus formas complejas, con átomos de carbono en anillos de cuatro formas o más, y más carbonos añadidos a estos. El descubrimiento por Russell Marker de que la diosgenina tenía cuatro anillos, dispuestos de manera similar a los de la progesterona, ofreció un atajo valioso para producir esta por medio de cinco reacciones químicas.

Al tomar el relevo de Marker en Syntex, George Rosenkranz, Carl Djerassi y Luis Ernesto Miramontes Cárdenas partieron de sus métodos para mejorar la producción de progesterona, e incorporaron otros hallazgos para obtener una alternativa mejor y de absorción más eficaz por el organismo de las mujeres.

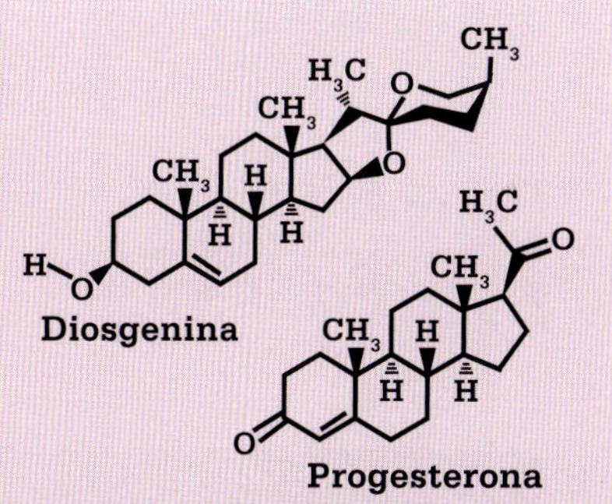

La cadena de cuatro anillos de carbono a la izquierda de la estructura de la diosgenina fue un buen punto de partida para producir hormonas similares, como la progesterona.

LUZ VIVA
PROTEÍNA VERDE FLUORESCENTE

EN CONTEXTO

FIGURA CLAVE
Osamu Shimomura
(1928–2018)

ANTES
1912 El desarrollo de la cristalografía de rayos X por William y Lawrence Bragg y otros muestra las posiciones de los átomos en las moléculas.

1953 La estructura del ADN, revelada por R. Franklin, M. Wilkins, F. Crick y J. Watson, permite a Martin Chalfie la ingeniería genética en organismos para producir proteína verde fluorescente.

DESPUÉS
1997 Eric Betzig y William Moerner crean una GFP que se apaga y enciende y permite ver objetos aún menores al microscopio.

2007 Los estadounidenses Joshua Sanes y Jeff Lichtman, junto con el francés Jean Livet, crean Brainbow, herramienta que etiqueta neuronas con proteínas fluorescentes.

En 1962, Osamu Shimomura, químico japonés en la Universidad de Princeton, aisló cinco miligramos de proteína verde fluorescente (*green fluorescent protein*, GFP) de la medusa luminiscente *Aequorea victoria*. Luego pasó más de 40 años estudiándola, y descubrió que es una proteína relativamente pequeña, compuesta por 238 aminoácidos.

En las décadas de 1980 y 1990, los ingenieros genéticos aprendieron a clonar la secuencia de ADN que codifica las instrucciones para que las células de la medusa fabriquen GFP. En 1994, Martin Chalfie, de la Universidad Columbia, la utilizó para colorear seis células del nematodo transparente *Caenorhabditis elegans*. La ingeniería genética podía modificar las instrucciones del ADN de un ser vivo y añadir GFP al extremo de cualquier proteína para indicar su localización.

En la Universidad de California en San Diego, Roger Tsien pasó muchos años cambiando los aminoácidos de la GFP para producir proteínas fluorescentes de distintos colores, con los que etiquetar e identificar distintas proteínas a la vez. La GFP se usa hoy para comprender el funcionamiento de las células vivas, y habilita sistemas para detectar otras sustancias, como metales o explosivos. Estos detectores emplean otras proteínas para reconocerlas y luego desencadenar la fluorescencia de la GFP, permitiendo a los científicos observar procesos indetectables de otro modo. ■

> Visualizar el GFP era en esencia no invasivo; la proteína se podía detectar simplemente iluminando el espécimen con luz azul.
> **Martin Chalfie**
> **Discurso del Nobel (2008)**

Véase también: La estructura del ADN 258–261 ▪ Cristalografía de proteínas 268–269 ▪ La edición del genoma 302–303

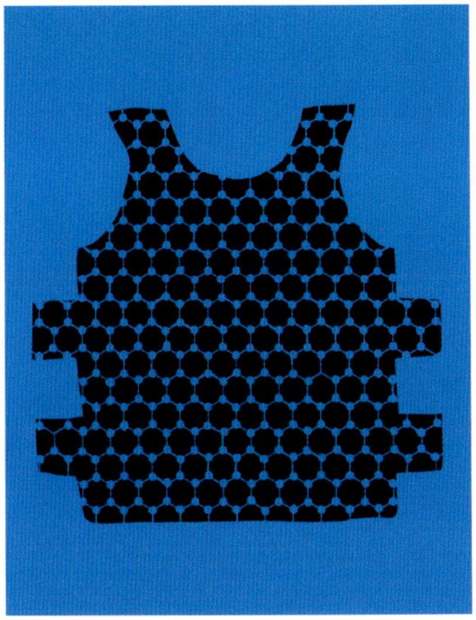

POLIMEROS QUE DETIENEN BALAS

POLÍMEROS SUPERRESISTENTES

EN CONTEXTO

FIGURA CLAVE
Stephanie Kwolek
(1934–2014)

ANTES
1920 Hermann Staudinger, químico orgánico alemán, halla que polímeros como el almidón, el caucho y las proteínas son cadenas de unidades repetidas, lo cual hace posible fabricar otros nuevos.

1935 DuPont inventa el polímero poliamida nailon.

1938 El descubrimiento del teflón por Roy Plunkett muestra la importancia práctica y comercial de los innovadores polímeros.

DESPUÉS
1991 Buscando materiales cada vez más resistentes, el físico Sumio Iijima de la NEC Corporation descubre los nanotubos de carbono.

2020 El Congreso de EE UU aprueba la Ley de Acción PFAS para empezar a regular tales sustancias.

En la década de 1960, ante una escasez anunciada de gasolina en EE UU, la empresa DuPont quiso hacer neumáticos más duraderos y eficientes. La química Stephanie Kwolek asumió el proyecto, y estudió los polímeros llamados poliamidas, como el nailon.

El nailon se compone de monómeros con cadenas flexibles de carbono. Kwolek quería un polímero de monómeros rígidos, con átomos de carbono sólidamente unidos en anillos de benceno, que comparten electrones más libremente que en las cadenas del nailon, y tienen enlaces más fuertes. La estructura de Kwolek era una amida poliaromática, o aramida, unida por fuerzas de enlace intermolecular de hidrógeno entre grupos de amidas en cadenas diferentes. Las nubes de electrones alrededor de los anillos de benceno aportaban aún mayor cohesión.

Cuando Kwolek tejió sus fibras en 1964, la tensión de rotura del nuevo polímero era cinco veces la del acero, aunque era tan ligero como la fibra de vidrio. En la década de 1970, DuPont lo vendió como Kevlar. En un primer momento se utilizó para reforzar neumáticos, pero poco tiempo después empezó a adaptarse a otros usos, siendo los más conocidos los chalecos antibalas y otras protecciones corporales.

El Kevlar es un ejemplo de los polímeros llamados PFAS, que se acumulan en los tejidos biológicos y causan trastornos a largo plazo, como el cáncer. Nunca se descomponen, y aparecen en la leche materna humana, además de en ecosistemas desde el Everest hasta el hielo polar. ■

Las fibras de Kevlar forman tejidos increíblemente resistentes, ligeros y resistentes a la corrosión y el calor. Con él, DuPont creó fácilmente una gama de tejidos resistentes como una armadura.

Véase también: Espectroscopia infrarroja 183 ▪ La polimerización 204–211 ▪ Polímeros antiadherentes 232–233

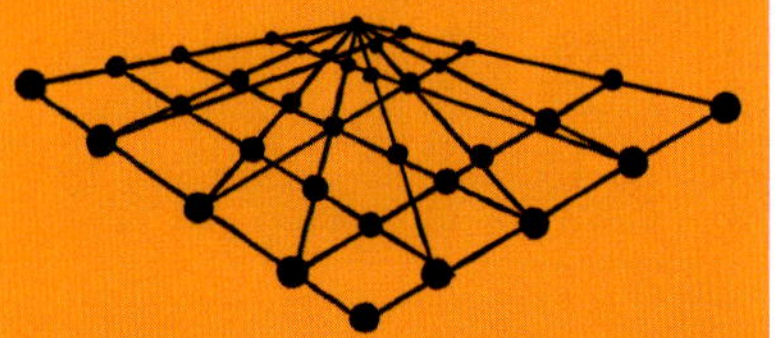

LA ESTRUCTURA ENTERA SE DESPLEGÓ ANTE LA VISTA

CRISTALOGRAFÍA DE PROTEÍNAS

EN CONTEXTO

FIGURA CLAVE
Dorothy Hodgkin (1910–1994)

ANTES
1913 Los físicos británicos William y Lawrence Bragg analizan estructuras cristalinas con rayos X.

1922 El físico canadiense Frederick Banting administra insulina a un paciente humano.

DESPUÉS
1985 James Hogle, biofísico estadounidense, determina la estructura 3D del poliovirus.

1985 El físico germano-estadounidense Michael Rossmann forma parte del grupo que publica la estructura del rinovirus, causante del resfriado común.

2000 Un equipo que incluye al bioquímico Krzysztof Palczewski publica la primera estructura 3D de la familia de los receptores acoplados a proteínas G, transmisores de señales en los seres vivos.

En 1922, un chico diabético de 14 años de edad recibió la primera inyección salvadora de insulina en el Hospital General de Toronto (Canadá). Hacia finales de 1923 ya se trataba con la hormona a unos 25000 pacientes en América del Norte. Sin embargo, el motivo de su éxito era un misterio. Para desentrañar su estructura y resolver el rompecabezas, la química británica Dorothy Crowfoot comenzó a estudiar la proteína en 1934.

Estudios proteínicos

En la década de 1930, los científicos sabían mucho sobre proteínas en general, pero no podían explicar en detalle cómo funcionaban. Parecían ser estructuras en forma de cadena, hechas de aminoácidos, pero era difícil obtener proteínas lo bastante puras para su estudio.

A principios de la década, el físico británico William Astbury estudió con difracción de rayos X las fibras de dos proteínas de interés para la industria textil: la queratina y el colágeno. Le interesaba en particular por qué la lana, hecha de queratina, era más elástica que otros textiles. Astbury atravesó las fibras con rayos X, y descifró pistas estructurales a partir de los patrones que formaban los haces al interactuar con los átomos de la proteína. Halló

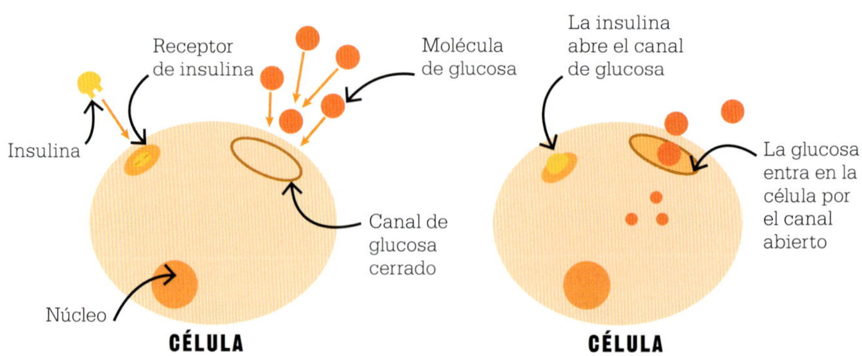

Cuando la insulina se une al receptor en la superficie de una célula, esta recibe la señal de captar glucosa de la sangre, que luego emplea para producir energía.

Véase también: El benceno 128–129 ▪ Cristalografía de rayos X 192–193 ▪ La estructura del ADN 258–261 ▪ Microscopia de fuerza atómica 300–301

que las proteínas se enrollaban en una forma helicoidal que se extendía al estirar las fibras, hecho que iba a ser importante más allá del ámbito textil, y que algunos han considerado el inicio de la biología molecular.

En 1934, Crowfoot trabajó con su mentor en la Universidad de Cambridge, el químico irlandés J. D. Bernal, para producir la primera imagen por difracción de rayos X de una proteína cristalizada, la pepsina. Más tarde, el mismo año, Crowfoot estableció su propio laboratorio en el Museo de Historia Natural de la Universidad de Oxford, y una de las primeras sustancias con las que trabajó fue la insulina, una proteína pequeña, conocida como péptido. Atravesó muestras cristalizadas de insulina con haces de rayos X, y analizó los patrones de difracción resultantes. Así determinó la estructura 2D de la insulina en mayor detalle que nunca antes, pero la imagen estaba lejos de estar completa.

Un avance clave llegó con la nueva técnica matemática de transformada de Fourier desarrollada por Arthur Lindo Patterson, cristalógrafo neozelandés asentado en EE UU, que producía mapas de densidad de electrones para indicar su localización, de lo cual deducía estructuras moleculares. En sus experimentos, Patterson incluyó también átomos pesados, como los de los elementos metálicos. Era más fácil determinar la posición de estos elementos pesados, por desviar mejor los rayos X. Dar con su localización permitía escoger entre distintas opciones de estructura.

Estructuras valiosas

En Oxford, Crowfoot –que usaba ya el apellido de casada, Hodgkin– hizo mapas de moléculas orgánicas para Patterson con la técnica de átomos pesados. De este modo determinó la estructura 3D de la penicilina, que publicó en 1949. Su siguiente desafío fue la vitamina B_{12}, molécula importante en la dieta. Gracias a un equipo grande de investigadores y a la capacidad de computación necesaria, Hodgkin pudo cartografiar los 181 átomos de la vitamina B_{12} a principios de la década de 1950.

Mientras tanto, en 1951, el bioquímico británico Frederick Sanger descubría la secuencia de aminoácidos de la insulina, al descomponerla con ácidos en partes menores. Hodgkin volvió a la búsqueda de la estructura 3D de la insulina en 1959, reuniendo otro equipo de investigación y aplicando de nuevo el enfoque de átomos pesados. Hodgkin y su equipo publicaron un mapa 3D detallado de los 788 átomos de la insulina en 1969, que ayudó a los científicos a comprender cómo interactuaba con los receptores de las células del organismo y a identificar las mutaciones en el gen de la insulina que causan la diabetes. También sirvió a las compañías farmacéuticas para desarrollar versiones sintéticas de la insulina humana, de actuación más rápida o duradera, y con menor riesgo de causar reacciones alérgicas. ▪

> Parece que he pasado mucho más tiempo de mi vida no resolviendo estructuras que resolviéndolas.
> **Dorothy Hodgkin**

Dorothy Hodgkin

Dorothy Crowfoot nació en 1910 en El Cairo (Egipto). Fue a la escuela en Inglaterra antes de empezar a estudiar química en la Universidad de Oxford en 1928. En su año final pidió al cristalógrafo de rayos X Herbert Powell ser su supervisor de investigación. En 1932 se trasladó a la Universidad de Cambridge, al laboratorio de J. Desmond Bernal, con quien fue coautora de 12 trabajos mientras trabajaba en el doctorado. Regresó a Oxford en 1934, y se casó con el historiador Thomas Hodgkin en 1937. Continuó el resto de su carrera en Oxford, y formó a muchos alumnos, entre ellos Margaret Thatcher. Reconocida con el premio Nobel de química en 1964, Hodgkin murió en 1994.

Obras principales

1938 «The crystal structure of insulin I: the investigation of air-dried insulin crystals».
1969 «The structure of rhombohedral 2 zinc insulin crystals».

EL CANTO DE SIRENA DE LAS CURAS MILAGROSAS Y LAS «BALAS MAGICAS»

DISEÑO RACIONAL DE FÁRMACOS

EN CONTEXTO

FIGURAS CLAVE
Gertrude Elion (1918–1999),
George Hitchings (1905–1998)

ANTES
1820 Pierre-Joseph Pelletier y Joseph-Bienaimé Caventou aíslan la quinina – principal cura para la malaria hasta la década de 1940– de la corteza de árboles del género *Cinchona*.

1928 Alexander Fleming descubre que una sustancia que produce el moho mata bacterias; la llama penicilina.

DESPUÉS
1975 La síntesis de formas de moléculas de anticuerpos por los inmunólogos Georges Köhler (alemán) y César Milstein (argentino) prepara el camino a fármacos altamente selectivos.

1998 Primera prueba clínica del imatinib –primer fármaco selectivo de diseño racional contra el cáncer–, a cargo del oncólogo estadounidense Brian Druker.

En 1906, el físico alemán Paul Ehrlich concibió lo que llamó «bala mágica»: un fármaco químico que afecta solo a la causa de la enfermedad y no daña al paciente. Ehrlich venía usando tintes sintéticos para observar tejidos animales y bacterias al microscopio, y notó que algunos teñían tejidos o bacterias específicos mientras que otros no, y comprendió el vínculo entre la estructura química de los tintes y de las células a las que teñían.

Ehrlich dedujo que con ciertas sustancias podía atacar células específicas –como microbios patógenos– sin dañar otras. Él y su equipo usaron un tinte contra el parásito de la malaria, y mejoraron un tinte tóxico basado en el arsénico, el ácido arsanílico, para la enfermedad del sueño. Crearon cientos de compuestos similares, buscando al azar las opciones menos dañinas. En 1907 crearon la arsfenamina, y en 1909 hallaron que esta mataba la bacteria causante de la sífilis. Otros científicos hicieron pruebas con fármacos potenciales. El bacteriólogo alemán Gerhard Domagk probó más de 3000 sustancias, y en 1935 informó de la primera en la clase de las sulfonamidas, antibióticos eficaces contra infecciones bacterianas diversas.

> Mi mayor satisfacción ha venido de saber que nuestros esfuerzos han servido para salvar vidas y aliviar el sufrimiento.
>
> **George Hitchings**
> **Discurso del premio Nobel (1988)**

Pensamiento racional

En los Laboratorios de Investigación Wellcome, en Tuckahoe (Nueva York, EE UU), George Hitchings buscaba una forma más racional de descubrir fármacos que cribar una multitud de tintes, y se centró en las diferencias entre cómo las células humanas normales y las patógenas –células cancerosas, bacterias y virus– manejan moléculas como el ADN.

En 1944, Hitchings encargó a Gertrude Elion estudiar dos de los componentes principales del ADN, la adenina y la guanina. Las bacterias las necesitan para fabricar su ADN, y esto dio a Hitchings una

Véase también: Los antibióticos 222–229 ▪ La estructura del ADN 258–261 ▪ La quimioterapia 276–277 ▪ La reacción en cadena de la polimerasa 284-285

Las células **patógenas** tienen **mecanismos bioquímicos** específicos y, a veces, especializados.

↓

Los **fármacos selectivos** pueden atacar **mecanismos** específicos de los patógenos.

↓

Pueden diseñarse fármacos que maten patógenos pero no afecten a células sanas.

idea: si una sustancia podía impedir a las moléculas entrar en los mecanismos bioquímicos que usan las células para fabricar ADN, podría detenerse su crecimiento.

En 1950, Hitchings y Elion habían obtenido diaminopurina y tioguanina, que se unen a las enzimas que normalmente se conectarían a la adenina y la guanina, bloqueando así la producción de ADN. Impiden la formación de las células de la leucemia, de la que fueron los primeros tratamientos, pero afectan también a las células estomacales, causando vómitos intensos.

Elion estudió más de cien compuestos, y creó la más selectiva 6-mercaptopurina (6-MP), hoy parte de un tratamiento que cura al 80% de los niños con leucemia. La tioguanina se usa aún para tratar la leucemia mieloide aguda (LMA) en adultos.

El trabajo de Elion con ácidos nucleicos condujo al alopurinol, un tratamiento para la gota, y la azatioprina, supresor del sistema inmunitario usado en trasplantes de órganos. En la década de 1960, Hitchings y Elion desarrollaron el fármaco para la malaria pirimetamina, y la trimetoprima, antibacteriano usado para tratar infecciones urinarias y del aparato respiratorio, la meningitis y la septicemia. La mayoría de estos fármacos, sin embargo, tenían efectos secundarios adversos.

Las «balas mágicas»

En 1967, Elion pasó a ocuparse de los virus. Desarrolló el fármaco contra el herpes acicloguanosina, también llamada aciclovir y Zovirax. El Zovirax demostró que los fármacos basados en ácidos nucleicos pueden ser verdaderamente selectivos, como las «balas mágicas» de Ehrlich, y serviría más tarde a los colegas de Elion para desarrollar la azidotimidina (AZT) para tratar el VIH causante del sida. Posteriormente, otras moléculas selectivas similares serían los fármacos para la COVID-19 remdesivir y molnupiravir. ■

Gertrude Elion

Gertrude Elion nació en 1918 en Nueva York. Motivada para luchar contra el cáncer desde los 15 años, cuando este mató a su abuelo, estudió química en el Hunter College. Al licenciarse en 1937, había pocos trabajos para mujeres en la ciencia; tomó uno mal pagado como asistente de laboratorio, y dio también clases para pagar el posgrado en la Universidad de Nueva York. Obtuvo la maestría en 1941, antes de que la Segunda Guerra Mundial creara vacantes para químicos en los laboratorios industriales de EEUU. Tras una estancia breve en Johnson & Johnson en Nueva Jersey, fue asistente de George Hitchings en los Laboratorios de Investigación Wellcome en 1944, y le sucedió en 1967. Publicó 225 trabajos antes de jubilarse en 1983. En 1988 recibió el Nobel de fisiología o medicina junto con Hitchings. Elion murió en 1999.

Obras principales

1949 *The effects of antagonists on the multiplication of vaccinia virus in vitro.*
1953 *6-Mercaptopurine: effects in mouse sarcoma 180 and in normal animals.*

ESTE ESCUDO ES FRAGIL

EL AGUJERO DE LA CAPA DE OZONO

EN CONTEXTO

FIGURAS CLAVE
Mario Molina (1943–2020), **F. Sherwood Rowland** (1927–2012)

ANTES
1930 El matemático británico Sydney Chapman plantea la primera teoría fotoquímica sobre cómo la luz solar forma ozono a partir del oxígeno atmosférico, y después se descompone.

1958 El británico James Lovelock inventa el detector de captura de electrones, sensible a cantidades minúsculas, también de gases del aire.

DESPUÉS
2011 Un equipo dirigido por la investigadora Gloria Manney descubre un raro agujero en la capa de ozono sobre el Ártico.

2021 El científico atmosférico Stephen Montzka descubre que las emisiones del prohibido CFC-11 crecieron entre 2011 y 2018, y luego se redujeron bruscamente.

A inicios de la década de 1970, los químicos Mario Molina (mexicano) y F. Sherwood Rowland (estadounidense), de la Universidad de California en Irvine, descubrieron que sustancias químicas de origen industrial amenazaban la capa de ozono a 20–30 km sobre la superficie de la Tierra. Su estudio incluía datos de la abundancia de clorofluorocarbonos (CFC) en la atmósfera que habían sido obtenidos por el químico británico James Lovelock con su detector de captura de electrones. El ozono (O_3) es un gas reactivo, con tres átomos de oxígeno en lugar de los habituales dos. Absorbe la radiación ultravioleta (UV) solar, que en niveles altos puede causar cáncer de piel.

Los CFC y la capa de ozono

En 1973, Molina y Rowland estudiaron cómo afectaban al medio ambiente los gases CFC. Muy utilizados como refrigerantes, en propelentes de aerosoles y en espumas plásticas, Molina y Rowland averiguaron que ascienden de manera gradual a la alta atmósfera, donde la fuerte radiación UV descompone sus molé-

Cuando los CFC alcanzan la capa de ozono sobre la Tierra, se exponen a la radiación UV y desencadenan una reacción química dañina.

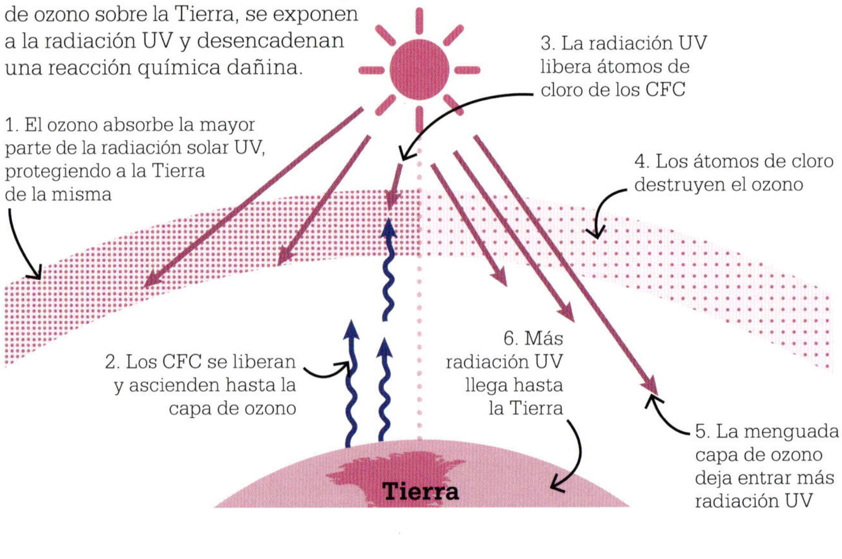

Véase también: Gases 46 ▪ Los inicios de la fotoquímica 60–61 ▪ El efecto invernadero 112–115 ▪ Gasolina con plomo 212–213

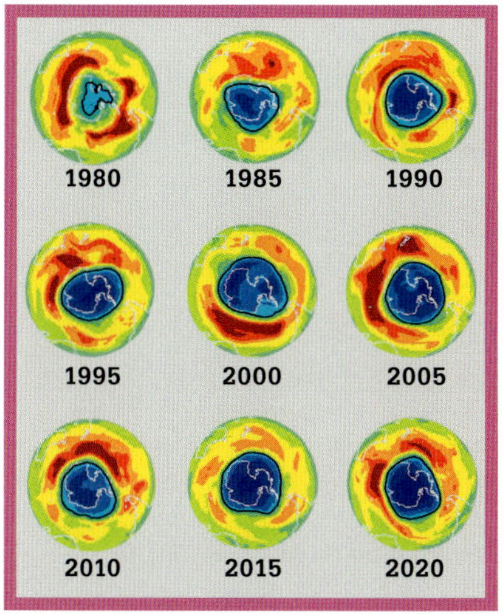

La extensión máxima anual del agujero de la capa de ozono sobre la Antártida es registrada por el Servicio de Vigilancia de la Atmósfera Copérnico de la UE.

culas, liberando así átomos de cloro que reaccionan con el ozono, del que retiran átomos, convirtiéndolo en moléculas de oxígeno (O_2).

En 1974, Molina y Rowland predijeron que el uso continuado de CFC degradaría rápidamente la capa de ozono, pero los científicos tardaron casi una década en hallar pruebas. Esperaban que el cloro de los CFC afectara más al ozono en la alta atmósfera próxima al ecuador, pero allí sus niveles eran estables. Lo que revelarían las mediciones en tierra y por satélite fue un agujero en la capa de ozono sobre la Antártida.

La mirada por el agujero

En 1983, el científico de la Prospección Antártica Británica Jon Shanklin se preparaba para un día abierto al público, confeccionando un gráfico para mostrar niveles de ozono inalterados sobre el Polo Sur. Al hacerlo, comprobó que los niveles de ozono caían drásticamente cada primavera. Shanklin publicó el hallazgo realizado con dos colegas británicos, Joe Farman y Brian Gardiner, en 1985. Los valores más bajos del ozono, de mediados de octubre, habían caído casi a la mitad entre 1975 y 1984. El hallazgo era tan impactante que atrapó la atención del público, y movió a actuar a gobiernos y científicos.

En 1986, Susan Solomon, investigadora de la Oficina Nacional de Administración Oceánica y Atmosférica (NOAA) estadounidense, viajó a la Antártida a estudiar el agujero de la capa de ozono. Mostró que las nubes de la Antártida ofrecen superficies heladas minúsculas en las que una compleja red de reacciones libera el cloro de los CFC que merma el ozono, lo cual sucede al llegar la radiación UV solar al círculo antártico en primavera.

El adelgazamiento de la capa de ozono debilita la protección de la Tierra frente a la radiación peligrosa, que aumenta el riesgo de cáncer de piel y daña la vegetación, entre otros problemas. Afortunadamente, los fabricantes podían usar alternativas químicas a los CFC, y en 1987 se acordó el Protocolo de Montreal, tratado global para eliminar el uso de CFC y otras sustancias dañinas para el ozono, que entró en vigor en 1989.

Hoy, el tamaño del agujero de la capa de ozono varía cada año, en gran medida en función de las temperaturas en la alta atmósfera sobre la región del Polo Sur. En 2019 se formó uno pequeño, y un vórtice antártico frío y estable favoreció el 12.º mayor registrado en 2020. Con todo, se espera que los niveles de ozono vuelvan a los niveles anteriores a 1980 en 2060, lo cual sería una muestra de que, con tiempo, la acción global puede invertir el daño ambiental. ▪

Mario Molina

Molina nació en 1943 en Ciudad de México. Quiso ser químico desde niño, y en 1960 se matriculó en la Universidad Nacional Autónoma de México para estudiar ingeniería química, y después pasó a la Universidad de Friburgo (Alemania), donde estudió química física. En 1968 comenzó el doctorado sobre reacciones químicas producidas por la luz en la Universidad de California (UC) en Berkeley. Se trasladó a la UC en Irvine en 1973, y allí trabajó con Rowland sobre el efecto de los CFC en el medio. En 1975 fue profesor asistente, y después se unió al Laboratorio de Propulsión a Chorro de la NASA, en Pasadena (California), donde tomó parte en el estudio del agujero antártico en la capa de ozono. En 1989 se integró en el Instituto Tecnológico de Massachusetts (MIT). Recibió, junto con F. S. Rowland, el Nobel de química en 1995. Obtuvo la Medalla Presidencial de la Libertad en 2013.

Obra principal

1974 «Stratospheric sink for chlorofluoromethanes: chlorine atom-catalysed destruction of ozone».

PODER PARA ALTERAR LA NATURALEZA DEL MUNDO

PESTICIDAS Y HERBICIDAS

EN CONTEXTO

FIGURAS CLAVE
Paul Müller (1899–1965), **Rachel Carson** (1907–1964), **John E. Franz** (n. en 1929)

ANTES
***C.* 2500 a.C.** Los agricultores emplean azufre para matar insectos y ácaros en Sumer (actual Iraq).

1856 William Perkin inaugura la industria química sintética con el tinte mauveína.

DESPUÉS
1985 Bayer patenta el primer pesticida neonicotinoide, el imidacloprid, que bloquea las señales nerviosas en insectos. Numerosos estudios posteriores han relacionado los neonicotinoides con la reducción de la población de abejas.

2015 En EE UU, un tribunal de apelaciones dictamina que la Agencia de Protección Ambiental violó la ley federal al aprobar el sulfoxaflor –pesticida similar a los neonicotinoides– sin estudios fiables.

La protección química de los cultivos ofrece cosechas mejores desde hace siglos. Desde 1800 aproximadamente se emplearon sales tóxicas de metales pesados como el arsénico y el mercurio para matar insectos y bacterias, pero luego se descubrieron los grandes riesgos sanitarios y ambientales que implicaba.

En 1974 salió al mercado un nuevo herbicida sintético, el glifosato. Sería la sustancia química agrícola más vendida de la historia.

De natural a sintético

Uno de los insecticidas naturales más antiguos es el piretro, usado probablemente en China ya alrededor de 1000 a.C. Se extraía de la flor semejante a la margarita del piretro *(Tanacetum cinerariifolium)*, o pelitre de Dalmacia. Desde el siglo XIX se usó también la nicotina del tabaco *(Nicotiana)*. En 1848 se usó por primera vez como insecticida la rotenona, obtenida de las raíces y tallos de varias plantas tropicales, como *Derris elliptica*, también usada para paralizar

Véase también: La síntesis de la urea 88–89 ▪ Tintes y pigmentos sintéticos 116–119 ▪ Enzimas 162–163 ▪ Cristalografía de proteínas 268–269

Los pesticidas orgánicos son de origen natural, generalmente vegetal, y suelen servir como insecticidas en diversos cultivos, como esta tomatera. Pueden ser tóxicos también para otros animales.

peces. Eran sustancias caras, y extraerlas de sus fuentes naturales era laborioso. A principios del siglo XX, la industria explotó el conocimiento creciente de la química orgánica sintética en busca de pesticidas y herbicidas mejores y más baratos.

En 1939, buscando un insecticida de contacto, el químico suizo Paul Müller descubrió el dicloro difenil tricloroetano, o DDT. Un depósito recubierto de DDT y lavado para dejar solo trazas continúa matando a las moscas. Müller recibió el premio Nobel de fisiología o medicina en 1948 por la utilidad del DDT contra insectos transmisores de tifus, malaria, peste bubónica y otras enfermedades.

El barato y muy eficaz DDT fue el insecticida por excelencia. Como hacían falta dosis muy grandes para matar a animales mayores, se consideró seguro. Al fumigarse áreas extensas y no arrastrarlo fácilmente la lluvia, no había que usarlo a menudo, pero persiste en el medio ambiente, y no se descompone al ingerirlo. Su concentración aumenta al ascender por la cadena trófica, hasta alcanzar niveles letales. En 1958, la bióloga estadounidense Rachel Carson recibió una carta sobre el efecto del DDT sobre las aves. Estudió el asunto, y publicó sus hallazgos en su famoso libro *Primavera silenciosa* en 1962, en el que denunció el envenenamiento del medio ambiente. Las empresas químicas intentaron desacreditarla, pero comités científicos prestigiosos respaldaron sus conclusiones, y la controversia estaba servida.

Sustancias selectivas

Desde la década de 1970 se ha tratado de desarrollar pesticidas y herbicidas más seguros (activos en cantidades minúsculas) y altamente selectivos para matar solo a la especie objetivo. También deben descomponerse fácilmente, para que no se acumulen en el medio.

John E. Franz, químico orgánico de Monsanto, en Misuri (EE UU), desarrolló en 1970 una nueva clase de herbicidas, entre ellos el glifosato, que inhibe una enzima vegetal clave e impide la formación de células nuevas. Se adhiere bien al suelo, para no extenderse a cultivos vecinos o al medio, y, dado que se descompone en sustancias más seguras, permite que crezcan plantas nuevas a los 30 o 60 días de ser usado. Monsanto no tardó en vender glifosato bajo muchos nombres, entre ellos Roundup®.

En 2015, el Centro Internacional de Investigaciones sobre el Cáncer (IARC) informó de que el glifosato era probablemente cancerígeno para los humanos; la Administración de Alimentos y Medicamentos (FDA) estadounidense mantuvo en 2018 que las trazas en alimentos eran demasiado minúsculas como para suponer un riesgo, pero pacientes con cáncer demandaron a Bayer, que había adquirido Monsanto ese mismo año. Muchos países han prohibido algunos o todos los productos con glifosato, y otros están revisando la normativa. Los químicos siguen buscando productos más selectivos y seguros. ■

Acertar en el objetivo

Los pesticidas y herbicidas fijan sus moléculas a proteínas, como las enzimas en la ruta metabólica de un organismo, y las incapacitan o las activan. Las moléculas suelen interactuar con un objetivo específico en la ruta metabólica de la plaga o la mala hierba; el objetivo es la cerradura; la llave es el pesticida o herbicida. Muchos pesticidas abren «cerraduras» nerviosas en los insectos: el piretro y el DDT estimulan constantemente su sistema nervioso, causando espasmos hasta matarlos; la rotenona bloquea rutas metabólicas en las mitocondrias, orgánulos de las células que fabrican energía química, y les impiden funcionar; en los microbios y las plantas, el glifosato bloquea una enzima que fabrica aminoácidos para las moléculas de proteína, esenciales para la vida.

SI BLOQUEA LA DIVISION CELULAR, ESO ES BUENO PARA EL CANCER

LA QUIMIOTERAPIA

EN CONTEXTO

FIGURA CLAVE
Barnett Rosenberg
(1926–2009)

ANTES
1942 Dos farmacólogos estadounidenses, Alfred Gilman y Louis Goodman, administran la primera quimioterapia con gas mostaza.

1947 Sidney Farber, patólogo estadounidense, y Yellapragada Subbarao, bioquímico indio, desarrollan el metotrexato, uno de los primeros fármacos quimioterapéuticos aprobados.

DESPUÉS
1991 El inmunólogo de origen escocés Ian Frazer y el virólogo chino Jian Zhou inventan la primera vacuna contra el cáncer cervical.

1994–1995 James Allison comprende que puede estimularse el sistema inmunitario con fármacos para combatir el cáncer.

Un hallazgo accidental en la década de 1960 es el origen del cisplatino, fármaco quimioterapéutico considerado por algunos el medicamento contra el cáncer más importante nunca desarrollado. Quimioterapéuticos son los fármacos que destruyen células o inhiben su crecimiento, y se usan para reducir tumores e impedir que el cáncer se extienda. El cisplatino se aprobó para su uso como tratamiento para el cáncer testicular en EE UU en 1978.

Tras entrar en la Universidad Estatal de Míchigan en 1961, el estadounidense Barnett Rosenberg decidió estudiar la división celular en bacterias, que puso en una solución con electrodos de platino. Tomó prestado equipo, y pidió a su técnica de laboratorio Loretta van Camp que hiciera pasar una corriente eléctrica por la solución. Al hacerlo, Van Camp observó que las bacterias adquirían formas alargadas y extrañas. No morían, pero no eran capaces de dividirse para formar nuevas células.

> Nunca habían visto una respuesta como esta, una desaparición total de tantos cánceres.
> **Barnett Rosenberg**

Parecía que la corriente eléctrica controlaba la división celular en las bacterias, pero Rosenberg puso a prueba meticulosamente tal conclusión. Volvió a usar una solución ya tratada con corriente eléctrica, y, al ver que las bacterias se comportaban igual, comprendió que no era la corriente lo que bloqueaba la división celular, sino las sales de platino disueltas. Rosenberg publicó los resultados en 1965, y después trató de reproducir el efecto con varias sales de platino diferentes. El compuesto más potente fue el cis-diaminodicloroplatino (II), o cisplatino, preparado por primera vez por el químico italiano Michele Peyrone en 1844.

Estructuras salvadoras de vidas

El cisplatino es un compuesto simple de platino, rodeado por cuatro grupos químicos en forma de cuadrado. En cada una de las dos esquinas adyacentes del cuadrado hay un átomo de

Véase también: Química de coordinación 152–153 ▪ La estructura del ADN 258–261 ▪ Diseño racional de fármacos 270–271 ▪ La edición del genoma 302–303

Barnett Rosenberg inspecciona un vial de un fármaco derivado del cisplatino en la Universidad Estatal de Míchigan. Los tratamientos actuales curan más del 90% de casos de cáncer testicular.

cloro, y en cada una de las otras dos adyacentes, un grupo amino. Cada amina comprende un átomo de nitrógeno con tres átomos de hidrógeno enlazados. Esta estructura simple es idónea para interferir con el ácido desoxirribonucleico (ADN) de las células, a las que impide multiplicarse. Con el cisplatino como ejemplo se empezó a comprender las relaciones entre las estructuras moleculares de los fármacos y su función biológica.

En el cáncer, una o más mutaciones en los genes pueden hacer que una célula antes normal se divida y multiplique, formando muchas más, y Rosenberg comprendió enseguida que una sustancia como el cisplatino podía servir como medicamento contra el cáncer. Comenzó a trabajar con el Instituto Nacional del Cáncer (NCI) de EE UU en 1968, mostrando que el cisplatino impedía la división de células cancerosas en ratones. El NCI siguió invirtiendo en el cisplatino, y las pruebas clínicas con pacientes con cáncer comenzaron en 1972 en un hospital de Nueva York especializado en cáncer. El cisplatino resultó eficaz en cánceres de testículos, ovarios, cabeza y cuello, vejiga, próstata y pulmón, pero tenía efectos secundarios tóxicos, entre otros daños potenciales en la audición, nervios y riñones. Con todo, en 1978 la Administración de Alimentos y Medicamentos (FDA) estadounidense lo aprobó para el tratamiento del cáncer testicular, para el que no había fármaco alguno disponible entonces. Su uso se ha mejorado desde entonces, y el cisplatino es hoy parte clave de la terapia combinada –quimioterapia, cirugía y radioterapia, por ejemplo– para muchos tipos de cáncer.

Los científicos siguieron buscando una alternativa menos tóxica, y la primera vino de los investigadores de la empresa Johnson Matthey y del Institute of Cancer Research (ambos de Reino Unido), que colaboraron para descubrir el carboplatino. Sustituir los átomos de cloro del cisplatino por un grupo orgánico volvía más estable el fármaco en el organismo, y la FDA aprobó el carboplatino para su uso en 1989. De modo análogo, el japonés Yoshinori Kidani descubrió en 1976 el oxaliplatino, aprobado por la FDA en 2002. Hoy, millones de pacientes de cáncer se han curado gracias a estos tratamientos. ■

Los medicamentos de platino y el cáncer

La estructura química del cisplatino tiene una forma idónea para reaccionar con el ADN. Los átomos de nitrógeno del ADN desplazan los dos átomos de cloro enlazados con el átomo de platino en el centro del compuesto. Con el ADN atado de esta manera, las células no son capaces de repararlo ni copiarlo, y dichas células morirán. Sin embargo, al reaccionar con el ADN, el cisplatino afecta a todas las células vivas, en particular a las de división rápida, como las cancerosas. Pero también hay otros tipos de células de división rápida afectadas, como las de la mucosa digestiva, las de la médula ósea –que producen células sanguíneas– y los folículos capilares. El resultado es malestar, mayor riesgo de infecciones y pérdida del cabello, respectivamente. El cisplatino es eficaz para el tratamiento de varios cánceres, como el testicular y algunas formas de leucemia. En otros cánceres no resulta eficaz, o lo es hasta que las células cancerosas lo expulsan. Tales cánceres resistentes requieren fármacos distintos, como el carboplatino u oxaliplatino.

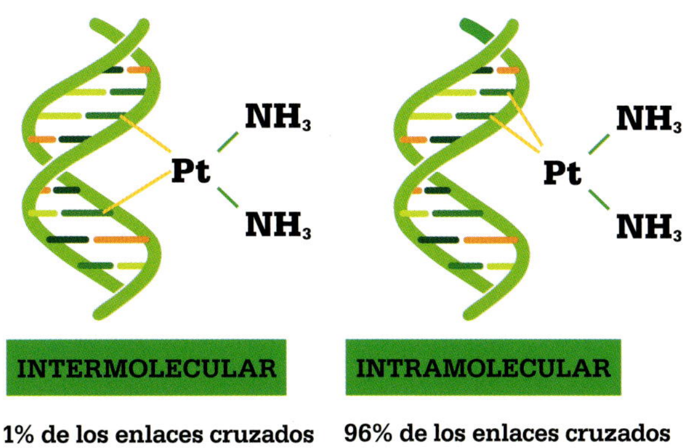

Las cadenas de ADN desplazan los átomos de cloro del cisplatino, dejando el átomo de platino (Pt) y dos grupos aminos (NH_3). Los enlaces intermoleculares, que abarcan dos cadenas, y los intramoleculares, en una sola, matan células.

LOS IMPULSORES OCULTOS DE LA ERA DEL MOVIL

BATERÍAS DE ION DE LITIO

EN CONTEXTO

FIGURA CLAVE
John Goodenough (n. en 1922)

ANTES
1800 Alessandro Volta inventa la primera pila, de discos de zinc y cobre separados por tela empapada en salmuera.

1817 Los químicos suecos August Arfwedson y Jöns Jacob Berzelius descubren el litio, refinado a partir de una muestra de mineral.

1970 El ingeniero suizo Klaus-Dieter Beccu patenta la pila o batería recargable de níquel-metalhidruro, mucho más potente que las recargables anteriores.

DESPUÉS
1995 El presunto hallazgo por el científico estadounidense K. M. Abraham de que una fuga en una batería de ion de litio aumenta su contenido energético conduce a la invención de las de litio-aire, más duraderas.

La **ligereza** y facilidad para liberar electrones del **litio** es indicada para baterías, pero este **combustiona fácilmente**.

↓

Los **electrodos positivos en capas** mejoran las baterías, pero los **electrodos negativos del litio** siguen ardiendo fácilmente.

↓

Los **electrodos negativos** basados en el carbono reducen el riesgo de fuego y aportan los voltajes mayores que precisan las **baterías de ion de litio**.

↓

Las baterías de ion de litio se generalizan en dispositivos electrónicos de consumo.

Las baterías de ion de litio, hoy muy habituales, alimentan casi todos los tipos de dispositivos electrónicos portátiles. Teléfonos móviles, ordenadores portátiles, auriculares y taladros inalámbricos funcionan todos gracias al goteo continuo de reacciones químicas de un tipo de batería inventado por el científico de materiales estadounidense John Goodenough en 1980.

Irónicamente, esta tecnología relativamente «verde» debe su existencia a uno de los mayores productores mundiales de combustibles fósiles. En 1973, Arabia Saudí desencadenó una crisis del petróleo al dejar de exportar a varios países, entre ellos, EE UU, Japón, Reino Unido, Canadá y los Países Bajos. Antes de un año, los precios se habían cuadruplicado, y gobiernos y científicos empezaron a preocuparse por cuánto tardarían en agotarse los recursos de crudo del mundo. Como resultado, creció el interés en las tecnologías no dependientes de los combustibles fósiles.

Justo antes del inicio de la crisis del petróleo, el químico británico M. Stanley Whittingham había empezado a trabajar en el departamento de investigación e ingeniería de Exxon, una de las mayores petroleras del mundo, en Nueva Jersey (EE UU). Primero trabajó con materiales superconductores, cuya resistencia eléctrica es tan baja que pueden suministrar energía a lo largo de grandes distancias de modo más eficiente. Como parte del estudio, investigó sulfuros de estructura por capas como materiales conductores. Había trabajado ya en baterías, y se dio cuenta de que el sulfuro de titanio era indicado para almacenar energía en baterías por el proceso llamado de intercalación. Los átomos de los compuestos iónicos como el sulfuro de titanio se disponen en estructuras regulares por capas. En las baterías, los iones metálicos de carga positiva pueden deslizarse –o intercalarse– entre dichas capas y volver a salir.

Cómo funcionan las baterías

El funcionamiento básico de una batería es el mismo desde hace más de dos siglos: tienen un electrodo de carga positiva, y otro de carga ne-

Véase también: Elementos de tierras raras 64–67 ▪ La catálisis 69 ▪ La primera pila 74–75 ▪ Aislar elementos con electricidad 76–79 ▪ Isomería 84–87 ▪ Electroquímica 92–93 ▪ El electrón 164–165

Cómo funcionan las baterías recargables

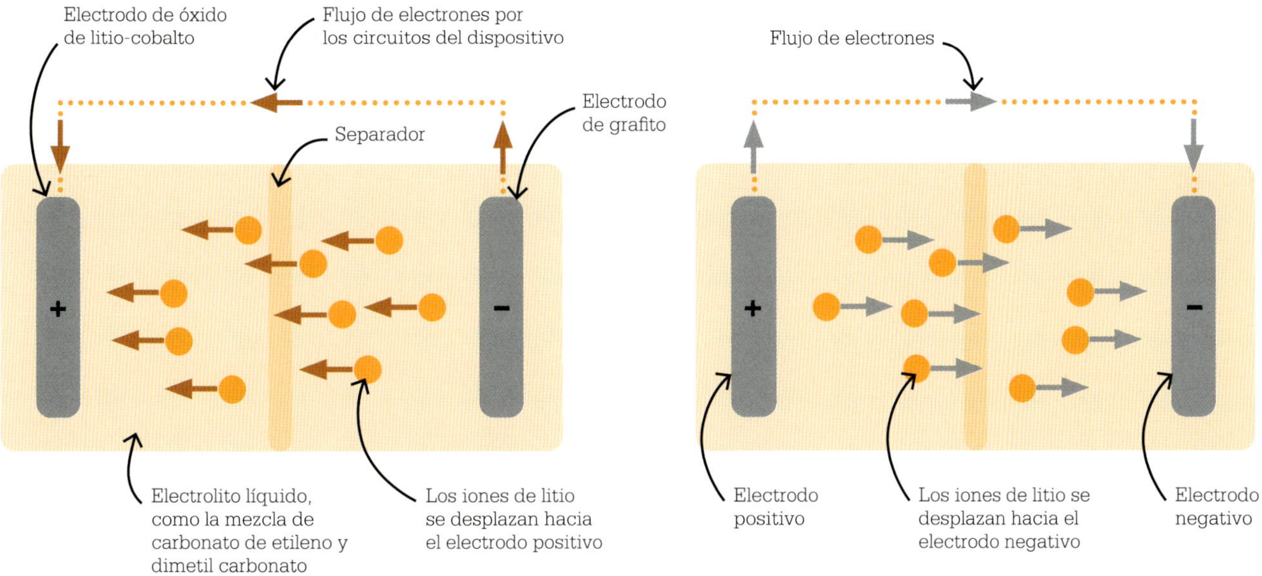

Cuando un dispositivo electrónico está activo, fluyen electrones e iones de litio del electrodo negativo al positivo. Mientras los electrones recorren los circuitos del aparato, los iones de litio se desplazan por el electrolito para compensar.

Cuando se carga la batería de un dispositivo, la reacción se invierte, pero se producen en este a la vez muchas otras reacciones no deseadas, motivo por el que las baterías viejas rinden menos.

gativa, llamados respectivamente cátodo y ánodo en las pilas tradicionales. Entre los dos electrodos hay un medio llamado electrolito, generalmente aire o un líquido, como el agua, por el que pueden desplazarse iones con carga. Al desplazarse cargas eléctricas, crean una corriente eléctrica. Habitualmente hay también un separador, un material de barrera que impide que los electrodos entren en contacto uno con otro y causen un cortocircuito, lo cual descargaría y echaría a perder la energía almacenada. Los electrodos se conectan a alambres o cables que suministran la energía a los circuitos eléctricos necesarios para hacer funcionar aparatos.

Para liberar energía, un proceso químico en el ánodo impulsa electrones hacia el circuito. Las sustancias formadas se desplazan por el electrolito hasta el cátodo, donde desencadenan otro proceso químico que emplea los electrones que entran en la batería desde el circuito. La capacidad de una batería depende de su voltaje, de la corriente que es capaz de producir y de durante cuánto tiempo es capaz de producirla. El voltaje depende de la facilidad para suministrar electrones de las sustancias químicas del ánodo, así como de la avidez con la que los admitan las del cátodo. En las baterías recargables, el proceso debe ser reversible, razón por la cual los diseñadores deben escoger con cuidado los procesos químicos para evitar reacciones secundarias que pudieran consumir los materiales de la batería y reducir su voltaje.

> “Las baterías de ion de litio han convertido en realidad la sociedad informática móvil.”
> **Akira Yoshino**
> **(2020)**

Pilas desechables

En la década de 1970 fueron de uso habitual las pilas desechables, o celdas primarias. Las baterías recargables de plomo y ácido, como las que » usan todavía muchos automóviles, llevaban utilizándose décadas también, pero dependían de reacciones químicas que iban corroyendo los electrodos con el tiempo.

Búsqueda de alternativas

Los químicos venían considerando el potencial del litio como electrodo desde al menos la década de 1950. Al ser el metal menos denso, podía reducir el peso de las baterías y ser así más práctico para alimentar dispositivos pequeños. Aunque no se da en forma metálica en la naturaleza, el litio está presente en pequeñas cantidades en los minerales que componen muchas rocas.

No obstante, otra de las ventajas del litio metálico es también un inconveniente: sus átomos ceden electrones muy fácilmente, proceso químico que puede liberar una gran cantidad de energía. Este rasgo hace muy inestable el litio metálico: como reacciona vigorosamente en electrolitos típicos de aire y agua, forma hidróxido de litio e hidrógeno altamente inflamable. Por ello, por motivos de seguridad, los químicos almacenan el litio en aceite.

Desde la década de 1950 hasta la de 1970, los científicos fueron averiguando que algunos solventes orgánicos funcionaban bien como electrolito en una batería de litio, y confirmaron también que el litio metálico funcionaba como ánodo, pese a su tendencia a la combustión, pero la búsqueda de un cátodo adecuado continuó. En 1973, el ingeniero estadounidense Adam Heller ideó una batería de litio desechable de cátodo líquido que le daba una vida larga, y cuyo uso sigue vigente hoy.

Ese mismo año, mientras trabajaba con el sulfuro de titanio, Whittingham comprendió que sus propiedades conductoras y el modo en que el litio se intercalaba entre sus capas podían ofrecer un cátodo excelente en las baterías de litio. La empresa Exxon se apresuró a aprovechar la oportunidad, realizando una demostración con una batería de 2,5 voltios en 1976. Sin embargo, las reacciones secundarias formaban estructuras de litio metálico, llamadas dendritas, entre los electrodos, que podían causar cortocircuitos e incendios. Mientras tanto, el precio del petróleo cayó, y Exxon abandonó la investigación en baterías hacia 1980.

Intercalación

En otros lugares, los científicos estudiaron la intercalación en el ánodo, además de en el cátodo, para prevenir las dendritas, pero sin mucho éxito. Los átomos de litio pueden intercalarse entre capas de carbono en forma de grafito, pero el solvente en el electrolito de la batería descomponía gradualmente el grafito en escamas. Goodenough y su equipo en la Universidad de Oxford (Reino Unido) dieron con un material mejor para el cátodo, que patentaron en 1979. Goodenough propuso que una batería podría producir un voltaje mayor con un cátodo de un óxido metálico que con uno de un sulfuro metálico. El más pequeño átomo de oxígeno era más ávido de electrones que el mayor de azufre, razonó, y permitiría

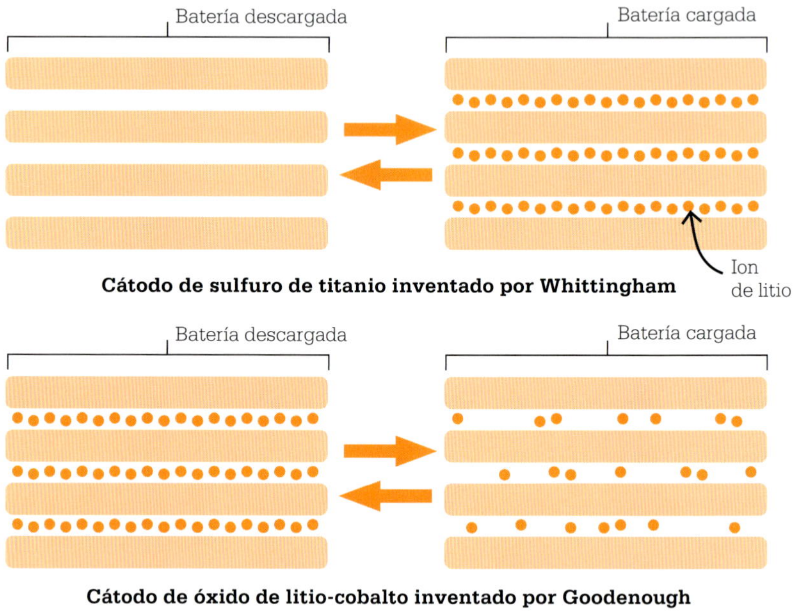

Las baterías con cátodo de sulfuro de titanio se cargan intercalando iones de litio entre las capas formadas por los átomos del cátodo. Las capas en los cátodos de óxido de litio-cobalto tienen menos iones de litio cuando está cargada.

> En el futuro próximo, debemos pasar de depender de los combustibles fósiles para depender de energía limpia.
> **John Goodenough**
> **(2016)**

un intercalado más denso del litio. Explorar esta vía con cátodos de óxido de cobalto produjo una batería de 4 voltios, suficiente para alimentar muchos dispositivos.

Lo pequeño es hermoso

En Japón, mientras tanto, las empresas fabricantes de dispositivos electrónicos portátiles se interesaron por las baterías de litio para sus productos. En la Asahi Kasei Corporation, por ejemplo, el químico Akira Yoshino probó varios materiales basados en el carbono como ánodos intercalados. Uno de ellos, el coque de petróleo, tenía partes con capas como las del grafito, y otras sin ellas. Esto lo hacía más resistente e impedía que se desintegrara en escamas. En 1985, Yoshino pudo crear una batería eficiente y duradera de 4 voltios que no causaba incendios y que podía cargarse cientos de veces antes de gastarse.

Basadas en este diseño, las primeras baterías recargables de ion de litio de la empresa electrónica japonesa Sony salieron al mercado en 1991. Desde entonces han posibilitado el uso generalizado de la electrónica portátil, sobre todo en forma de ordenadores, tabletas y teléfonos móviles, con un mercado de miles de millones de euros. Y han seguido mejorando: las versiones actuales pueden usar materiales nuevos como cátodo y solventes en electrolitos que no degradan el grafito, lo cual ha permitido usarlo al fin como ánodo. En 2019, Whittingham, empleado en el Departamento de Energía de EEUU, declaró su intención de doblar la densidad energética de las baterías de litio. Para lograrlo, los ingenieros están sustituyendo el cobalto de los cátodos por níquel, y buscando materiales para ánodos capaces de intercalar litio en densidades mayores que el grafito. La extracción de litio consume mucha agua y energía, y contamina cursos de agua y el suelo. También está vinculada a abusos de los derechos humanos y problemas sanitarios graves. El reciclaje más eficiente de las baterías de litio es, por tanto, un objetivo importante. ■

Las baterías de ion de litio han estimulado el auge de artículos de consumo como teléfonos móviles, relojes, juguetes y cámaras, pero la minería del litio causa problemas ambientales.

John Goodenough

De padres estadounidenses, John Goodenough nació en 1922 en Jena (Alemania). Estudió matemáticas en la Universidad de Yale antes de servir como meteorólogo del ejército de EEUU en la Segunda Guerra Mundial. Después estudió en la Universidad de Chicago con el pionero de la física nuclear Enrico Fermi, y se doctoró en física en 1952.

Fue científico investigador del Instituto Tecnológico de Massachusetts (MIT) hasta su traslado a la Universidad de Oxford (Reino Unido) en 1976, donde innovó con los cátodos de óxidos metálicos. Desde 1986 es catedrático de la Universidad de Texas en Austin.

En 2019 se le concedió el Nobel de química, conjunto con M. Stanley Whittingham y Akira Yoshino. Fue el laureado de mayor edad en la historia del premio.

Obra principal

1980 «Li_xCoO_2 ($0 < x \leq 1$): a new cathode material for batteries of high energy density».

MAQUINAS DE COPIAR HERMOSAMENTE PRECISAS

LA REACCIÓN EN CADENA DE LA POLIMERASA

EN CONTEXTO

FIGURA CLAVE
Kary Banks Mullis
(1944–2019)

ANTES
1956 Arthur y Sylvy Kornberg descubren la ADN polimerasa, enzima que construye cadenas nuevas de ADN.

1961 Heinrich Matthaei y Marshall Nirenberg establecen la lectura de las bases del código genético como «palabras» de tres letras, o codones.

DESPUÉS
1997 El genetista sueco Svante Pääbo y colegas secuencian cantidades minúsculas de ADN neandertal, amplificadas hasta niveles detectables con la PCR.

1997 El patólogo Dennis Lo y colegas de Hong Kong usan la PCR para extraer el ADN de un feto de la sangre de la madre.

2003 Se da por terminado el Proyecto Genoma Humano, gracias en gran parte a la tecnología de la PCR.

En 2020, la pandemia de la COVID-19 popularizó el acrónimo PCR –*polymerase chain reaction*–, pero este era ya un recurso científico importante. La polimerasa es una enzima que, en ciertas reacciones en cadena, crea millones de réplicas de moléculas específicas, como una secuencia de ADN. En las pruebas de la COVID-19, con una cantidad minúscula del material genético del virus, la PCR produce un número de copias fácilmente detectable.

Los orígenes de la PCR se remontan a la década de 1950, cuando cada vez más químicos aceptaban que

Reacción en cadena de la polimerasa

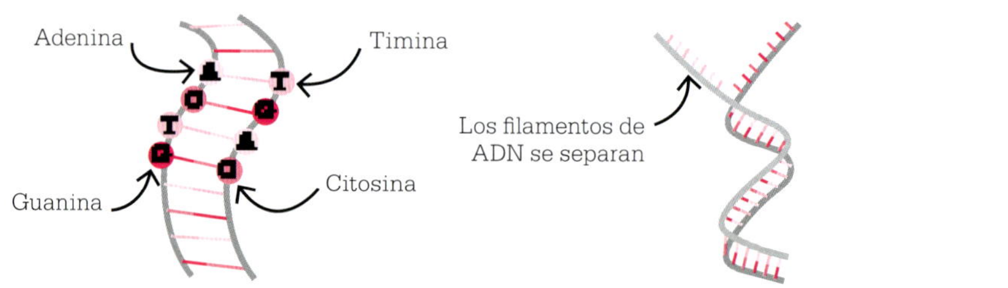

1. En una doble hélice de ADN, enlaces de hidrógeno unen los pares de bases que constituyen los genes.

2. Calentar DNA hasta unos 95 °C rompe los enlaces de hidrógeno entre las bases.

3. Enfriar el ADN por debajo de los 70 °C permite que se unan hebras iniciadoras únicas de ADN a los filamentos desenrollados.

4. A 72°C, las polimerasas Taq extienden cada iniciador, y se obtienen copias idénticas de los filamentos de ADN originales.

Véase también: Fuerzas intermoleculares 138–139 ▪ Enzimas 162–163 ▪ La polimerización 204–211 ▪ La estructura del ADN 258–261 ▪ Customizar enzimas 293 ▪ La edición del genoma 302–303

Iniciadores

Los iniciadores son hebras cortas de ADN de unas 20 bases de longitud que centran la acción de la polimerasa Taq en una localización genética específica en una prueba PCR. Al desenrollarse una doble hélice de ADN, dos iniciadores elegidos flanquean la región objetivo –la secuencia de ADN a copiar–, una en cada filamento. Esto es lo que ocurre en una prueba PCR de la COVID-19. El material genético del virus SARS-CoV-2 es ARN, y la prueba usa la enzima transcriptasa inversa para copiar su secuencia a ADN. Luego, los iniciadores localizan el gen que codifica para la proteína que sirve al virus para entrar en las células humanas, y del que parte la polimerasa para crear copias de ambos filamentos.

ácidos nucleicos como el ADN y el ARN son el fundamento físico de los genes. Al descubrirse la doble hélice del ADN en 1953, el orden de sus cuatro bases químicas –representadas por las letras A, C, T y G– parecía funcionar como un código. En 1961, en los Institutos Nacionales de Salud de EEUU, el estadounidense Marshall Nirenberg y el alemán Heinrich Matthaei establecieron que las bases se leen como «palabras» de tres letras, o codones. Cada codón corresponde a un aminoácido específico, y los aminoácidos son los constituyentes de las proteínas.

En 1956, los bioquímicos estadounidenses Arthur y Sylvy Kornberg descubrieron la ADN polimerasa, enzima que crea copias nuevas de ADN, y a principios de la década de 1960 otros mostraron que el ARN polimerasa usa el ADN como plantilla para fabricar moléculas de ARN con secuencias específicas.

En 1960, el bioquímico indo-estadounidense Har Gobind Khorana y un equipo en EEUU fabricaron químicamente ARN para descifrar el código con el que las moléculas de ARN guían el montaje de proteínas en una célula. En 1970, Khorana sintetizó un segmento corto de moléculas de ADN, el primer gen sintético.

Los seres vivos copian naturalmente el ADN, separando la doble hélice en sus dos filamentos, y revelando la secuencia única de bases en cada uno. La secuencia sirve como plantilla sobre la que se conectan nuevas bases. El proceso requiere un iniciador, una secuencia corta de ácidos nucleicos que se une a un filamento desenrollado de ADN. El equipo de Khorana logró reunir estos distintos componentes, pero hallaron que la enzima ADN ligasa funcionaba mejor en el laboratorio que la ADN polimerasa.

Máquina de copiado rápido

En 1971, Kjell Kleppe, miembro del equipo de Khorana, propuso usar dos iniciadores adecuados para copiar ambos filamentos de la hélice. Usar ADN polimerasa para copiar tramos cortos de material genético se volvió rutinario, pero nadie había intentado copiar ambos filamentos a la vez.

En 1983, el bioquímico estadounidense Kary Mullis, empleado por la empresa biotecnológica Cetus en California, que hacía secuencias iniciadoras, tuvo la idea de un proceso para copiar rápidamente, o aumentar, genes o cadenas específicos de ADN. Calentó una mezcla del ADN de muestra, ADN polimerasa e iniciador, para que el ADN se separara en dos filamentos; enfrió la mezcla para permitir la replicación de los filamentos en dos copias, y después repitió el proceso. En unas horas, entre 20 y 60 repeticiones del proceso –al que Mullis llamó PCR– rendían miles de millones de copias del ADN. Solo hacía falta un tubo de ensayo, y calor.

Cetus buscaba nuevos modos de realizar pruebas de trastornos genéticos, como la anemia de células falciformes, y la PCR multiplicaba rápidamente el ADN necesario. Sin embargo, calentar cada doble hélice para separarla destruía la ADN polimerasa, por lo que Mullis tenía que añadir más después de cada calentado, y esto encarecía el proceso. Después de la marcha de Mullis de la empresa en 1986, Cetus empezó a emplear ADN polimerasa de *Thermus aquaticus*, una especie de bacteria que vive en manantiales de agua caliente. Esta enzima, llamada ADN polimerasa Taq, sobrevive a cada ciclo de la PCR, y reduce mucho los costes. Mullis dejó Cetus dos años antes de esta innovación, pero en 1993 se le concedió el Nobel de química en solitario por la invención de la PCR. ■

> Acabábamos de cambiar las reglas de la biología molecular.
> **Kary Banks Mullis**

60 ATOMOS DE CARBONO NOS SALTARON A LA CARA

EL BUCKMINSTERFULLERENO

EN CONTEXTO

FIGURA CLAVE
Harry Kroto (1939–2016)

ANTES
1913 Francis Aston inventa el espectrógrafo de masas.

DESPUÉS
1988 Se halla C_{60} en el hollín de llamas de vela.

1991 El físico japonés Sumio Iijima inventa los nanotubos de carbono.

2004 Los físicos británicos de origen ruso Andréi Gueim y Konstantín Novosiólov confirman la existencia del grafeno, alótropo del carbono hecho de hojas planas de átomos en disposición hexagonal.

2010 Los astrónomos descubren fulereno en una nebulosa planetaria.

2019 El telescopio espacial Hubble detecta C_{60} en el medio interestelar –el gas y el polvo en el espacio entre las estrellas.

Moléculas misteriosas alrededor de estrellas gigantes rojas absorben **radiación de microondas**.

Estas moléculas podrían proceder de la **atmósfera de las gigantes rojas**.

La **simulación** de las **condiciones de formación** revela la existencia de moléculas de C_{60}.

Pruebas del espacio confirman que las moléculas de C_{60} absorben radiación de microondas.

La versatilidad química del carbono es el fundamento de los procesos de la vida en la Tierra, pero pese a ser abundante y muy estudiado, sigue asombrando a los estudiosos. En 1985 llegó una de las mayores sorpresas de la ciencia del siglo xx, cuando el químico británico Harry Kroto trataba de explicarse un misterio del espacio.

En la Universidad de Sussex, Kroto trataba de comprender las señales que llegaban a la Tierra desde estrellas ricas en carbono, las gigantes rojas. Las señales llegaban en forma de radiación de microondas, que se encuentra entre la luz visible y las ondas de radio en el espectro electromagnético. Toda radiación electromagnética se da en forma de ondas, de las que la distancia entre picos es un rasgo definitorio. En 1919, la astrónoma estadounidense Mary Lea Heger fue la primera en detectar líneas en el espectro en las que frecuencias muy específicas eran más débiles. Sustancias químicas desconocidas absorbían la radiación de microondas estelar, de longitud de onda determinada por su estructura molecular.

Inspiración arquitectónica

Alrededor de 1975, Kroto halló pruebas de que algunas líneas detectadas en la atmósfera de las gigantes rojas podían ser de moléculas de cadena larga de carbono y nitróge-

Véase también: La síntesis de la urea 88–89 ▪ Grupos funcionales 100–105 ▪ Fórmulas estructurales 126–127 ▪ El benceno 128–129 ▪ Espectrometría de masas 202–203 ▪ Nanotubos de carbono 292 ▪ Plásticos renovables 296–297

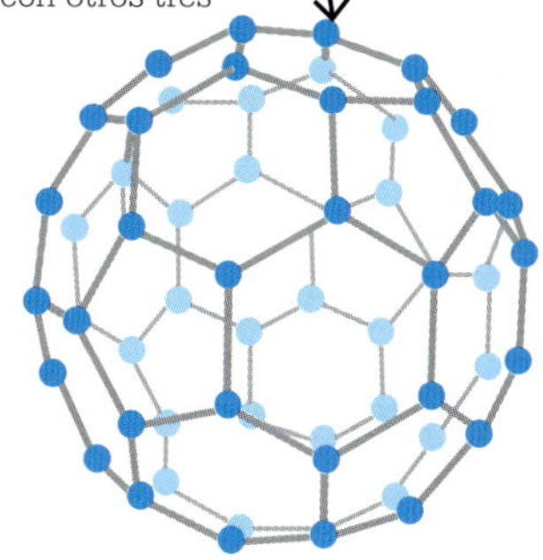

Una molécula de C_{60} tiene 12 caras pentagonales y 20 hexagonales, una forma clásica usada en balones de fútbol.

no llamadas cianopolininos, y quería saber cómo se habían formado. En 1985 visitó al químico estadounidense Richard Smalley en la Universidad de Rice en Texas. Smalley había construido un instrumento propio para vaporizar materiales en sus átomos, y luego despojar estos de sus electrones para obtener la forma de materia llamada plasma. El colega de Smalley Robert Curl estudió las estructuras que formaban los átomos vaporizados.

A lo largo de once días, Kroto, Smalley, Curl y dos alumnos de doctorado vaporizaron carbono en forma de grafito y dejaron que los átomos se combinaran. Analizaron estos con un espectrómetro para averiguar cuántos átomos se combinaban. Las moléculas más abundantes, de 60 átomos, se clasificaron como C_{60}, y eran especialmente estables; algunas tenían 70 (C_{70}). Estas formas (alótropos) del carbono no se habían visto nunca antes.

Tratando de explicarse la estabilidad del C_{60}, Kroto, Smalley y Curl se dieron cuenta de que 60 átomos eran suficientes para formar una estructura de jaula muy resistente, un icosaedro truncado. Llamaron a la nueva estructura buckminsterfullereno, en honor del arquitecto estadounidense R. Buckminster Fuller, diseñador de la icónica cúpula geodésica de la Expo 67 celebrada en Montreal (Canadá).

Pruebas convincentes

Las dos formas del carbono, el grafito y el diamante, eran bien conocidas, pero nadie esperaba que adquiriese aquella forma de balón de fútbol (que dio pie a otro de sus nombres, futboleno). Cuando Kroto, Curl y Smalley publicaron sus hallazgos, hubo científicos críticos, pero también los hubo entusiastas. Siguieron reuniendo pruebas, y en 1990 los científicos podían hacer «buckybolas» –otro de sus nombres, así como fullerenos C_{60}– en cantidad suficiente para hacer pruebas. También descubrieron otras formas menos estables, entre ellas C_{72}, C_{76}, C_{78} y C_{84}.

El buckminsterfullereno soporta altas presiones y temperaturas, es un superconductor, y uno de los mayores objetos conocidos que exhibe propiedades tanto de partícula como de onda.

En 2010, un equipo dirigido por el astrónomo belga Jan Cami en la Universidad de Ontario Occidental (Canadá), detectó por primera vez moléculas de fullereno en el espacio –C_{60} y C_{70}–, en la nebulosa planetaria Tc 1, a 6000 años luz de la Tierra. Kroto, exultante, sobre todo por la claridad de las pruebas, dijo: «Creí que nunca llegaría a estar tan convencido como estoy». ▪

Harry Kroto

Harold Krotoschiner nació en octubre de 1939 en Wisbech (Reino Unido), a los dos años de emigrar sus padres como refugiados de la Alemania nazi. Su padre abrevió el apellido familiar a Kroto en 1955, cuando montó una fábrica de globos en Bolton. Desde 1958, Kroto estudió química en la Universidad de Sheffield. Tras completar el doctorado en 1964, fue a estudiar moléculas pequeñas con espectroscopia de microondas al National Research Council, en Ottawa (Canadá).

En 1966 trabajó en Bell Labs, en EEUU, y en 1967 regresó a Reino Unido para trabajar en la Universidad de Sussex. Allí comenzó a usar espectroscopia láser y de microondas con moléculas de carbono, lo que le condujo al estudio del buckminsterfullereno que le valdría el premio Nobel de química, compartido con Curl y Smalley, y el título de caballero en 1996. Kroto murió en 2016.

Obras principales

1981 *The spectra of interstellar molecules.*
1985 *C_{60}: buckminsterfullerene.*

UN MUND
CAMBIAN
1990-PRESENTE

O

TE

1991

El físico japonés **Sumio Iijima** identifica los **nanotubos de carbono**, luego utilizados en equipamiento deportivo y teléfonos inteligentes.

1993

La **evolución dirigida de enzimas** iniciada por **Frances Arnold** sirve para obtener catalizadores más eficaces para la síntesis de fármacos y generar biocombustibles o detergentes.

2001

Comienza la producción en masa del **primer plástico biodegradable sintético** de fuentes renovables, el **ácido poliláctico** (PLA), que sustituirá algunos usos de los plásticos derivados del petróleo.

2001

Kenneth Möllersten propone el concepto de **bioenergía con captura y almacenamiento de carbono (BECCS)** para reducir las emisiones netas de dióxido de carbono en la fuente.

2004

Andréi Gueim y **Konstantín Novosiólov** aíslan el **grafeno**, carbono en capas de un átomo de grosor y primer material 2D del mundo.

Desde la década de 1990, los límites entre las disciplinas científicas son cada vez más borrosos. Ha habido siempre áreas comunes, con aspectos de la ciencia como la estructura atómica, a caballo entre la química y la física, y la subdisciplina de la bioquímica, entre la química y la biología. En la actualidad, los avances científicos se ven facilitados de forma creciente por una fusión de conocimientos y técnicas que desafía los límites definidos entre unas y otras disciplinas.

El encuentro de química y biología

Todos los seres vivos están constituidos por moléculas basadas en el carbono; por tanto, la química orgánica tuvo siempre una vinculación estrecha con la biología. Algunos de los avances más importantes de los últimos años proceden de la aplicación de la química a problemas biológicos.

En la década de 1990, bioquímicos pioneros trabajaron en la evolución dirigida de enzimas. La técnica imita el proceso natural de la evolución, y obtiene enzimas a medida para catalizar reacciones de forma más eficaz –permitiendo crear biocombustibles nuevos o sustancias no agresivas para el medio–, o bien anticuerpos más selectivos para atacar objetivos específicos relacionados con la enfermedad.

En 2011 llegó una herramienta médica aún más potente, la edición de genes CRISPR-Cas9. Se espera que esta técnica produzca tratamientos para algunas formas de cáncer y trastornos genéticos, y se ha empleado ya en algunos métodos de prueba para detectar infecciones de COVID-19.

La pandemia de la COVID-19 que comenzó a finales de 2019 ofrece el ejemplo más importante de los beneficios de la colaboración entre las áreas biológica y química: las vacunas aprobadas para la enfermedad, producidas en tiempo récord. Las vacunas de vector viral y ARNm fueron las primeras de su clase, pero no llovieron del cielo: fueron la culminación de décadas de trabajo sobre los conceptos subyacentes. Si bien ciertos aspectos de las vacunas son de obvia naturaleza biológica, la química tuvo un papel importante en su formulación, y garantizó su eficacia.

Más allá del ámbito médico, las ciencias química y biológica se han combinado para combatir peligros ambientales, al crear métodos

2009

Se obtienen por **microscopia de fuerza atómica (AFM)** las primeras imágenes de moléculas individuales.

2011

Jennifer Doudna y **Emmanuelle Charpentier** desarrollan la **técnica de edición de genes** CRISPR-Cas9, que permite «editar» genomas con precisión sin precedentes.

2015

Se verifican los descubrimientos de los **elementos 113, 115, 117 y 118**; nombrados y añadidos a la tabla periódica al año siguiente.

2020

Un nuevo tipo de vacunas –**las de ARNm**– y nuevas **vacunas de vector viral** se aprueban para la COVID-19. El proceso empleado para crearlas podrá servir para otras enfermedades futuras.

bioenergéticos para evitar las emisiones de dióxido de carbono de los combustibles fósiles y plásticos biodegradables de fuentes renovables, por ejemplo.

El encuentro de química y física

El descubrimiento de elementos nuevos, antaño dominio de los químicos, hoy requiere física de vanguardia. No quedan ya por descubrir elementos que se den en la naturaleza; todos los elementos químicos añadidos a la tabla periódica desde el francio en 1939 fueron descubiertos en el laboratorio.

Descubrir elementos ya no es una tarea individual: vastos equipos de investigadores hacen colisionar unos elementos con otros en instalaciones especializadas con la esperanza de generar fugazmente unos átomos de algún elemento que muy rara vez –o nunca– se da de forma natural. Es un reto de dificultad exponencial. 2015 fue el último año en que se añadieron elementos a la tabla periódica, que completaron la séptima fila. Desde entonces ha habido la pausa más larga entre descubrimientos desde que comenzaron los de los elementos sintéticos. Aunque se confía aún en crear otros elementos, también se presta una atención creciente a comprender las propiedades exóticas de los elementos sintéticos superpesados existentes.

Los físicos han ayudado a los químicos a hallar elementos nuevos y también formas nuevas de los existentes. Una serie de elementos se dan en formas distintas, o alótropos, siendo el carbono el mejor ejemplo. El diamante y el grafito son sustancias conocidas y alótropos del elemento carbono, y en las últimas décadas se han identificado otros: los fullerenos, los nanotubos y el grafeno. Por sus propiedades, se espera encontrarles usos diversos, y cuentan ya con varias aplicaciones reales y potenciales, desde los teléfonos inteligentes al almacenamiento de energía y la administración de fármacos.

Por último, nuevas técnicas de la física han permitido a los químicos «ver» las moléculas, hazaña que habría deslumbrado a los primeros químicos que especularon sobre estructuras moleculares. La microscopia de fuerza atómica, sobre todo, ha producido imágenes sin precedentes de moléculas individuales, haciendo posible observar directamente su comportamiento por primera vez. ■

CONSTRUIR LAS COSAS DE ATOMO EN ATOMO

NANOTUBOS DE CARBONO

EN CONTEXTO

FIGURA CLAVE
Sumio Iijima (n. en 1939)

ANTES
1865 Jacobus van 't Hoff y Joseph-Achille Le Bel confirman la estructura tetraédrica del átomo de carbono.

1955 L. J. E. Hofer, E. Sterling y J. T. McCartney observan filamentos tubulares minúsculos de carbono.

1985 Richard Smalley y otros descubren los fullerenos.

DESPUÉS
1997 Investigadores suizos muestran las propiedades eléctricas especiales de los nanotubos de carbono.

2004 Los físicos británicos de origen ruso Andréi Gueim y Konstantín Novosiólov confirman la existencia del grafeno.

Después de que Richard Smalley y Harry Kroto descubrieran el buckminsterfullereno, los científicos se preguntaron qué otros secretos guardaban las moléculas de carbono. En 1991, el físico japonés Sumio Iijima descubrió los nanotubos de carbono, moléculas de fullereno de un nanómetro de diámetro.

Ya en 1955 se habían observado fibras de carbono minúsculas, pero fue Iijima quien las identificó correctamente. Al microscopio electrónico pudo ver que las fibras eran cilindros enrollados (hoy en día llamados nanotubos multicapa). Dos años después, Iijima, e independientemente el físico estadounidense Donald Bethune, descubrieron nanotubos monocapa aún más simples: moléculas cilíndricas huecas de carbono enlazado en forma hexagonal, y 100 000 veces más delgadas que un cabello humano.

Los nanotubos de carbono, por sus cualidades de tensión de rotura y elasticidad, son el material más fuerte y rígido descubierto.

Los nanotubos conducen la electricidad y el calor mejor que el cobre, son muy ligeros, mucho más fuertes que el acero y más resistentes a la corrosión. Sustituir cobre o acero por nanotubos en materiales de fibra de carbono los vuelve más fuertes y duraderos.

En 2004 se confirmó la existencia del grafeno, alótropo del carbono hecho de una capa única de átomos. Los científicos comprendieron que podía ser el nanotubo más resistente de todos. Si llega a ser posible producir capas gruesas de nanotubos, podrían sustituir al acero y a otros metales. Ya se utilizan en productos diversos, desde equipo deportivo a teléfonos inteligentes. ■

Véase también: Estereoisomería 140–143 ▪ Polímeros superresistentes 267 ▪ El buckminsterfullereno 286–287 ▪ Materiales bidimensionales 298–299

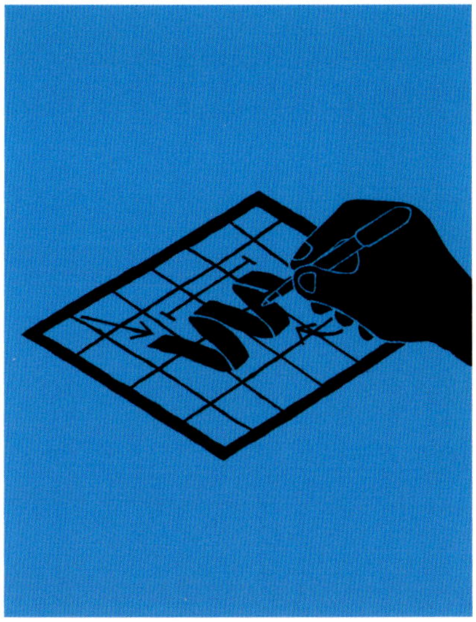

¿POR QUE NO USAR EL PROCESO EVOLUTIVO PARA DISEÑAR PROTEINAS?

CUSTOMIZAR ENZIMAS

EN CONTEXTO

FIGURA CLAVE
Frances Arnold (n. en 1956)

ANTES
1926 James B. Sumner, químico estadounidense, demuestra que las enzimas son proteínas.

1968 Se identifican las enzimas de restricción que cortan tramos cortos de ADN.

1985 Alexander Klibanov, bioquímico estadounidense, muestra cómo pueden funcionar las enzimas en solventes orgánicos.

1985 Kary Mullis inventa el proceso PCR, que permite copiar fragmentos de ADN.

DESPUÉS
1998 Se usa la evolución dirigida para crear lipasas en los detergentes que eliminan las manchas de grasa.

2018 Arnold dirige la creación de una *E. coli* mutante que convierte azúcares en isobutanol, un precursor para combustibles y plásticos.

En la década de 1980, la ingeniería del ADN logró que seres vivos produjeran sustancias químicas deseadas, pero era laborioso, y no siempre eficaz. En 1993, la bioquímica estadounidense Frances Arnold decidió aprovechar la propia naturaleza para obtener mejores resultados. Las especies evolucionan por selección natural, al extenderse los rasgos favorables y tender a desaparecer los desfavorables. El método de Arnold, la evolución dirigida, consiste en introducir mutaciones repetidas en un gen dado, y luego seleccionar las que van en la dirección deseada.

El experimento clave de Arnold se centró en la enzima subtilisina, que descompone la caseína, proteína de la leche. Tras estudiar aplicaciones industriales para la enzima, buscó una versión que funcionara en el disolvente dimetilformamida (DMF), fuera del medio celular acuoso. Provocó mutaciones en bacterias productoras de subtilisina, y las cultivó en placas de Petri con caseína y DMF. Las que produjeron con mayor éxito la enzima para disolver la caseína fueron escogidas y sometidas a nuevas mutaciones, y así Arnold creó una enzima 256 veces más eficaz que la original en solo tres generaciones.

> La biología es muy eficiente con la química.
> **Frances Arnold**
> **(2018)**

El equipo de Arnold usó la técnica para hacer que enzimas catalizaran reacciones que ninguna había catalizado antes, e incluso para obtener sustancias con enlaces nunca formados en la naturaleza, como carbono con silicio. Actualmente tiene usos de todo tipo, desde biocombustibles nuevos hasta fármacos sintéticos, y su potencial futuro es inmenso. ■

Véase también: Enzimas 162–163 ▪ La retrosíntesis 262–263 ▪ Diseño racional de fármacos 270–271 ▪ La reacción en cadena de la polimerasa 284–285

LA EMISION NEGATIVA ES BUENA

CAPTURA DE CARBONO

EN CONTEXTO

FIGURA CLAVE
Kenneth Möllersten
(n. en 1966)

ANTES
1972 Primera tecnología de captura de carbono para la recuperación mejorada del petróleo.

1996 La instalación noruega de Sleipner empieza a capturar y almacenar CO_2 en un acuífero salino en el mar del Norte.

2000 Se lanza la Iniciativa de Captura de Carbono en el MIT.

DESPUÉS
2014 La central Boundary Dam (Canadá), de SaskPower, empieza a extraer CO_2 de sus emisiones.

2020 Shell Quest, en Canadá, supera los 5 millones de toneladas de CO_2 almacenados en depósitos de sal subterráneos.

2020 Se capturan y almacenan unos 40 millones de toneladas de CO_2 a nivel global.

Para lograr el objetivo de limitar el calentamiento global a 1,5 °C por encima de los niveles preindustriales, hay que reducir drásticamente las emisiones globales de dióxido de carbono (CO_2) derivadas del uso de combustibles fósiles. Esto puede lograrse mejorando la eficiencia energética y usando fuentes de energía renovables.

Los investigadores, incluidos algunos vinculados a empresas de combustibles fósiles, mantienen que estas medidas no se aplicarán a tiempo, y por tanto es necesario capturar y almacenar el CO_2. En 2001, el alumno de doctorado sueco Kenneth Möllersten explicó cómo la bioenergía con captura y almacenamiento de carbono (BECCS) podía lograrlo en parte. Su idea consistía en plantar cultivos agrícolas o árboles, que toman CO_2 de la atmósfera al crecer. Los árboles se podrían cortar y quemar para producir bioenergía, capturando las emisiones de CO_2 resultantes. Las grandes extensiones de tierra necesarias para plantar los cultivos y árboles, sin embargo, aumentarían la presión sobre unos recursos naturales escasos.

> Tenemos que aprender a capturar y almacenar carbono, y tenemos que aprender a hacerlo rápido y a escala industrial.
> **Nicholas Stern**
> ***A blueprint for a safer planet* (2009)**

Opciones de CAC

El concepto de captura y almacenamiento de carbono (CAC) se introdujo en 1977, pero Möllersten le dio nuevo ímpetu. Es necesario separar el CO_2 de otras emisiones, comprimirlo y transportarlo a depósitos aislados de la atmósfera. Uno de los métodos es bombearlo al subsuelo, donde se disuelve en las aguas subterráneas. En 2010, ingenieros biológicos del Instituto Tecnológico de Massachusetts (MIT) hallaron un modo de combinar el CO_2 disuelto en agua con iones minerales para formar carbonatos sólidos utilizables como material de construcción. Una tercera opción es reciclar el CO_2 capturado para uso en otros proyectos industriales.

Véase también: Gases 46 ▪ El aire fijo 54–55 ▪ El efecto invernadero 112–115 ▪ El craqueo del crudo 194–195

La reconversión de la central térmica Boundary Dam de SaskPower, en Saskatchewan (Canadá), para capturar y almacenar carbono costó 1075 millones de euros.

Instalaciones de CAC

En 1972, la planta de procesado de metano Terrell en Texas transportó CO_2 en tuberías hasta un campo petrolífero próximo, donde servía para maximizar la extracción de crudo del subsuelo. No era una tecnología «verde» –dado que se usaba para extraer más combustibles fósiles–, pero mostró el potencial de la CAC.

En 1996, la instalación de almacenamiento de noruega en el yacimiento marino de Sleipner comenzó a inyectar CO_2 de origen industrial en estratos submarinos de arenisca. La geología de un almacén submarino es crucial: debe encontrarse bajo un estrato de roca impermeable, como el de Sleipner, para que el CO_2 no emerja a la superficie. En 2017 se habían almacenado allí unos 18,2 millones de toneladas de CO_2.

En 2020 había 26 proyectos comerciales de CAC operativos a escala global y otros en diversas fases de desarrollo. Boundary Dam, central térmica reconvertida en Canadá, captura el 90% de sus emisiones de CO_2. La mezcla de vapor de agua y gas generada al arder el carbón asciende en burbujas por una solución de aminas alcalinas, que retira las moléculas de CO_2 del aire y las retiene. El líquido pasa a un calentador, donde las moléculas de CO_2 se evaporan, capturan y comprimen.

Algunos científicos opinan que, con inversión suficiente, la captura de carbono podría lograr el 14% de la reducción de la emisión de gases de efecto invernadero necesaria para 2050. También podría extraer CO_2 ya en la atmósfera por captura directa de aire (DAC). Además de mejorar la eficiencia energética y aumentar mucho la proporción de energía renovable en la industria, la vivienda y el transporte, la CAC podría desempeñar un papel fundamental en la reducción del CO_2; sin embargo, habrá que resolver el elevado coste y la incertidumbre sobre dónde almacenar el CO_2 capturado. ■

Ventajas y desventajas de la captura de carbono

Ventajas	Desventajas
La CAC es una técnica comprobada para reducir las emisiones netas.	La capacidad de almacenamiento a largo plazo es incierta.
Es un método eficaz para reducir emisiones en la fuente.	La CAC (DAC) no es eficaz para las emisiones de personas, de cultivos y del transporte.
Otros contaminantes pueden retirarse a la vez.	La CAC es muy costosa.

Captura directa de aire

En lugar de capturar el CO_2 en la misma fuente, como la chimenea de una fábrica, la captura directa de aire (DAC) lo toma del gas ya presente en la atmósfera. Las plantas de DAC tienen grandes extractores que llevan el aire a compartimentos con filtros para el CO_2. Este se calienta luego a 100 °C, y se disuelve en agua. Para almacenarlo en el subsuelo, el ácido carbónico diluido se bombea a formaciones rocosas reactivas, como el basalto, donde se mineraliza como un carbonato sólido, como la calcita, en unos dos años.

En 2020 había quince plantas DAC en el mundo. La mayor, en Islandia, extrae el equivalente aproximado de las emisiones anuales de 400 personas. Es un método muy caro, pero Islandia cuenta con la ventaja de una energía geotérmica abundante. Hasta ahora, la DAC ha capturado solo cantidades minúsculas de CO_2, y los científicos no la consideran una solución completa a la crisis climática. Sin embargo, con mayores inversiones en tecnología y más plantas, su aportación podría crecer.

Grandes extractores en el tejado de una planta incineradora de residuos en Suiza captan CO_2 para reciclarlo.

BIOLOGICOS Y BIODEGRADABLES

PLÁSTICOS RENOVABLES

EN CONTEXTO

FIGURA CLAVE
Patrick Gruber (n. en 1961)

ANTES
Década de 1920 Wallace Carothers descubre el ácido poliláctico (PLA), plástico biodegradable de fuentes renovables.

Década de 1990 Se usan bioplásticos de fuentes renovables de biomasa para fabricar bolsas, prendas protectoras, guantes, vasos y cubiertos desechables.

DESPUÉS
2010 Comienza en Francia la producción comercial de bioplásticos de algas.

2018 La petrolera finlandesa Neste produce bio-polipropileno para muebles de IKEA.

2018 Se construye en Eindhoven (Países Bajos) el primer prototipo de automóvil de bioplástico plenamente reciclable.

En 2001, una empresa conjunta de las corporaciones estadounidenses Cargill y Dow Chemical inició la producción en masa de un polímero sintético de fuentes renovables. Hasta entonces, los polímeros derivados del petróleo eran el ingrediente clave en la manufactura de plásticos, de modo que se trató de un desarrollo de gran trascendencia para reducir la dependencia industrial de los combustibles fósiles.

La era de los bioplásticos

«Bioplástico» es todo plástico primariamente derivado de materiales orgánicos renovables, sea almidón de maíz, grasas vegetales, raíz de tapioca o leche. El de Cargill-Dow empleaba ácido poliláctico (PLA). No era un material nuevo –el químico estadounidense Wallace Carothers lo había descubierto en la década de 1920–, pero era muy caro de producir, y no se había fabricado a gran escala. En 1989, el químico de Cargill-Dow Patrick Gruber produjo PLA a partir de maíz en la cocina de su casa. En 2001 lo estaba produciendo una empresa llamada en la actualidad NatureWorks, que fabrica PLA como sustituto de plásticos como el tereftalato de polietileno (PET), y el poliestireno del empaquetado de alimentos y de la restauración a domicilio.

En torno a 2019 se fabricaban 360 millones de toneladas de plásticos anuales, con el inmenso pro-

Comedores de plástico

El plástico PET se usa en botellas de bebidas y muchas fibras sintéticas. Se descompone muy lentamente y se acumula en el estómago de los animales, pudiendo entrar en la cadena alimenticia humana. En 2016, científicos japoneses informaron de que la bacteria *Ideonella sakaiensis* había adquirido la capacidad de utilizar dos enzimas (PETasa y MHETasa) para descomponer el PET en ácido tereftálico y etilenglicol, que digiere y usa como fuentes de carbono y energía. A 30 °C, la bacteria tarda unas seis semanas en degradar por completo un trozo de PET del tamaño de la uña del pulgar. En 2020, un equipo británico-estadounidense rediseñó las dos enzimas como una sola, y obtuvo una «superenzima» que digiere el plástico seis veces más rápido.

Véase también: El efecto invernadero 112–115 ▪ Enzimas 162–163 ▪ Espectroscopia infrarroja 183 ▪ El craqueo del crudo 194–195 ▪ La polimerización 204–211 ▪ Customizar enzimas 293

blema de residuos que supone. En 2020 se fabricaron unos 2,1 millones de toneladas de bioplásticos, y se espera que la cifra aumente hasta casi 2,8 millones en 2025. Un 60% de estos son biodegradables, en su mayoría PLA. Mientras que los plásticos tradicionales son duraderos y se degradan muy lentamente, el plástico PLA es compostable, y se descompone en biomasa rica en nutrientes, pero esto solo ocurre en condiciones específicas, que incluyen necesariamente oxígeno.

Obtenido habitualmente de azúcares, el PLA tiene características similares a las del polietileno y el polipropileno, pero al ser un termoplástico, puede calentarse repetidamente hasta el punto de fusión, enfriarse, y calentarse de nuevo sin degradarse demasiado. Hoy se usan bioplásticos para productos diversos, como film transparente, envoltura retráctil, botellas, material de impresión 3D e implantes médicos diseñados para que los absorba el organismo.

Alternativas al PLA

Los polihidroxialcanoatos (PHA) son plásticos biodegradables producidos por la fermentación bacteriana de azúcares y lípidos. Se priva a las bacterias de los nutrientes que necesitan para funcionar, y se les dan niveles altos de carbono en su lugar. Las bacterias almacenan el carbono en gránulos, que cosecha luego el fabricante. Utilizados en la agricultura, los PHA tienen muchas aplicaciones médicas, como suturas, placas óseas, endoprótesis y malla quirúrgica. Otros bioplásticos se basan en la celulosa, o proteínas como el gluten, la caseína y las proteínas de la leche.

Los bioplásticos tienen el potencial de sustituir a los derivados del petróleo, pero los críticos afirman que para ello habría que dedicar extensiones vastas de suelo agrícola, con los daños al medio que supone –la tala de bosques para cultivar maíz o azúcar, por ejemplo–, y que subiría el precio de los alimentos. Hay también otros factores ambientales: al degradarse, los bioplásticos emiten los gases de efecto invernadero dióxido de carbono y metano, y aumentan la acidez del suelo y el agua.

Además, un informe de 2015 de la ONU alertaba de que la población reciclaría menos si creía que el plástico que usaban se degradaría de forma inofensiva al tirarlo. Los bioplásticos y el reciclaje son solo parte de la solución a la contaminación por plásticos. En definitiva, es necesario reducir mucho la producción y el consumo de plásticos. ■

Ventajas y desventajas de los bioplásticos

Ventajas	Desventajas
Reducen la necesidad de plástico no degradable de un solo uso.	Son más caros de producir.
Generan menos problemas ambientales.	Requieren humedad, acidez y temperatura adecuadas para biodegradarse.
Reducen la dependencia de los combustibles fósiles.	Requieren suelo para las plantas de las que se obtienen.
La producción genera menores emisiones de gases de efecto invernadero.	Emiten gases de efecto invernadero al biodegradarse.

Cómo funciona la biodegradación

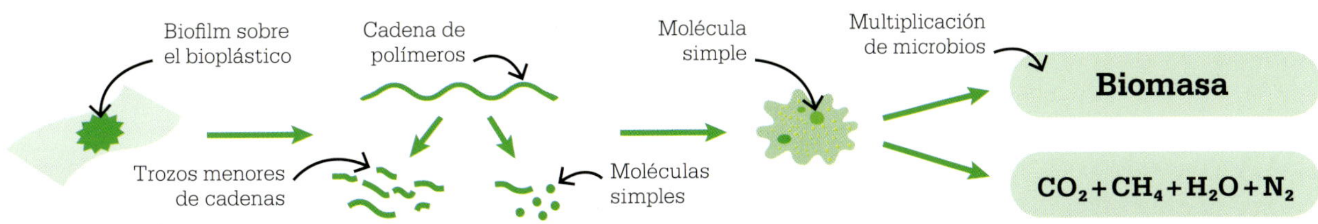

1. Biodeterioro
Se forma y crece un biofilm de bacterias y hongos diversos sobre el trozo de bioplástico.

2. Despolimerización
Los microbios bacterianos y fúngicos segregan enzimas que rompen las cadenas de polímeros.

3. Bioasimilación
Las células microbianas ingieren las moléculas menores resultantes de la descomposición.

4. Mineralización
Dióxido de carbono, metano, agua y nitrógeno son los productos finales.

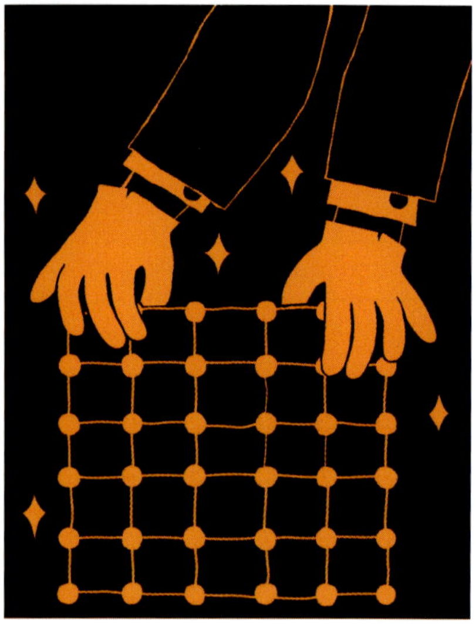

LA MAGIA DEL CARBONO PLANO

MATERIALES BIDIMENSIONALES

EN CONTEXTO

FIGURAS CLAVE
Andréi Gueim (n. en 1958), **Konstantín Novosiólov** (n. en 1974)

ANTES
1859 El británico Benjamin Brodie expone grafito a ácidos fuertes y descubre lo que llama grafón, nueva forma del carbono con un peso molecular de 33.

1962 Los químicos alemanes Ulrich Hofmann y Hanns-Peter Boehm producen capas de óxido de grafito de un átomo de espesor, pero el descubrimiento pasa desapercibido.

DESPUÉS
2017 Samsung crea un transistor que aprovecha la velocidad plena de movimiento de los electrones en el grafeno.

2018 El científico de materiales suizo Nicola Marzari y su equipo descubren que 1825 sustancias pueden tener formas bidimensionales.

Uno de los descubrimientos científicos más famosos del siglo XXI depende de los mismos principios que operan al aplicar un lápiz al papel. El grafito consiste en capas apiladas de carbono de un átomo de grosor, unidas por enlaces débiles; cuando un lápiz de grafito escribe sobre papel, algunas capas se desprenden. Cada capa se conoce como grafeno. En los siglos XIX y XX se reunieron pruebas de la existencia de estas capas, y luego, al parecer, fueron olvidadas. En 2002, los físicos británicos de origen ruso Andréi Gueim y Konstantín Novosiólov iniciaron una serie de experimentos que llamaron la atención de los científicos.

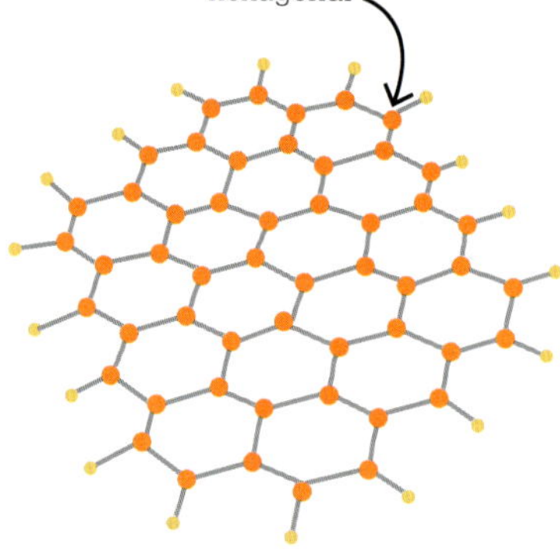

Hecho de una capa única de grafito, el grafeno es increíblemente delgado, pero muy resistente a la rotura, y puede enrollarse en fibras.

Hecho con cinta adhesiva

Gueim dirigía un equipo que incluía a Novosiólov en la Universidad de Manchester. Le interesaban los materiales ultradelgados y su potencial para la electrónica, y vio en el grafito un buen candidato. Aplicando al grafito una tira de cinta adhesiva, Gueim y Novosiólov podían desprender escamas delgadas. Doblar la cinta y volverla a despegar partía las escamas de nuevo, cada vez más delgadas al repetir el proceso una y otra vez. Disolvieron la cinta en un solvente y mojaron una lámina de silicio en la solución, y comprobaron que se le pegaban escamas de menos de 10 nanómetros de grosor. Eran transparentes, pero al microscopio sobre el silicio, las más delgadas se veían azul oscuro. Entonces tomaron una de estas escamas ultradelgadas y la utilizaron para hacer un transistor, el componente minúsculo de los chips informáticos.

Gueim y Novosiólov no habían hecho aún una capa 2D de grafeno, que mide menos de 1 nm, pero siguieron experimentando. Un año

Véase también: Espectroscopia infrarroja 183 ▪ Polímeros superresistentes 267 ▪ El buckminsterfullereno 286–287 ▪ Nanotubos de carbono 292 ▪ Plásticos renovables 296–297

Para la exfoliación micromecánica –el método más sencillo para obtener grafeno– solo se requiere cinta adhesiva, grafito y un substrato, como puede ser el silicio. Si la adhesión al substrato de la capa inferior de grafeno es más fuerte que los enlaces entre las capas del grafeno, algunas escamas se pegarán al substrato.

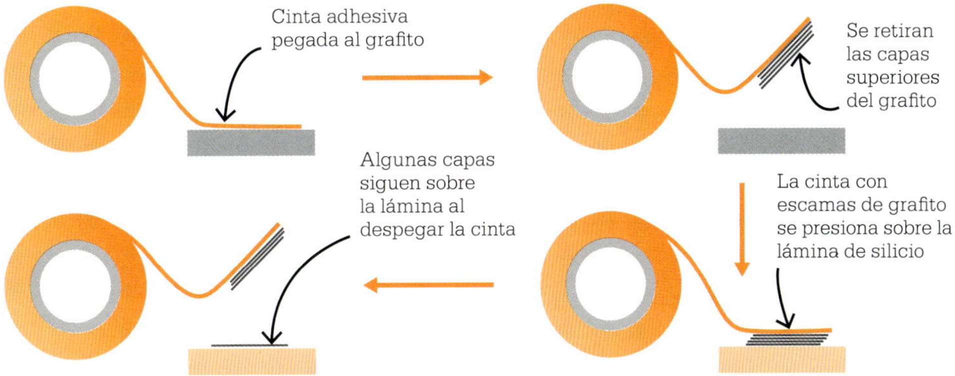

después tenían transistores de dos capas y de una capa de grafeno, y comprobaron que se comportaban de forma muy diferente, En 2004, publicaron su trabajo sobre la conductividad eléctrica del grafeno, y el mundo científico tomó nota. Cuando concedieron el Nobel de física a Gueim y Novosiólov en 2010, había académicos en muchos campos explorando las posibilidades del material, además de varias empresas electrónicas.

Físicamente superior

En parte por ser tan difícil de obtener, el grafeno se convirtió en uno de los materiales más caros de la Tierra. Su alto precio se debe también a sus extraordinarias propiedades: pese a ser extremadamente ligero, su tensión de rotura es 200 veces superior a la del acero, siendo así el material más resistente puesto a prueba. Hoy, el grafeno se añade a algunos materiales para reforzarlos, como los de los marcos de raquetas de tenis. También es extremadamente flexible, y puede enrollarse en nanotubos.

Al estar hecho de carbono, el grafeno conserva el mismo movimiento de electrones por los anillos hexagonales de carga positiva que hacen tan buen conductor al grafito. Gueim y Novosiólov midieron los valores de movilidad de los electrones del grafeno –la velocidad a la que se desplazan por el mismo los electrones–, unas 100 veces mayores que los del silicio empleado en los chips informáticos. También eran unas 10 veces mayores que en los semiconductores preexistentes más rápidos, lo cual estimuló el interés en el potencial del grafeno para la electrónica avanzada ultrarrápida.

Esta movilidad mejorada se debe a que el grafeno se diferencia de otros materiales en los que la velocidad de los electrones depende de su masa. Los electrones del grafeno se comportan como fotones, las partículas de luz cuya velocidad es independiente de la masa.

El descubrimiento del grafeno permitió a los investigadores explorar qué sucede cuando se adelgazan otros materiales hasta el grosor de un átomo. El fosforeno, por ejemplo, equivalente al grafeno pero a base de fósforo, tiene una movilidad electrónica similar, pero funciona mejor como semiconductor. Hoy, la lista de materiales 2D es larga y creciente, y sus posibilidades, aparentemente infinitas. ■

Manufactura del grafeno

Para hacer crecer sus cristales, los fabricantes de chips de silicio dependen de la epitaxia, proceso que deposita los átomos de uno en uno y construye capas de material sobre láminas. De modo similar se produce grafeno, haciendo reaccionar metano con hidrógeno sobre película de cobre. El carburo de silicio (SiC) es otro material semiconductor utilizado en láminas por la industria, aunque no tanto como el silicio. Calentar láminas de carburo de silicio cristalino de alta calidad por encima de los 1100 °C evapora selectivamente el silicio de la superficie, y convierte el carburo de silicio de esta en una capa de grafeno.

Para explotar las propiedades físicas del grafeno puede ser también útil un enfoque más químico. El papel de óxido de grafeno en una solución de hidrazina (N_2H_4) pura –compuesto utilizado en el combustible de cohete– reacciona y se convierte en una capa única de grafeno.

IMAGENES ASOMBROSAS DE MOLECULAS

MICROSCOPIA DE FUERZA ATÓMICA

EN CONTEXTO

FIGURAS CLAVE
Leo Gross (n. en 1973),
Gerhard Meyer (n. en 1957)

ANTES
1965 El ingeniero eléctrico estadounidense Harvey Nathanson inventa un sintonizador de radio, el primer sistema microelectromecánico o dispositivo minúsculo con partes móviles.

1979 Gerd Binnig y Heinrich Rohrer inventan la microscopia de efecto túnel (STM), que aumenta objetos menores que los visibles con un microscopio óptico.

DESPUÉS
2016 Leo Gross visualiza por AFM una reacción química reversible.

2020 Simon Scheuring, biofísico estadounidense, aumenta la resolución de la AFM combinando imágenes múltiples de la misma área.

Aunque no podemos ver a simple vista los átomos de las sustancias que nos rodean, algunas herramientas y técnicas ayudan a comprenderlos mejor y a avanzar en el campo de la química.

La cristalografía de rayos X es un método inverso que parte de los patrones de difracción formados al atravesar cristales los rayos X. Los químicos utilizan también las señales de radio de la resonancia magnética nuclear (RMN) para deducir las conexiones entre átomos. En la década de 1980, los investigadores descubrieron una manera de obtener imágenes atómicas mucho más impactantes: la microscopia de fuerza atómica (AFM). Dicha técnica fue mejorada por los físicos alemanes Leo Gross y Gerhard Meyer, quienes más adelante consiguieron producir imágenes de resolución atómica.

La AFM surgió del laboratorio de investigación del gigante informático IBM en Zúrich (Suiza), poco tiempo después del proceso relacionado de la microscopia de efecto túnel (STM). Esta fue el primer método de microscopia de sonda de barrido, y funciona haciendo pasar un sensor, o sonda, sobre la superficie a estudiar. Una vez ha recorrido esta horizontalmente por completo, desciende ligeramente y escanea otra línea.

La STM crea imágenes detectando cambios minúsculos en el flujo eléctrico por la sonda, y luego cartografía las elevaciones de rasgos muy pequeños de una superficie. Los físicos Gerd Binnig (alemán) y Heinrich Rohrer (suizo) fueron premiados con el Nobel de física por la técnica, pero esta solo funciona con materiales conductores.

La búsqueda de mejoras

Binnig quería extender el método a otras sustancias, y, como sugiere lo

> Estaba fascinado con el método, en parte porque el experimentador recibe una respuesta inmediata.
> **Leo Gross**

Véase también: Fuerzas intermoleculares 138–139 ▪ Cristalografía de rayos X 192–193 ▪ Cristalografía de proteínas 268–269 ▪ El buckminsterfullereno 286–287 ▪ Nanotubos de carbono 292

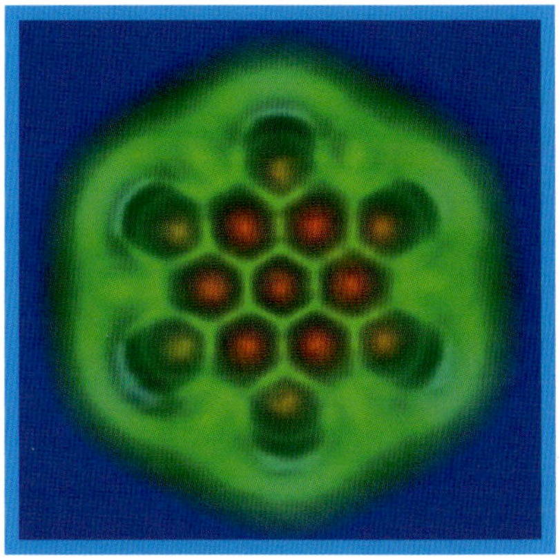

Imagen de una única molécula de nanografeno, producida por IBM en Zúrich. Los enlaces de carbono de distinta longitud muestran que enlaces distintos tienen propiedades físicas distintas.

que representan las siglas AFM, en 1985 superó el problema, junto con el físico estadounidense Calvin Quate y el suizo Christoph Gerber. Lo lograron midiendo la fuerza, el fenómeno fundamental que mueve las cosas, en vez de la corriente eléctrica. La AFM usa una sonda extremadamente fina, con una punta de solo unos átomos de ancho. La sonda remata un brazo llamado micropalanca, capaz de detectar cambios pequeños de fuerza.

Binnig, Gerber y Quate hicieron micropalancas de AFM de lámina de oro con punta de diamante. Las posteriores se hicieron de silicio, el material usado para hacer microchips, pero el silicio se dobla tanto que los detalles menores de 20 nanómetros se pierden. Sigue siendo una resolución muy alta, pero detectar átomos individuales requiere medir detalles de 1 nanómetro o incluso menos. El físico alemán Franz Giessibl halló una solución al problema en la década de 1990, al darse cuenta de que los diapasones de cuarzo usados en los relojes de pulsera tenían la rigidez idónea para una micropalanca. En 1996 empezó a fabricar sensores de AFM con micropalancas de cuarzo.

Detalle fino

La punta de la sonda al extremo de la micropalanca de cuarzo de Giessibl medía solo unos átomos de ancho, pero no era lo bastante sensible para una resolución atómica. Tratar de medir un único átomo con una sonda de unos átomos de ancho es como medir una canica con una pelota de tenis, de modo que, en 2009, un equipo de IBM que incluía a Gross y Meyer fijó una única molécula de monóxido de carbono (CO) a la sonda AFM. Con un solo átomo de carbono junto a la sonda, y un solo átomo de oxígeno por debajo, se consigue una punta de calibre atómico.

Esta sonda altamente sensible detecta cambios minúsculos en la densidad de los electrones que rodean las sustancias. Las áreas densas –como los átomos, o enlaces entre ellos– desvían la molécula de monóxido, generando una fuerza que la sonda puede detectar.

También en 2009, los investigadores de IBM utilizaron monóxido de carbono para obtener imágenes del pentaceno, una cadena de cinco anillos de carbono de seis miembros: los enlaces entre átomos se veían tan claros como si estuvieran dibujados en papel. Fue una innovación que cautivó a los químicos y que abrió la puerta a la observación más directa del comportamiento de las sustancias. ■

Cómo funciona la AFM

Un microscopio de fuerza atómica es bastante comparable a un tocadiscos: el equivalente de la aguja es una sonda muy fina al extremo de una micropalanca, que es como el brazo del tocadiscos. Análogamente al modo en que el relieve del surco de un disco hace vibrar la aguja y produce sonido, la superficie de la muestra ejerce una fuerza sobre la sonda que se puede registrar. Como los electrones de la sonda y la superficie pueden atraerse y atascar la sonda, esta se hace vibrar. Al aproximarse a la superficie, la frecuencia de la vibración cambia, lo cual se mide a menudo iluminando la micropalanca con láser. Como alternativa, las micropalancas de cuarzo generan una corriente eléctrica al vibrar, que los investigadores pueden registrar para cartografiar la superficie. Al tratarse de vibraciones tan minúsculas, el ruido ambiente puede perturbarlas, motivo por el que un laboratorio de Viena (Austria) tiene el AFM suspendido del techo, para aislarlo de las vibraciones del tráfico.

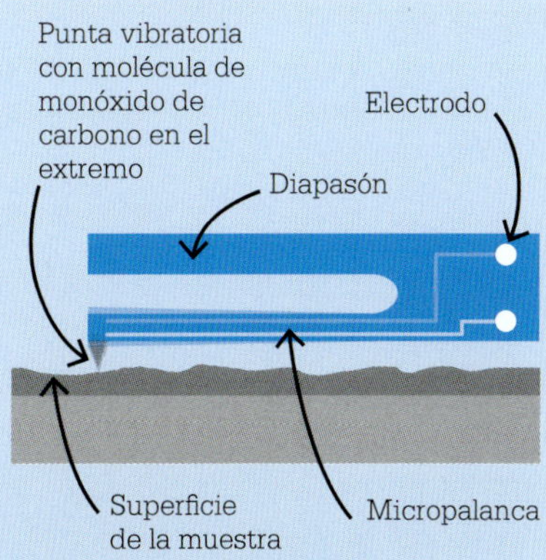

Un diapasón de cuarzo como el de los relojes de pulsera permite a la AFM obtener imágenes más nítidas, de resolución atómica.

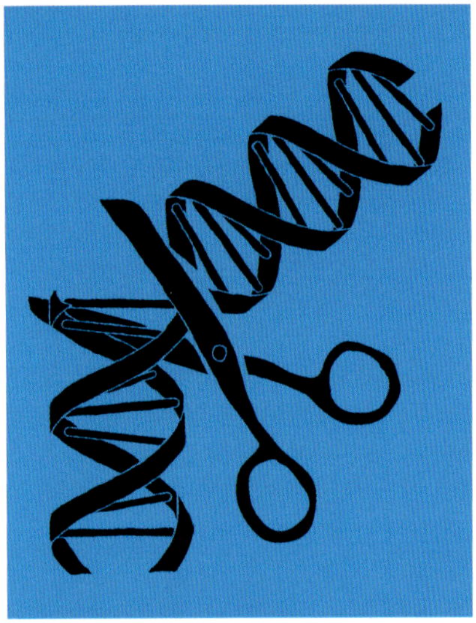

UNA HERRAMIENTA MEJOR PARA MANIPULAR GENES

LA EDICIÓN DEL GENOMA

EN CONTEXTO

FIGURAS CLAVE
Emmanuelle Charpentier (n. en 1968), **Jennifer Doudna** (n. en 1964)

ANTES
1953 Francis Crick y James Watson describen la estructura de doble hélice del ADN.

1973 El bioquímico Herb Boyer empalma ADN e inserta genes en bacterias con enzimas; se considera el nacimiento de la ingeniería genética.

DESPUÉS
2016 El bioquímico Douglas P. Anderson reconstruye proteínas ancestrales para hallar la molécula que pudo dar lugar a la evolución de los organismos multicelulares a partir de los unicelulares.

2017 El genetista de plantas Zachary Lippman aumenta el rendimiento de tomateras con la edición de genes mutantes.

En 1987, un equipo de biólogos en la Universidad de Osaka descubrió un patrón extraño de secuencias de ADN en un gen de una bacteria común, *Escherichia coli*: cinco segmentos cortos repetidos de ADN, con secuencias idénticas de 29 bases –los constituyentes del ADN–, separadas por breves secuencias «espaciadoras» y no repetitivas. A fines de la década de 1990, nuevos estudios revelaron que ese patrón no era exclusivo de *E. coli*, sino común a muchas bacterias distintas. El microbiólogo español Francisco Martínez Mojica (también conocido como Francis Mojica) y el microbiólogo neerlandés Ruud Jansen llamaron «repeticiones palindrómicas cortas agrupadas y regularmente interespaciadas» al patrón, habitualmente abreviado como CRISPR, sus iniciales en inglés, en 2002.

Jennifer Doudna y Emmanuelle Charpentier recibieron el premio Nobel de química conjunto en 2020 por su trabajo innovador en la edición y reparación del ADN.

Secuencias CRISPR

También en 2002, Jansen y su equipo observaron que a las CRISPR las acompañaba un segundo conjunto de secuencias asociadas, o genes cas, que parecían codificar para enzimas que cortan el ADN. En 2005, Mojica estableció que las secuencias «espaciadoras» entre las CRISPR compartían semejanzas con el ADN de los virus, y propuso que las CRISPR funcionaban como un sistema inmunitario bacteriano.

En 2005, el microbiólogo Aleksandr Bolotin estaba estudiando la bacteria *Streptococcus thermophilus*, que contenía genes cas hasta entonces desconocidos, entre ellos uno que codificaba para una enzima hoy llamada Cas9. Notó que los espaciadores compartían una se-

Véase también: La química de la vida 256–257 ▪ La estructura del ADN 258–261 ▪ Proteína verde fluorescente 266 ▪ Customizar enzimas 293

cuencia en un extremo que parecía esencial para reconocer virus invasores específicos.

Comprender la Cas9

Un equipo danés dirigido por el microbiólogo francés Philippe Horvath reveló más sobre la función del sistema CRISPR-Cas9 en 2007, al infectar a bacterias *S. thermophilus* con dos cepas de virus. Estas mataron muchas bacterias, pero algunas sobrevivieron. Estudios posteriores mostraron que las bacterias supervivientes insertaban fragmentos de ADN de los virus en sus secuencias espaciadoras, y esto las volvía resistentes a nuevos ataques.

Al enfrentarse a un invasor tal como un virus, la bacteria copia e incorpora a su genoma segmentos de ADN viral como espaciadores entre las repeticiones cortas de ADN en las CRISPR. Los espaciadores sirven como plantilla para reconocer el ADN de un virus entrante futuro.

Charpentier y Doudna

En 2011, la microbióloga Emmanuelle Charpentier halló otro componente del sistema CRISPR, una molécula llamada ARNcr que ayuda a identificar secuencias genéticas de virus invasores, en combinación con una molécula entonces desconocida, llamada ARN trans-activador (ARNtracr) para guiar a la Cas9 a su objetivo.

El mismo año, Charpentier comenzó a trabajar con la bioquímica Jennifer Doudna. Juntas, recrearon las «tijeras» genéticas de la bacteria –su capacidad para cortar el ADN– simplificando sus componentes moleculares para facilitar su uso. Informaron de sus hallazgos en un trabajo de 2012. Charpentier y Doudna refinaron la técnica aún más, reprogramando las tijeras para que pudieran cortar no solo ADN viral, sino cualquier molécula de ADN en el punto que se deseara. Con ello, hicieron posible la edición del genoma.

Doudna y Charpentier no fueron las únicas implicadas en el desarrollo de CRISPR. En 2012, un equipo dirigido por el bioquímico Virginijus Šikšnys en Lituania mostró independientemente cómo emplear la enzima Cas9 para cortar secuencias de ADN. En EE UU, el bioquímico Feng Zhang informó también de su propia modificación del sistema CRISPR-Cas9. Los científicos disponían ahora de una herramienta para modificar y reescribir genomas con una precisión nunca vista. ■

CRISPR en acción

Las CRISPR tienen el potencial de revolucionar la biociencia en campos como la medicina o la agricultura. El primer ensayo de terapia celular CRISPR en 2019 restauró la expresión de hemoglobina fetal en pacientes con anemia de células falciformes. En la ingeniería de linfocitos T, parte del sistema inmunitario, hizo estas más eficaces contra el cáncer. Desde 2019, y durante la pandemia de COVID-19, el sistema CRISPR se ha utilizado como herramienta diagnóstica que usa la función de búsqueda de Cas9 para detectar material genético viral. También ha beneficiado a la investigación sobre células madre, al permitir reprogramarlas y cultivarlas para el tejido deseado. En agricultura, se predice que en 2030 podrá haber en el mercado alimentos modificados por CRISPR a partir de plantas resistentes a las plagas y la sequía, y podría retrasarse la caducidad de los perecederos. En el campo de los biocombustibles, bacterias, levaduras y algas se han modificado para mejorar el rendimiento.

La técnica de edición genética CRISPR-Cas9

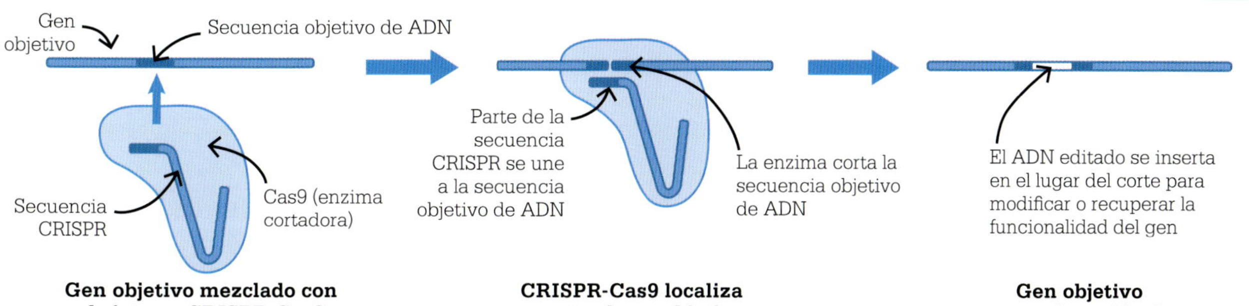

Gen objetivo mezclado con el sistema CRISPR-Cas9 | **CRISPR-Cas9 localiza y corta el gen objetivo** | **Gen objetivo reparado o editado**

SABREMOS DONDE ACABA LA MATERIA

¿COMPLETAR LA TABLA PERIÓDICA?

EN CONTEXTO

FIGURA CLAVE
Yuri Oganesián (n. en 1933)

ANTES
1933 Maria Goeppert-Mayer y Hans Jensen desarrollan el modelo de capas del núcleo atómico. Goeppert-Mayer propone que determinados números de protones y neutrones son más estables.

2002 Se sintetiza en Rusia el oganesón (el elemento 118).

2010 La síntesis del teneso (el elemento 117) llena uno de los pocos huecos restantes en la tabla periódica de Mendeléiev.

2011 El químico finés Pekka Pyykkö publica una tabla periódica ampliada –el modelo Pyykkö– con las propiedades predichas de 54 elementos hasta el número atómico 172.

DESPUÉS
2016–2021 Se intenta sin éxito sintetizar los elementos más allá del número atómico 118.

El 30 de diciembre de 2015, la Unión Internacional de Química Pura y Aplicada anunció que había verificado los descubrimientos de cuatro elementos químicos nuevos: los números 113, 115, 117 y 118. Se habían hallado los últimos elementos pendientes de la séptima fila de la tabla periódica, y seis meses después tenían nombres confirmados: nihonio, de Nihon, uno de los nombres de Japón en japonés; moscovio, por la región de Moscú donde se encuentra el Instituto Central de Investigación Nuclear (ICIN), en Dubná; tenesio, por el estado de Tennessee, en EE UU, donde se encuentra el Laboratorio Nacional de Oak Ridge; y el oganesón, nombrado en honor de Yuri Oganesián, el físico nuclear ruso que tuvo un papel más destacado en su descubrimiento.

Elementos superpesados

El nihonio, el moscovio, el tenesio y el oganesón son miembros de la familia de los elementos superpesados, con números atómicos del 104 en adelante. También se conocen como transactínidos, por tener números atómicos mayores que los elementos actínidos, del 89 al 103. En la década de 1960, la síntesis del primer transactínido vino acompañada de un enconado enfrentamiento político. Científicos estadounidenses y soviéticos se disputaron la prioridad del hallazgo de los elementos 104, 105 y 106, para los que propusieron nombres distintos. La controversia sobre el nombre de los elementos transférmicos (por tratarse de los elementos posteriores al fermio, el elemento 100) acabó en acuerdo en 1997.

Hoy, crear elementos superpesados es un proceso mucho más cooperativo. Mientras que el hallazgo del nihonio fue atribuido en exclusiva al

> “El descubrimiento de elementos pesados me hace pensar a veces en la caja de Pandora.”
> **Yuri Oganesián**

Yuri Oganesián

Yuri Oganesián nació en 1933 en Rostov del Don (Rusia). Pasó la mayor parte de su infancia en Ereván (Armenia), pero volvió a Rusia a estudiar. Se licenció en el Instituto de Ingeniería Física de Moscú en 1956, de donde pasó al Instituto Central de Investigación Nuclear, en Dubná, donde trabajó bajo su entonces director Gueorgui Fliórov, a quien sucedió tras su jubilación en 1989.

Oganesián inventó dos métodos cruciales para hacer elementos superpesados: en 1974 fue pionero de la fusión fría, que sirvió para obtener los elementos del 107 al 112. Su técnica posterior –la fusión «caliente»– sirvió para descubrir los elementos del 113 al 118. El más pesado de estos –el oganesón, elemento 118– fue nombrado así en su honor, siendo con ello la segunda persona homenajeada con el nombre de un elemento en vida.

Obra principal

1976 «Acceleration of 48Ca ions and new possibilities of synthesizing superheavy elements».

Véase también: La tabla periódica 130–137 ▪ El electrón 164–165 ▪ La radiactividad 176–181 ▪ Isótopos 200–201 ▪ Modelos atómicos mejorados 216–221 ▪ Elementos sintéticos 230–231 ▪ Los elementos transuránicos 250–253

instituto de investigación Riken de Japón, los del moscovio, tenesio y oganesón se reconocieron conjuntamente a equipos estadounidenses y rusos, que trabajaron juntos, compartiendo los materiales necesarios para producir los nuevos elementos.

Problemas prácticos

Sobre el papel, obtener elementos superpesados parece un asunto relativamente sencillo. Los científicos deben combinar átomos de dos elementos que juntos contengan el número de protones del elemento nuevo a producir. No es tan simple como poner un átomo junto a otro, sin embargo. Para que se fusionen en otro con un solo núcleo mayor, es necesario disparar uno contra otro a una velocidad extraordinaria, y que adquieran la energía suficiente como para superar las fuerzas de repulsión electrostáticas entre los protones de carga positiva. El descubrimiento de elementos había sido históricamente el dominio de los químicos, pero sintetizar elementos superpesados requiere emplear una herramienta clave de los físicos: un tipo de acelerador de partículas llamado ciclotrón.

Cuando se dispara un haz acelerado de iones al objetivo en un ciclotrón, se separan productos no deseados, y –si hay una colisión con éxito– el elemento recién generado sigue hasta los detectores para su identificación.

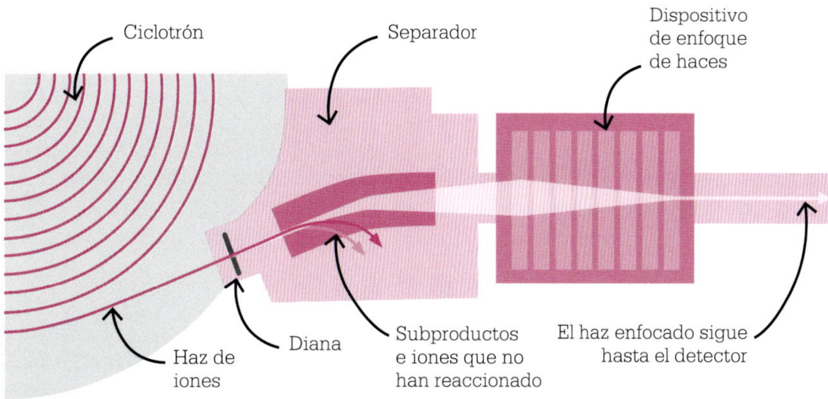

En el laboratorio, los aceleradores de partículas disparan núcleos de uno de los elementos que se trata de combinar a una diana hecha de átomos del otro elemento. Los núcleos proyectiles se disparan contra los otros a la décima parte aproximada de la velocidad de la luz. La mayoría de estas colisiones de alta energía acaban con ambos núcleos desintegrados, pero a veces, en raras ocasiones, dos núcleos se fusionan y forman el núcleo de un elemento nuevo.

Esta descripción hace que la tarea parezca mucho más fácil de lo que es. A veces el nuevo elemento experimenta una desintegración radiactiva tan rápida que ni se puede detectar, y, por tanto, identificar los átomos escurridizos de los elementos nuevos producidos es un trabajo penosamente lento. Cuando se »

Para crear el tenesio, se disparó calcio-48 a una diana de berkelio. Tras la fusión, el núcleo del compuesto recién formado perdió tres neutrones para formar el elemento superpesado tenesio, que tiene 117 protones y 177 neutrones.

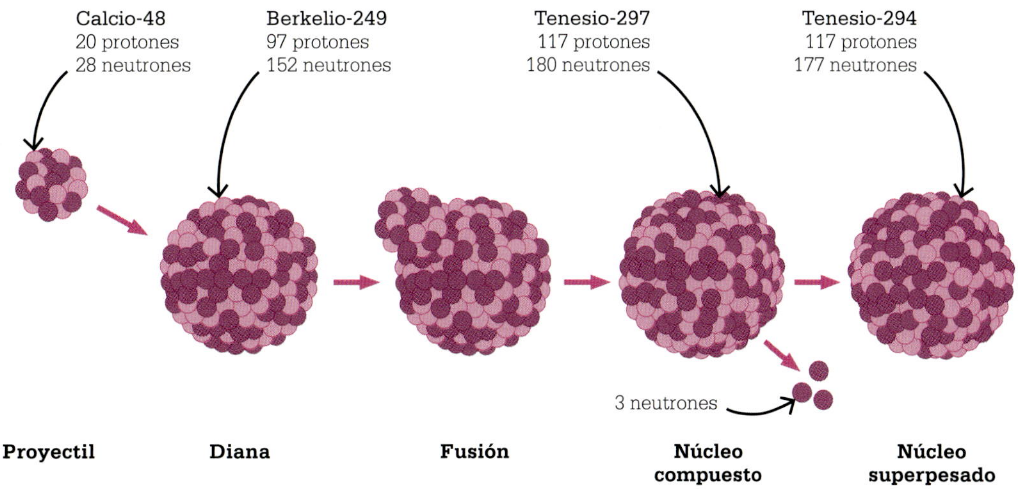

creó el elemento 118, el oganesón, se detectaba un solo átomo al mes.

Isótopos ricos en neutrones

De tan raras, las probabilidades de crear y detectar un átomo de un elemento superpesado son exiguas, y los científicos que trabajan en ello deben inclinarlas a su favor. Un modo de aumentar la estabilidad de los nuevos átomos formados es emplear isótopos ricos en neutrones como proyectil y diana. En la síntesis de tres de los cuatro elementos confirmados en diciembre de 2015, por ejemplo, se usó como proyectil calcio-48, un isótopo de calcio con 20 protones y 28 neutrones. Tras el impacto, los átomos recién creados pierden inicialmente neutrones, en lugar de desintegrarse al instante, lo cual facilita la detección. Sin embargo, la técnica no es barata: en 2022, el precio del gramo de calcio-48 pasaba de los 250 000 dólares.

Por último, incluso la propia detección plantea retos. Pese a lo que se diga sobre detectar átomos de elementos nuevos, la realidad es que son demasiado fugaces para registrarlos directamente: lo que ocurre es que pasan por una cadena de desintegración radiactiva característica, que los científicos pueden rastrear para determinar la identidad del elemento original desintegrado.

Con los descubrimientos de los últimos elementos de la séptima fila de la tabla periódica, esta parece completa, por ahora, pero el trabajo de los científicos dedicados a crear elementos superpesados no ha terminado. Están seguros de que se descubrirán elementos más allá del oganesón, y creen incluso que algunos pueden existir más allá de la vida breve de los superpesados hoy conocidos.

Estructura del núcleo

Las partes componentes de los átomos influyen en su estabilidad. Los átomos con capas electrónicas llenas, como los de los gases nobles, son particularmente estables. En las clases de química escolares se presta mucha atención a cómo se disponen los electrones en estas capas, pero el núcleo, que contiene protones y neutrones, se trata a menudo como si fuera algo homogéneo. Este fue el caso históricamente, hasta que los científicos notaron que, al igual que números determinados de electrones dan como resultado átomos más estables, lo mismo es cierto de números determinados de protones y neutrones.

En 1949, la física teórica estadounidense de origen alemán Maria Goeppert-Mayer y el físico nuclear alemán Hans Jensen formularon independientemente un modelo matemático de la estructura del núcleo. Este se componía de capas nucleares individuales a distintos niveles energéticos en los que se acoplan pares

Dar con elementos superpesados

Los elementos superpesados no se detectan directamente, sino que se infiere su presencia de las pruebas de cadenas de desintegración características. Primero, si un experimento produce átomos de elementos superpesados, deben separarse de otros productos por medio de campos eléctricos o magnéticos. Tales elementos suelen experimentar la desintegración alfa: pierden el núcleo de una partícula alfa (un núcleo de helio) de dos protones y dos neutrones. El núcleo más ligero resultante puede volver a experimentar desintegración alfa, o en algunos casos la fisión, y partirse en dos núcleos menores. Los productos de la desintegración y la fisión de los átomos de elementos superpesados son registrados por detectores, que permiten a los investigadores remontar la cadena de desintegración hasta el núcleo original. La identificación de la cadena de desintegración sirve como la prueba de haber creado un elemento nuevo.

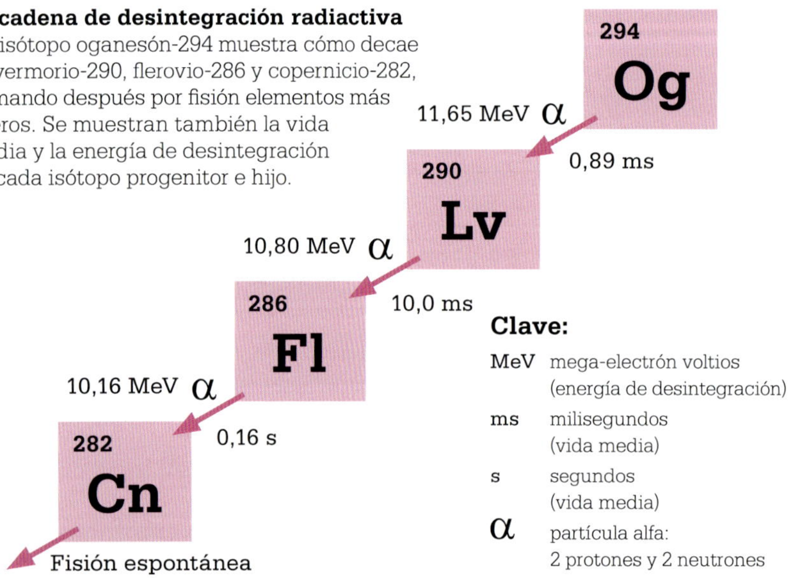

La cadena de desintegración radiactiva del isótopo oganesón-294 muestra cómo decae a livermorio-290, flerovio-286 y copernicio-282, formando después por fisión elementos más ligeros. Se muestran también la vida media y la energía de desintegración de cada isótopo progenitor e hijo.

> Ganar el premio no fue la mitad de emocionante que el trabajo en sí.
>
> **Maria Goeppert Mayer**
>
> **Laureada con el Nobel de física en 1963**

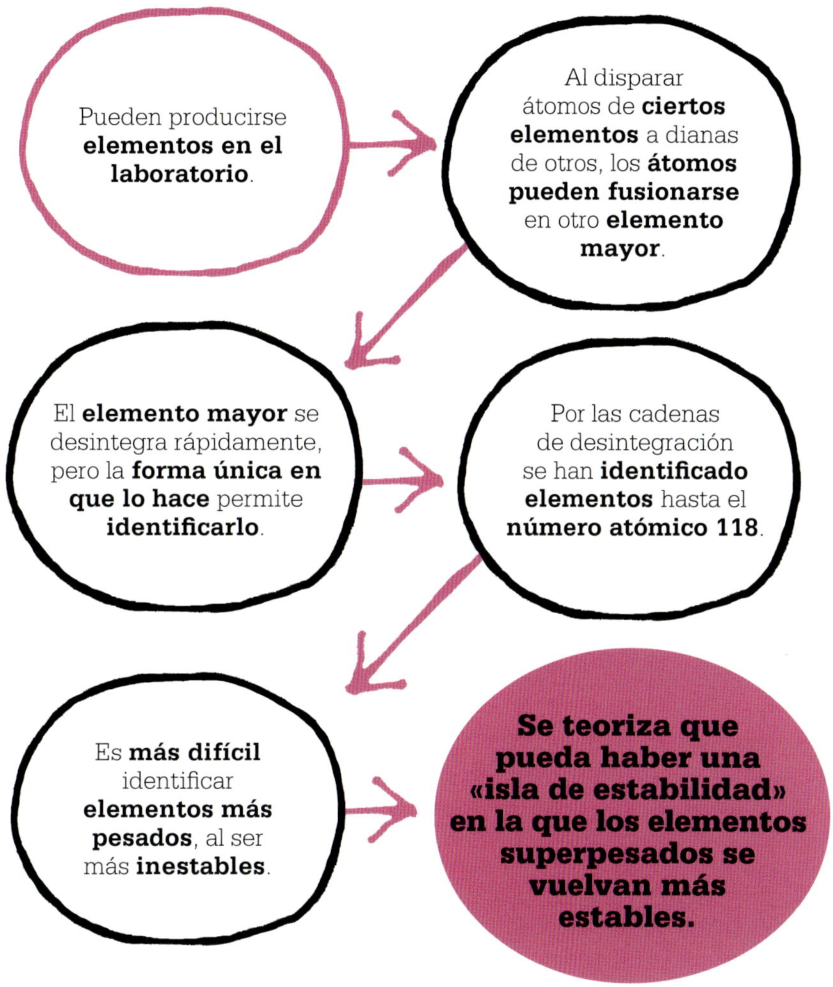

de neutrones y protones. Para explicar este acoplamiento de forma simple, Goeppert-Mayer usó la brillante analogía de parejas bailando el vals: «Todas las parejas en el salón se mueven en un sentido, y eso es la órbita. Luego, cada pareja describe círculos en los pasos, y eso es el espín». Siguió con la analogía, explicando que al igual que es más fácil para los danzantes bailar en un solo sentido, en el núcleo atómico, «cada partícula gira en el mismo sentido en el que todas se mueven en órbitas». Esto se conoce como interacción espín-órbita.

Los modelos de Goeppert-Mayer y Jensen explicaban por qué algunas configuraciones de protones y neutrones son más estables que otras: así como los átomos con capas electrónicas llenas son más estables, lo son también los átomos con capas nucleares llenas. El físico húngaro-estadounidense Eugene Wigner, uno de los colegas de Goeppert-Mayer durante el Proyecto Manhattan, acuñó la expresión «número mágico» para referirse a tales capas completas, o núcleos con 2, 8, 20, 28, 50, 82 o 126 protones o neutrones. Los núcleos atómicos con dichos números mágicos de neutrones son más estables que cualesquiera otros núcleos, y si tienen un número mágico tanto de protones como neutrones se conocen como «doblemente mágicos».

Estos números son un factor clave en la investigación de elementos superpesados. Parte de la finalidad de crearlos es el propio proceso de manufactura: la mayoría existen solo durante segundos o fracciones de segundo, y nunca tendrán por tanto aplicación alguna fuera del laboratorio. Los números mágicos presentan también, sin embargo, una posibilidad prometedora, la llamada isla de estabilidad, en la que isótopos de elementos pueden durar minutos, horas o incluso más.

Alcanzar la isla de estabilidad es un desafío. Parte de la dificultad reside en conocer cuáles son los números mágicos para los elementos superpesados. Es habitual suponer que los núcleos son esféricos, pero hoy se cree que los de los elementos superpesados no lo son, y que esto puede causar desplazamientos en las posiciones de los números mágicos, o conducir incluso a números mágicos adicionales. Se predijo (y se esperaba) que el elemento 114, el flerovio, pudiera contener un número mágico de protones, y ser por tanto más estable que sus vecinos. Pero investigaciones posteriores acabaron con » tal esperanza. El siguiente candidato potencial a isla de estabilidad es el elemento 120, aún por sintetizar.

Crear un elemento que tenga solo dos protones más que el actual último elemento de la tabla, el oganesón, podría antojarse una tarea no tan ardua, pero los cazadores de elementos han topado con el límite que suponen los métodos de síntesis actualmente disponibles. Crear elementos más allá del oganesón requiere un núcleo proyectil con más protones que el calcio-48 utilizado en los hallazgos de los elementos 115, 117 y 118, y también núcleos objetivo más pesados, que puede ser difícil obtener en cantidad suficiente.

Hasta el momento, los esfuerzos por crear los elementos 119 y 120 han consistido en disparar átomos de titanio (elemento 22) a blancos de berkelio (elemento 97) o californio (elemento 98), ambos producibles solo por miligramos en reactores nucleares especializados. Si bien los investigadores confían en obtener los elementos 119 y 120 en los años venideros, hoy nos encontramos en la pausa más larga entre descubrimientos de elementos nuevos desde que comenzó la creación de elementos sintéticos.

Se cree que la isla de estabilidad está en unos 112 protones y 184 neutrones. El diagrama muestra estabilidades conocidas y proyectadas de elementos superpesados; el color más oscuro indica mayor estabilidad.

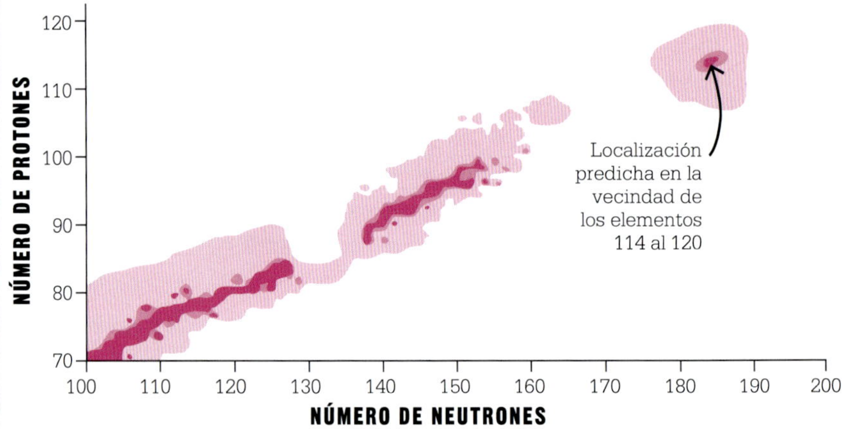

Cambio de dirección

Son pocos los laboratorios en todo el mundo que cuentan con el presupuesto y el equipo necesarios para la síntesis de elementos superpesados; además, en los últimos años, algunos dedican menos medios a intentar producir elementos nuevos. El foco de la investigación en elementos pesados está cada vez más centrado en comprender las propiedades peculiares de los ya identificados. En vez de a ampliar la tabla periódica, esta vía de estudio podría llevar al punto de comprender por completo las reglas que determinan su estructura.

Habitualmente, los átomos de los elementos se comportan del modo que predicen los modelos simples de los que disponemos, pero en ocasiones aparecen rarezas: a medida que los átomos son más pesados, sus electrones se mueven a velocidad cada vez mayor, llegando a alcanzar velocidades próximas a la de la luz, y, en consecuencia, los científicos deben considerar la teoría de la relatividad general de Einstein. Debido a los efectos relativistas, la masa de los electrones a tales velocidades es mayor que la de un electrón en reposo, y el resultado es la contracción del tamaño de los orbitales atómicos. Un ejemplo cotidiano es el oro, en el que dicha contracción supone que la diferencia energética entre sus dos orbitales energéticos más altos equivale a la de la luz azul. Los electrones del oro absorben por tanto luz azul y violeta, y reflejan las ondas del rojo y naranja, lo cual le da el color dorado característico.

Más allá de al color de un elemento, los efectos relativistas pueden afectar a sus propiedades. Lo que gobierna la organización de la tabla

Fusión fría y caliente

Para obtener los elementos del 107 al 118 se emplearon dos métodos distintos. El primero es la fusión fría (sin relación con la noción fantástica de fusión nuclear a temperatura ambiente), consistente en usar proyectiles y dianas de tamaño similar, siendo las últimas de plomo o bismuto, y proyectiles con número másico superior a 40. Combinar núcleos de tamaño similar reduce la energía necesaria para la fusión. El núcleo resultante no necesita perder electrones para volverse más estable, y esto a su vez facilita la detección de isótopos de elementos nuevos.

La fusión caliente emplea como proyectil y diana núcleos no tan semejantes. El calcio-48, que tiene un número mágico de protones y neutrones, es habitual como proyectil, y las dianas son de los mucho más pesados americio, berkelio y californio. La gran diferencia de masa aumenta la probabilidad de fusión de los núcleos. El uso reciente de haces más intensos de proyectiles hizo posible esta técnica.

de los elementos es la periodicidad: la idea de que las propiedades de los elementos siguen patrones predecibles y repetitivos. Los elementos de un grupo dado de la tabla periódica se comportan de un modo determinado. Los químicos esperan, por ejemplo, que todos los metales del grupo 1 reaccionen fácilmente con el agua, mientras que de los metales del grupo 18 no se espera que reaccionen con casi nada. Sin embargo, ahora hay pruebas de que los efectos relativistas a los que se ven sometidos los elementos superpesados pueden defraudar tales expectativas.

Comportamientos sorprendentes

El copernicio (elemento 112) es uno de los elementos sintéticos superpesados de vida más larga, de modo que los químicos han podido sondear sus propiedades en mayor detalle que las de la mayoría, y con resultados sorprendentes. En la tabla periódica, el copernicio se encuentra bajo el mercurio (elemento 80). El propio mercurio está sujeto a efectos relativistas, que explican por qué es el único metal de la tabla que permanece líquido a temperatura ambiente. Las simulaciones por ordenador indican que, contrariamente a su posición en la tabla periódica, el copernicio debería comportarse como un gas noble, pero, como el mercurio, a temperatura ambiente sería un líquido.

Por otra parte, del oganesón, elemento superpesado de la clase de los gases nobles, no se espera que se comporte como tal en absoluto. Los cálculos predicen que es un semiconductor metálico, y que los efectos relativistas a los que está sometido son tan fuertes que la estructura de capas de electrones en efecto desaparece. Esto es importante, pues el número y la disposición de los electrones en una capa determina la reactividad del elemento, y, si la estructura se desvanece en el elemento 118 y siguientes, el poder predictivo de las propiedades de los elementos de la tabla periódica deja de ser aplicable.

Preguntas por responder

En el caso del oganesón, parece improbable que los científicos lleguen alguna vez a confirmar experimentalmente dichas predicciones, dado que su isótopo más estable se desintegra en menos de un milisegundo. Sin embargo, puede llegar a ser posible para el copernicio, ya que su isótopo más estable tiene una vida media de unos 30 segundos. Dadas las preguntas interesantes que plantean las predicciones generadas por las simulaciones informáticas, intriga la posibilidad de que las regiones más pesadas de la tabla periódica desafíen los criterios en función de los cuales la organizó Mendeléiev hace más de 150 años.

Para obtener una respuesta definitiva, los químicos necesitan más que el número limitado de átomos de elementos superpesados producidos hasta la fecha. Científicos rusos han construido una fábrica de elementos superpesados con el fin de producir isótopos en mucha mayor cantidad, hasta 100 átomos diarios, en lugar de tan pocos como uno a la semana. Dada la química extraña descubierta por los investigadores de elementos superpesados con el número limitado de átomos disponibles, ¿quién sabe qué rarezas podrán desvelar en los años venideros? ■

> “Si se mira atrás a lo largo de varias décadas, se ha hecho aproximadamente un elemento cada tres años. Hasta hoy.”
>
> **Pekka Pyykkö**
> **(2019)**

Los apellidos de los físicos nucleares rusos Gueorgui Fliórov (izda.) y Yuri Oganesián se pusieron a los elementos superpesados 114 (flerovio) y 118 (oganesón).

LA HUMANIDAD CONTRA LOS VIRUS

NUEVAS TECNOLOGÍAS PARA VACUNAS

EN CONTEXTO

FIGURA CLAVE
Katalin Karikó (n. en 1955)

ANTES
1796 El médico británico Edward Jenner inocula a un muchacho de 13 años con la viruela vacuna; le protege de la viruela, y nace la ciencia moderna de la vacunología.

1931 Alice Miles Woodruff y Ernest Goodpasture, virólogos estadounidenses, cultivan un virus en un huevo de gallina empollado, técnica empleada más tarde para propagar otras vacunas víricas.

1983 Kary Mullis desarrolla la reacción en cadena de la polimerasa para producir material genético en gran cantidad.

2005 La viróloga china Shi Zhengli descubre que los murciélagos portan coronavirus como el SARS, que infectan a humanos.

A inicios de 2020, ante la urgencia de hacer frente a la pandemia por el coronavirus SARS-CoV-2, estaba claro que la solución al problema vendría sobre todo de las vacunas, pero la esperanza parecía remota. El desarrollo más rápido de una vacuna anterior –para las paperas– había tardado cuatro años, de 1963 a 1967. A comienzos de diciembre de 2020, sin embargo, varias vacunas estaban dando muy buenos resultados en ensayos en humanos a gran escala en la protección contra la COVID-19, la enfermedad causada por el SARS-CoV-2.

A partir de estos resultados, los organismos reguladores no tardaron en aprobar tres vacunas innovado-

Véase también: Fuerzas intermoleculares 138–139 ▪ Enzimas 162–163 ▪ Los antibióticos 222–229 ▪ La química de la vida 256–257 ▪ La estructura del ADN 258–261 ▪ La reacción en cadena de la polimerasa 284–285 ▪ Customizar enzimas 293

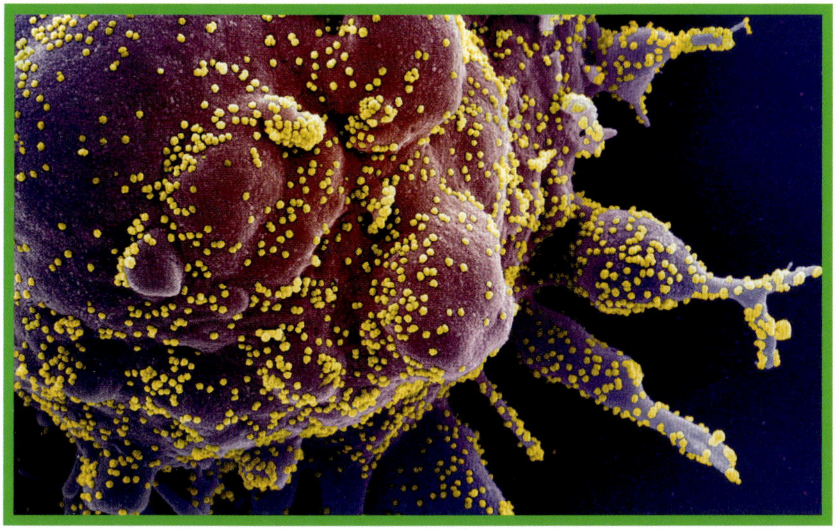

Partículas de SARS-CoV-2 (en amarillo) sobre una célula. El virus causa la COVID-19, infección respiratoria que puede acabar en una neumonía fatal.

ras clave antes de acabar el año: dos usaban directamente ARN mensajero (ARNm) como vector de información genética, la de la empresa estadounidense Moderna y la de la alemana BioNTech y del gigante farmacéutico estadounidense Pfizer; la tercera usaba información genética de un virus del resfriado común, el adenovirus, en forma modificada. Este, que fue aislado en chimpancés y no causa enfermedad en humanos, fue desarrollado por la Universidad de Oxford y fabricado por la empresa farmacéutica AstraZeneca, con sedes en el Reino Unido y Suecia.

Una de las defensas del sistema inmunitario consiste en que los leucocitos reconozcan células infectadas, algo que solo pueden hacer si se han enfrentado antes al patógeno. La vacuna expone al sistema inmunitario a versiones debilitadas, muertas o parciales de los patógenos, que se vuelven reconocibles para el sistema inmunitario sin causar enfermedad. Las vacunas vivas atenuadas, de subunidades y conjugadas usan formas incapacitadas o inactivas del patógeno del que protegen.

Por contraste, tanto la tecnología del ARNm como la del adenovirus produce vacunas recombinantes que trabajan junto con la maquinaria biológica que lee los genes en nuestras células, a las que llevan instrucciones genéticas de una proteína, para que la fabriquen. Este enfoque se hizo conocido durante la pandemia de la COVID-19, al ser de desarrollo mucho más rápido que las vacunas tradicionales.

Formular una respuesta

Los científicos tuvieron que reaccionar con urgencia a la propagación del virus SARS-CoV-2. Investigadores chinos publicaron la secuencia de su material genético (ARN) el 7 de enero de 2020. La síntesis moderna de ácidos nucleicos permitió obtener copias para empezar a desarrollar vacunas en cuestión de días. La peripecia del ARN mensajero hasta convertirse en héroe de la COVID-19 empezó en 1990, cuando la bioquímica húngara Katalin Karikó propuso usarlo como alternativa a la terapia genética basada en el ADN. Esta produce cambios permanentes para que las células fabriquen nuevas proteínas, convirtiendo a las personas en su propia fábrica de medicamentos. El ARNm, en cambio, es el mensajero que lleva instrucciones a la maquinaria celular para fabricar proteínas, sin cambiar permanentemente los genes.

Cómo funciona el ARNm

Cuando se inyecta ARNm al organismo de una persona en lugar de dejar que fabrique el suyo propio, sensores inmunes detectores de virus lo advierten, y las células les impiden producir proteínas. En 2005, trabajando con su colega el inmunólogo estadounidense Drew Weissman, Karikó descubrió que era sorprendentemente sencillo sortear dicho impedimento: como el ADN, el ARNm tiene cuatro componentes, cada uno representado por una letra; el ARNm contiene uno que no emplea el ADN, la uridina, en lugar de la timina. Karikó y Weissman sustituyeron la uridina por pseudouridina, y el ARNm así modificado evadía los sensores inmunes. »

> El número global de muertes atribuibles a la pandemia de la COVID-19 en 2020 es de al menos tres millones.
> **Organización Mundial de la Salud**

Para hacer un fármaco o vacuna, los virólogos tenían que proteger también el ARNm de descomponerse en el cuerpo de los pacientes antes de hacer su trabajo. La solución fue envolver al ARNm en moléculas de lípidos, para formar bolas minúsculas de nanopartículas.

En las vacunas contra la COVID-19, el ARNm codifica para la espícula del SARS-CoV-2, proteína que se conecta a receptores de la membrana de las células humanas para que el coronavirus las invada. Como previó Karikó, una vez entra el ARNm en las células, nuestros cuerpos producen esta proteína, que actúa como una molécula foránea y desencadena una respuesta inmunitaria, pero no puede infectar el cuerpo con la COVID-19.

> Hay mucho trabajo que hacer en el desarrollo de vacunas, ahora que podemos.
> **Sarah Gilbert**
> **(2021)**

La experiencia de Katalin Karikó, especialista en terapia de ARNm, fue clave para crear las vacunas contra la COVID-19 de Pfizer/BioNTech y Moderna.

Las nanopartículas de lípidos es aún uno de los mayores desafíos para las vacunas de ARNm porque son difíciles de fabricar, lo cual ralentiza el proceso; y porque las nanopartículas de lípidos son inestables a temperatura ambiente. Cuando la vacuna BioNTech/Pfizer llegó a ser la primera inyección de ARNm aprobada por la Administración de Alimentos y Medicamentos de EE UU, había que almacenarla a –70 °C. Tanto esta como la de Moderna pueden almacenarse ahora a –20 °C, pero esto sigue complicando el hacerlas llegar a áreas remotas. Tales desafíos reflejan el hecho de que esta tecnología apenas acaba de madurar lo suficiente para el uso generalizado. Fabricar y distribuir miles de millones de dosis, es, por tanto, un logro inmenso.

El uso de vectores virales

La vacuna de Oxford/AstraZeneca lleva instrucciones a nuestras células para que fabriquen la espícula del SARS-CoV-2. El adenovirus de chimpancé que emplea para transportar estas instrucciones al organismo es el vector viral. Es una tecnología surgida de años de investigaciones por vacunólogos del Instituto Jenner de la Universidad de Oxford, bajo la dirección de la científica británica Sarah Gilbert y el investigador irlandés Adrian Hill. En 2014, el equipo la aplicó al desarrollo de una vacuna como respuesta rápida a la enfermedad por el virus del Ébola en África aquel año. Aunque no pudieron completar los ensayos antes del fin del brote, la experiencia adquirida fue muy valiosa. Gilbert estudió luego el coronavirus llamado MERS, detectado por primera vez en 2012, en el que la mitad de la proteí-

Vacunas de ARNm

Estas vacunas explotan la producción natural de proteínas por nuestras células. El proceso comienza por las moléculas de ADN donde residen los genes: en el núcleo celular, enzimas separan los dos filamentos de la doble hélice del ADN, que sirven a otras enzimas como plantilla para hacer otros filamentos a juego de ARNm. Este pasa del núcleo a los ribosomas de la célula, que leen el código genético del ARNm y fabrican proteínas. En el laboratorio se puede crear ARNm que codifique para otras proteínas y enviarlo a los ribosomas de las células. Las vacunas de ARNm contra la COVID-19 contienen instrucciones genéticas para una proteína, la espícula, que se conecta a receptores de las células para invadirlas. Los ribosomas reciben dichas instrucciones y fabrican la proteína, que se conecta a la membrana celular. El sistema inmunitario aprende a reconocer la espícula, para la que fabrica anticuerpos sin causar infección de COVID-19, y crea más leucocitos para matar células infectadas.

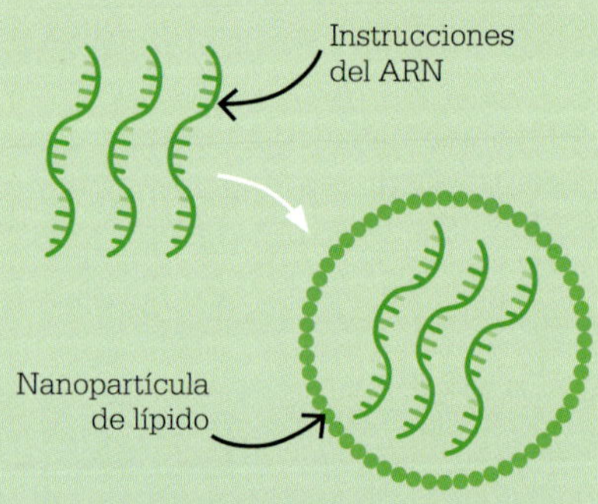

El ARNm sintético, que codifica para la espícula del virus, se protege con nanopartículas de lípidos que impiden que lo descomponga el organismo.

na de la espícula era igual a la del SARS-CoV-2.

Seguridad y eficacia

Otras dos vacunas de vector viral fueron de uso generalizado antes que la desarrollada por Oxford/AstraZeneca: la Sputnik V, del Centro de Investigación Gamaleya, del Ministerio de Salud ruso, y la Convidecia, de la empresa china CanSino Biologics, ambas a base de adenovirus humanos. En ambos casos, los países donde se desarrollaron decidieron usarlas antes de conocer los resultados de ensayos a gran escala, mientras que la vacuna Oxford/AstraZeneca –y las producidas por Pfizer/BioNTech y Moderna– fueron sometidas a ensayos exhaustivos antes. Un problema añadido era que había personas infectadas antes por adenovirus humanos, y por tanto con respuesta inmunitaria a la vacuna, lo cual parece haber reducido la eficacia de la vacuna de CanSino en algunas pruebas.

A diferencia de las vacunas vivas, ninguno de los vectores virales empleados en las vacunas contra la COVID-19 puede hacer copias nuevas de sí mismos. Por ello es necesario usar gran cantidad de vector viral para que sean eficaces, pero esto ayuda a garantizar que sean seguras. También ahorran la necesidad de que las vacunas se administren en forma de nanopartículas de lípidos, de modo que la vacuna Oxford/AstraZeneca puede almacenarse en una nevera convencional. El despliegue de vacunas contra la COVID-19 fue rápido gracias a que investigadores como Gilbert, Hill, Karikó y Weissman habían estado trabajando ya antes en sus tecnologías. Es una muestra de cómo la investigación cuya importancia no es inmediatamente obvia puede cambiar el mundo. ■

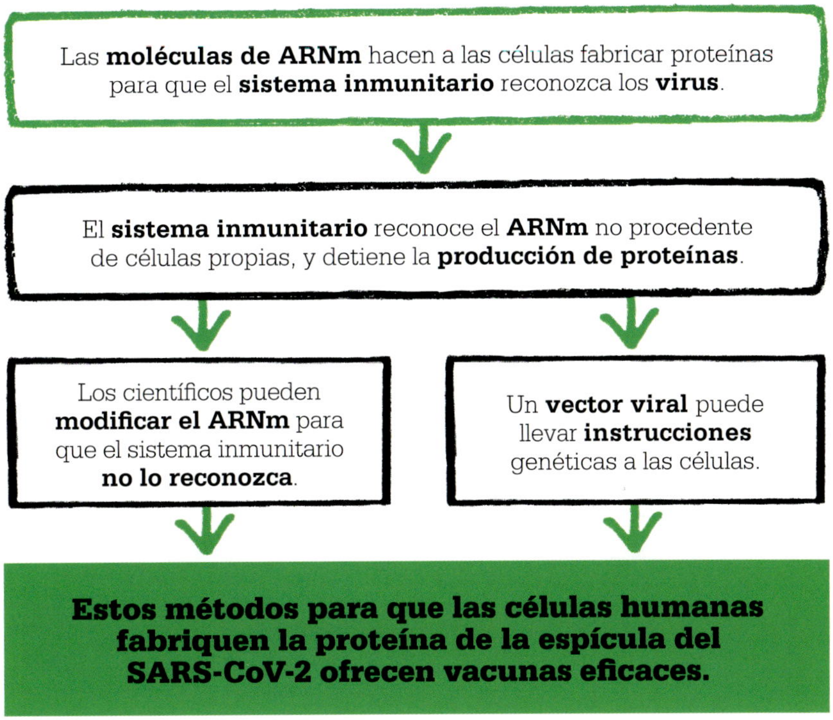

Vacunas de vector viral

Como las vacunas de ARNm, las de vector viral explotan la capacidad de nuestro organismo para fabricar proteínas. Para hacer llegar ARN a nuestras células, los científicos añaden al material genético de otro virus, el llamado vector viral. Al nuevo virus alterado también se le conoce como recombinante.

Una vez que el ARN de proteína vírica entra en las células, los ribosomas –que siguen las instrucciones, vengan de donde vengan– la fabrican. Esto desencadena una respuesta inmunitaria que prepara al organismo para reconocer al virus. En caso de infección futura, el sistema inmunitario podrá responder más rápidamente.

Las vacunas de vector viral no han tenido tanto éxito como las de ARNm contra la COVID-19, pero este podría no ser el caso de futuras vacunas para infecciones virales. Por ello es importante contar con más de un tipo de vacuna, ya que los virólogos no pueden predecir qué forma adoptará la próxima pandemia.

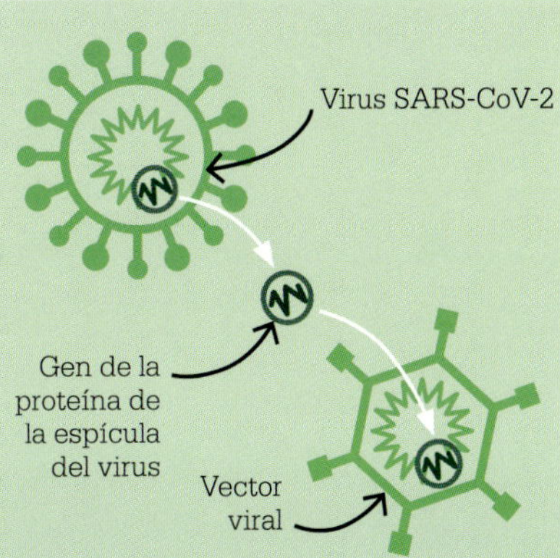

El gen de la proteína de la espícula del virus se añade al material genético de un virus alterado genéticamente para que no cause la enfermedad.

BIOGRAF

IAS

BIOGRAFIAS

Las figuras ya reseñadas en este libro son algunas entre las muchas que contribuyeron a la evolución de la química; esta sección cronológica recuerda a otras figuras importantes. Algunas hicieron grandes descubrimientos, desde Hennig Brand, primera persona conocida que aisló un elemento, hasta Akira Suzuki, quien revolucionó la química industrial con una técnica nueva de síntesis de moléculas orgánicas. Otras personas aplicaron la química para curar enfermedades, como Alice Ball con la lepra y Paul Ehrlich con la sífilis. Algunos de estos científicos fueron grandes educadores: Jane Marcet hizo accesible la química a millones de personas, y el conocimiento de George Washington Carver de la química de las plantas y el suelo ayudó a incontables agricultores.

HENNIG BRAND
*c.*1630–*c.*1710

Poco se sabe de los primeros años del alquimista alemán Brand: nació probablemente en Hamburgo, luchó en la guerra de los Treinta Años (1618–1648) y trabajó como médico, aunque sin cualificación. Buscó la piedra filosofal, sustancia que se creía convertía los metales viles en oro. En un experimento en 1669, redujo por ebullición un gran volumen de orina y obtuvo un residuo sólido blanco. Relucía en la oscuridad, y Brand lo llamó fósforo (del griego *phos*, «luz» y *phoros*, «el que lleva»). Había descubierto de hecho un elemento nuevo, siendo la primera persona conocida en hacerlo.

Véase también: Intentos de fabricar oro 36–41

JOHANN BECHER
1635–1682

Becher, uno de los químicos más influyentes del siglo XVII, era hijo de un ministro luterano alemán. En 1669 publicó *Physica subterranea*, que estudia la naturaleza de los minerales y otras sustancias. Propuso que los materiales se componen de tres «tierras» –vitrificable, mercurial y combustible–, y que todos los materiales inflamables contienen *terra pinguis*, un «elemento-fuego» liberado durante la combustión. A esta sustancia se la llamó flogisto en el siglo XVIII. Becher intentó más tarde transmutar arena en oro.

Véase también: Intentos de fabricar oro 36–41 ▪ El flogisto 48–49

ÉTIENNE-FRANÇOIS GEOFFROY
1672–1731

El médico, químico y farmacéutico francés Étienne-François Geoffroy fue el primer científico en considerar las afinidades *(rapports)* químicas, o atracciones fijas entre determinadas sustancias. Su tabla de afinidades de 1718 fue la primera de muchas creadas por él y otros químicos. Cada columna en la tabla de Geoffroy está encabezada por un elemento o compuesto, seguidos de otras sustancias químicas con las que reaccionan, por orden descendente de afinidad. Las tablas de afinidades fueron una herramienta de referencia hasta finales del siglo XVIII.

La tabla de afinidades de Geoffroy coincidió con la transición de la alquimia a la química científica como disciplina académica por derecho propio, y algunos consideran que marcó el inicio de la revolución química. Geoffroy fue nombrado profesor de química del Real Jardín de las Plantas Medicinales, en París, y desdeñó algunos aspectos de la alquimia, como la creencia en la piedra filosofal.

Véase también: Intentos de fabricar oro 36–41 ▪ Por qué ocurren las reacciones 144–147

DANIEL RUTHERFORD
1749–1819

Mientras se documentaba para su tesis en 1772, en la Universidad de Edimburgo (Reino Unido), el médico escocés Daniel Rutherford retiró el «aire bueno» (oxígeno) de un recipiente sellado con una llama, y pasó el gas restante por una solución para retirar el «aire fijo» (dióxido de carbono). El gas restante ni era respirable

ni ardía. Rutherford lo llamó aire mefítico (venenoso), pero hoy se conoce como el gas nitrógeno. Fue su único descubrimiento notable, pero cofundó la Royal Society de Edimburgo en 1783, y tuvo una carrera de éxito en la botánica y la medicina.
Véase también: El aire fijo 54–55 ▪ El oxígeno y el fin del flogisto 58–59

JANE MARCET
1769–1858

Nacida Jane Haldimand en Londres, y de padres suizos, Marcet se convirtió en autora científica tras asistir a un curso del inglés Humphry Davy. En 1805 publicó anónimamente *Conversations on chemistry*, una serie de diálogos ficticios entre una profesora y dos alumnas que explora los fundamentos de la química. Estaba dirigido a mujeres, pero su influencia fue más allá, e inspiró al químico inglés Michael Faraday, quien recibió escasa educación formal, mientras trabajaba como encuadernador.

Conversations on chemistry fue un éxito de ventas en Reino Unido y EE UU, donde fue un texto habitual en escuelas femeninas, y fue traducido al francés y el alemán. Marcet escribiría luego *Conversations on political economy* (1816) y *Conversations on vegetable physiology* (1829).
Véase también: Aire inflamable 56–57 ▪ El oxígeno y el fin del flogisto 58–59

JOHAN AUGUST ARFWEDSON
1792–1841

Cuando el mineralogista sueco Arfwedson empezó a trabajar en el Consejo Real de Minas, en Estocolmo, conoció a su compatriota Jöns Jacob Berzelius, uno de los químicos más destacados de inicios del siglo XIX. Berzelius permitió a Arfwedson acceder a su laboratorio, donde en 1817 analizó la composición del mineral petalita. Además de aluminio, silicio y oxígeno, halló un elemento que formaba sales similares –aunque distintas– a las del sodio y potasio. Llamó litio al nuevo elemento, pero no pudo aislarlo. Lo lograría cuatro años más tarde el inglés William Brande.
Véase también: Aislar elementos con electricidad 76–79 ▪ Baterías de ion de litio 278–283

CARL GUSTAF MOSANDER
1797–1858

El sueco Mosander se formó originalmente como médico, pero luego fue conservador de minerales en la Real Academia de Ciencias en Estocolmo. Desde 1832 fue profesor de química y mineralogía en el Instituto Karolinska, donde Jöns Jacob Berzelius fue su mentor.

En 1839, mientras estudiaba una muestra de óxido de cerio, comprobó que era parcialmente soluble –si bien su mayor parte no lo era–, y dedujo que era el óxido de un elemento nuevo. Era solo el tercer elemento de tierras raras descubierto, y Mosander lo llamó lantano, del griego *lanthanein*, «oculto». Cuatro años más tarde, aisló otros dos elementos de tierras raras –erbio y terbio–, y creyó haber hallado otro, el didimio, pero este se identificó más adelante como mezcla de óxidos.
Véase también: La tabla periódica 130–137

CHARLES GOODYEAR
1800–1860

El químico autodidacta Goodyear comenzó a trabajar en la ferretería de su padre en Connecticut (EE UU). Se interesó en desarrollar una técnica para volver el caucho más resistente, menos adhesivo y menos vulnerable al calor o frío extremos. En 1839, durante un experimento, algo de caucho mezclado con azufre cayó sobre una estufa caliente, y así nació el proceso que hizo posible la manufactura de la clase de caucho de la que se hacen los neumáticos. Goodyear patentó el invento (luego conocido como vulcanizado) en 1844, pero la patente fue objeto de tantas violaciones que, mientras otros se enriquecían con su hallazgo, Goodyear murió endeudado por honorarios legales.
Véase también: La polimerización 204–211

CARL REMIGIUS FRESENIUS
1818–1897

El pionero del análisis químico alemán Fresenius creó un método sistemático para identificar los constituyentes de una mezcla de sustancias químicas. En 1841 publicó la primera edición de su *Anleitung zur qualitativen chemischen Analyse* («Manual de análisis químico cualitativo»). Se trasladó a la Universidad de Giessen para asistir al químico Justus von Liebig. En 1862, Fresenius fundó la *Revista de química analítica*, probablemente la primera revista especializada en química, de la que fue editor hasta su muerte. Para entonces, su *Manual* contaba con 16 ediciones y se había traducido a varios idiomas.
Véase también: La cromatografía 170–175

LOUIS PASTEUR
1822–1895

Desde sus inicios humildes en Francia, Louis Pasteur se convirtió en uno de los científicos más grandes del siglo XIX. Es famoso sobre todo por sus hallazgos en microbiología, principalmente el de que las bacterias causan enfermedades, el fundamento de la teoría microbiana. También inventó el proceso de la pasteurización y creó vacunas para la rabia y el carbunco (o ántrax maligno).

En sus primeros estudios, Pasteur aplicó luz polarizada al proceso de análisis químico. Al estudiar la fermentación del vino, mostró que dos sustancias (los ácidos tartárico y paratartárico) tenían la misma composición química pero que sus átomos tenían una disposición espacial diferente, siendo una la imagen especular de la otra: eran isómeros ópticos. Demostraba así que era necesario estudiar la estructura de una sustancia además de su composición para comprender cómo se comporta.
Véase también: Isomería 84–87 ▪ Estereoisomería 140–143 ▪ Los antibióticos 222–229 ▪ Nuevas tecnologías para vacunas 312–315

LOTHAR MEYER
1830–1895

El químico alemán Lothar Meyer comenzó a enseñar química en 1859. Cinco años después publicó *Die modernen Theorien der Chemie* («Las teorías modernas de la química»), donde proponía una clasificación periódica de los elementos. Dispuso 28 elementos según su peso atómico, y estudió la relación entre sus pesos y sus propiedades. Meyer desarrolló la idea más allá en 1868 y 1870, pero entonces el ruso Dmitri Mendeléiev había publicado ya su propia tabla periódica. Meyer fue catedrático de química en la Universidad de Tubinga desde 1876 hasta su muerte.
Véase también: La tabla periódica 130–137

WILLIAM CROOKES
1832–1919

Conocido sobre todo por su trabajo con tubos de vacío (el tubo de Crookes lleva su nombre), al físico y químico William Crookes le atrajo la física óptica, posiblemente a raíz de conocer a Michael Faraday. Crookes era rico, y trabajó incansablemente durante décadas en su propio y bien equipado laboratorio. Gran parte de su trabajo fue en el área de la espectroscopia de llamas, con la que descubrió un metal postransicional, el talio, en 1861. Al ver una línea verde en el espectro de ácido sulfúrico impuro, comprendió que se trataba de un elemento nuevo.
Véase también: Espectroscopia de llamas 122–125

HENRI MOISSAN
1852–1907

En 1884, el francés Henri Moissan, empleado en la Escuela de Farmacia en París, comenzó a estudiar compuestos del flúor. Un problema por resolver en la química inorgánica era el aislamiento del flúor, el elemento más reactivo de la tabla periódica, y un gas muy tóxico. Tras varios envenenamientos, Moissan logró aislarlo en 1886, mediante la electrólisis en una solución de fluorhidrato potásico y ácido fluorhídrico. Por esto, y por la invención de un horno eléctrico, recibió el Nobel de química en 1906.
Véase también: Aislar elementos con electricidad 76–79 ▪ Electroquímica 92–93

PAUL EHRLICH
1854–1915

El médico y químico alemán Paul Ehrlich observó la acción selectiva de los tintes de anilina que usaba para teñir células, y comprendió que revelaban distintos tipos de célula y distintas reacciones químicas y que ciertas sustancias podían tratar enfermedades. Desarrolló diversos tintes para distinguir entre células sanguíneas, y mostró que el consumo de oxígeno por las células varía según las partes del organismo.

En 1908, Ehrlich compartió el premio Nobel de fisiología o medicina por su trabajo sobre la inmunidad, en el que empleó anticuerpos de las células sanguíneas. En 1907, una sustancia (el «compuesto 606») sintetizada en el laboratorio de Ehrlich demostró ser un tratamiento muy eficaz para la sífilis. Luego llamada Salvarsan, fue el primer gran avance en la quimioterapia antibacteriana.
Véase también: Los antibióticos 222–229 ▪ La quimioterapia 276–277 ▪ Nuevas tecnologías para vacunas 312–315

CARL AUER VON WELSBACH
1858–1929

En 1885, el químico austriaco Welsbach utilizó la cristalización fraccionada para separar la aleación didimio (hasta entonces considerada un elemento) en sus dos tierras raras constituyentes: una sal verde, a la que llamó praseodimio, y otra rosa, el neodimio. El mismo año se le concedió la patente de una camisa incandescente que empleaba lantano, otro elemento de tierras raras. En 1905, Welsbach fue uno de los tres químicos que descubrieron independientemente otro elemento del mismo grupo, el lutecio, atribuido finalmente al químico francés Georges Urbain.
Véase también: Elementos de tierras raras 64–67

GEORGE WASHINGTON CARVER
c. 1864–1943

Nacido en la esclavitud un año antes de su abolición, el afroestadounidense Carver estudió ciencia agrícola en la Universidad Agrícola y Granja Modelo de Iowa. En 1894, fue uno de los primeros estadounidenses negros licenciados en ciencias. Enseñó en la Estación Experimental de Agricultura y Economía Doméstica de Iowa y el Instituto Normal e Industrial de Tuskegee, en Alabama. Aunque más conocido por desarrollar múltiples usos para los cacahuetes, su trabajo más valioso fue en la química del suelo. Creó técnicas para recuperar suelo agotado por años de monocultivo del algodón, empleando cultivos fijadores del nitrógeno como el cacahuete, la soja y la batata.
Véase también: Fertilizantes 190–191

ALICE BALL
1892–1916

Alice Ball, nacida en Seattle (EE UU), se licenció en química farmacéutica y farmacia. En la Universidad de Hawái fue la primera afroestadounidense en obtener una maestría en química y, a la edad de 23 años, la primera profesora de química de la institución. Allí, Ball desarrolló el primer tratamiento útil para la lepra, una inyección de una solución de aceite extraído de la chaulmugra (*Hydnocarpus* spp.). El método Ball se usó con éxito durante más de 30 años hasta la llegada de las sulfonamidas. Ball no llegó a ver el pleno impacto de su tratamiento: murió al año siguiente, tras inhalar accidentalmente gas cloro. El decano de la universidad reivindicó para sí el descubrimiento, pero finalmente se le atribuyó debidamente a Ball en 1922.
Véase también: Grupos funcionales 100–105 ▪ Los antibióticos 222–229

IRÈNE JOLIOT-CURIE
1897–1956

Hija de los físicos Marie y Pierre Curie, Joliot-Curie manejó máquinas de rayos X con su madre en hospitales móviles de campaña durante la Primera Guerra Mundial. Luego estudió química en el Instituto del Radio de sus padres, y escribió su tesis doctoral sobre la radiación emitida por el polonio. Junto con su marido Frédéric Joliot, estudió la radiactividad y la transmutación de los elementos. En 1935 compartieron el Nobel de química por su descubrimiento de que podían sintetizarse elementos radiactivos nuevos a partir de elementos estables. En 1938, el trabajo de Joliot-Curie sobre la acción de los neutrones en elementos pesados fue un paso importante en el desarrollo de la fisión del uranio. Igual que su madre, Joliot-Curie murió a causa de una leucemia contraída en el curso de su trabajo.
Véase también: La radiactividad 176–181 ▪ Elementos sintéticos 230–231 ▪ La fisión nuclear 234–237

PERCY JULIAN
1899–1975

El químico afroestadounidense Percy Julian fue un pionero de la síntesis química de fármacos a partir de plantas. Las actitudes racistas imperantes en EE UU en la década de 1920 impidieron a Julian ocupar un puesto docente en una universidad importante, pese a ser becado en la Universidad de Harvard. En 1929, recibió una beca de la Fundación Rockefeller para estudiar en Viena, donde pudo doctorarse en 1931.

Julian volvió a la Glidden Company en EE UU, y diseñó una técnica propia para sintetizar las hormonas sexuales progesterona y testosterona a partir de sustancias aisladas a partir del aceite de soja. También desarrolló un sustituto barato de la cortisona basado en la soja, empleado como analgésico. En 1953 estableció su propia empresa de investigación, Julian Laboratories. Tuvo que seguir enfrentándose al racismo: en la década de 1950, su hogar en Chicago fue atacado al menos dos veces.
Véase también: Grupos funcionales 100–105 ▪ La píldora anticonceptiva 264–265

SEVERO OCHOA
1905–1993

El fisiólogo y bioquímico español Severo Ochoa vio limitadas sus posibilidades de investigar en Europa debido a la Guerra Civil Española y al estallido de la Segunda Guerra Mundial, y en 1941 se mudó a EE UU. Más tarde se nacionalizó estadounidense. Ochoa pudo dedicarse a sus pasiones, las enzimas y la síntesis de proteínas. En 1955, en la Escuela de Medicina de la Universidad de Nueva York, junto con su colega Marianne Grunberg-Manago, halló una enzima capaz de sintetizar nucleótidos, los componentes del ARN (ácido ribonucleico) y ADN (ácido desoxirribonucleico). El descubrimiento permitió conocer mejor cómo se traduce la información genética, por lo cual compartió en 1959 el premio Nobel de fisiología o medicina, siendo el primer galardonado estadounidense hispano.
Véase también: Enzimas 162–163 ▪ La estructura del ADN 258–261

FREDERICK SANGER
1918–2013

Apodado el «padre de la genómica», el bioquímico británico Sanger es el único científico receptor de dos premios Nobel de química. En la Universidad de Cambridge, en 1943, comenzó a estudiar la proteína insulina. En 1955 identificó la secuencia única de aminoácidos que constituye la molécula de insulina, por lo cual fue reconocido con su primer premio Nobel en 1958. Este trabajo aportó una clave para comprender cómo el ADN codifica para hacer proteínas en la célula.

En 1977, Sanger desarrolló un método para cartografiar el genoma de un organismo, determinando el orden de los nucleótidos en sus moléculas de ADN. Por ello fue uno de cuatro premiados con el Nobel de química en 1980.

Véase también: La estructura del ADN 258–261 ▪ La reacción en cadena de la polimerasa 284–285 ▪ La edición del genoma 302–303

AKIRA SUZUKI
n. en 1930

En 1979, como profesor de química aplicada en la Universidad de Hokkaido (Japón), y trabajando con su colega Norio Miyaura, Suzuki empleó paladio como catalizador para sintetizar moléculas orgánicas grandes formando enlaces entre átomos de carbono. Esta reacción de acoplamiento cruzado, conocida como reacción Suzuki o Suzuki-Miyaura, tuvo un gran impacto en la química orgánica, al permitir la producción de biarilos, alquenos y estirenos, importantes para las industrias química y farmacéutica. Los productos de la reacción Suzuki pueden llegar a ser importantes en nanotecnología. Por este trabajo, Suzuki compartió el premio Nobel de química de 2010 con el químico japonés Ei-ichi Negishi y el químico estadounidense Richard Heck.

Véase también: La catálisis 69 ▪ Grupos funcionales 100–105

YOUYOU TU
n. en 1930

Tras estudiar farmacología en el Centro de Ciencia Médicas de la Universidad de Pekín, Tu pasó su carrera en la Academia de Medicina Tradicional China. En 1969 se le encargó a ella encontrar una cura nueva para la malaria, al haberse vuelto resistente a la cloroquina el parásito de la enfermedad (*Plasmodium* spp.).

El ajenjo *(Artemisia annua)* se utilizaba ya en la medicina tradicional china. En 1972, el equipo de Tu aisló en el ajenjo una sustancia clave, la lactona, a la que llamó artemisinina. Esta mata al parásito bloqueando la síntesis de proteínas. Al año siguiente, el equipo aisló la dihidroartemisinina. Estos compuestos inauguraron una nueva generación de fármacos contra la malaria, y salvaron millones de vidas. En 2015, Tu compartió el premio Nobel de fisiología o medicina por lo que se describió como «quizá la intervención farmacéutica más importante del último medio siglo».

Véase también: Grupos funcionales 100–105

JAMES ANDREW HARRIS
1932–2000

A pesar de ser un licenciado muy cualificado desde 1953, al químico afroestadounidense James A. Harris le fue difícil encontrar trabajo en la investigación científica. En 1960 encontró empleo en el Laboratorio de Radiación Lawrence de la Universidad de California en Berkeley, donde se le encargó buscar elementos transuránicos (superpesados). Formó parte de un equipo que aisló el elemento 104 (rutherfordio) en 1969, y en 1970, el elemento 105 (dubnio), siendo el primer estadounidense negro en contribuir al descubrimiento de elementos nuevos. Harris dedicó parte de su tiempo libre y de su carrera posterior a labores administrativas desde las que apoyó a los científicos jóvenes afroestadounidenses.

Véase también: Los elementos transuránicos 250–253

GERHARD ERTL
n. en 1936

A sugerencia del destacado electroquímico Heinz Gerischer en la Universidad de Múnich, en la década de 1960, el químico alemán Ertl comenzó a investigar la disciplina emergente de la ciencia de superficies, en particular la interfase sólido-gas. A lo largo de varios años, estudió por qué las reacciones químicas se aceleran en las superficies, y desarrolló la tecnología del vacío ultrapuro para el estudio de las reacciones químicas superficiales. Entre las aplicaciones de su trabajo se cuentan las mejoras en el proceso Haber-Bosch de síntesis del amoniaco y en el rendimiento de las celdas de combustible. Ertl fue director del Instituto Fritz Haber en Berlín desde 1986 hasta 2004. En 2007 recibió el premio Nobel de química por su trabajo sobre los procesos químicos en superficies sólidas.

Véase también: Fertilizantes 190–191

MARGARITA SALAS
1938–2019

Durante tres años desde 1964, la bioquímica española Margarita Salas fue parte del equipo del laboratorio de Severo Ochoa en la Universidad de Nueva York, donde estudió los mecanismos de replicación, transcripción y traducción que transmiten la información genética del ADN a la proteína. De regreso en España, en 1977, en el Centro de Biología Molecular Severo Ochoa de Madrid, Salas y el bioquímico Luis Blanco desarrollaron un mecanismo para la replicación del ADN. La amplificación por desplazamiento múltiple permitió pruebas de ADN más rápidas y precisas de lo que había sido posible con la reacción en cadena de la polimerasa (PCR). El método de Salas requería solo fragmentos minúsculos de ADN para generar muchas copias de genomas enteros, y es por tanto idóneo para el análisis forense, la identificación de mutaciones en tumores y el análisis genético de fósiles.

Véase también: La estructura del ADN 258–261 ▪ La reacción en cadena de la polimerasa 284–285

ADA YONATH
n. en 1939

Nacida en una familia judía pobre en Palestina, Ada Yonath estudió química, bioquímica y biofísica en la Universidad Hebrea de Jerusalén, y cristalografía de rayos X en el Instituto Weizmann de Ciencias. Yonath empleó la cristalografía de rayos X para estudiar la estructura atómica y función de los ribosomas (las fábricas de proteína en las células), y desarrolló la técnica de la criocristalografía para limitar el daño por radiación a las proteínas en el procedimiento de rayos X. Más tarde investigó la estructura atómica de los antibióticos. Por su trabajo con los ribosomas, fue una de tres galardonados con el premio Nobel de química en 2009.

Véase también: Cristalografía de rayos X 192–193 ▪ La química de la vida 256–257 ▪ Cristalografía de proteínas 268–269

DAN SCHECHTMAN
n. en 1941

Como investigador visitante en el Instituto Nacional de Estándares y Tecnología (NIST) en Maryland (EE UU), en 1982, el científico de materiales israelí Dan Schechtman observó patrones de difracción extraños en una aleación de aluminio y manganeso.

Los patrones eran ordenados, pero no periódicos ni repetitivos, indicio de una disposición de átomos y moléculas en los cristales hasta entonces desconocida. Desde entonces se han descubierto cientos de cuasicristales, como más tarde se llamaron. Sus aplicaciones van desde sartenes antiadherentes a materiales que convierten el calor en electricidad. Por su descubrimiento, Schechtman fue premiado con el Nobel de química en 2011.

Véase también: Cristalografía de rayos X 192–193 ▪ Enlaces químicos 238–245

AHMED ZEWAIL
1946–2016

En 1976, el químico egipcio-estadounidense Zewail comenzó a trabajar en el Instituto Tecnológico de California (CalTech). Su equipo inició y observó reacciones químicas empleando láser ultrarrápido para formar pulsos de luz de una milbillonésima de segundo, en lugar del picosegundo (una billonésima de segundo), la escala de las reacciones a nivel molecular. La nueva espectroscopia de femtosegundo, tal como la llamó Zewail, permitió a los científicos observar la dinámica de las reacciones y las vías moleculares durante las mismas. Por su química pionera ultrarrápida, Zewail fue reconocido con el premio Nobel de química en 1999, siendo así el primer laureado con un Nobel en ciencias del mundo árabe.

Véase también: Enlaces químicos 238–245

DAVID MACMILLAN
n. en 1968

Hasta el siglo XXI, solo pudieron utilizarse metales y enzimas como catalizadores de reacciones químicas. En 2000, en la Universidad de California en Berkeley, el químico orgánico escocés-estadounidense David MacMillan inventó la técnica de organocatálisis. Esta emplea una molécula pequeña basada en el carbono como catalizador para producir moléculas especiales llamadas enantiómeros (estructuras especulares, no superponibles). Este avance permitió manufacturar nuevos fármacos y materiales; los organocatalizadores son además biodegradables y más baratos que los catalizadores tradicionales, algunos de ellos tóxicos. MacMillan desarrolló aún más la técnica en la Universidad de Princeton. En 2021, compartió el premio Nobel de química con el químico alemán Benjamin List (n. en 1968), quien había contribuido también a la organocatálisis asimétrica.

Véase también: La catálisis 69 ▪ Grupos funcionales 100–105

GLOSARIO

ácido nucleico Una de las dos moléculas de cadena larga de los seres vivos, ADN (ácido desoxirribonucleico) y ARN (ácido ribonucleico). Los ácidos nucleicos consisten en cadenas largas de unidades individuales, llamadas nucleótidos: a su vez, cada nucleótido contiene una molécula de azúcar (ribosa o desoxirribosa), un grupo fosfato y una base (véase *base*, acepción 2).

ADN Abreviatura de ácido desoxirribonucleico, molécula de cadena larga compuesta de pequeñas unidades individuales. Los genes de los seres vivos están registrados en el ADN de sus células. El orden de las distintas bases del ADN (véase *base*) conforma cada gen. Los genes de algunos virus se dan en forma de ARN, no de ADN. Véase también *ácido nucleico*.

aerosol Dispersión de partículas minúsculas, líquidas o sólidas, en el aire.

agente reductor Sustancia que causa que otra se reduzca. Véase *reducción*.

aire deflogistizado Nombre obsoleto del oxígeno, de la época en que se creía que este consistía en aire al que se le había retirado el flogisto. Véase también *flogisto*.

akamptisómero Estereoisómero descubierto en 2018, cuya estructura molecular impide rotar a enlaces químicos normalmente flexibles.

aleación Un metal mezcla de más de un elemento metálico, que puede incluir no metales también.

álkali Véase *base*.

alto horno Tipo principal de horno usado para fundir hierro. El mineral de hierro, coque y otros materiales se introducen por la parte superior de la estructura elevada, y el hierro fundido fluye desde la inferior. El aire se introduce por toberas para mantener en marcha el proceso. Véase también *fundición*.

alveolos Bolsas microscópicas de aire en los pulmones donde tiene lugar el intercambio de oxígeno y dióxido de carbono entre el aire y la sangre.

aminoácido Compuesto pequeño con contenido en nitrógeno, presente en todos los seres vivos. Las moléculas de proteína son cadenas largas de hasta 20 tipos diferentes de aminoácidos, dispuestos en un orden único en cada proteína.

ARN Abreviatura de ácido ribonucleico, molécula de cadena larga similar al ADN. Las instrucciones genéticas deben copiarse del ADN al ARN en las células para tener efecto. Las moléculas de ARN realizan también otras funciones en las células.

átomo La menor unidad de un elemento químico, formado por un núcleo central pesado y electrones que orbitan a su alrededor.

atropisómero Estereoisómero en el que está restringida la rotación de enlaces únicos que tienen libertad para ello en la mayoría de las demás moléculas.

base (1) El opuesto químico de un ácido. A las bases solubles se las llama álcalis. Ácidos y bases reaccionan juntos y forman sales. (2) En biología, un compuesto de carbono que contiene nitrógeno, del que hay cuatro tipos en el ADN y cuatro (uno distinto de los del ADN) en el ARN. El orden de las distintas bases a lo largo de las moléculas de ADN y ARN «transcribe» las instrucciones genéticas para las que codifican.

bomba atómica Bomba cuya energía procede principalmente de la fisión de U-235, isótopo del uranio, o de Pu-239, isótopo del plutonio. Véase también *isótopo*, *fisión nuclear*.

botella de Leyden Aparato inventado en el siglo XVIII para almacenar electricidad estática, y que es capaz de producir una descarga.

calotipo Proceso fotográfico más antiguo en el que se usan negativos de los que se pueden obtener muchos positivos.

cámara oscura Dispositivo que emplea una lente para proyectar la imagen de un objeto sobre una superficie en una caja sin luz. Empleada por pintores, fue un precursor de la cámara fotográfica.

capa de ozono Capa en la alta atmósfera que contiene ozono (forma triatómica del oxígeno), y que protege la Tierra de la radiación ultravioleta dañina.

catalizador Sustancia que acelera una reacción química, sin alterarse permanentemente ni descomponerse al acabar esta.

CFC Abreviatura de clorofluorocarbonos, halocarburos producidos artificialmente y que antes eran de uso industrial, hasta descubrirse que dañaban la capa de ozono. Véase también *halocarburo*, *capa de ozono*.

colimador Dispositivo para producir un haz paralelo de radiación.

compuesto Sustancia compuesta de átomos de más de un elemento, enlazados en una proporción fija. En los compuestos covalentes, la parte menor es una única molécula.

conservación de la masa El principio por el cual la masa total de las sustancias ni aumenta ni disminuye en una reacción química.

corona solar La atmósfera exterior poco densa del Sol, que se extiende millones de km desde la superficie visible.

crisol Recipiente para fundir metales u otras sustancias a alta temperatura.

cristal Todo sólido cuyos átomos o moléculas mantienen un patrón 3D geométrico repetido.

curva de Keeling Gráfico que muestra el incremento de los niveles globales de dióxido de carbono atmosférico desde 1958, registrado en el Observatorio de Mauna Loa en Hawái como parte de un programa iniciado por el geoquímico Charles Keeling.

daguerrotipo Tipo antiguo de fotografía, obtenida por un proceso cuyo resultado son imágenes positivas únicas.

desoxirribosa Tipo de molécula de azúcar que forma parte de la estructura del ADN.

destilación seca Calentamiento de un sólido para que emita gases, sin vaporizarse o arder por completo.

diatómica Molécula compuesta por dos átomos.

difracción de rayos X Técnica para investigar la estructura de los cristales consistente en atravesarlos con rayos X y estudiar el efecto sobre estos.

diorama Dispositivo móvil para mostrar escenas de gran tamaño.

efecto invernadero Tendencia de algunos gases de la atmósfera, como el dióxido de carbono, a atrapar energía térmica que irradia de la superficie terrestre, y que tiene el efecto de calentar la atmósfera.

electricidad estática Fenómeno en el que se separan cargas positivas y negativas, por fricción entre distintos materiales, o de modo natural en las nubes de tormenta. La energía acumulada puede producir una descarga repentina, como en los rayos.

electrodo Conductor que cede o toma electrones como parte de un circuito eléctrico.

electrólisis Descomposición de sustancias químicas por medio de la electricidad.

electrolito Líquido o pasta conductora de electricidad como resultado del movimiento de los iones positivos y negativos que contiene.

electromagnetismo Fuerzas magnéticas producidas por la electricidad; más generalmente, todo fenómeno caracterizado por la relación entre electricidad y magnetismo.

electrón Partícula minúscula de carga negativa. En un átomo, los electrones orbitan alrededor del mucho más masivo núcleo central, de cuyos protones equilibran la carga positiva. Los electrones fluyen libremente a través de los metales, y se dan también como haces de radiación. Véase también *rayo catódico*.

electronegatividad Tendencia de un átomo de un elemento dado a atraer electrones cuando tiene un enlace covalente con un átomo de otro elemento. El flúor es el elemento más electronegativo.

electroquímica Rama de la química que estudia la relación entre química y electricidad: por ejemplo, cómo los compuestos se descomponen en sus elementos por electrólisis.

elemento químico Sustancia formada por átomos con el mismo número atómico. Véase *número atómico*.

enlace covalente Véase *enlace químico*.

enlace de hidrógeno Enlace con una atracción más débil que un enlace covalente, entre un átomo de hidrógeno y determinados otros átomos, como los de oxígeno y nitrógeno. Los enlaces de hidrógeno contribuyen a estabilizar la forma de muchas moléculas biológicas, como las proteínas y los ácidos nucleicos.

enlace químico Vínculo entre dos átomos, que los une formando una molécula o compuesto. Se forman enlaces fuertes tanto al compartir electrones los átomos (enlace covalente) como al transferirse electrones en una atracción eléctrica entre ellos (enlace iónico, o electrovalente), o bien por procesos que combinan ambas formas y crean enlaces de tipo intermedio. Existen enlaces más débiles aparte de estas categorías. Véase también *enlace de hidrógeno*.

enzima Alguno de los varios miles de tipos de moléculas grandes en los seres vivos, cada una de las cuales cataliza (facilita) una reacción química particular. Casi todas las enzimas son proteínas.

equilibrio dinámico Estado de una reacción química en que los reactivos se convierten en productos y los productos en reactivos a la misma tasa, sin cambio neto alguno como resultado.

espectro Patrón producido cuando distintas longitudes de onda de luz u otra radiación electromagnética se descomponen a través de un prisma u otro dispositivo. El término puede designar también un rango de longitudes de onda, como en la expresión «el espectro infrarrojo», por ejemplo.

espectro electromagnético Gama completa de la radiación electromagnética, desde, por orden, las ondas de radio (de menor frecuencia y onda más larga), las microondas, la radiación infrarroja, la luz visible y la radiación ultravioleta, hasta los rayos X y gamma, de frecuencia más alta y mayor energía.

espectros de llamas Espectros observados al calentar sustancias a la llama. Cada elemento emite luz en una frecuencia característica, y puede identificarse por su espectro.

éster Compuesto orgánico formado por la reacción de un ácido con un alcohol.

estereoisomería Tipo de isomería en el que dos o más isómeros contienen los mismos subgrupos químicos, pero con una organización espacial distinta. Los isómeros especulares son un ejemplo. Véase *quiralidad*, *isomería*.

fisión Véase *fisión nuclear*.

fisión nuclear Proceso de partir cierto tipo de núcleos atómicos en dos o más núcleos menores de otros elementos. Se consigue bombardeándolos con neutrones, como ocurre en un reactor nuclear o bomba atómica.

flogisto En la teoría química del siglo XVIII, una supuesta sustancia emitida por toda materia al arder. La teoría del flogisto quedó luego desacreditada.

fosforescencia Luz emitida por una sustancia sin haberse calentado, en particular si persiste en el tiempo.

fundición Extracción de un metal de su mena utilizando calor y un agente reductor. Véase *agente reductor*.

fungicida Sustancia empleada para matar hongos.

halocarburo Sustancia química orgánica similar a un hidrocarburo, y en la que algunos o todos los átomos de hidrógeno han sido sustituidos por átomos de elementos halógenos.

halógeno Cualquier miembro del grupo de elementos similares formado por flúor, cloro, bromo, yodo, astato y teneso. (Literalmente, halógeno significa «formador de sales».)

hibridación En el contexto de los enlaces químicos, formación de orbitales híbridos.

hidrocarburo Compuesto orgánico consistente solo en átomos de carbono e hidrógeno, como el metano o el octano.

hierro forjado Forma de hierro baja en carbono producida por el martillado o laminado de hierro más impuro. Es mucho menos frágil que el hierro fundido, pero hoy en día ha sido sustituido por el acero para la mayoría de usos. Véase también *hierro fundido*.

hierro fundido Forma dura y relativamente frágil del hierro, obtenida refundiendo el metal producido en el horno. Tiene un alto contenido de carbono.

horno bajo Horno de pequeña escala empleado desde la antigüedad para fundir hierro y en el que el hierro no alcanza el estado líquido.

imagen latente Imagen fotográfica cuyos detalles existen en forma de diferencias químicas sobre la superficie fotográfica, pero que solo son visibles cuando es procesada.

incandescencia Luz que emite una sustancia al calentarse lo suficiente.

inerte No reactivo.

insecticida de contacto Sustancia tóxica para los insectos al entrar en contacto con ella.

ion Átomo que ha ganado o perdido uno o más electrones, y adquirido una carga neta negativa o positiva. El proceso por el que ocurre esto se conoce como ionización.

isomería Propiedad de las sustancias que se dan en forma de más de un isómero.

isómero Molécula que contiene el mismo número y tipo de átomos que otra, pero en una disposición diferente.

isótopo Átomo de un elemento dado que contiene un número determinado de neutrones. Muchos elementos tienen varios isótopos distintos, químicamente iguales por lo general, pero que pueden diferir en sus características físicas, siendo algunos radiactivos, por ejemplo.

Kaliapparat Aparato de vidrio del siglo XIX para medir el contenido de carbono presente en distintas sustancias.

ley de Haber Ley empleada para calcular el efecto de la exposición a sustancias tóxicas.

ley de las proporciones constantes Ley química por la que las sustancias puras forman compuestos unas con otras en proporciones fijas, medidas por peso.

líneas D Líneas oscuras en el espectro del Sol, de longitudes de onda particulares que indican la presencia de sodio, por absorber este dichas longitudes de onda.

líneas de emisión Líneas de colores vivos en posiciones particulares del espectro de frecuencia que indican la presencia de elementos químicos, cuyos átomos emiten luz en dichas frecuencias al calentarse.

masa Cantidad de materia en una partícula o sustancia.

masa atómica relativa Llamada habitualmente peso atómico, es la media ponderada de la masa de los átomos de un elemento expresada en relación con el isótopo carbono-12. No suele ser un número entero, ya que la mayoría de los elementos consisten en una mezcla de isótopos de masa distinta. Véase también *isótopo*.

mena Fuente natural de un metal o mineral de importancia comercial.

menisco Superficie superior curva de un líquido en un tubo.

metal pesado Término aplicado a cualquier elemento metálico salvo los de masa atómica ligera. El cobre y el plomo, por ejemplo, son metales pesados, mientras que no lo son el aluminio y el magnesio.

micropalanca Estructura rígida sujeta por un solo extremo y rematada por una sonda en un microscopio de fuerza atómica.

mitocondria Orgánulo en las células vivas que les suministra energía. Véase también *orgánulo*.

modelo pudín de pasas Modelo obsoleto de la estructura del átomo, en el que los electrones de carga negativa están incrustados sobre una matriz de carga positiva, como pasas en un bizcocho.

molécula Combinación de dos o más átomos, unidos por enlaces químicos, generalmente covalentes. Los átomos pueden ser del mismo elemento (como en la molécula de hidrógeno, que contiene dos átomos de hidrógeno) o de elementos distintos.

negativo (imagen) Imagen fotográfica en la que las áreas luminosas de la escena original se ven oscuras, y viceversa.

neonicotinoides Insecticidas sintéticos modernos, químicamente similares a la nicotina. Aunque menos tóxicos para mamíferos y aves que muchos insecticidas, pueden ser muy dañinos para las abejas y otros insectos beneficiosos.

neutrón Partícula sin carga eléctrica en el núcleo de todos los átomos salvo el isótopo principal del hidrógeno, cuyo núcleo consiste en un solo protón. Los neutrones tienen casi la misma masa que los protones. En la *fisión nuclear* se emiten neutrones.

núcleo (1) Parte central de un átomo, que contiene los protones y neutrones. Casi toda la masa de un átomo se halla en el núcleo. (2) Orgánulo en la mayoría de las células biológicas que contiene la información genética de la célula (ADN).

núcleo de hielo Larga columna cilíndrica de hielo obtenida de un glaciar o casquete polar por perforación. Tales muestras informan de condiciones climáticas cambiantes y niveles de contaminación a lo largo de milenios.

nucleobase Véase *base*.

número atómico Número de protones en el núcleo de un átomo. Cada elemento químico tiene el mismo número de protones en todos sus átomos, distinto del número de protones de cualquier otro elemento. En un átomo neutral, el número de electrones que orbitan alrededor del núcleo, que determina las propiedades químicas del elemento, es igual al número de protones.

onda Forma de movimiento regular que transmite energía. La longitud de onda, se trate de olas de agua u ondas de luz, es la distancia entre las crestas de las sucesivas olas u ondas.

orbital Véase *orbital electrónico*.

orbital electrónico Trayectoria que sigue un electrón al orbitar alrededor del núcleo de un átomo. Los orbitales no son rutas exactas, sino que representan la probabilidad de localizar el electrón en un punto dado. Pueden ser de diferentes formas, y son fundamentales para formar enlaces químicos. Véase también *orbital híbrido*.

orbital híbrido Un tipo de orbital electrónico presente en enlaces entre átomos en los que los orbitales de átomos individuales se solapan y combinan. Véase también *orbital electrónico*.

orgánulo Estructura pequeña, rodeada generalmente de una membrana, que realiza una función particular en la célula. Son ejemplos las mitocondrias y los núcleos celulares.

ósmosis Movimiento del agua, u otro solvente, de una solución más diluida a otra más concentrada a través de una membrana semipermeable.

oxidación, oxidar Una sustancia se oxida al combinarse oxígeno con ella, o más generalmente, cuando pierde electrones en una reacción química. Véase también *reducción*.

óxido (1) Compuesto de oxígeno con otro elemento. (2) Residuo en forma de polvo o grumos que deja un mineral o metal al exponerse al calor o al fuego.

patógeno Bacteria u otro microbio causante de enfermedad.

peptidoglucano Macromolécula que forma la estructura de la pared celular bacteriana.

peso atómico Véase *masa atómica relativa.*

pila seca Pila en la que el electrolito es una pasta, no un líquido.

pila voltaica Primera pila eléctrica, inventada por Alessandro Volta y presentada públicamente en 1800.

placa de Petri Recipiente circular bajo, de fondo plano y con tapa, de vidrio o plástico, habitualmente transparente.

polímero Molécula larga formada por unidades menores repetidas.

proceso de cámara de plomo Método antiguo para obtener ácido sulfúrico, generalmente sustituido hoy por el *proceso de contacto.*

proceso de contacto El principal método industrial moderno para fabricar ácido sulfúrico.

protón Partícula de carga positiva presente en el núcleo de todos los átomos. Cada elemento químico tiene un número distinto de protones en sus átomos. Véase también *número atómico.*

quiralidad Propiedad de las moléculas que se dan en dos formas, siendo una la imagen especular de otra, de modo comparable a guantes izquierdo y derecho. Véase también *estereoisomería.*

radiación (1) Véase *radiación electromagnética.* (2) Haces de partículas subatómicas tales como electrones o neutrones.

radiación electromagnética Radiación que transmite energía en forma de ondas de campos eléctricos y magnéticos oscilantes que se propagan a la velocidad de la luz. Véase también *espectro electromagnético.*

radiación infrarroja Radiación electromagnética de onda más larga que la luz visible, y que se experimenta de forma cotidiana como radiación térmica.

radiación ionizante Toda forma de radiación que causa la ionización de átomos. Suele ser peligrosa para el organismo humano.

radiación ultravioleta Radiación electromagnética de longitud de onda más corta que la luz visible, pero más larga que los rayos X.

radiactividad Fenómeno por el que determinado tipo de núcleos atómicos emiten radiación mientras se transforman en núcleos de otro tipo. Véase también *radiación, transmutación.*

rayo catódico Corriente de electrones que surge de un electrodo negativo (cátodo). Véase *electrodo.*

reacción reversible Reacción química en la que los productos vuelven a formar los reactivos.

reactante Sustancia que interviene en una reacción química y se descompone o cambia como resultado. Véase también *catalizador.*

reactivo Sustancia que causa una reacción química, sobre todo una empleada para detectar la presencia de otra sustancia.

reducción, reducir En una reacción química, una sustancia se reduce cuando pierde oxígeno o, más generalmente, cuando se le añaden electrones. El óxido de hierro, por ejemplo, se reduce a hierro durante la fundición. Véase también *oxidación.*

resonancia En química, término que indica un patrón de enlaces intermedio entre dos estados más fáciles de describir.

ruta metabólica Secuencia organizada de reacciones químicas en los seres vivos. Las rutas metabólicas son controladas por enzimas.

sal Toda sustancia formada por la reacción de un ácido con una base: véase *base.*

sales de plata Compuestos de plata, en particular sales como el bromuro de plata empleadas en fotografía.

sustancia orgánica Todo compuesto de carbono. (Algunos compuestos muy simples, como el dióxido de carbono, suelen excluirse de la categoría.) El carbono es capaz de formar cadenas y anillos consigo mismo a la vez que enlaces con otros elementos, de modo que existe un gran número de sustancias químicas orgánicas diferentes, entre ellas moléculas biológicas grandes como los hidratos de carbono y las proteínas. Véase también *hidrocarburo.*

talidomida Fármaco antes recetado para las náuseas del embarazo, hasta descubrirse que causaba malformaciones graves en los fetos.

teoría del funcional de la densidad Método para calcular la distribución de los electrones en moléculas o sólidos.

termodinámica Teoría y estudio de la relación entre el calor y otras formas de energía. Sus principios son vitales para comprender las reacciones químicas.

tetraedro Figura geométrica tridimensional con cuatro caras triangulares y cuatro vértices (esquinas). En un átomo de carbono unido a otros cuatro, los enlaces suelen disponerse en forma tetraédrica, es decir, se extienden del átomo a las esquinas de un tetraedro imaginario.

tetraetilo de plomo (TEL) Compuesto de plomo añadido a la gasolina en el pasado para mejorar su rendimiento, pero hoy en día prohibido en todo el mundo por la contaminación que genera.

transmutación Conversión de un elemento químico o isótopo en otro, buscada sin éxito por los alquimistas y lograda actualmente en reactores nucleares.

transuránicos (elementos) Elementos con número atómico mayor que el uranio en la tabla periódica.

tubo de rayos catódicos Dispositivo de vacío sellado en el que una corriente de electrones se dirige a una pantalla, como en un receptor de televisión tradicional.

valencia Capacidad combinatoria de un átomo, que depende del número de enlaces distintos que puede formar con otros átomos o moléculas.

vida media Tiempo que tarda la mitad de una muestra de una sustancia radiactiva dada en desintegrarse en sustancias distintas. La expresión se emplea en otros contextos, como la cantidad de tiempo que permanece un fármaco en el organismo.

vidrio borosilicatado Vidrio que incluye trióxido de boro entre sus ingredientes. Se expande muy poco al calentarse, lo cual lo hace útil para utensilios de cocina. Véase también *vidrio común.*

vidrio común El tipo de vidrio más utilizado, cuyos ingredientes incluyen carbonato de sodio (sosa), óxido de calcio (cal) y dióxido de silicio (sílice).

INDICE

Los números en **negrita** remiten a las entradas principales.

A

abiogénesis 256
Abraham, K. M. 280
aceleradores de partículas 13, 168, 230–231, 251, 252, 307
acero 24
acidez 76, 79, 90
agua y suelo 297
escala de pH 168, **184–189**
ácido carbónico 188, 295
ácido ciánico 86, 87, 88, 89
ácido clorhídrico 79
ácido fulmínico 86, 87
ácido racémico 140, 141
ácido sulfúrico 48, **90–91**
ácido tartárico 140, 141
ácidos 111, **148–149**
ácidos grasos 23
ácidos nucleicos 257, 258, 259, 261, 271, 285, 313
actínidos 137, 253, 306
actinio 253
actividad humana *véase* ambientales, daños
adenina 258, 259, 260, 261, 271, 284
adenovirus 313, 314, 315
ADN
descubrimiento 148
diseño de fármacos 271
edición del genoma 293, 302, 303
estructura 192, 193, 245, 248, **258–261**, 266, 302
nuevas tecnologías para vacunas 314, 315
química de la vida 256, 257
quimioterapia 277
reacción en cadena de la polimerasa 249, 284–285
Agassiz, Jean Louis 112
agentes nerviosos 199
agricultura 189, 190–191, 274–275, 303
agua
composición 56, 57, 58, 80
corriente eléctrica 77, 92, 281
en la Tierra 256
aire
captura directa **295**
composición 35, 46, 52, 55, 56, 58–59, 62–63, 80
akamptisómeros 84
Al Ghazali 28
Al Kindi 20
Al Rammah, Hasán 43
Al Razi, Muhamad ibn Zakariya 34, 40, 44
alambiques 21
Alberto Magno 40–41
álcalis
escala de pH 168, **184–189**
fabricación de jabón 22, 23
alcohol 16, 18–19, 20, 105, 163
aleaciones 25
alimentaria, cadena 275
alimentos, suministro de 190, 191
Allen, John 156
Allen, Willard M. 264
Allison, James 276
alótropos del carbono 147, 286–287, 291
alquimia 12, 31, 34–35, **36–41**, 42, 44–45, 45, 46, 47, 48, 60, 90, 120, 123, 168, 172
alquitrán 20
aluminio 79
ambientales, daños
cambio climático 13, **112–115**, 237, 291, 294, 295
capa de ozono 13, 249, **272–273**
gasolina con plomo 213, 249
pesticidas y herbicidas 249, **274–275**
petróleo 195
plásticos 211
sustancias fluoroquímicas de cadena larga 232, 233
americio 136, 137, 253
aminoácidos 88, 175, 256–257, 261, 266, 285
amoniaco 53, 88, 89, 150, 169, 190, 191, 256, 257
Ampère, André-Marie 164
análisis químico **172–175**
analito 172, 173
Anaxágoras 28
Anaxímenes de Mileto 30
Anderson, Douglas P. 302
anestesia 107
anestésicos 73, **106–107**
aniones 149
ánodos 93, 281, 282
antibióticos 12, 169, **222–229**, 248, 263, 270
anticuerpos 270
antimonio 45
Archer, Frederick Scott 98
Arfwedson, August 280, **319**
argón 136, 157, 158, 159
Aristóteles 17, 29, 30, **31**, 40–41, 46, 47, 48, 80
armamentista, carrera 252–253
armas de destrucción masiva 13, 168, 196
véase también bomba atómica; guerra química
ARN 163, 256, 257, 284, 285, 313, 315
ARNm 313–315
vacunas 290, 291, **314**
Arnold, Frances 290, **293**
Arrhenius, Carl 65
Arrhenius, Svante 110, 111, 113, 148, **149**, 161, 186, 187
arsénico 25, 35, 44, 45, 52, 119
asirios 16, 26
astato 230
Astbury, William 268–269
Aston, Francis 88, 202, **203**, 254, 286
atmósfera
agujero de la capa de ozono **272–273**
composición 35, 156, 158, 256
efecto invernadero **112–115**
solar 125
atómica, teoría 12, 17, 168
Bohr 80, 132, 137, 164, 168, 219, 221
Dalton 29, 47, 62, 68, 72, **80–81**, 82, 84, 92, 121, 126, 132–133, 164, 202, 218, 240
Demócrito **28–29**
modelos atómicos mejorados **216–221**
Rutherford 168, 221
Schrödinger 80, 168, 218–221
Thomson 80, 111, 132, 165, 168, 218, 221
átomos 17, **28–29**, 47
espectroscopia de resonancia magnética nuclear **254–255**
partición del núcleo 169, 178, 218, 234–237, 251, 252
atracciones intermoleculares 172–173
atropisómeros 84
Avery, Oswald 259
Avicena 20
Avogadro, Amedeo 96, 97, 121, 133, 134, 160, 161
azufre 39, 40, 45, 46, 47, 48, 90
azul de Prusia 65, 116, 152

B

babilonios 12, 16, 21
Bacon, Francis 38
Bacon, Roger 41, 42
bacterias 224–229, 276, 293, 302–303, 313
Baekeland, Leo **183**, 207
Baeyer, Adolf von 119, 183, 214
balas mágicas 270, 271
Balduin, Christian Adolf 60
Ball, Alice **321**
Balmer, Johann 122, 219
Banting, Frank 268
baquelita 169, 183, 207
bario 78, 123, 235
Bartholin, Rasmus 140, 141
Bartlett, Neil 156
bases 111, **148–149**
bases (nucleobases) 259, 260, 261, 284, 285
baterías
de ion de litio 13, 249, **278–283**
pila de artesa 77
pila seca 74
primera pila 12, 72, **74–75**, 76, 92
recargables 92, 249, 280, 281, 283
Bauer, Georg 172
Bayard, Hippolyte 98
Beccu, Klaus-Dieter 280
Becher, Johann 48, **318**
Beckman, Arnold O. 90
Becquerel, Antoine-César 79
Becquerel, Henri 60, 178, 180, 200, 218
Beeckman, Isaac 94
Beguin, Jean 62, 68
Béguyer de Chancourtois, Alexandre 134
benceno 73, 88, 102, 127, **128–129**, 243, 267
Benz, Karl 212
benzoílo 103
Berg, Otto 230
Bergius, Friedrich 191
Bergman, Torbern 82, 88
berilio 66, 201
berkelio 253, 310
Bernal, J. D. 169, 192, 193, 269
Berthollet, Claude-Louis 53, 68, 150
Berti, Gasparo 94–95
Berzelius, Jöns Jacob 66, 68, 69, 72, 73, 82, **83**, 84, 86, 87, 89, 92, 102, 103, 104, 121, 141, 162, 206, 244, 280
Bethune, Donald 292
Betzig, Eric 266
Bickford, William 43
Binnig, Gerd 300–301
biocombustibles 290, 293, 303
biodegradación 211, 296, **297**
biología molecular 245, 260, 269, 285
biomasa 114, 296, 297
bioplásticos 290, **296–297**
bioquímica 163, 290
Biot, Jean-Baptiste 140, 141, 142
Black, Joseph 46, 52, 54, **55**, 56, 58, 62, 69
Bloch, Felix 254
Boehm, Hanns-Peter 298
Bohr, Niels 80, 132, 137, 159, 164, 168, 218–219, 220, 221, 236, 242, 243
Bolotin, Aleksandr 302–303

Boltzmann, Ludwig 97, 144, 147
bomba atómica 67, 120, 136, 233, 234, **237**, 250
Born, Max 220–221
boro 79
Bosch, Carl 150, 168, 169, 190, **191**
Boscovich, Roger 28
botellas de Leyden 74, 75
Boyer, Herb 302
Boyle, ley de 95–96
Boyle, Robert 30, 31, 35, 38, 41, **47**, 48, 56, 68, 80, 95–96, 186
Bragg, William y Lawrence **192–193**, 266, 268
Brand, Hennig 35, 41, 60, **318**
Brandt, Georg 52, 64
Brecher, Johann 58
Brodie, Benjamin 298
Broglie, Louis de 219
bromo 134
bronce 25
Brønsted, Johannes 149, 187
Buchner, Eduard 111, 162, 163
buckminsterfullereno **286–287**, 292
buckybolas 287
Bunsen, Robert 103, 110, 122, **124**, 125, 135, 156
Burton, William 195
Bútlerov, Aleksandr 126

C

cal viva 54, 55
calcio 78, 79
calentamiento global **112–115**, 294
californio 253
Callendar, Guy 112
calotipo 99
cámara oscura 60–61, 98
cámaras fotográficas 98, 99, 283
cambio climático 13, **112–115**, 195, 237, 294, 295
Cami, Jan 287
Camp, Loretta van 276
campos eléctricos 202, 203
campos magnéticos 202, 203, 254, 255
cáncer 153, 231, 249, 255, 262, 264, 270, 271, 273, 275, 276–277, 303
Cannizzaro, Stanislao 110, **121**, 160
capa de ozono, agujero de la 13, 249, **272–273**
carbón 110, 117
carbonato de magnesio 54, 55, 62
carbono
  captura y almacenamiento 290, **294–295**
  isómeros 85
  materiales bidimensionales **298–299**
  polímeros superresistentes **267**
carbono 60 (C_{60}), molécula 286, 287
carbono-14 (^{14}C), isótopo 201
carga eléctrica 74–75
Carlisle, Anthony 77, 92
Caro, Heinrich 118
Carothers, Wallace 206, 209–211, 232, 296
Carson, Rachel 274, **275**
Carver, George Washington **321**
Cas9 258, 290, 291, 302–303
Casciarolo, Vincenzo 60
catálisis 23, 53, **69**, 83, 153, 162, 290
cationes 149
cátodos 93, 280–281, 282
caucho 206, 207–208
Cavendish, Henry 52, 54, 56, **57**, 58, 62, 148, 156, 157
Caventou, Joseph-Bienaimé 270
celular, división 276
células de combustible 76
celulosa 206, 207, 297
cerio 66, 67, 83
cerveza, elaboración de **18–19**, 187, 188
cesio 125
CFC *véase* clorofluorocarbonos
Chadwick, James 201, 218, 234
Chain, Ernst 224, 226
Chalfie, Martin 266
Chang, Min Chueh **264–265**
Chapman, Sydney 272
Chargaff, Erwin 261
Charles, Jacques 95, 96
Charpentier, Emmanuelle 258, 291, **302–303**
China, antigua 12, 16, 17, 19, 23, 25, 34, 40, 42, 90
chips de silicio 298, 299
Christie, George Hallatt 84
cianopolininos 287
cianuro de hidrógeno 198
ciclotrones 231, 251, **252**, 253, 307
cinética de los gases, teoría 97
cisplatino 249, 276, **277**
citosina 258, 259, 260, 261, 284
Clapeyron, Émile 94–96, **97**
Clausius, Rudolf 97, 144, 145
Cleve, Per Teodor 67, 158
cloro 79
clorofluorocarbonos (CFC) 213, 232, 249, 272–273
cloroformo 106
cobalto 52, 64
Coblentz, William **182**
cobre 24–25, 27, 134
codones 284, 285
colágeno 268
combustibles fósiles 110, 114, 280
combustión 46, 53, 58, 59, 62, 63
  flogisto **48–49**
  pólvora 43
compuestos
  aromáticos 129
  coordinación 152–153
  estequiometría 93
  grupos funcionales **102–105**
  isomería **84–87**
  ley de las proporciones múltiples 81, 82
compuestos *(Cont.)*
  proporciones 53, **68**, 240
  símbolos químicos 83
condensación 21, 138–139, 194
conservación de la energía 144
conservación de la masa **62–63**
contaminación 191, 195
  plástico 211, 296–297
  plomo 213
convertidores catalíticos 195
copelación 27
copernicio 311
Cordus, Valerius 69
Corey, E. J. 248, 262, **263**
Corey, Robert 245
Corner, George W. 264
corpúsculos 30, 35, **47**, 48, 165
Coryell, Charles 67
Couper, Archibald 126–127
COVID-19 13, 228, 259, 284, 285, 290, **312–315**
craqueo **194–195**
  catalítico 194, 195
  térmico 195
Cremer, Erika 172
Creso, rey de Lidia **27**
Crick, Francis 245, 248, 258, 260–261, 266, 302
criptón 136, 158, 159
CRISPR (repeticiones palindrómicas cortas agrupadas y regularmente interespaciadas) 258, 290, 291, 302, **303**
cristales: formas 85–86, 102
cristalografía de proteínas **268–269**
cristalografía de rayos X 128, 129, 163, **192–193**, 249, 266, 268, 300
cromatografía **170–175**
  de gases-espectrometría de masas (CG-EM, o GS-MS) 172, 175
  de intercambio iónico 67, 175
  en capa fina 174–175
  en papel 172–173, 174
  líquida de alta eficiencia (HPLC) 175
Cronstedt, Axel 66
Crookes, William 157, 159, 165, **320**
Crossley, Maxwell 84
Cruickshank, William 77
Crum Brown, Alexander 126, **127**
cuantos 219, 240
cuatro elementos, teoría de los 17, 29, **30–31**, 38, 39, 46, 47, 48
Curie, Marie 158, 168, 178, **179**, 180
Curie, Pierre 158, 168, 178, 179, 180
curio 136, 137, 253
Curl, Robert 287
Cushny, Arthur Robertson 140, 143

D

Daguerre, Louis 61, 73, 98, **99**
Daimler, Gottlieb 212
Dalton, John 29, 47, 62, 68, 72, 80, **81**, 82, 83, 84, 92, 96, 121, 126, 127, 132–133, 164, 202, 218, 240
Darwin, Charles 256
Davy, Humphry 54, 72, 74, 75, 76–79, **78**, 92–93, 106, 148
Davy, John 196
DDT 275
Debye, Peter 240, 241, 244
deforestación 114, 115
Demarçay, Eugène-Anatole 67
Demócrito 17, 28, **29**, 47, 80
desechos radiactivos 237
desintegración radiactiva 168, 178, 180–181, 200, 201, 250, 307, 308, 311
desplazamientos radiactivos, leyes de los 201
destilación 16, 20, **21**, 172
  fraccionada 194–195
  seca 90–91
detergentes 23
deuterio 200
diamante 147, 193, 287, 291
didimio 66, 67
Diesbach, Johann Jacob 116
difracción de rayos X 169, 192, 259–261, 268
Dimick, Keene 172
dinamita 120
Diocleciano, emperador 39
Dioscórides 44
diosgenina 265
dióxido de carbono
  aislamiento y análisis 46, 53, **54–55**, 56, 57, 58, 62
  aumento de niveles en la atmósfera 110, 112–115, 195
  emisiones 291, 294, 295, 297
disprosio 66, 67
Djerassi, Carl 265
Döbereiner, Johann Wolfgang 69, 133, 134
Domagk, Gerhard 116, 226, 270
Dorn, Friedrich Ernst 158
dosis letal 45
Doudna, Jennifer 258, 291, **302–303**
Druker, Brian 270
Du Shi 25
dualidad onda-partícula 219–220
Dumas, Jean-Baptiste 73, 102, **103**, 104, 151
Dunning, John 236
DuPont 209, 210, 232, 233, 267

E

E. coli 229, 293
ecuación de onda 242, 244
ecuaciones químicas 62
efecto fotoeléctrico 60
efecto invernadero 110, **112–115**
efectos relativistas 310–311

egipcios, antiguos 12, 16, 19, 20, 22–23, 26, 27, 34, 38, 225
Ehrlich, Paul 44, 119, 224, 225–226, 270, **320**
Einstein, Albert 62, 179, 221, 236, 237, 310
einstenio 253
Ekeburg, Anders 65–66
electricidad
animal 74, 76
aislar elementos con **76–79**
véase también baterías
electro 27
electrodos 77, 79, 92, 93, 187, 188, 280–281, 282
electrólisis 72, 74, 77, 78, 79, 92, **93**, 149
electrolitos 79, 281, 282
electromagnetismo 93, 164, 165, 241, 254, 255
electronegatividad 243, 244, 245
electrones
capas electrónicas 132, 137, 159, 308, 309, 311
carga negativa 92, 136, 165, 218
descubrimiento 47, 80, 92, 104, 111, **164–165**, 202, 218
enlaces covalentes 240, 241, 243
nubes 221
orbitales híbridos 243–244
propiedades cuánticas 242–243
representación de los mecanismos de reacción 214–215
velocidad 310
electroquímica 66, 72, 73, 74, 75, 76–79, **92–93**
elementos
aislar elementos con electricidad **76–79**
de tierras raras 52, **64–67**, 137
desintegración radiactiva 180–181
espectroscopia de llamas **122–125**
gases nobles **156–159**
notación química **82–83**
pesos atómicos **121**
sintéticos **230–231**, 291, 306, 310
superpesados 253, **306–311**
tabla periódica 110–111, **130–137**, 291, **304–311**
teoría atómica 80–81
teoría de los cuatro elementos 17, 29, **30–31**, 38, 39, 46, 47, 48
transférmicos: controversia sobre el nombre 306
transuránicos 137, 235, 248, **250–253**
Elhuyar, Juan y Fausto 64
Elion, Gertrude 270, **271**
elixir de la vida 12, 34, 39–40, 42
Empédocles 17, 29, **30–31**, 38, 39, 46, 48, 62
energía nuclear 237
energía potencial 146
enlaces químicos 164, 168
covalentes 126, 240, 241, 242, 243, 244
cuánticos 138, **238–245**
enlaces químicos *(Cont.)*
de hidrógeno 138, 139, 261
flechas curvas 215
fuerzas intermoleculares **138–139**
grupos funcionales 105
iónicos 244
retrosíntesis 262–263
teoría del enlace de valencia 152–153, 243
entalpía 145, 147
libre 144, 146, 147
entropía 144, 145–146, 147
enzimas 23, 69, 111, 153, **162–163**, 187, 188, 255, 261, 271, 275, 284, 285, 296, 302
customizadas 290, **293**
Epicuro 29
equilibrio dinámico 150
equivalencia de masa y energía 62
erbio 52, 66, 67
Ernst, Richard 248, 254, **255**
Errera, Léo 159
Ertl, Gerhard **322–323**
escandio 64, 66, 67, 230
espacio
difracción de rayos X 192
espectroscopia 125, 182
exploración 250
fullerenos 286, 287
espectrometría de masas 88, 175, **202–203**, 254, 286
espectrometría de transformada de Fourier 182
espectroscopia **122–125**, 156, 175
de llamas 66–67, 110, **122–125**, 175
de rayos X 67, 230
de resonancia magnética nuclear 248, **254–255**, 300
infrarroja **182**
estequiometría 93
éster 104, 105, 226
estereoisomería 84, 87, 88, **140–143**
estereoquímica 140–141, 143
estrógeno 264
estroncio 78
estructura cíclica 128, 129
éter 31, 106
europio 64, 66, 67
evaporación 138–139, 194
evolución dirigida **293**
exfoliación micromecánica 299
explosivos **42–43**, **120**, 191, 236–237

F

Fajans, Kazimierz 201
Faraday, Michael 12, 54, 72–73, 74, 75, 76, 79, 86, 92, **93**, 106, 128, 164
Farber, Sidney 276
fármacos
con tintes 116, **119**
cromatografía 174–175
fármacos *(Cont.)*
diseño racional **270–271**
estereoisomería 141, 143
metalofármacos 153
retrosíntesis 262, 263
Farman, Joe 273
fases, regla de las 147
Feng Zhang 303
fenicios 22, 26, 117
fermentación 16, 19, 162–163, 187
Fermi, Enrico 234–235, 283
fermio 137, 253
fertilizantes 12, 89, 91, 110, 111, 169, **190–191**, 197–198
filtración 172
Fischer, Emil 162, 163
fisión nuclear 169, **234–237**, 251–252, 253
flechas curvas **214–215**
Fleming, Alexander 169, **224**, 225, 270
flerovio 309
Fletcher, Harvey 161
flogisto 35, **48–49**, 53, 54, 57, 58–59, 62–63, 69
Florey, Howard 224, 226, 227
fluorescencia 60, **266**
Foote, Eunice Newton 110, 112, **113**
Ford, Henry 194
forense, ciencia 172, 175, 182, 249
fórmulas estructurales **126–127**, 152
fosforescencia 60
fósforo 35, 41, 52, 60, 134
fosgeno 196, 198, 199
fotografía 60–61, 69, 73, **98–99**
fotones 201, 219
fotoquímica **60–61**, 73, 272
Foucault, Léon 124
Fourcroy, Antoine-François de 53
Fourier, Joseph 112, 182
Fox Talbot, William Henry 98, 99, 124
francio 291
Frank, Adolph 190
Frankcombe, Terry 215
Frankland, Edward 102, 126, 127, 152, 240
Franklin, Benjamin 74
Franklin, Rosalind 192, 193, 248, 258, **259**, 260–261, 266
Franz, John E. 274, **275**
Frauenhofer, Joseph von 123, 124, 182
Frazer, Ian 276
Fresenius, Carl Remigus **319–320**
Friedrich, Walter 192
Frisch, Otto 235, 236, 237, 252
fuego 35, 48–49
fuegos artificiales 43
fuerzas de dispersión o de London 139
fuerzas intermoleculares 111, **138–139**, 207, 208
Fulhame, Elizabeth 53, **69**
fullerenos 286–287, 291, 292
funcional de la densidad, teoría del 240
fundición 24–25
fungicidas 274
fusión caliente **310**
fusión fría **310**

G

Gadolin, Johan 64, **65**, 66
gadolinio 66, 67
Galeno 23
Galilei, Galileo 31, 94
galio 230
Galissard de Marignac, Jean Charles 67
Galvani, Luigi 74–75, 76
galvanizado 77
Gamow, George 236
ganado 115, 190
Gardiner, Brian 273
gas cloro 196–198, 199
gas lacrimógeno 199
gas mostaza 198, 199, 276
gases 35, **46**
de efecto invernadero 297
fuerzas intermoleculares 138–139
guerra química 196–199
ley de los gases ideales **94–97**
nobles 125, 136, 138, **154–159**
gasolina con plomo 12, **212–213**, 249
Gassner, Carl 74
Gaud, William 190
Gay-Lussac, Joseph 84, 85, 86, 87, 90, 91, 96, 102, 124, 141, 160
Ge Hong 42
Geber *véase* Jabir ibn Hayyan
Geiger, Hans 178, 181, 218
Geijer, Bengt 65
gelignita 120
genética
estructura del ADN **258–261**, 285
ingeniería genética 13, 266, 291, 302–303
mutaciones genéticas 277
nuevas tecnologías para vacunas 312–315
terapia genética 313
genoma, edición del **302–303**
Geoffrey, Étienne-François 52, 68, **318**
Gerber, Christoph 301
Gerhard, Charles 105
germanio 230
Ghiorso, Albert 250, 252, 253
Gibbs, Josiah 111, 144, **145**, 146–147
Giessibl, Franz 301
Gilbert, Sarah 314–315
Gilman, Alfred 276
Ginebra, Protocolo de 196, 198
Giroux, Alphonse 99
glaciaciones 112, 113
Glendenin, Lawrence 67
glifosato 249, 274, 275
Glover, John 91
Gomberg, Moses 105

Goodenough, John 249, 280, 282, **283**
Goodman, Louis 276
Goodpasture, Ernest 312
Goodyear, Charles 207, **319**
Gosling, Raymond 260, 261
Graebe, Carl 118
grafeno 147, 286, 290, 292, 298, 299
grafito 193, 287, 291, 298, 299
grafón 298
Graham, Thomas 206, 207
Gram, Hans Christian 116, 225
Gray, Stephen 74
Grégoire, Marc y Colette 233
griegos, antiguos 16, 17, 23, 26, 28–29, 30–31, 34, 38–39, 40, 44, 46, 47, 126
Griffith, Fred 259
Griffith, Harold 107
Gross, Leo **300–301**
Grove, William 76
Gruber, Patrick **296**
grupos funcionales 73, **100–105**, 152, 182
Grzybowski, Bartosz 262
guanina 258, 259, 260, 261, 271, 284
Gueim, Andréi 286, 290, 292, **298–299**
Guericke, Otto von 48
Guerra Mundial, Primera 168, 169, 194, 196–198, 212
Guerra Mundial, Segunda 169, 194, 195, 197, 198, 199, 210, 226, 227, 232–233, 250, 252
guerra química **196–199**
véase también bomba atómica
Guldberg, Cato 150

H

Haber, Fritz 150, 168, 169, **190–191**, 196, **197**, 198
Haber-Bosch, proceso 150, 168, 169, **191**
Haën, Eugen de 91
Hahn, Otto 200, 218, 235, 251
Hales, Steven 52–53
halógenos 136
Hammett, Louis 214
Hampson, William 158
Harries, Carl 208
Harris, James Andrew 253, **322**
Hata, Sahachiro 44
Häussermann, Carl 120
Hayward, Roger 245
Heger, Mary Lea 286
Heisenberg, Werner 218, 220–221
Heitler, Walter 221, 242
hélice alfa 245
hélice telúrica 134
helio 125, 136, 156, 157–158, 159, 175, 180
Heller, Adam 282
Helmholtz, Hermann von 144, 145
Helmont, Jan Baptista van 35, **46**, 54, 55, 80, 90
hemoglobina 153, 175
Henry, John 113
Henry, Joseph 75
Heráclito 30
herbicidas 249, **274–275**
Hermes Trismegisto 38–39, 175
hermetismo 39, 41
Herschel, John 123
Herschel, William 182
Hertz, Heinrich Rudolf 60, 164
Heumann, Karl 119
hidrocarburos 194–195, 256
hidrofilia/hidrofobia 23
hidrógeno
acidez 79, 186, 187, 188
combustible 79
composición del agua 57, 58
descubrimiento 46, 52, 53, 54, **56–57**, 58, 148
en la atmósfera antigua 256, 257
número atómico 136
peso atómico 81, 121, 133, 134
hierro 17, 25
Hill, Adrian 314
Hillebrand, William 66, 157–158
Hipócrates 31, 44
Hisinger, Wilhelm 66
Hitchings, George **270–271**
Hittorf, Johann 164
Hodgkin, Dorothy Crowfoot 169, 192, 193, 228, 248, 249, 268, **269**
Hofer, L. J. E. 292
Hoff, Jacobus van 't 84, 88, 140, 142–143, **142**, 143, 152, 153, 161, 292
Hoffman, Darleane 253
Hofmann, August Wilhelm von 117, 118, 126, 161
Hofmann, Ulrich 298
Hogle, James 268
Hohenberg, Pierre 240
holmio 66, 67
Hönigschmid, Otto 201
Hooke, Robert 48
hormonas 264–265
hornos bajos 17, 24, **25**
Horowitz, Stefanie 201
Horvath, Philippe 303
Houdry, Eugene 194, **195**
Huggins, William y Margaret 122
Humphrey, Edith 153
Humphreys, Robert E. 195

I

Iijima, Sumio 267, 286, 290, **292**
Ilustración 29, 41, 52
incertidumbre de Heisenberg, principio de 221
industria química sintética 274, 275
industria textil 91, 211, 267, 268–269
ingeniería aeroespacial 43
Ingold, Christopher 214
iniciadores **285**
inmunología 225, 270, 271, 276, 312–315
insulina 174, 249, 268, 269
interacción dipolo-dipolo 138, 139, 148
interacción espín-órbita 309
iones
ácidos y álcalis 186, 187
ácidos y bases 148–149
electroquímica 92, 93, 281
espectrometría de masas 202, 203
química de coordinación 152–153
iridio 77, 136
IRM (imagen por resonancia magnética) 159, 254
islámicos, estudiosos 20, 22, 28, 29, 34–35, 39–41
isomería 73, **84–87**, 102, 141, 153, 231
isómeros constitucionales 85, 87
isomorfismo 85
isótopos 168, **200–201**, 202–203, 250–253, 309, 311
radiactivos 180, 181, 202, 231
ricos en neutrones 308
iterbio 52, 66, 67
itrio 52, 64, 66, 67

J

Jabir ibn Hayyan 30, 34, 38, 39–40, **41**, 80, 148
jabón, fabricación de 12, 16, **22–23**, 91
Jansen, Ruud 302
Janssen, Pierre 125, 156, 157
jardineros 186, 189
Jenner, Edward 312
Jensen, Hans 306, 308–309
Jian Zhou 276
Joliot-Curie, Frédéric 201
Joliot-Curie, Irène 179, 201, **321**
Jordan, Pascal 220
Joule, James 144
Juan de Rocatallada 41
Julian, Percy **321**

K

Kaliapparat 85, **87**
Kapitsa, Pyotr 156
Karikó, Katalin 312, 313–315
Karlsruhe, Conferencia de 132, 133–134, 160
Keeling, Charles David 114
Keeling, curva de 114
Keesom, Willem 138, 148
Kekulé, August 88, 102, 126, 127, 128, **129**, 152, 214
Kelvin, William Thomson, lord 140, 143
Kennedy, Joseph 252
Kenner, James 84
Kermack, William Ogilvy 214
Kestner, Philippe 140, 141
ketamina 106
Kevlar 267
Khorana, Har Gobind 285
Kidani, Yoshinori 277
King, Victor 153
Kirschoff, Gustav 110, 122, **124–125**, 145, 156
Klaproth, Martin 66
Klarer, Josef 116
Kleist, Ewald Georg von 74
Kleppe, Kjell 285
Klibanov, Alexander 293
Knipping, Paul 192
Koch, Robert 119
Kodak 98
Köhler, Georges 270
Kohn, Walter 240
Kolbe, Hermann 142, 262
Kornberg, Arthur y Sylvie 284, 285
Kossel, Albrecht 258, 259
Kossel, Walther 159
Krönig, August 97
Kroto, Harry 286, **287**, 292
Kuhn, Richard 174
Kühne, Wilhelm 162
Kwolek, Stephanie **267**
Kwong, Joseph 94

L

Langevin, Paul 241
Langlet, Nils Abraham 158
Langmuir, Irving 241
lantánidos 64, 137
lantano 66, 67
Latimer, Wendell 138
Laue, Max von 192
Laurent, Auguste 104–105
Lauterbur, Paul 254
Lavoisier, Antoine 35, 46, 48, 49, 53, 56, 58–59, 62, **63**, 68, 69, 76, 79, 80, 82, 104, 110, 121, 132, 148, 186–187
Lawrence, Ernest 202, 252
lawrencio 253
Le Bel, Joseph-Achille 84, 88, 140, 142–143, 152, 292
Le Chatelier, Henry-Louis 111, **150**
Le Chatelier, principio de **150**
Leblanc, Nicolas 22
Leclanché, George 76
Lecoq de Boisbaudran, Paul-Émile 67, 230
Leeuwenhoek, Antonie van 224
Lenz, Widukind 143
Lérmontov, Mijaíl 144

leucemia 255, 271, 277
Leucipo 17, 28
levadura 19, 163
Levene, Phoebus 259
Lewis, Gilbert N. 126, 144, 149, 152, 159, 164, 186, 215, 241, 242, 243
lewisita 198, 199
Libavius, Andreas 35
Lichtman, Jeff 266
Liebermann, Carl 118
Liebig, Justus von 73, 84–87, **85**, 102, 103, 104, 105, 129, 148, 152, 187
ligandos 152–153
Likens, Gene 148
líneas de absorción 123, 125
líneas de emisión 123, 124, 125, 219
líneas de Frauenhofer 123, 124, 125
líneas espectrales 122, 125, 157, 219
Linneo, Carlos 83
Lippman, Zachary 302
líquidos
  destilación 20, 21
  fuerzas intermoleculares 138–139
Lister, Joseph 148
litio 79, 133, 134, 201, 280, 282
Livet, Jean 266
Livingood, Jack 251
llave-cerradura, modelo 163
Llull, Ramon 106
lluvia ácida 148, 186
Lo, Dennis 284
Lockyer, Norman 125, 156, 157, 158
Lomonósov, Mijaíl 62
London, Fritz 138
Long, Crawford 73, 106, **107**
Lonsdale, Kathleen **128–129**
Loschmidt, Johann Josef 96, 121, 128, 152, 160, 161
Lovelock, James 272
Lowry, Thomas 149, 187
Lucrecio 29, 138
Łukasiewicz, Ignacy 194
lutecio 66, 67

M

MacLeod, Colin 259
MacMillan, David **323**
macromoléculas 207–209, 210
magnesio 78, 79
manganeso 52, 64
Manney, Gloria 272
Marcellin, Pierre 128
Marcet, Jane **319**
Marggraf, Andreas 123
María la Hebrea 39
Marinsky, Jacob 67
Marker, Russell 265
Marsden, Ernest 178, 218
Martin, Archer 174
Martínez Mojica, Francisco 302
Marzari, Nicola 298
masa
  atómica 82, 132
  conservación **62–63**, 121
  proporciones 133
  y energía 179, 236
masas, ley de 150
masas atómicas 111, 201
masurio 230
materia
  composición 30–31, 39, 47
  estados 62
  fuerzas intermoleculares 138–139
materiales antiadherentes 169, 232–233
materiales bidimensionales **298–299**
Matthaei, Heinrich 284, 285
Maxwell, James Clerk 146, 160
Mayer, Julius von 144
Mayer, Maria Goeppert 306, 308–309
Mayow, John 58
McAfee, Almer M. 194
McBride, William 143
McCartney, J. T. 292
McCarty, Maclyn 259
McCormick, Katherine 264, 265
McMillan, Edwin 251, 252
mecánica cuántica 126, 215, 221, 242
mecánica estadística **147**
medicina
  anestésicos 73, **106–107**
  antibióticos **222–229**
  cristalografía de proteínas **268–269**
  diseño racional de fármacos 248–249, **270–271**
  edición del genoma 291, 303
  imagen por resonancia magnética 254, 255
  nuclear 231
  nuevas tecnologías para vacunas 290, 291, **312–315**
  píldora anticonceptiva 248, **264–265**
  química 34, **44–45**
  quimioterapia **276–277**
  retrosíntesis 262, 263
  teoría de los cuatro elementos/humores 31, 44
  tintes 110, 119
Meissner, Friedrich 148
Meitner, Lise 200, 218, 234, **235**, 236, 252
meitnerio 234
Melvill, Thomas 123
Mendeléiev, Dmitri 82, 110–111, 121, 125, **132**, 134–137, 156, 157, 159, 230, 256, 311
mendelevio 137, 253
Mensing, Lucy 221
mercurio 39, 40, 44, 45, 46, 47, 48, 311
Mesopotamia 19, 21, 26
mesotorio 26, 201
metales
  alcalinos 136
  alquimia 12, **36–41**
metales *(Cont.)*
  extracción del mineral 17, **24–25**
  manufactura 91
  óxidos 49, 79
  quemar 49
  química de coordinación 152–153
  refinado 12, 16, 17, **27**
metano 46, 114–115, 256, 257, 295, 297
método científico 38
Meyer, Gerhard **300–301**
Meyer, Julius Lothar 121, 134–135, **320**
mezclas 68
  racémicas 141, 143
  separación **172–175**
microplásticos 211
microscopia de efecto túnel (STM) 300
microscopia de fuerza atómica (AFM) 291, **300–301**
Midgley, Thomas 212, **213**
Miers, Henry 157–158
Miescher, Friedrich 258
Mietzsch, Fritz 116
Miller, Francis Bowyer 27
Miller, Stanley 256, **257**
Millikan, Robert 161, 164
Milstein, César 270
Miramontes Cárdenas, Luis Ernesto 265
Misener, Don 156
Mitscherlich, Eilhard 85, 102, 141, 162
modelos 3D 126, 127, 142, 143, 146, 245, 260
Moerner, William 266
Moissan, Henry **320**
Mojica, Francis *véase* Martínez Mojica, Francisco
moléculas 96
  atracciones intermoleculares 172–173
  estereoquímica 140–143
  estructura 104–105, 126–127, 140, 152, 214, 245, 254, 291
  fuerzas intermoleculares 111, **138–139**, 207, 208
  quirales 142, 143
  síntesis 262
moles 111, **160–161**
Molina, Mario 249, 272, **273**
Möllersten, Kenneth 290, **294**
momento dipolar 241, 244
monómeros 206, 209, 211, 267
Montzka, Stephen 272
Morton, Robert 106, 107
Morveau, Louis-Bernard Guyton de 53, 102, 103
Mosander, Carl Gustaf 66, **319**
moscovio 306, 307
Moseley, Henry 67, 82, 136
movilidad electrónica 299
Moyer, Andrew 227
Muller, Paul 274, **275**
Mullis, Kary Banks 249, 284, **285**, 293, 312
Musschenbroek, Pieter van 74

N

nailon 169, 206, 210, 211, 232, 267
nanotubos de carbono 267, 286, 290, 291, **292**
Nathanson, Harvey 300
natufienses 18–19
neandertales 20
Needleman, Herbert 212
neodimio 64, 67
neón 136, 158, 159, 202–203
neptunio 248, 252
Nernst, Hermann Walther 187, 188
neutrones 306, 308, 309
  descubrimiento **201**, 218, 234
  fisión nuclear 234, 235–237
Newlands, John 134
Newton, Isaac 41, 122, 138
Nicholson, Edward 118
Nicholson, William 76–77, 92
Nicolaou, Kyriacos 262
Niépce, Joseph-Nicéphore 60, 61, 98, 99
Nier, Alfred 202
nihonio 306, 307
Nilson, Lars Fredrik 67
Nirenberg, Marshall 284, 285
nitrógeno 156, 157, 158
  descubrimiento 56, 58
  fertilizantes 190–191
nitroglicerina 120
Nobel, Alfred **120**
nobelio 253
Noddack, Ida 230, 235
Noddack, Walter 230
nomenclatura química 53, 63, 72
Northrop, John Howard 163
Norton, Thomas 66
notación química 72, **82–83**
novichok 199
Novosiólov, Konstantín 286, 290, 292, **298–299**
núcleo
  carga positiva 136, 218, 221
  descubrimiento 80, 168, 178
  niveles energéticos 306, 308, 309
  propiedades 254
nucleótidos 175, 260
números atómicos 67, 82, 136, 137, 251, 309

O

Ochoa, Severo **321–322**
octavas, ley de las 134
Oehler, Maurice 160
Oganesián, Yuri **306**, 311
oganesón 132, 181, 306, 307, 308, 310, 311

Oganov, Artem 240, 244
Ogawa, Masataka 230
ondas de probabilidad 218, 220–221
ondas de radio 255
Oparin, Aleksandr 256
Oppenheimer, Robert J. 120
óptica, actividad 140, 141, 142
orbitales 221
híbridos 240, 242–243, 245
Orfila, Mathieu 172
oro 17, 24, 27, 45, 168
alquimia **36–41**
Ørsted, Christian 202
osmio 77
Ostwald, Wilhelm 111, 160, **161**, 187, 188, 190, 191
óxido 49, 58, 59, 63, 68
óxido nitroso 106, 114, 115
óxidos 68
oxígeno
como catalizador 69
composición del agua 57, 58
descubrimiento 35, 46, 48, 52, 53, 54, 56, **58–59**, 63
peso atómico 81, 133
y combustión 48–49

P

Pääbo, Svante 284
paladio 77
Palczewski, Krzysztof 268
Palmieri, Luigi 157
papel de tornasol 186, 187, 189
Paracelso 34, **44–45**, 46, 47, 48
Parkes, Alexander 206, 207
Parmentier, Antoine 69
partículas subatómicas 92, 218–219
partículas/desintegración alfa 178, 180, 181, 200, 201, 221, 308
partículas/desintegración beta 178, 180, 181, 200, 201, 308
Pascal, Blaise 94
Pasteur, Louis 84, 140, 141–142, 162, 224, **320**
patógenos 224, 228, 229, 259, 313
patrones de fragmentación 203
Patterson, Arthur Lindo 269
Patterson, Clair Cameron 212, **213**
Pauli, Wolfgang 242, 254
Pauling, Linus 126, 152, 168, 214, 215, 240, **241**, 242–245, 260
Payen, Anselme 162, 207
Pelletier, Pierre-Joseph 270
penicilina 169, 192, 224–249, 262, 270
perfumes, fabricación de 16, 20, 21
Perkin, William Henry 110, 116, **117**, 118–119
permafrost 115
Perrier, Carlo 230, 231
Perrin, Jean-Baptiste 161
Perrin, Michael 206
Persoz, Jean-François 162
pesos atómicos 68, 81, 82, 84, 93, 110, **121**, 132, 133–134, 135, 136, 156, 158, 160, 161, 201, 218
pesos moleculares 160–161, 208, 210
pesticidas 198, 199, 249, **274–275**
PET (tereftalato de polietileno) 104, **296**
petróleo
craqueo del crudo **194–195**
fabricación de jabón 23
refinado 91
Peyrone, Michele 276
pH, escala de 168, **184–189**
PHA (polihidroxialcanoatos) 297
Phillips, Calvin 106
Phillips, Peregrine 90, **91**
picado de bielas 195, **212**
piedra filosofal 35, 38, 39, 40, 41
pigmentos 41
pilas voltaicas 72, 75, 76, 77, 92, 280
píldora anticonceptiva 248, **264–265**
Pincus, Gregory **264–265**
pintura 91, 116, 119, 173
Piria, Raffaele 103
PLA (ácido poliláctico) 296–297
Planck, Max 218, 219, 240, 242
plantas
absorción de dióxido de carbono 114
fertilizantes **190–191**
oxígeno 59
pigmentos 173
Planté, Gaston 92
plásticos 12, 104, 129, 169
polimerización **204–211**
renovables 290, **296–297**
sintéticos **183**
plata 17, 24, 27, 45
platino 52, 77, 136, 249, 276, 277
Platón 17, 48
Playfair, Leon 96
Plinio el Viejo 23, 26
plomo 168, 201
en la gasolina **212–213**
Plücker, Julius 164, 178
Plunkett, Roy 206, **232**, 233, 267
plutonio 136, 250, 251, 252, 253
polietileno 206, 208, 209
polimerasa Taq 284, 285
polimerización de adición 206, 209
polimerización de condensación 206, 209
polímeros 169, **204–211**, 225
antiadherentes **232–233**
superresistentes **267**
polio 268
politetrafluoroetileno (PTFE) 232–233
polonio 179, 180
pólvora 34, **42–43**, 120
potasa 26, 78, 190
potasio 72, 78, **79**, 124, 133, 134, 190, 191
Powell, Jack 67
praseodimio 66, 67
presión atmosférica 94, 95–96
Priestley, Joseph 48, 52, 53, 54, 56, 58, **59**, 62, 63, 80, 106, 132
proceso de contacto 91
progesterona 264, 265
prometio 67, 136
proporciones constantes, ley de las 172
proporciones múltiples, ley de las 81, 82
protactinio 253
proteína verde fluorescente (GFP) **266**
proteínas
estructura 245
manufactura 261
protones 136, 149, 187, 201, 234, 306, 307, 308, 309, 310
Proust, Joseph 53, **68**, 82, 172, 240
Prout, William 89
Proyecto Genoma Humano 258
Proyecto Manhattan 67, 120, 136, 231, 233, **237**, 251, 252, 253, 309
Pummerer, Rudolf 208
Purcell, Edward 254
purificación **20–21**
Pyykkö, Pekka 306, 311

Q

Quate, Calvin 301
queratina 268
química analítica **172–175**, 203
química de coordinación 144, **152–153**
química física 13, 128, 142, 144, 161, 164, 172, 190, 197, 214, 240, 259, 260, 273
química inorgánica 13, 73, 88, 104, 134, 187
química neumática 52–53, 55
química orgánica 13, 73, 85, 87, 88, 89, 102–105, 117, 129, 142, 143, 152, 206–211, 207, 209, 214–215, 248, 256–257, 263, 267, 275, 290
química orgánica física 214, 215
quimioterapia 249, **276–277**
quinina 117, 270
quiralidad 142, 143

R

radiación
de microondas 287
electromagnética 178, 180, 286
infrarroja 113, 114
ultravioleta 114
radiactividad 60, 67, 168, 169, **176–181**, 200, 218, 231, 250, 251
radicales 73, 102, 103–104, 105
radio 158, 159, 179, 180, 200, 201
radiotorio 200
radón 158–159
Ramsay, William 136, **156**, 157–159
Randall, Merle 144
Rankine, William 145
Rayleigh, John Strutt, lord 136, 156–157
rayos catódicos 178, 180
rayos gamma 178, 180, 181
rayos X 136, 178, 179, 192
reacción en cadena de la polimerasa (PCR) **284–285**, 293, 312
reacciones en cadena 169, 209, 235, 236
reacciones químicas 68, 111
catalizadores 69
estequiometría 93
representación de mecanismos de reacción **214–215**
retrosíntesis 262–263
reversibles 150
termodinámica **144–147**
Rebok, Jack 232
Redlich, Otto 94
refrigeración 97
Reimers, Jeffrey 84
relatividad especial, teoría de la 179
relatividad general, teoría de la 310
renio 136, 230
resonancia 214, 240, 244, 245, 254–255
retrosíntesis 248, **262–263**
revolución científica 52
revolución industrial 110, 113, 114
revolución verde 190, 191
Rich, Alexander 256
Ritter, Johann 77, 92
Robinson, Robert **214–215**
Robiquet, Jean 88
Rodebush, Worth 138
rodio 77
Roebuck, John 90–91
Rohrer, Heinrich 300
romanos, antiguos 22, 23, 26, 29, 34, 39, 44
Röntgen, Wilhelm 178, 192
Rosenberg, Barnett **276–277**
Rosenkranz, George 264
Rossmann, Michael 268
Rouelle, Hilaire-Marin 89
Rowland, F. Sherwood **272–273**
rubidio 125
Runge, Friedlieb Ferdinand 116, 125
Russell, Alexander 201
Rutherford, Daniel 56, 58, **318–319**
Rutherford, Ernest 80, 158, 165, 168, 178, 180, 181, 200, 201, 218, 221, 234, 252
rutherfordio 253

S

Salas, Margarita **323**
sales de plata 53, 60, 61, 69, 86, 98–99

samario 66, 67
Sanes, Joshua 266
Sanger, Frederick 174, 269, **322**
Sanger, Margaret 264, 265
sangre, circulación de la 58
sarín 199
SARM 229
SARS 285, 312–315
Schechtman, Dan **323**
Scheele, Carl Wilhelm 53, 58, 59, 60, **61**, 64, 98, 119
Scheuring, Simon 300
Schmidlap, Johann 43
Schmidt, Timothy 215
Schönbein, Christian Friedrich 120
Schott, Otto **151**
Schrödinger, Erwin 80, 168, 218–219, **220**, 221, 242
Schulze, Johann 60
Schwann, Theodor 162
Seaborg, Glenn 136–137, 231, 250, **251**, 252–253
seaborgio 137, 253
Segrè, Emilio 230, **231**, 250, 251
selenio 83
semiconductores 299
Sennert, Daniel 44
separación 172–175
Setterberg, Carl 125
sevoflurano 106
Shanklin, Jon 273
Sheehan, John 262
Shi Zhengli 312
Shimomura, Osamu **266**
Shújov, Vladímir 194, 195
sífilis 44, 45, 226, 227, 270
Signer, Rudolf 260
Šikšnys, Virginijus 303
sílice 26
silicio 79, 83
Sill, G. T. 148
Simpson, James 106
síntesis orgánica 262–263
Smalley, Richard 287, 292
Smith, Robert Angus 186
Sobrero, Ascanio 120
Soddy, Frederick 168, 180, 181, **200–201**, 202, 250
sodio 72, 78, **79**, 123, 124, 125, 133, 134
sol
  energía 114
  luz 123, 124, 125
  radiación ultravioleta 272–273
Solomon, Susan 273
soluciones 68
  escala de pH **186–189**
Sørensen, Søren 168, 186, **187**, 188, 189
sosa cáustica 78
Spedding, Frank 67
Spitteler, Adolf 183
Stahl, Georg Ernst 35, 48, **49**, 54, 58
Stahl, William 203
Stanley, Wendell Meredith 163
Starling, Ernest 264
Staudinger, Hermann 169, 206, **207**, 208–209, 211, 232, 267
Steno, Nicolás 192
Sterling, E. 292
Stokes, George 60
Stoney, George 165
Strassmann, Fritz 218, 235, 236, 251
Subbarao, Yellapragada 276
sublimación **21**, 172
sulfuros 68
sumerios 16, 19, 22, 38, 274
Sumner, James B. 162, 163, 293
supermicrobios 228–229
superpolímeros 209–210
Súsruta 106
sustituciones, teoría de las 104, 128
Sutherland, John 256
Suzuki, Akira **322**
Synge, Richard 174

T

tabla periódica 12, 82, 110–111, 121, 125, **130–137**, 156, 159, 200, 201, 230, 248, 253, 291, **304–311**
Tacke, Ida *véase* Noddack, Ida
Tales de Mileto 30
talidomida 143
tampón de bicarbonato 188
tampones biológicos **188**
Tantardini, Christian 240
Tapputi-Belatekallim 16, 20, 21
tecnecio 136, 231, 250, 251
técnica de átomos pesados 269
teflón 206, 232, **233**, 267
teléfonos inteligentes 64, 67, 291
teléfonos móviles 98
telurio 135, 136
tenesio 230, 306, 307
Tennant, Smithson 77, 79
tensión superficial 138
terbio 52, 66, 67
Terenius, Lars 264
termodinámica 13, 97, 111, 144–147
tetraciclinas 228
Teutsch, Georges 264
Thenard, Louis-Jacques 90
Thilorier, Adrien-Jean-Pierre 54
Thomson, J. J. 47, 80, 92, 111, 132, 164, **165**, 168, 178, 202, 203, 214, 218, 240
Thomson, Thomas 87
Thunberg, Greta 115
tierras alcalinas 78–79
timina 258, 259, 260, 261, 284
tintes y pigmentos 16, 41, 53, 88, 129, 152, 270, 274
  cromatografía 173
  sintéticos 13, 110, **116–119**
titanio 310
TNT 120
Todd, Margaret 201
torio 83, 180, 181, 200, 201, 253
Torricelli, Evangelista 94, 95
toxinas
  guerra química **196–199**
  medicina 44, **45**
  quimioterapia 277
  tintes 119
transformadas de Fourier 255, 269
transistores 298–299
Travers, Morris 158
triglicéridos 23
Tsien, Roger 266
Tsvet, Mijaíl 172–173, **174**
Tu, Youyou **322**
tubos de rayos catódicos 164–165, 178
tulio 66, 67
tumbaga 27
Turquía, antigua 12, 16, 17, 19, 24, 25, 27
Tyndall, John 113

U

ultramicroquímica 252, 253
uracilo 258
uranio 136, 137, 178–179, 180, 181, 200, 201, 202, 233, 235, 236, 237, 251, 252, 253
urea, síntesis de la 72, 73, 87, **88–89**, 102, 214
Urey, Harold 200, **256–257**

V

vacío 95
vacunas 13, 290, 291, **312–315**
  de vector viral 290, 291, **315**
valencia 102, 105, 135, 137, 152–153, 208, 240, 243
Valentinus, Basil 90
vapor de agua 114
Vauquelin, Louis Nicolas 65, 88
venenos
  guerra química **196–199**
  pesticidas y herbicidas 275
  plomo 212, 213
  y fármacos 34, 45
Venus 148
Verguin, François-Emmanuel 118
vida, química de la **256–257**
vida media radiactiva 181, 200
vidrio
  antiguo 12, 16, **26**
  borosilicatado **151**
Vilanova, Arnaldo de 186
Villard, Paul 180
vino, producción de 18
virus 259, 268, 270, 302–303, **312–315**
vitalismo 73, 88, 89
vitaminas 174, 193, 269
Vitruvio 212
Viviano, Vincenzo 95
Volta, Alessandro 72, 74, **75**, 76, 92, 280
voltaje 281, 282

W

Waage, Peter 150
Waals, Johannes van der 94, 111, 138, **139**
Wahl, Arthur 252
Waksman, Selman 228
Watson, James 245, 248, 258, 260–261, 266, 302
Watt, James 57, 145–146
Wedgwood, Thomas 60–61
Wei Boyang 42
Weissman, Drew 313–314, 315
Wells, Horace 106
Welsbach, Carl Auer von 67, **320–321**
Werner, Alfred 144, 152, **153**
Wheatstone, Charles 122
Whewell, William 93
Whittingham, M. Stanley 280, 282, 283
Whytlaw-Gray, Robert 159
Wien, Wilhelm 202
Wigner, Eugene 309
Wilkins, Maurice 248, 258, 260, 261
Williamson, Alexander 104–105
Wöhler, Friedrich 66, 72, 73, 84–85, 86–87, 88, **89**, 102, 103, 104, 152, 214, 256
Wollaston, William Hyde 77, 79, 122
Woodruff, Alice Miles 312
Woulfe, Peter 117
Wurtz, Charles-Adolphe 142
Wüthrich, Kurt 254

XYZ

xenón 136, 158, 159, 244–245
yodo 79, 135
Yonath, Ada **323**
Yoshino, Akira 283
Young, A. T. 148
Young, Thomas 138
Zachariasen, William 151
Zeng Gongliang 34, 42, 43
Zewail, Ahmed **323**
Zósimo de Panópolis 39
Zyklon-B 197, 198, 199

REFERENCIA DE LAS CITAS

Las citas corresponden a autores secundarios de los temas principales tratados en cada artículo.

QUÍMICA PRÁCTICA

18 El que no conoce la cerveza no sabe lo que es bueno
Proverbio sumerio

20 Aceite dulce, la fragancia de los dioses
«La disputa entre el ganado y el grano», mito sumerio de la Creación

24 El oscuro hierro duerme en moradas ocultas
Erasmus Darwin, *The Botanic Garden* (1791)

26 Si no fuera tan quebradizo, lo preferiría al oro
Petronio, *El satiricón* (siglo I)

27 El dinero es por naturaleza oro y plata
Karl Marx, *El capital*, vol. 1 (1867)

28 Los átomos y el vacío fueron el principio del universo
Diógenes Laercio, *Demócrito,* libro IX

LA EDAD DE LA ALQUIMIA

42 La casa entera ardió
Zhenyuan miaodao yaolüe (texto taoísta)

QUÍMICA DE LA ILUSTRACIÓN

60 He atrapado la luz
Louis Daguerre, carta a su amigo Charles Chevalier (1839)

69 La química sin catálisis sería como una espada sin empuñadura
Alwin Mittasch, químico alemán (1948)

LA REVOLUCIÓN QUÍMICA

84 Los mismos, pero distintos
Jöns Jacob Berzelius, químico sueco

90 La unión instantánea de gas de ácido sulfuroso con oxígeno
«The manufacture of sulphuric acid», patente n.º 6096 (1831)

94 El aire reducido a la mitad de su extensión adquiere un muelle el doble de fuerte
Robert Boyle, *A defense of the doctrine touching the spring and weight of the air* (1662)

98 Puede copiar cualquier objeto
«Remarkable invention», *Boston Daily Advertiser* (23 de febrero de 1839)

106 ¡Oh, bolsa de aire excelente!
Robert Southey, carta a su hermano Tom (1800)

LA ERA INDUSTRIAL

116 Azules derivados del carbón
August von Hofmann, químico alemán

120 Explosivos potentes han permitido obras maravillosas
Pierre Curie, discurso del Nobel (1905)

122 Líneas de colores vivos al acercarla a la llama
Robert Bunsen, «Chemical analysis by observation of spectra» (1860)

144 La entropía del universo tiende a un máximo
Rudolf Clausius, físico alemán

150 El cambio causa una reacción opuesta
John Gall, *The systems bible* (2002)

154 Un resplandor amarillo glorioso
Joseph Lockyer, astrónomo británico

162 Proteínas responsables de la química de la vida
Randy Schekman, biólogo celular estadounidense

LA ERA DE LA MÁQUINA

182 Las moléculas, como cuerdas de guitarra, vibran en frecuencias específicas
Infrared: Interpretation (2020); https://chem.libretexts.org/@go/page/1846

183 Este material de los mil usos
TIME (22 de septiembre de 1924)

184 El parámetro químico más medido
Maria Filomena Camões, «A century of pH measurements» (2010)

190 Pan del aire
Campaña publicitaria contemporánea

192 El poder de mostrar estructuras inesperadas y sorprendentes
Dorothy Hodgkin, química británica

196 La garganta aferrada como por un estrangulador
A. T. Hunter, soldado canadiense, en Yprès (1915)

202 Cada línea corresponde a un peso atómico determinado
H. G. Söderbaum, químico sueco, discurso de presentación del Nobel (1922)

204 Lo más grande que ha hecho la química
Lord Todd, presidente de la Royal Society de Londres (1980)

212 El desarrollo de combustible de motor esencial
Frank Howard, vicepresidente de la Ethyl Gasoline Corporation (1925)

214 Las flechas curvas son útiles para dar cuenta de los electrones
Yu Liu, Philip Kilby, Terry J. Frankcombe y Timothy W. Schmidt, «Calculating curly arrows from ab initio wavefunctions» (2018)

230 Fruto del colisionador
Nature (28 de enero de 2019)

LA ERA NUCLEAR

254 Movimiento delicado que reside en los objetos cotidianos
Edward Purcell, físico estadounidense

258 El lenguaje de los genes tiene un alfabeto simple
Steve Jones, genetista británico

264 Compuestos nuevos fruto de la acrobacia molecular
George Rosenkranz, químico mexicano

266 Luz viva
Jules Verne, *Veinte mil leguas de viaje submarino* (1872)

267 Polímeros que detienen balas
Dan Samorodnitsky, divulgador científico estadounidense, *Massive Science* (2019)

270 El canto de sirena de las curas milagrosas y las «balas mágicas»
Angie Wan y Amy Zhang, *The history of magic bullets: Magical thinking in times of infectious diseases* (2020)

274 Poder para alterar la naturaleza del mundo
Rachel Carson, bióloga marina estadounidense

278 Los impulsores ocultos de la era del móvil
Paul Coxon, *Quanta Magazine* (2019)

284 Máquinas de copiar hermosamente precisas
Har Gobind Khorana, discurso del Nobel (1968)

UN MUNDO CAMBIANTE

292 Construir las cosas de átomo en átomo
Richard E. Smalley, químico estadounidense

296 Biológicos y biodegradables
X. Chen, N. Yan, «A brief overview of renewable plastics», *Materials Today Sustainability* (2020)

304 Sabremos dónde acaba la materia
Dawn Shaughnessy, radioquímico estadounidense

312 La humanidad contra los virus
Sarah Gilbert, vacunóloga británica

AGRADECIMIENTOS

Dorling Kindersley desea dar las gracias a: Aparajita Kumar y Hannah Westlake por su ayuda en la edición; Nobina Chakravorty por su apoyo en el diseño; Bimlesh Tiwary por el soporte técnico; Ahmad Bilal Khan por su ayuda en la búsqueda de imágenes; Ann Baggaley por la corrección de pruebas; y Helen Peters por la elaboración del índice.

CRÉDITOS FOTOGRÁFICOS

Los editores agradecen a las siguientes personas e instituciones el permiso para reproducir sus imágenes:

(Clave: a-arriba; b-abajo; c-centro; e-extremo; i-izquierda; d-derecha; s-superior)

18 Alamy Stock Photo: Adam Ján Figel' (bc). **19 Hop Growers of America**. **21 akg-images:** Roland & Sabrina Michaud (cd). **24 Alamy Stock Photo:** Science History Images (b). **27 Alamy Stock Photo:** Zev Radovan / www.BibleLandPictures.com (cd). **29 Alamy Stock Photo:** Chronicle (bi). **30 Alamy Stock Photo:** The History Collection (cb). **38 Dreamstime.com:** Rob Van Hees (s). **39 Alamy Stock Photo:** Heritage Image Partnership Ltd (cdb). **41 Alamy Stock Photo:** Realy Easy Star (bc). **Getty Images:** Hulton Archive / Apic (si). **42 akg-images:** Erich Lessing (b). **44 Alamy Stock Photo:** PvE (cb). **47 Alamy Stock Photo:** Granger Historical Picture Archive (cd). **49 Science Photo Library. 54 Science & Society Picture Library:** Science Museum (bc). **55 Science Photo Library:** Sheila Terry (bi). **57 Science Photo Library:** Sheila Terry (sd). **59 Alamy Stock Photo:** Prisma Archivo (bi). **61 Alamy Stock Photo:** Granger Historical Picture Archive (sd). **Getty Images:** mashuk / DigitalVision Vectors (si). **63 Alamy Stock Photo:** Chronicle (bi). **Science Photo Library:** (s). **65 Alamy Stock Photo:** ART Collection (bi); SBS Eclectic Images (sd). **68 Alamy Stock Photo:** Panagiotis Kotsovolos (cdb). **74 Getty Images:** Universal Images Group Editorial / Leemage (cdb). **75 Dreamstime.com:** Nicku (bi). **77 Alamy Stock Photo:** Science History Images (bc). **78 Science Photo Library:** Paul D Stewart (si). **79 Science Photo Library:** Alexandre Dotta (si). **80 Science Photo Library:** Cordelia Molloy (cb). **81 Science Photo Library:** Library Of Congress (bi). **83 Depositphotos Inc:** georgios (bi). **Getty Images:** Hulton Archive / Apic (cd). **85 Alamy Stock Photo:** The Print Collector / Oxford Science Archive / Heritage Images (sd). **86 Dreamstime.com:** Sergey Tsvirov (b). **87 Getty Images:** DigitalVision Vectors / ZU 09 (cib). **89 Alamy Stock Photo:** Library Book Collection (bi). **90 Alamy Stock Photo:** World History Archive (bd). **93 Alamy Stock Photo:** GL Archive (bi). **Science Photo Library:** Sheila Terry (sd). **95 Science Photo Library:** Sheila Terry (cdb). **96 Alamy Stock Photo:** Chronicle (b). **97 Alamy Stock Photo:** FLHC 96 (sd). **99 Alamy Stock Photo:** Pictorial Press Ltd (bi). **Getty Images:** Hulton Archive / V&A Images (s). **103 Alamy Stock Photo:** Hirarchivum Press (bi). **Dreamstime.com:** Tashka2000 (sc). **104 Dreamstime.com:** Tezzstock (b). **106 Science & Society Picture Library:** Science Museum (bc). **107 Alamy Stock Photo:** Everett Collection Inc (b); Science History Images (sd). **113 Alamy Stock Photo:** Pictorial Press Ltd (sd); Nikolay Staykov (b). **114 Our World in Data | https://ourworldindata.org/:** Global Carbon Budget - Global Carbon Project (2021) (Graph's visual representation). **115 Getty Images:** Josh Edelson / AFP (s). **117 Alamy Stock Photo:** Zuri Swimmer (sd). **Science Photo Library. 119 Science Photo Library. 120 Getty Images:** GraphicaArtis / Archive Photos (cdb). **123 Science Photo Library:** Charles D. Winters (sd). **124 Alamy Stock Photo:** Chronicle (bi). **Science Photo Library:** (sd); Sheila Terry (ci). **125 Dreamstime.com:** Reese Ferrier (cdb). **127 Getty Images:** Apic / Hulton Archive (bi). **129 Alamy Stock Photo:** Pictorial Press Ltd (bi); Science History Images (sd). **132 Getty Images:** Sovfoto / Universal Images Group (bi). **133 Alamy Stock Photo:** Photo Researchers / Science History Images (ca). **134 Science & Society Picture Library:** Science Museum. **135 Getty Images:** Science & Society Picture Library / SSPL. **137 Alamy Stock Photo:** Everett Collection Historical (bd). **139 Alamy Stock Photo:** Historic Collection (sd). **141 Science Photo Library:** Alfred Pasieka (s). **142 Alamy Stock Photo:** History and Art Collection (bi). **145 Getty Images:** Hulton Archive / Stringer (sd). **148 Science Photo Library:** Charles D. Winters (bc). **149 Alamy Stock Photo:** Pictorial Press Ltd (bi). **151 Dreamstime.com:** Egortetiushev (cd). **153 Alamy Stock Photo:** Science History Images (sd). **156 Alamy Stock Photo:** The History Collection (bi). **157 Internet Archive:** *The Gases of the Atmosphere: The History of Their Discovery* by William Ramsay, 1896. **158 Shutterstock.com:** Kim Christensen (bi); Kim Christensen (bc/Helium); Kim Christensen (bc); Kim Christensen (bi/Crypton); Kim Christensen (ebi). **159 Alamy Stock Photo:** Aardvark (sd). **161 Getty Images:** Nicola Perscheid / ullstein bild (bi). **162 Science Photo Library:** Laguna Design (bd). **163 Alamy Stock Photo:** Chronicle (sd). **164 Science Photo Library:** Science Source / Charles D. Winters (b). **165 Alamy Stock Photo:** World History Archive (bi). **172 Science Photo Library:** Charles D. Winters (cdb). **174 Getty Images:** Mondadori Portfolio Editorial (si). **Science Photo Library:** Cordelia Molloy (sd). **178 Getty Images:** Archiv Gerstenberg / ullstein bild (cdb). **179 Alamy Stock Photo:** GL Archive (bi). **180 Dorling Kindersley:** USGS. **181 Alamy Stock Photo:** Yogi Black (b). **183 Alamy Stock Photo:** Christopher Jones (cd). **187 Carlsberg Archives:** (bi). **188 Alamy Stock Photo:** Aleksandr Dyskin (cib). **189 Dreamstime.com:** Pramote Soongkitboon (b). **191 Alamy Stock Photo:** GL Archive (sd). **Dorling Kindersley:** Data: Erisman, J., Sutton, M., Galloway, J. et al. "How a century of ammonia synthesis changed the world." Nature Geosci 1, 636–639 (2008). https://doi.org/10.1038/ngeo325 / Our World in Data | https://ourworldindata.org/ (bi). **193 © The University of Manchester 2022. All rights reserved**. **194 Getty Images / iStock:** blueringmedia (b). **195 Getty Images:** Photo12 / Universal Images Group (ca). **197 Alamy Stock Photo:** Interfoto / Personalities (sd). **198 Archiv der Max-Planck-Gesellschaft, Berlin**. **201 Austrian Central Library for Physics:** (sc). **203 Alamy Stock Photo:** Yogi Black (sd). **207 Alamy Stock Photo:** John Davidson Photos (ca). **Getty Images:** Fritz Eschen / ullstein bild (bi). **209 Alamy Stock Photo:** World History Archive (s). **211 Alamy Stock Photo:** Trinity Mirror / Mirrorpix (s). **Getty Images:** Meinrad Riedo (bd). **213 Alamy Stock Photo:** Historic Images (sd); Suzanne Viner / Retro AdArchives (cb). **220 Alamy Stock Photo:** Pictorial Press Ltd (bi). **224 Getty Images:** Baron / Hulton Archive (bi). **225 Science Photo Library:** St Mary's Hospital Medical School (cia). **226 Alamy Stock Photo:** Retro AdArchives (b). **228 Dorling Kindersley:** Data: 1369-5274/© 2020 The Authors. Published by Elsevier Ltd. This is an open access article under the CC BY license (http://creativecommons.org/licenses/by/4.0/). **229 Science Photo Library:** Stephanie Schuller (b). **231 Alamy Stock Photo:** Science History Images (bi). **Science Photo Library:** ISM (cda). **232 Shutterstock.com:** AP (bd). **235 Bridgeman Images:** © Estate of Lotte Meitner-Graf (sd). **237 Getty Images:** Universal History Archive / Universal Images Group. **241 Alamy Stock Photo:** Sueddeutsche Zeitung Photo (bi). **242 Oregon State University Special Collections and Archives Research Center, Corvallis, Oregon:** The Ava Helen and Linus Pauling Papers (MSS Pauling). **245 Science Photo Library:** Ramon Andrade 3dciencia. **251 Alamy Stock Photo:** Alpha Stock (sd). **252 Science Photo Library:** National Archives (s); US Department Of Energy (cib). **255 akg-images:** Bruni Meya (sd). **xkcd.com:** © Andrew Hall 2016 (b). **257 Science Photo Library. 259 Alamy Stock Photo:** Pictorial Press Ltd (bi). **260 Alamy Stock Photo:** Science History Images (si). **263 Getty Images:** Pam Berry / The Boston Globe (bi). **267 Science Photo Library:** Sinclair Stammers (cdb). **269 Alamy Stock Photo:** Keystone Press (bi). **271 Shutterstock.com:** Sipa (sd). **273 Getty Images:** Brooks Kraft / Sygma (sd). **© The European Centre for Medium-Range Weather Forecasts (ECMWF):** (si). **275 Getty Images:** Pramote Polyamate / Moment (s). **277 Getty Images:** James L. Amos / Corbis Historical (cia). **283 Alamy Stock Photo:** Alex Segre (s); University of Texas at Austin via Sipa USA (bi). **287 Alamy Stock Photo:** Andrew Hasson (bi). **292 Science Photo Library:** Laguna Design (cb). **295 Alamy Stock Photo:** Ken Gillespie / First Light / Design Pics Inc (ca). **Shutterstock.com:** Walter Bieri / EPA (cdb). **301 Reprint Courtesy of IBM Corporation ©:** (si). **302 Alamy Stock Photo:** picture alliance / dpa (bc). **306 Alamy Stock Photo:** ITAR-TASS News Agency (bi). **310 Dorling Kindersley:** IOP Science: Yuri Oganessian 2012 J. Phys.: Conf. Ser. 337 012005. **311 TopFoto:** Sputnik. **313 Science Photo Library:** NIAID / National Institutes Of Health (s). **314 Shutterstock.com:** Csilla Cseke / EPA-EFE (sd)

Las demás imágenes © Dorling Kindersley
Para más información: www.dkimages.com